图3-1 普通混凝土（细石混凝土）样品

图3-2 普通混凝土（泵送）样品

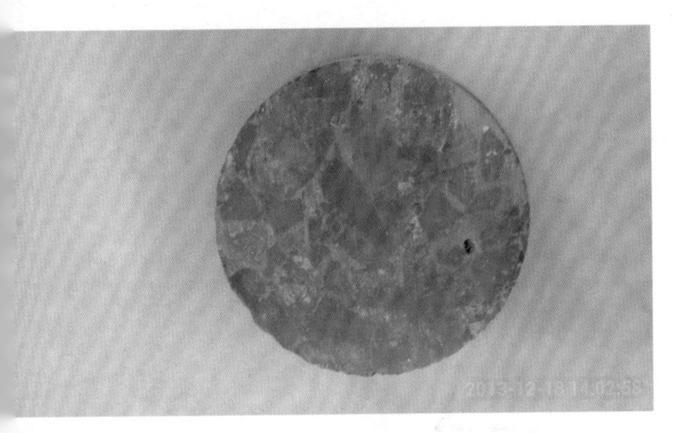

图3-3 铁钢砂混凝土样品

图3-4 铁钢砂

图3-5 铁钢石

图3-6 铁钢砂混凝土浇筑样品

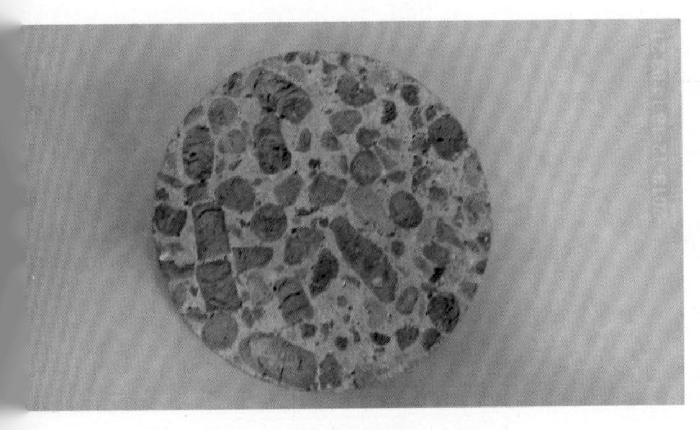

图3-7 陶粒混凝土样品

图3-11 钢纤维混凝土样品

图3-12　白云石砂

图3-13　白云石

图6-34　铁尾矿砂石混凝土抗压强度试件断面图

图8-1　浇筑后的侧墙局部

图8-4 某住宅地下室外墙C35混凝土开裂

(a)　混凝土浇筑工程中

(b)　横向开裂

(c)　雨水井的边缘开裂

图8-10　某铁路的物流堆场的混凝土浇筑及开裂

（a）全图　　　　　　　　　　（b）　局部图

图8-18　工业厂房地面起砂

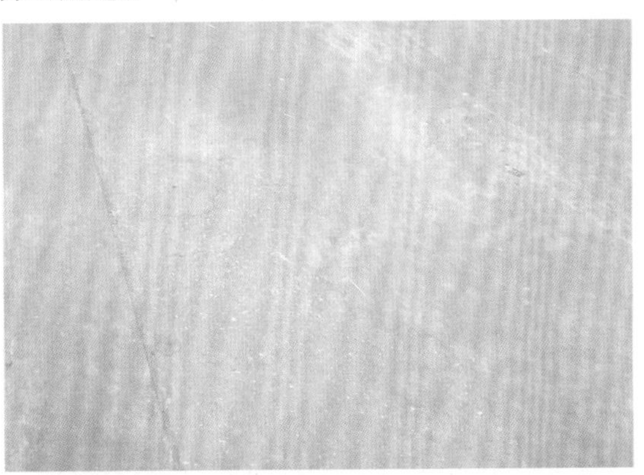

图8-19　堆场地面起砂

（a）起砂表面　　　　　　　　　　（b）　凿除起砂部分之后

图8-20　住宅楼楼板地采暖铺装层C20细石混凝土起砂

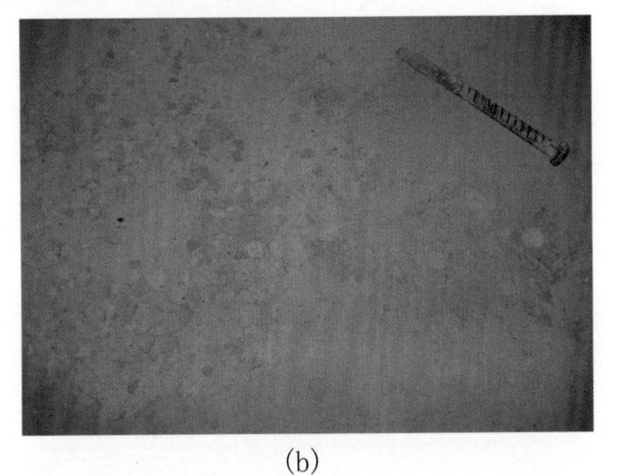

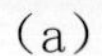

（a）　　　　　　　　　　（b）

图8-21　起砂后用水泥浆修补一段时间之后的状况

图8-24 因凝时短且两车混凝土浇筑间隔时间超过2h而可见明显接茬处

图8-25 垫层混凝土表面全部绿斑

图8-26 部分表面绿斑

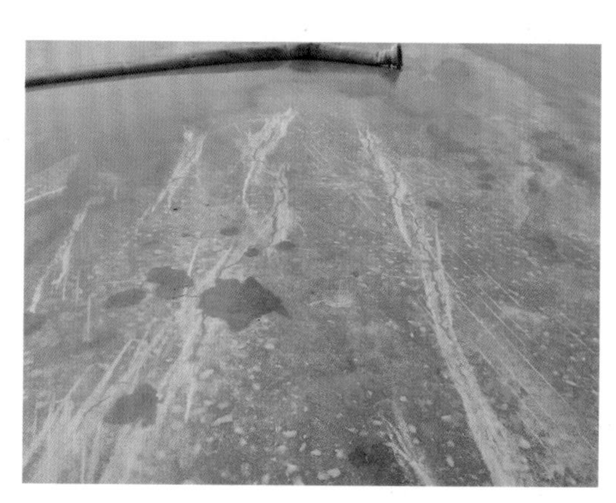

图8-27 某厂区地面

图8-28 室内砂浆绿斑1

图8-29 室内砂浆绿斑2

图8-30 含有结晶水的硫酸亚铁

图8-31 五水合硫酸铜

图8-32　硫化物

图8-33　水泥试饼外观比较

图8-34　水泥试饼断面比较

图8-35　水泥与胶凝材料试饼比较

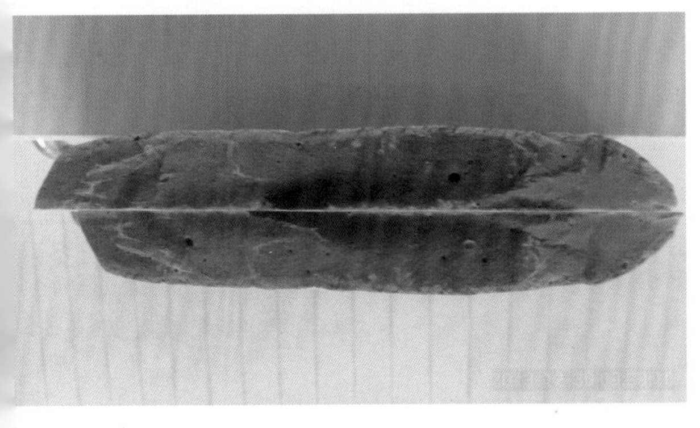

（a）

（b）

图8-36　会变色的胶凝材料试饼断面（矿渣粉掺量30%）

图8-37　会产生绿斑的胶凝材料胶砂试件断面

图8-38　某桥梁试验墩柱砂线全图

图8-39　墩柱侧面砂线局部图

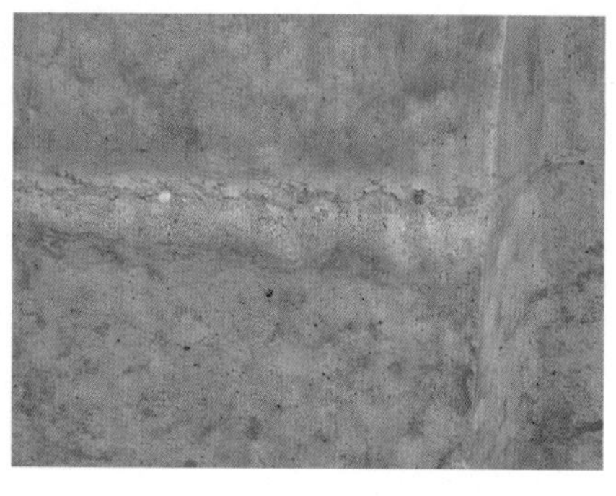

图8-40　试验墩柱砂线局部图
（模板拼缝处）

图8-41
住宅楼剪力墙砂线
（对拉螺杆附近）

图8-42　某公路桥墩柱表面气泡

（a）　断面1

（b）　断面2

（c）　断面3

图8-43　由外加剂引入导致气泡过多的试块断面图

图8-44　某写字楼的梁上未排出的气泡

图8-48　接头漏浆

图8-50　抹面时开始泌水

（a）墙体侧面
（钻芯前）

（b）墙体侧面
（钻芯时侧面）

（c）　墙体整体外观（钻芯时正面）

（d）　墙体局部（钻芯时背面）

图8-51　硬化后的墙体外观

（a）　整体图

（b）　局部图

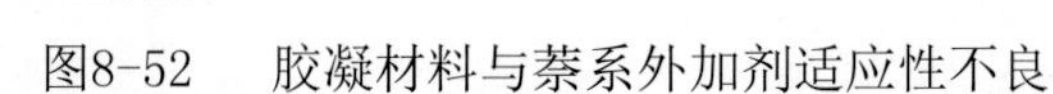

图8-52　胶凝材料与萘系外加剂适应性不良

图8-54　空鼓时开裂

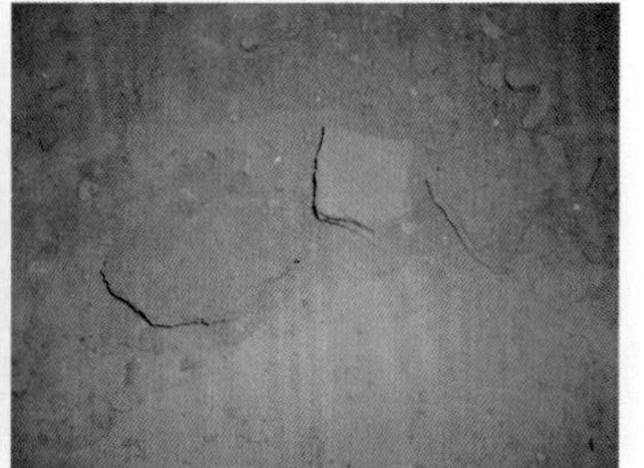

图8-55　空鼓脱落后的硬壳层

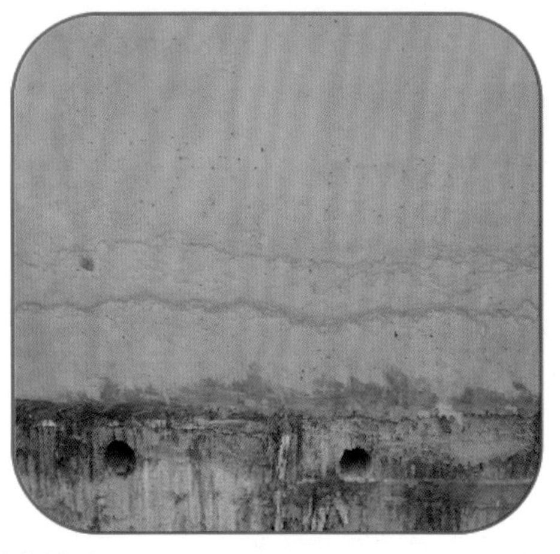

图8-56　箱梁腹板水波纹

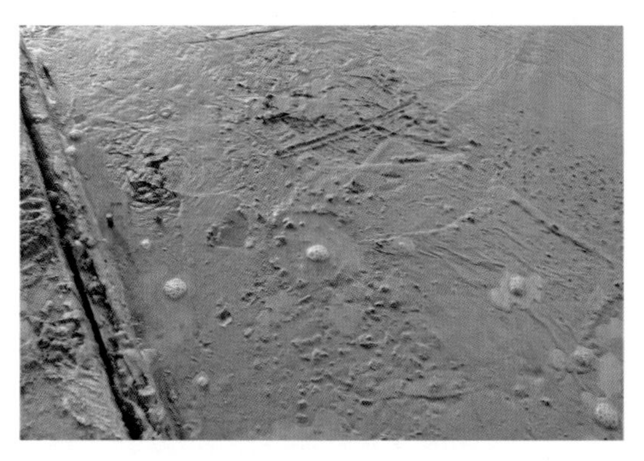

图9-4　混凝土浇筑后冒泡现象

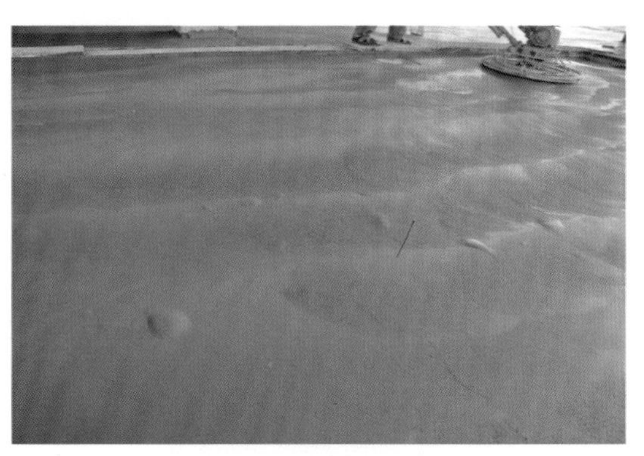

图9-5　抹面时形成空鼓

图9-6　硬化后混凝土整体膨胀（刮平抹面时混凝土与预埋钢板上沿齐平，图中低洼处正方形为钢板）

图10-1　计算器面板

图11-6　正常装模的试块截面

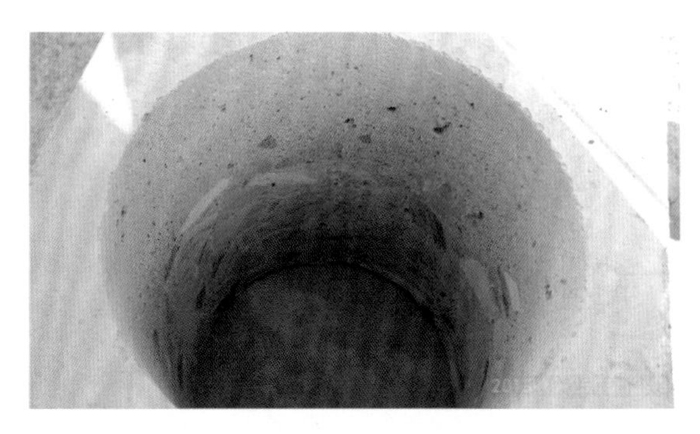

图11-7　近一半无粗骨料的非匀质装模的试块截面

天津市科协资助出版

混凝土搅拌站实用技术

戴会生　编著

中国建材工业出版社

图书在版编目（CIP）数据

混凝土搅拌站实用技术/戴会生编著. —北京：中国建材工业出版社，2014.8（2021.11重印）

ISBN 978-7-5160-0818-8

Ⅰ. ①混… Ⅱ. ①戴… Ⅲ. ①混凝土搅拌站—工业技术 Ⅳ. ①TU642

中国版本图书馆CIP数据核字（2014）第092015号

内 容 提 要

本书从介绍混凝土的基本常识入手，主要结合混凝土搅拌站的工作实际，说明原材料的来源、性能、现状及其对混凝土性能的影响，提出生产过程中的质量控制措施，对于一些质量问题，有针对性地告知读者解决问题的途径。典型的案例及实践积累的数据和经验、教训，多以第一手图片的形式展现，具体形象，指导性强；从原材料进场，到混凝土的质量售后服务，阐述清晰，可借鉴性强；部分特殊性能的混凝土介绍也是作者的经验总结；此外，对混凝土生产和施工过程中存在的认识误区也进行了讨论。

本书内容丰富实用性强，适合于混凝土搅拌站的技术和质量管理人员作为培训、学习材料，也可供建设工程材料员、施工技术及管理人员、工程监理和质量监督人员参考。

混凝土搅拌站实用技术

戴会生　编著

出版发行：中国建材工业出版社

地　　址：北京市海淀区三里河路1号

邮　　编：100044

经　　销：全国各地新华书店

印　　刷：北京雁林吉兆印刷有限公司

开　　本：787mm×1092mm　1/16

印　　张：21.75　彩插　0.5印张

字　　数：536千字

版　　次：2014年8月第1版

印　　次：2021年11月第4次

定　　价：79.80元

本社网址：www.jccbs.com　　微信公众号：zgjcgycbs

广告经营许可证号：京西工商广字第8143号

本书如出现印装质量问题，由我社发行部负责调换。联系电话：（010）88386906

作 者 简 介

戴会生，男，河北承德人，1976 年出生，高级工程师。作者毕业于山东建材工业学院（现更名为济南大学）硅酸盐工程专业，2010 年获长沙理工大学工程硕士学位，现任天津港保税区航保商品砼供应有限公司主任工程师，主要从事预拌混凝土的技术及质量管理工作。

近年来，作者作为负责人主持技术开发项目十余项，承担天津市滨海新区“十大战役”重大科技支撑项目 1 项，天津市科技小巨人项目 1 项；在新材料的开发应用、新型混凝土的研制、管理标准化以及节能减排等方面做了一些工作；获中交第一航务工程局有限公司科技进步三等奖 1 项，中交股份节能减排示范项目 1 项，财政部中央国有资本经营预算循环经济资助项目 1 项，已获专利授权 8 项；公开发表学术论文十余篇，参编天津市混凝土行业协会《天津市混凝土生产企业综合评价标准》、建筑工程行业标准《普通混凝土配合比设计规程》（JGJ 55—2011）、《预拌混凝土绿色生产及管理技术规程》（JGJ/T 328—2014）及国家标准《预拌混凝土》（GB/T 14902—2012）等多部标准，并参与审查标准多部。

社会任职：

天津市混凝土行业协会技术委员会委员

国家职业资格鉴定考评员

谨以此书献给热爱混凝土事业的同志们！

序

难得见到这样一本实用性很强的混凝土技术和质量控制方面的书稿，而且是一本很有特点的书稿，从前言来看，就知道与众不同。混凝土搅拌站在我国数量众多，尤其是最近几年，数量激增，从业的混凝土技术人员也是越来越多，但其中少有人能够潜下心来写混凝土技术方面的专业书籍，并和同行们分享，戴会生是其中之一。

混凝土的原材料来源广泛，种类繁多，配制和生产技术也在逐步改进和更新，总是有新的材料出现，总是有新的技术尝试应用，总是有新的难题需要解决。戴会生把他十余年的经验进行了总结和整理，大多是他在搅拌站工作期间的经验积累。他很用心，把遇到的问题及时做了记录，并能够运用掌握的知识来解决问题，还保留了珍贵的一手资料，作为这个行业的技术人员来说，他做得不错。

混凝土作为世界上使用量最为大宗的建筑材料，其应用技术的研究和控制手段的实践在近百年的历史中从未停止过，先进的技术少不了在生产实践中的验证，戴会生在这方面做了不少工作，使理论与实践有了比较好的过渡和衔接。时至今日，混凝土在理论研究和实际应用中还存在很多的问题，包括配合比设计理论、材料影响规律、耐久性指标控制、施工工艺、养护措施以及缺陷修复等，在这本书中，作者提及了部分问题，同时也给出了部分成功的案例，读者朋友们可以参考和借鉴。这本书主要是针对搅拌站的应用技术来写的，其中不乏混凝土在原材料使用、生产过程控制和施工现场的质量控制内容，书中有不少的图片，都是作者亲手拍摄的，很直观。一些管控方法以及为防止质量问题发生而采取的措施都是很宝贵的经验，是工作在一线的同志们不错的参考资料。

细读书稿，不难发现作者对混凝土的热爱和对行业的关心，他希望把自己的经验送给大家，希望自己经历的教训不要在同行们身上再次发生，希望他的努力能够让从业的同志们受益，我还是有些感触的。在当今社会，这种责任感和务实的精神是难能可贵的。

对于一些探讨性的问题，戴会生提出了他的个人观点，我不做是与非的判定，“实践是检验真理的唯一标准”。混凝土技术发展到现在，每天都有新事物诞生，都会或多或少地对混凝土产生影响，应该在变化中寻找规律，面对问题，解决问题。

中国工程院院士

缪昌文

前　言

近几年，由于基础设施和城乡建设对混凝土的需求形成了一定的规模，混凝土搅拌站在各大城市获得了迅猛发展，同时也成为建筑施工企业和部分投资者趋之若鹜的行业，这些搅拌站大多为预拌混凝土，俗称商品混凝土或商混站。搅拌站的兴起带动了散装水泥的发展和工业废弃物的应用，集中、现代化的生产模式对提高混凝土工程质量和建筑施工效率大有裨益，值得推广，同时有必要进一步规范行业的健康发展。

我从2000年开始接触混凝土，2003年初，因为工作调动，进入搅拌站工作至今。在这十余年的工作当中，耳闻目睹和亲身经历了混凝土从原材料采购、进场检验、配合比设计、生产组织、开盘鉴定、出厂检验、运送、浇筑、售后跟踪的全过程，其中也不乏处理质量问题和纠纷。在搅拌站和混凝土施工现场度过了多少个不眠之夜已无从计算。深夜，电话铃声响起，驱车进站并往返于搅拌站与工地之间，切身感受披星戴月是再平常不过的事。有成功的喜悦，也有失败的惨痛，可能这就是有些砼人们戏称"商品混凝土"为"伤心混凝土"的缘由吧。铁打的营盘，流水的兵。由于频繁的员工入职和离职，就需要不断对新员工进行培训，但没有合适的教材，于是我开始着手编写。一个偶然的机会，我加入了QQ群——混凝土论坛，在那里，我听到了网友创作的一首名为《一路砼行》的群歌，朴实的歌词道出了搅拌站兄弟姐妹那份饱含辛酸的自豪之情。看着每天群中的新人咨询有关混凝土的问题，有棘手的，也有入门级的，更有反复询问一个问题的，我觉得应该有人写点东西给朋友们看。

作为天津市混凝土行业协会技术委员会的成员，我参与了混凝土行业的调研、评优活动和编写评价标准。有时也随天津市建设工程质量安全监督管理总队检查搅拌站的质量管理情况，看着越来越多的新人进入我们的砼人行列，他们渴望的是一份稳定的工作和一份说得过去的薪水，但苦于没有师傅来"传道、授业、解惑"，之所以这样，不光是有"教会徒弟，饿死师傅"的顾虑，其实还有个原因是"师傅也没有师傅"。我感到，真的应该写点东西了。

这几年，我在混凝土相关的期刊上发表了几篇论文，有关于混凝土技术的，也有混凝土搅拌站企业管理方面的，这些都是我的工作经历或者切身感受，可能有些同行们看了之后会有同感。这次在写书稿时，也收录了部分文章的内容。

我觉得我有十余年的混凝土从业经历是一笔财富，其中包括成功的经典案例和失败的教训。对于成功的案例，大家在什么场合都愿意拿出来炫耀一番，而对于失败的教训呢？恐怕也刻骨铭心吧，讳疾忌医不仅仅是当病人走进医院的时候。搞技术，管质量，需要的是脚能够踩到地的真实。我希望我成功的经验能够被朋友们分享，也希望那些失败的教训不要在朋友们身上重演，"沉舟侧畔千帆过，病树前头万木春"，还需要有更多的砼人走进我们的行列，推动事业的发展和进步。

本书共包括11章内容，介绍了混凝土的组成材料、配合比设计、质量控制和质量缺陷的分析与预防、实用工具和质量教训实例，除了提供简单便捷的辨别、检验和解决方法之外，也摘选了200多幅图片，这些照片都是我在实际工作中积累下来的，方便新砼人有直观的认识，同时也可以让读者像看图画书一样接受我传递出的知识点。在当前大力提倡绿色环保，力推节能减排的大形势下，我也介绍了几种绿色生产和辅助技术。在附录中也补充了一些我做过的试验数据和编制的方案，还摘录了部分自认为对大家有帮助的参考资料，以便需要时看一看。

参与本书编写工作的人员包括：第2章第1节由冀东发展集团有限责任公司葛印军供稿，第2章第2节由田大萍编写，第2章第5节由天津宏辉科技发展有限公司的张恒志供稿，第3章由王博编写。

出版在即，首先要感谢的是多年来对我关爱有加的张锋总经理，在他的鼎力支持之下我才能完成书稿。利勃海尔机械（徐州）有限公司的邱松经理和杜非工程师，福建南方路面机械有限公司的郭新科经理，阜新市正和机械有限责任公司付松杰总经理和玄立东工程师，天津思齐软件有限公司的年四辉经理，深圳同成新材料科技有限公司李浩、罗钧耀，以及天津的刘亚柱、田镇、张洪涛、朱建忠、范国荣、吴长毅，成都的刘迎兵工程师，甘肃三远硅材料有限公司，天津正祥科技有限公司提供了部分技术资料，江苏博特新材料有限公司的毛良喜学长和张小冬经理，江苏省建筑科学研究院的洪锦祥博士，中国建筑科学研究院的周永祥和韦庆东副研究员，中交一航局四公司的常绍杰经理，济南大学的刘世权老师和刘福田老师给予了帮助，航保混凝土公司的多名同事帮我摘录参考文献，她们是李雅芳、程青、王维、吴玉兰、陆佳、杨森，中交一航局四公司的领导以及天津市混凝土行业协会的领导也给予了大力支持，中国建筑业协会混凝土分会顾问闻德荣高工对书稿提出了修改意见和建议，在此一并致谢。

本书在编写的过程中参考和引用了混凝土界前辈们以及部分单位、专家学者和砼人们的著作或论文，中国建筑材料科学研究总院赵顺增教授和北京灵感科技发展有限公司朱效荣高工给予指导和支持，张哲明、吴学安和黄振兴总工都是在我一个求援电话之后马上e-mail给我一手资料的，在此表示衷心的感谢。引文出处在书后的参考文献中列举不一定齐全，还请见谅。

另外需要特别鸣谢的是祁翠薇女士，她为我完成书稿创造了诸多的便利条件，爱女戴祁傲然小朋友也是我起早贪晚撰写书稿的动力源泉，谢谢了！

由于我的水平有限，个人经历不足，掌握的资料不全，书中的错误和不妥之处在所难免，恳请行业专家和砼学们给予批评指正，并希望提出宝贵意见，帮助我改进。个人邮箱：sirdongli@126.com。

谨以此书献给热爱混凝土事业的同志们！

戴会生

2014年6月于天津滨海

目　　录

中国建材工业出版社
China Building Materials Press

第1章　混凝土的基本知识

1.1　相关的名词和术语

1.1.1　混凝土用原材料相关的部分

（1）水泥。凡细磨成粉末状，加入适量水后，可成为塑性浆体，既能在空气中硬化，又能在水中硬化，并能把砂、石等材料牢固地胶结在一起的水硬性胶凝材料。

（2）通用硅酸盐水泥。由硅酸盐水泥熟料和适量的石膏以及规定的混合材料制成的水硬性胶凝材料。

（3）硅酸盐水泥。由硅酸盐水泥熟料、不大于5%的石灰石或粒化高炉矿渣以及适量石膏磨细制成的水硬性胶凝材料。

（4）普通硅酸盐水泥。由硅酸盐水泥熟料、大于5%且不大于20%的混合材料和适量石膏磨细制成的水硬性胶凝材料，代号P·O。

（5）矿渣硅酸盐水泥。由硅酸盐水泥熟料、大于20%且不大于70%的粒化高炉矿渣和适量石膏磨细制成的水硬性胶凝材料，代号P·S。

（6）火山灰质硅酸盐水泥。由硅酸盐水泥熟料、大于20%且不大于40%的火山灰质混合材和适量石膏磨细制成的水硬性胶凝材料，代号P·P。

（7）粉煤灰硅酸盐水泥。由硅酸盐水泥熟料、大于20%且不大于40%的粉煤灰和适量石膏磨细制成的水硬性胶凝材料，代号P·F。

（8）复合硅酸盐水泥。由硅酸盐水泥熟料、大于20%且不大于50%的两种或两种以上规定的混合材料、适量石膏磨细制成的水硬性胶凝材料，代号P·C。

（9）中热硅酸盐水泥。由适当成分的硅酸盐水泥熟料，加入适量石膏，磨细制成的具有中等水化热的水硬性胶凝材料，代号P·MH。

（10）快硬硫铝酸盐水泥。由适当成分的硫铝酸盐水泥熟料和少量石灰石、适量石膏，共同磨细制成的具有高早期强度的水硬性胶凝材料。

（11）骨料。在混凝土或砂浆中起骨架和填充作用的岩石颗粒等粒状松散材料。

（12）粗骨料。粒径大于4.75mm的骨料。

（13）细骨料。粒径小于等于4.75mm的骨料。

（14）碎石。由天然岩石经破碎、筛分得到的粒径大于4.75mm的岩石颗粒。

（15）卵石。由自然条件作用而形成的表面较光滑的、经筛分后粒径大于4.75mm的岩石颗粒。

（16）碎卵石。由较大的卵石经机械破碎、筛分制成的粒径大于4.75mm的岩石颗粒。

（17）天然砂。由自然条件作用形成的、粒径小于等于4.75mm的岩石颗粒。

（18）人工砂。由岩石（不包括软质岩、风化岩石）经除土开采、机械破碎、筛分制成的，粒径小于等于4.75mm的岩石颗粒。

（19）混合砂。由天然砂和人工砂按一定比例混合而成的砂。

（20）轻骨料。堆积密度不大于1200kg/m^{3}的骨料。

（21）人造轻骨料。采用无机材料经加工制粒、高温焙烧而制成的轻骨料。

（22）天然轻骨料。由火山爆发形成的多孔岩石经破碎、筛分而制成的轻骨料。

（23）工业废渣轻骨料。由工业副产品或固体废弃物经破碎、筛分而制成的轻骨料。

（24）高强轻骨料。密度等级600、700、800、900，筒压强度和强度标号对应达到4.0MPa和25、5.0MPa和30、6.0MPa和35、6.5MPa和40的粗骨料。

（25）再生骨料。利用废弃混凝土或碎砖等生产的骨料。

（26）矿物掺合料。以硅、铝、钙等的一种或多种氧化物为主要成分，具有规定细度，掺入混凝土中能改善混凝土性能的粉体材料。

（27）粉煤灰。从煤粉炉烟道气体中收集的粉体材料。

（28）粒化高炉矿渣粉。从炼铁高炉中排出的，以硅酸盐和铝硅酸盐为主要成分的熔融物，经淬冷成粒后粉磨所得的粉体材料。

（29）硅灰。在冶炼硅铁合金或工业硅时，通过烟道排出的粉尘，经收集得到的以无定形二氧化硅为主要成分的粉体材料。

（30）复合矿物掺合料。两种或两种以上矿物掺合料按一定比例复合形成的粉体材料。

（31）外加剂。在混凝土搅拌之前或拌制过程中加入的、用以改善新拌混凝土和（或）硬化混凝土性能的材料。

（32）普通减水剂。在保持混凝土坍落度基本相同的条件下，能减少拌合用水的外加剂。

（33）高效减水剂。在混凝土坍落度基本相同的条件下，能大幅度减少拌合用水的外加剂。

（34）早强减水剂。兼有早强和减水功能的外加剂。

（35）缓凝减水剂。兼有缓凝和减水功能的外加剂。

（36）缓凝高效减水剂。兼有缓凝功能和高效减水功能的外加剂。

（37）引气减水剂。兼有引气和减水功能的外加剂。

（38）早强剂。加速混凝土早期强度发展的外加剂。

（39）缓凝剂。延长混凝土凝结时间的外加剂。

（40）引气剂。在混凝土搅拌过程中能引入大量均匀分布的、闭合和稳定的微小气泡的外加剂。

（41）泵送剂。能改善混凝土拌合物泵送性能的外加剂。

（42）防水剂。能提高水泥砂浆和混凝土抗渗性能的外加剂。

（43）防冻剂。能使混凝土在负温下硬化，并在规定时间内达到足够防冻强度的外加剂。

（44）混凝土防冻泵送剂。既能使混凝土在负温下硬化，并在规定养护条件下达到预期性能，又能改善混凝土拌合物泵送性能的外加剂。

（45）混凝土膨胀剂。与水泥、水拌合后经水化反应生成钙矾石、氢氧化钙或钙矾石和氢氧化钙，使混凝土体积膨胀的外加剂。

（46）阻锈剂。能抑制或减轻混凝土中钢筋锈蚀的外加剂。

（47）混凝土抗硫酸盐类侵蚀防腐剂。在混凝土搅拌时加入的用于抵抗硫酸盐、盐类侵蚀性物质作用，提高混凝土耐久性的外加剂，简称抗硫酸盐类侵蚀防腐剂。

（48）增强料。用于改善粗骨料和胶结料的粘结性能，提高透水水泥混凝土强度的添加剂。

（49）混凝土用水。混凝土拌合用水和混凝土养护用水的总称。

（50）再生水。污水经适当再生工艺处理后，成为具有使用功能的水。

1.1.2　混凝土种类相关的部分

（1）混凝土。以水泥、骨料和水为主要原材料，也可加入外加剂和矿物掺合料等材料，经拌合、成型、养护等工艺制作的，硬化后具有强度的工程材料。

（2）普通混凝土。干表观密度为 2000～2800kg/m^3 的混凝土。

（3）轻骨料混凝土。用轻粗骨料、轻砂或普通砂等配制的干表观密度不大于 1950kg/m^3 的混凝土。

（4）素混凝土。无筋或不配置受力钢筋的混凝土。

（5）钢筋混凝土。配置受力的普通钢筋、钢筋网或钢筋骨架的混凝土。

（6）预应力混凝土。由配置受力的预应力钢筋通过张拉或其他方法建立预加应力的混凝土。

（7）高强混凝土。强度等级不低于 C60 的混凝土。

（8）自密实混凝土。无需外力振捣，能够在自重作用下流动密实的混凝土。

（9）预拌混凝土。在搅拌站生产的、在规定时间内运至使用地点、交付时处于拌合物状态的混凝土。

（10）泵送混凝土。可在施工现场通过压力泵及输送管道进行浇筑的混凝土。

（11）大体积混凝土。体积较大的、可能由水泥水化热引起的温度应力导致有害裂缝的结构混凝土。

（12）清水混凝土。直接以混凝土成型后的自然表面作为饰面的混凝土。

（13）泡沫混凝土。通过机械方法将泡沫剂在水中充分发泡后拌入胶凝材料中形成泡沫浆体，经养护硬化形成的多孔材料。

（14）补偿收缩混凝土。采用膨胀剂或膨胀水泥配制，产生 0.2～1.0MPa 自应力的混凝土。

（15）合成纤维混凝土。掺加合成纤维作为增强材料的混凝土。

（16）钢纤维混凝土。掺加短钢纤维作为增强材料的混凝土。

（17）透水水泥混凝土。由粗骨料及水泥基胶结料经拌合形成的具有连续孔隙结构的混凝土。

（18）露骨透水水泥混凝土。粗骨料表面包裹的水泥基胶结料在终凝前经水冲洗后，表层粗骨料露出本色原型的透水水泥混凝土。

（19）钢管混凝土。钢管与灌注其中的混凝土的总称。

（20）防辐射混凝土。采用特殊的重骨料配制的能够有效屏蔽原子核辐射和中子辐射的混凝土。

（21）海砂混凝土。细骨料全部或部分采用海砂的混凝土。

1.1.3 混凝土性能相关的部分

（1）龄期。自加水搅拌开始，混凝土所经历的时间，按天或小时计。

（2）等效龄期。混凝土在养护期间温度不断变化，在这一段时间内，其养护的效果与在标准条件下养护达到的效果相同时所需的时间。

（3）混凝土强度。混凝土的力学性能，表征其抵抗外力作用的能力。一般所说的混凝土强度是指混凝土立方体抗压强度。

（4）受冻临界强度。冬期浇筑的混凝土在受冻以前必须达到的最低强度。

（5）成熟度。混凝土在养护期间养护温度和养护时间的乘积。

（6）混凝土抗冻标号。用慢冻法测得的最大冻融循环次数来划分的混凝土的抗冻性能等级。

（7）混凝土抗冻等级。用快冻法测得的最大冻融循环次数来划分的混凝土的抗冻性能等级。

（8）抗硫酸盐等级。用抗硫酸盐侵蚀试验方法测得的最大干湿循环次数来划分的混凝土抗硫酸盐侵蚀性能等级。

（9）透水系数。表示透水水泥混凝土透水性能的指标。

（10）混凝土碱骨料反应。混凝土中的碱（包括外界渗入的碱）与骨料中的碱活性矿物成分发生化学反应，导致混凝土膨胀开裂等现象。

（11）碱含量。混凝土及其原材料中碱物质的含量，用 Na_2O 合计当量表达，即当量 $Na_2O=Na_2O+0.658K_2O$。

1.2 有关标准的知识

为了在一定的范围内获得最佳秩序，对活动或其结果规定共同的和重复使用的规则、导则或特性的文件，称为标准。按照标准化对象，通常把标准分为技术标准、管理标准和工作标准三大类。

技术标准是指对标准化领域中需要协调统一的技术事项所制成的标准。技术标准包括基础技术标准、产品标准、工艺标准、检测试验方法标准、安全标准、卫生标准及环保标准等。管理标准是指对标准化领域中需要协调统一的管理事项所制定的标准。管理标准包括管理基础标准、技术管理标准、经济管理标准、行政管理标准、生产经营管理标准等。

从世界范围来看，标准分为国际标准（如 ISO 标准）、区域性标准（如欧盟 EN 标准）、国家标准（如中国 GB 标准、英国 BS 标准）、行业标准（如我国建工 JG 标准、建材 JC 标准）、地方标准与企业标准。《中华人民共和国标准化法》将我国标准分为国家标准、行业标准、地方标准与企业标准。我国的国家标准由国务院标准化行政主管部门制定；行业标准由国务院有关行政主管部门制定；地方标准由省、自治区和直辖市标准化行政主管部门制定；企业标准由企业自己制定。行业标准报国务院标准化行政主管部门备案，地方标准报国务院标准化行政主管部门和国务院有关行政主管部门备案，企业的产品标准报当地政府标准化行政主管部门和有关行政主管部门备案。

具有法律属性，在一定范围内通过法律、行政法规等手段强制执行的标准是强制性标准，其他标准是推荐性标准。推荐性标准又称为非强制性标准或自愿性标准，这类标准不具有强制性，任何单位均有权决定是否采用，违犯这类标准，不构成经济或法律方面的责任。推荐性标准一经接受并采用或各方商定同意纳入经济合同中，就成为各方必须共同遵守的技术依据，具有法律上的约束性。已有国家标准、行业标准和地方标准的产品，原则上企业不必再制定企业标准，一般只要贯彻上级标准即可。

1.2.1　混凝土有关标准和规程

1.2.1.1　产品标准

大部分有关混凝土的标准属于产品标准，一般主要内容包括：①产品分类；②技术要求；③试验方法；④检验规则；⑤标志、包装、运输、贮存。如《预拌混凝土》（GB/T 14902）就属于推荐性国家标准中的产品标准。

我国大部分产品标准都把检验统一为型式检验与出厂检验两类。所有产品标准中，均应规定出厂检验的规则和试验项目，而对型式检验（例行检验），则在产品标准中应明确其进行的条件、规则和试验项目。一般来说，型式检验是对产品各项质量指标的全面检验，以评定产品质量是否全面符合标准，是否达到全部设计质量要求。出厂检验是对正式生产的产品在交货时必须进行的最终检验，检查交货时的产品质量是否具有型式检验中确认的质量。产品经出厂检验合格，才能作为合格品交货。出厂检验项目是型式检验项目的一部分。

1.2.1.2　检测与试验方法标准

检测、试验方法标准是以产品性能与质量方面的检测、试验方法为对象而制定的标准。包括两方面的内容：①对检测或试验的原理、类别、抽样、取样、操作和精度要求等方面的统一规定；②对所用仪器、设备、检测或试验条件、方法、步骤、数据计算、结果分析、合格标准及复验规则等方面的统一规定。

涉及混凝土所使用的原材料性能和混凝土拌合物以及硬化之后的性能检测都有相应的检测方法和规程。如：《普通混凝土用砂、石质量及检验方法标准》（JGJ 52）、《普通混凝土拌合物性能试验方法标准》（GB/T 50080）及《普通混凝土长期性能和耐久性能试验方法标准》（GB/T 50082）等。

1.2.1.3　工程建设标准

工程建设标准是对基本建设中各类工程的勘察、规划、设计、施工、安装、验收等需要协调统一的事项所制定的标准。

用于工程中的混凝土除必须满足产品标准外，有时还必须符合有关的设计规范、施工及验收规范（或规程）等的规定，这些规范大多属于工程建设标准，如《工业建筑防腐蚀设计规范》（GB 50046）、《大体积混凝土施工规范》（GB 50496）、《混凝土结构工程施工质量验收规范》（GB 50204）等，这些标准对混凝土还有特殊的规定。例如《粉煤灰混凝土应用技术规范》（GB/T 50146—2014）属于工程建设标准，而《用于水泥和混凝土中的粉煤灰》（GB/T 1596—2005）则属于产品标准，通常工程建设标准包含的内容更多。

1.2.2　与混凝土有关的标准代号

与混凝土有关的部分标准代号见表1-1。

表 1-1 与混凝土有关的标准代号一览表

代号	含 义	管理部门
GB	中华人民共和国强制性国家标准	国家标准化管理委员会
GB/T	中华人民共和国推荐性国家标准	国家标准化管理委员会
CJ	城镇建设	住房和城乡建设部标准定额司
HJ	环境保护	环境保护部科技标准司
JG	建筑工业	住房和城乡建设部标准定额司
JC	建材	中国建筑材料联合会标准质量部
JT	交通	交通运输部科教司
YB	黑色冶金	中国钢铁工业协会科技环保部
TB	铁路运输	交通运输部国家铁路局科技与法制司
SL	水利	水利部科教司
DB*	中华人民共和国强制性地方标准代号	省级质量技术监督局
DB*/T	中华人民共和国推荐性地方标准代号	省级质量技术监督局
Q#	中华人民共和国企业产品标准	企业

注：*表示省级行政区划代码前两位，如：天津为29，广东为15；#表示企业代号。

1.3 有关计量的知识

1.3.1 计量的定义

根据国家计量技术规范《通用计量术语及定义》(JJF 1001—2011)，计量是指实现单位统一、量值准确可靠的活动，包括科学技术上的、法律法规上的和行政管理上的一系列活动。计量属于国家的基础事业，其不仅为科学技术、国民经济和国防建设的发展提供技术基础，而且有利于最大程度地减少商贸、医疗、安全等诸多领域的纠纷，维护消费者权益。

计量检定的目的是为了规范仪器设备量值溯源管理，保证仪器设备达到使用所要求的计量特性，保证其量值溯源到国家基准或国际基准。检定工作应委托有资质的计量检定机构进行。

《中华人民共和国计量法》第九条明确规定："县级以上人民政府计量行政部门对社会公用计量标准器具，部门和企业、事业单位使用的最高计量标准器具，以及用于贸易结算、安全防护、医疗卫生、环境监测方面的列入强检目录的工作计量器具，实行强制检定。未按规定申请检定或者检定不合格的，不得使用。"根据这条规定，又制订了《中华人民共和国强制检定的工作计量器具检定管理办法》，国务院计量行政部门根据该办法和《中华人民共和国强制检定的工作计量器具目录》，制定强制检定的工作计量器具的明细目录，而校准的对象是属于强制性检定之外的测量装置。我国非强制性检定的测量装置，主要指在生产和服务提供过程中大量使用的计量器具，包括进货检验、过程检验和最终产品检验所使用的计量器具等。

1.3.2 计量名词术语

（1）检定：查明和确认计量器具是否符合法定要求的程序，它包括检查、加标记和（或）出具检定证书。

（2）校准：在规定条件下，为确定计量器具示值误差的一组操作。

（3）自校：在计量系统称“内校”，是企业根据自身计量溯源需要，依照企业内部相关技术标准或其他技术规范，由具备资格的计量检定人员完成的一种计量溯源操作。

（4）量具的标称值：标注在量具上用以标明其特性或指导其使用的量值。

（5）计量器具的示值：由计量器具所指示的被测量值。

（6）标尺的分度值：两个相邻标尺标记所对应的标尺值之差。

（7）量程：标称范围的上下限之差的值。

（8）测量范围：使计量器具的误差处于允许极限内的一组被测量值的范围。计量器具所能够测量的最小尺寸与最大尺寸之间的范围被称作该测量器具的测量范围。

1.3.3 计量方式的区别

检定是一种法律行为，检定主体是政府所属的法定计量检定机构或授权机构。检定是一种符合性检查，检定结果中不一定包含有测量数据。强检由政府计量行政部门直接管理，非强检则由使用单位依法自行管理。强检的送检渠道一般是固定的，非强检则具有灵活性，使用单位可以自由送检，自求溯源。强检的检定周期由执行强检的技术机构确定；非强检器具的使用单位可以在计量检定规程允许的范围内自行规定。强检与非强检，就其规范的属性来说，两者均具有强制性，只是强制的程度有所不同。检定与校准的区别见表 1-2。

表 1-2　检定与校准的区别

序号	项目	检　　定	校　　准
1	效力	具有法制性，属政府执行行为	不具有法制性，属企业技术行为
2	依据	检定规程	校准规范，也可是检定规程或校验方法，国家、地区、部门、企业均可制定
3	内容	全面确定计量特征，判别合格性	仅确定示值误差，不判别合格性
4	证件	合格：检定证书（合格级别）；不合格：检定结果通知书	校准证书，给出示值误差值和校准不确定度
5	背景	法制计量要求	技术计量要求
6	应用	按规程规定的允许误差限考虑不确定度	按校准不确定度考虑不确定度

1.3.4 计量方式的选择

当对计量溯源结果有结论性要求，且有条件开展检定工作时，建议采用检定。当需要计量溯源结果的偏离或可信区间，且有条件开展校准工作时，建议采用校准。当检定、校准等其他溯源方式无法实现或其缺乏经济合理性，且自身能够实现溯源时，建议采用自校。

第2章　混凝土原材料

2.1　水泥

水泥作为一种重要的建筑材料，广泛应用于道路桥梁、机场跑道、海港码头、涵洞隧道以及居家住宅，对我们的生活时刻发挥着重要作用。水泥的生产工艺变革经历了一个漫长的历史发展过程。早在新石器时代的仰韶文化时期，我们的祖先就懂得用“白灰面”涂抹山洞，至公元前7世纪，开始出现了石灰，在公元5世纪的南北朝时期，出现了一种名叫“三合土”的建筑材料；而埃及人用石灰砂浆建造金字塔，罗马人用“罗马砂浆（石灰、火山灰、砂子的混合物）”建造罗马圆形大剧场及著名的众神庙和古壁石道，这些都是水泥发展的初级形态。1824年10月21日，英国利兹（Leeds）城的泥水匠阿斯普丁（J. Aspdin）获得英国第5022号的“波特兰水泥”专利证书，从而成为公认的水泥发明人，他创造了世界上第一台煅烧水泥的工业窑炉，该窑炉是干法静止间歇式圆筒型自然通风的普通立窑，标志着水泥进入工业化生产时代。由于该水泥水化硬化后的颜色类似英国波特兰岛地区建筑用石料的颜色，所以被称为“波特兰水泥”。

水泥的生产工艺经历了干法卧式回转窑、湿法回转窑、机械化立窑、立波尔窑等阶段，但这些生产工艺存在能耗高、质量差或生产效率低的问题。为了进一步解决这些问题，在19世纪30年代至80年代期间，悬浮预热分解技术逐步发展成熟，该技术具有热耗低、产量高、质量稳定的特点，从而被称为新型干法水泥技术。

中国水泥生产技术水平随着时代的进步而不断提高，由低到高大致分为立窑、湿法回转窑、日产2000吨熟料预分解窑新型干法和日产5000吨熟料预分解窑新型干法等4个层次。我国的新型干法水泥以1985年1月投产的唐山冀东水泥厂（冀东水泥集团的前身）4000吨/天生产线和1985年4月投产的安徽宁国水泥厂（海螺水泥集团的前身）4000吨/天生产线为标志，新型干法水泥产业进入了快速发展的阶段，形成了多家大型水泥企业。我国近十余年来新型干法水泥产业发展迅猛，立窑等落后水泥产能除极个别地区外已基本淘汰。

由于目前我国绝大部分搅拌站使用的水泥为硅酸盐系列水泥，因此其他如铝酸盐水泥及硫铝酸盐等第二和第三系列水泥不再赘述。

水泥作为建筑材料，其只是一个半成品，水泥的物理性能更多地是通过混凝土来实现的。作为混凝土的主要材料，水泥对混凝土的性能起着主导作用，其质量的重要性不言而喻。然而对不同的水泥企业而言，受生产原燃材料、工艺设备条件、员工素质等多种因素影响，并且作为水泥企业其本身追求的目标是效益最大化，因此必然要尽可能地使用价格低廉的原燃材料，尽可能地增加混合材的掺量以降低成本和增加效益，其质量必然会产生波动，水泥质量的这种波动从原燃材料开始经过整个生产过程中的累次叠加，到后续混凝土施工过程中就有可能影响到工程质量，严重者甚至出现工程事故。因此，混凝土搅拌站的技术管理人员，应该了解水泥质量的主要影响因素、检验方法、应对措施，并在前期预防、过程控制等环节中加以严格控制，最终达到混凝土产品的优质稳定。

2.1.1　原燃材料

众所周知，水泥工业对原料自然资源的依赖性很大，原料的优劣是决定水泥产品质量好坏的重要因素，尤其是目前占水泥生产比重逐步增加的预分解窑系统，原燃材料中的有害成分（R_2O、Cl^-、SO_3^{2-} 等）对其产生的质量影响更为严重。此外，一些微量元素和放射性元素也对水泥质量和性能有不同程度的影响，混凝土搅拌站人员应该了解每一个水泥供应方的原燃材料情况，进而掌握其质量情况。

目前各种建筑工程当中应用较多的是硅酸盐水泥，而硅酸盐水泥熟料的主要成分是钙、硅、铝、铁的氧化物，少量的镁、硫、碱，微量的钛、锰等微量元素，一般而言，镁只是在熟料煅烧过程中有利于降低液相的表面张力，起到液相助熔剂的作用，但镁含量过高容易在熟料煅烧过程中生成游离氧化镁，造成熟料安定性不良，因此国家标准中要求熟料氧化镁含量一般不超过5.0%；少量的硫、碱对降低液相出现温度、改善熟料的煅烧有利，但会影响到后期强度的增长，并且会增加水泥的需水量。碱含量增高到一定程度后会与骨料中的活性硅发生碱骨料反应，造成工程事故，因此一些工程中要求水泥中的碱当量 R_2O（$0.658\times K_2O+Na_2O$）$<0.60\%$。而 Cl^- 则会造成钢筋的锈蚀，从而影响混凝土的寿命。作为混凝土搅拌站的技术人员，必要时（特别是水泥质量影响到混凝土产品质量或施工时）应该了解水泥供应企业的进厂原材料的情况——是否有产地的更换、有害元素的含量是否有所增加、近期化学品质指标是否有较大波动，或者是换用了其他原材料等，掌握了原材料的波动情况即可明确其水泥品质波动的根源。现将各种原材料的优缺点列举如下，见表2-1。

表2-1　原材料简表

类别	名称	简　介
钙质	石灰岩	常用的钙质原料，CaO含量43.2%～56%，按其钙、镁、铝等成分可划分为石灰岩、白云石灰岩、含泥石灰岩、含云（白云石）泥石灰岩等，其分布范围广、储量大，但除石灰岩品位较高外，其余镁、铝含量较高，品位较低
	泥灰岩	泥灰岩是石灰岩向黏土过渡的岩石，白色疏松土状，易于采掘粉磨，其易烧性较好。但品位较低，一般CaO含量35%～44%，数量一般较少，我国泥灰岩产地主要分布在河南新乡
	白垩	白垩是由海生物外壳和贝壳沉积而成，呈白色疏松土状，CaO含量44%～50%，易于采掘粉磨。但分布范围较窄，储量较少，主要分布在美国纽约州艾塞克斯县和我国的江西省等地
	贝壳	贝壳珊瑚类的CaO含量高者可达52%，一般附有泥砂、盐类等杂质，我国仅海南和台湾部分地区分布，不适合大规模工业生产使用
	其他	消解电石排出的电石渣（主要成分为氢氧化钙）、生产双氰胺后的过滤残渣（主要成分为碳酸钙）、制糖厂用碳酸法制糖后的滤泥（主要成分为碳酸钙）、制碱厂的碱渣（主要成分为碳酸钙）、造纸厂的白泥（主要成分为氧化钙）

续表

类别	名称	简　介
硅质	黄土类	主要是由花岗岩、玄武岩等经风化分解后搬运沉积而成，其中含有较多的细砂，硅酸率高，但碱含量高。主要分布在华北和西北地区
	黏土类	主要是由钾长石、钠长石和云母等矿物经风化及化学转化，再经搬运沉积而成，因分布地区不同，其主要成分也不尽相同（如东北地区的黑土与棕壤，南方地区的红壤和黄壤等），其易磨性好，一般碱含量较高，尽量减少应用于水泥生产
	页岩类	页岩是黏土受地壳压力胶结而成的黏土岩，层理分明，其成分与黏土类似，在全国各地均有广泛分布，其易磨性介于黏土和砂岩之间
	砂岩类	一般是海相或陆相沉积而成，以 SiO_2 为主要成分的矿石，按矿石种类分石英砂和石英石，石英砂 SiO_2 含量一般 50%～60%，杂质较多，不宜于水泥生产；石英石纯度较高，SiO_2 含量一般 90%以上，目前广泛应用于水泥生产，但其硬度大、易磨性差
	河泥湖泥	河泥、湖泥主要由于河流的搬运作用和泥沙淤积而成，与黏土成分类似，但水分较大，水泥生产中应用较少
铝质	铝矾土	按铁含量又分铝矾土和铁铝矾土，其广泛分布于我国各地，由于其中杂质相对较少，较多应用于水泥生产
	粉煤灰	粉煤灰是电厂排出的废弃物，由于经过高温煅烧，用于配料后有利于熟料煅烧，目前水泥生产中应用较多。其余的如煤矸石、炉渣等其化学成分与粉煤灰相近，只是存在形态不同，也可作为混合材用于水泥生产
铁质	铁矿石	铁矿石是最为常见的铁质原料，根据性状不同又可细分为：磁铁矿、赤铁矿、褐铁矿、菱铁矿、硅酸盐铁矿、硫铁矿，铁含量 30%～70%，一般而言，菱铁矿由于其碳酸盐需大量地分解，水泥生产一般较少使用；而硫铁矿由于会产生大量的硫化物也不宜于水泥生产
	废渣	硫酸厂生产硫酸后排出的硫酸渣、铜矿渣、锡矿渣等，其主要成分均为氧化铁，其氧化铁含量可达 60%，目前很多企业采用工业废渣作为铁质原料
煤	无烟煤	一般认为无烟煤的挥发分（V_{ad}）≤14%，并依挥发分从低到高的顺序依次分为亚无烟煤、无烟煤、半无烟煤，由于无烟煤本身的燃点温度较高，其燃烧速度较慢，产生的火力较弱，因此在现代化旋窑水泥企业生产中应用不多
	烟煤	烟煤挥发分一般为 15%～37%，并根据挥发分的高低依次分为低挥发分煤、中挥发分煤，目前水泥厂企业应用较多的烟煤挥发分多在 25%～30%，空气干燥基发热量 21～25MJ/kg，水泥企业生产用煤从理论上讲发热量越高越好，但受成本、设备运行参数等因素影响，一般达到 20MJ/kg 即可满足生产质量要求；另外水泥生产用煤以低硫、低含水率为佳，反之较差
	褐煤	褐煤的特点是发热量较低而挥发分较高，其挥发分一般在 37%以上，但由于其发热低、含水高并且容易自燃，旋窑水泥企业生产应用不多

优质稳定的原燃材料是生产优质水泥熟料的前提和基础，一般而言，混凝土搅拌站所用水泥相对固定，因此选定水泥供应企业前一般要对该企业做前期考察，重点了解其所用的原燃材料有哪些、其品质指标是否稳定、有害组分含量是否偏高等，并定期向该企业了解原材料变化情况，一旦混凝土性能发生变化，可以作为追溯依据。

优质水泥的基础是优质熟料，而熟料的质量取决于矿物组成，硅酸盐水泥熟料的矿物主要有 C_3S、C_2S、C_3A、C_4AF 以及少量的上述晶体和微量元素形成的一些过渡晶体，另外还有部分的中间相，这些晶体所占比例多少、矿物晶体发育的大小、晶体的形态决定了熟料的性能和质量指标。其中 C_3S、C_2S 对熟料的强度起主导性作用，C_3S 对熟料的 3d 强度起决定性作用，而 C_2S 则在一年后逐渐赶上 C_3S 的强度；C_3A 对 3d 强度有一定贡献，但如果含量过高会增加水泥水化热，提高水泥需水量，影响到一些外加剂性能的发挥，进而影响到混凝土的性能，因此混凝土搅拌站一般要求 C_3A 尽可能低些；C_4AF 的耐磨性很好，一般道路水泥要求 C_4AF 含量高些。硅酸盐水泥熟料中各种矿物含量计算式见表 2-2（式中均为各氧化物的百分含量）。

表 2-2　矿物含量计算式

矿物名称	矿物含量计算式（%）
C_3S	$4.07\times(CaO-f\text{-}CaO)-7.62\times Al_2O_3-1.43\times Fe_2O_3-2.85\times SO_3$
C_2S	$8.60\times SiO_2+5.07\times Al_2O_3+1.07\times Fe_2O_3+2.15\times SO_3-3.07\times CaO$
C_3A	$2.65\times Al_2O_3-1.69\times Fe_2O_3$
C_4AF	$3.04\times Fe_2O_3$

控制熟料质量指标，除矿物组成外，还有熟料率值，熟料率值表示熟料中各种氧化物含量的相互比例，常用的有饱和比 KH、水硬率 HM、硅酸率 $SM(n)$ 和铝氧率 $IM(p)$。饱和比 KH 或水硬率 HM 高，表示熟料中硅酸钙矿物多，而硅酸钙矿物含量高则熟料强度越高。硅酸率 $SM(n)$ 表示熟料中硅酸盐矿物与熔剂矿物的比例，SM 高，煅烧时液相量减少，熟料矿物晶体发育困难，影响熟料质量；SM 低时，硅酸盐矿物减少，影响熟料强度。铝氧率 $IM(p)$ 表示熟料中 Al_2O_3 和 Fe_2O_3 的比例，IM 高，相应的熟料中 C_3A 含量高，水泥水化热增加；IM 低，则熟料中 C_3A 降低，有利于改善水泥性能，但 C_4AF 增加，熟料的易磨性会较差。几个率值的计算方法见表 2-3。

表 2-3　率值计算公式

率值	计算公式（式中为各氧化物百分含量）
KH	$[CaO-(1.65\times Al_2O_3+0.35\times Fe_2O_3+0.7\times SO_3)]/(2.8\times SiO_2)$
HM	$CaO/(SiO_2+Al_2O_3+Fe_2O_3)$
SM	$SiO_2/(Al_2O_3+Fe_2O_3)$
IM	Al_2O_3/Fe_2O_3

熟料的率值是评价熟料质量的重要指标，一般要求熟料的率值控制合理适中，并且几个率值相对稳定，目前旋窑水泥企业 KH 控制范围 0.89～0.92，水硬率 HM 控制范围一般在 2.08～2.14、硅酸率 SM 控制范围一般在 2.40～2.60，铝氧率 IM 控制范围一般在 1.35～1.65。作为混凝土搅拌站，在了解水泥供应企业的水泥产品质量稳定性时，应该注意几个率值的控制范围、波动情况以及一段时间内标准偏差的大小，当混凝土出现性能波动时，可以向水泥企业了解这几个率值的波动或控制范围是否有变化。另外，衡量熟料的煅烧质量的重要指标——游离氧化钙也应引起足够的重视，一旦因为游离氧化钙过高而造成安定性不良，对工程特别是一些大体积混凝土工程可能会造成毁灭性影响，某水泥粉磨站曾发生此类事

故，造成巨大的经济损失，因此建议混凝土搅拌站对每批次进厂水泥的游离氧化钙含量进行检测。

一些有害元素对熟料乃至水泥的性能都起着负面的作用，例如 K_2O、Na_2O、MgO、SO_3、P、Mn 和 Ti 的氧化物等，这些有害元素的微小变化会对水泥的性能产生很大的影响，因此对这些微量元素的监控、监测是保证混凝土质量的重要一环。

2.1.2 水泥工艺

不同水泥企业的生产工艺各不相同，如主机设备（旋窑和立窑、球磨和立磨）的差别、原燃材料的差别、质量控制参数（熟料率值、水泥比表面积等）的差别、混合材的差别等，这些差别累积起来造成了各水泥企业的水泥性能上的差异。

在目前新型干法生产中生料粉磨多采用立磨，立磨虽然具有产量高、电耗低、无过粉磨现象等优点，但与球磨相比，由于其颗粒分布较窄、缺少了一些过细粉，在熟料煅烧过程中，其矿物晶体形成的尺寸较为均齐，不利于熟料强度的提高。从目前水泥企业生产来看，一些原来采用球磨用于生料粉磨的企业其熟料强度等质量指标要优于立磨。目前，无论是大型的水泥集团还是新注册成立的水泥企业，很多都是粉磨站性质的，磨机大多选用球磨。图 2-1 为山东某水泥熟料生产厂，图 2-2 为天津某水泥粉磨站。

(a)

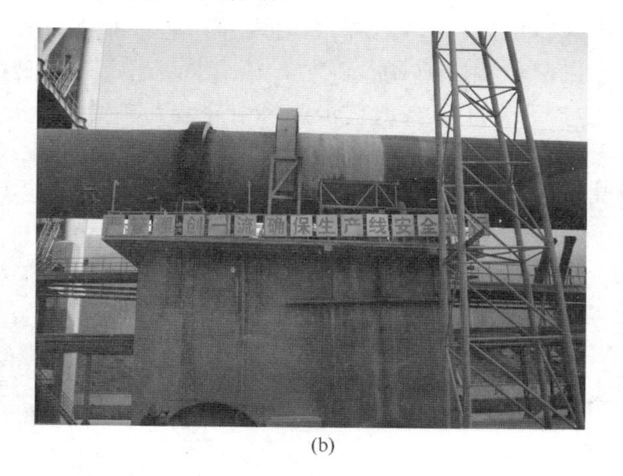

(b)

图 2-1　水泥熟料生产厂

(a) 熟料生产线；(b) 回转窑

在熟料生产过程中，由于新型干法旋窑生产线的生料配料、均化等系统较为稳定，在熟料煅烧过程中经过悬浮预热、窑外分解等过程，并且烧成火焰温度较高，因此熟料产品质量均较稳定。

如果说立磨与球磨的粉磨差别在熟料煅烧中的影响可忽略不计，那么在水泥粉磨中立磨和球磨的差别对水泥性能的影响则是十分巨大的。因为二者的粉磨机理不同：立磨的粉磨主要是物料在磨辊与磨盘之间的挤压力和剪切力的作用下，物料产生内部应力而破碎，因此其颗粒外部形态一般为规则的多面体形，在同样的体积下，其表面积小于球形颗粒，对外加剂分子的吸附、水分子的吸附反应等能力较差，因此影响了水泥的水化进程和强度发展，并且由于其外部形态的原因，在水泥的搅拌过程中，物料之间的滑动摩擦阻力较大，这样在宏观

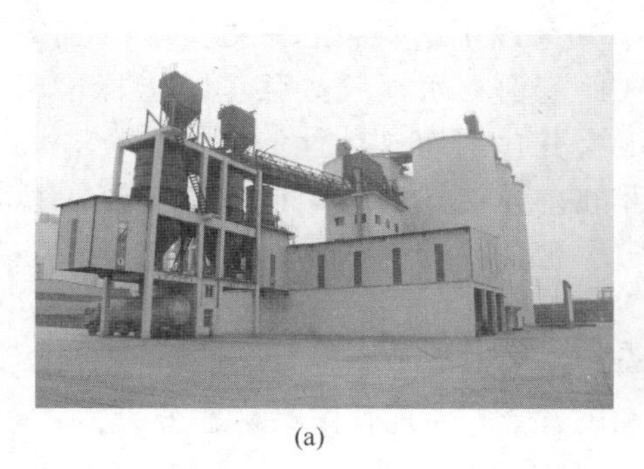
(a)

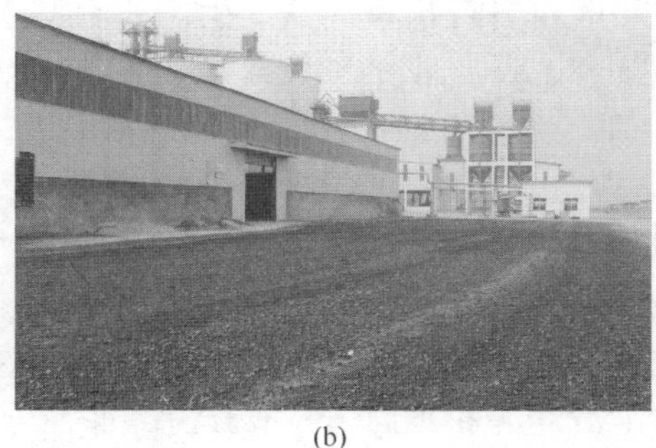
(b)

图 2-2　水泥粉磨站
（a）粉磨站概貌；（b）粉磨站厂区内露天晾晒熟料

表现上即为混凝土的和易性差；而球磨的粉磨主要是磨内的研磨体对物料的砸、压、挤、磨的几种作用力共同实现的，其中研磨起到主导作用，并且存在一部分过粉磨的现象，因此水泥颗粒的形态一般为规则球形，具有较大的比表面积，能较好地吸附外加剂分子及水化，故而对外加剂的适应性较强，强度发展较快，并且在搅拌过程中，颗粒之间的滚动摩擦阻力较小，宏观表现上即为混凝土的流动性强、和易性好、易于施工。正是由于这些差别，目前国内水泥企业尚没有完全采用立磨用于水泥粉磨。

选粉机等设备差异也会造成水泥性能的差异。以某水泥企业为例，其中 A 水泥生产线的流程为：配料计量系统→辊压机→球磨机→选粉系统，而 B 水泥生产线的流程为：配料计量系统→立磨→球磨机→选粉系统，所以尽管两条生产线的水泥配比等完全相同，但由于设备本身的原因造成水泥颗料形态的差异、颗粒级配的不同，而水泥的性能也不尽相同，甚至差别较大。例如两条生产线均生产比表面积 $350m^2/kg$ 的同一品种（各物料配比相同）水泥，其颗粒分布却差别较大，见表 2-4。

表 2-4　水泥颗粒分布比较表

A		B	
颗粒粒径（μm）	所占百分数（%）	颗粒粒径（μm）	所占百分数（%）
0.00～11.00	46.28	0.00～11.00	60.96
11.00～21.00	12.68	11.00～21.00	19.32
21.00～30.00	9.24	21.00～30.00	5.73
30.00～40.00	8.80	30.00～40.00	4.15
40.00～50.00	9.50	40.00～50.00	3.29
50.00～60.00	6.40	50.00～60.00	1.75
60.00～70.00	3.40	60.00～70.00	2.90
70.00～80.00	2.50	70.00～80.00	1.10
>80	1.20	>80	0.80

从表2-4可以看出，A系统生产的水泥其40μm以下的颗粒总量占77%，而B系统生产的水泥其40μm以下的颗粒总量占90%，这种差别在水泥胶砂强度等指标检验上不会有明显差别，但会在混凝土的性能上表现出很大变化。而这种性能上的变化，混凝土搅拌站的技术人员无论如何也不会想到是设备上的差异造成的。因此作为混凝土搅拌站的技术及质量管理人员，对同一水泥企业、不同水泥企业的生产工艺上的差异应该有所了解并掌握。

石膏作为水泥凝结时间的调节剂，其质量对水泥的性能也起到非常重要的作用，根据石膏的结晶水含量大小不同，一般分为二水石膏和硬石膏。而现行国家标准分为G类(二水石膏，以 $CaSO_4 \cdot 2H_2O$ 的质量百分数表示品位)；A类(硬石膏，以 $CaSO_4$ 和 $CaSO_4 \cdot 2H_2O$ 的质量百分数之和表示品位，且 $CaSO_4/CaSO_4 \cdot 2H_2O \geqslant 80\%$)；M类(混合石膏产品，以 $CaSO_4$ 和 $CaSO_4 \cdot 2H_2O$ 的质量百分数之和表示品位，且 $CaSO_4/CaSO_4 \cdot 2H_2O < 80\%$)。

用于水泥调凝的石膏以二水石膏为宜，因其具有良好的水解水化作用，并且对水泥外加剂、混凝土外加剂具有良好的适应性，对混凝土性能有良好的促进作用。目前随着二水石膏资源的日益紧张和濒临枯竭，其价格也一路走高，出于降低成本的目的，很多水泥企业采用硬石膏或混合石膏以及工业副产石膏（如磷石膏）。

随着2008年6月1日《通用硅酸盐水泥》(GB 175—2007) 标准的实施，要求水泥生产所用石膏须符合《天然石膏》(GB/T 5483—2008) 中规定的G类或M类二级（含）以上的石膏或混合石膏，而工业副产石膏采用前应经过试验证明对水泥性能无害。尽管标准中对水泥所用石膏做了相应规定，但据作者所知，目前有相当一部分水泥粉磨企业仍采用硬石膏或者采用磷石膏等工业副产石膏，尽管短期试验表明这些石膏对水泥性能无影响，但对混凝土的耐久性影响如何尚不得知，因此对水泥企业采用的石膏种类及品位如何，必须引起混凝土搅拌站的高度关注。

对水泥性能的影响因素中，除熟料和石膏外，还有一个较为重要的因素就是混合材。《通用硅酸盐水泥》(GB 175—2007) 中对每个品种水泥中的混合材的掺加量、种类都做了相应的规定。但各企业所用的混合材各不相同，并且同一混合材的性能也不尽相同，例如同样的粒化高炉矿渣，由于各钢铁厂的设备及冶炼工艺不同，并且其所用的铁矿石、冶金石灰等品位以及杂质的差别，造成了其性能差别极大，同样粉煤灰等混合材也存在类似的问题。因此作为混凝土搅拌站，定期了解水泥供方生产所用的混合材的种类、配比，以及混合材的生产厂家变化情况是非常必要的。笔者所知某水泥集团在生产某一品种水泥时，各混凝土搅拌站均反映使用该水泥后，混凝土出现对外加剂适应性差、泌水、离析、坍落度损失快等现象，对一些泵送混凝土的施工造成了严重的影响。后经反复查找原因发现，所用粉煤灰的电厂调整了生产工艺，在燃烧过程中喷入了重油，由于重油的不完全燃烧，吸附在粉煤灰颗粒上，这些吸附了重油的粉煤灰颗粒的理化特性发生了变化，因而影响到了混凝土的性能。这种情况出现的几率较低，但混合材的品质和产地的波动与变化却在水泥生产过程中经常出现，对这些可能影响到水泥性能的问题必须引起注意。

2.1.3 影响水泥对外加剂适应性的几个因素

影响水泥对外加剂适应性的因素很多，归结起来主要有：熟料本身的性能、混合材掺量和种类、粉磨设备的性能和参数、助磨剂的性能等几个方面。

熟料的性能变化对外加剂的适应性有较大影响，而熟料中矿物组分的变化，特别是铝酸三钙的含量变化对混凝土外加剂的性能影响十分显著，如果熟料中的铝酸三钙的含量控制在6%～7%这一范围内，混凝土对外加剂的适应性将有明显改善，原则上熟料中的铝酸三钙含量尽量不要超过8%。另外，熟料碱含量的变化也会对混凝土外加剂的适应性影响较大。除此之外，熟料中的游离钙含量高低、熟料煅烧质量的好坏（例如低温煅烧、还原性气氛）等均影响到水泥对外加剂的适应性，尽管目前新型干法水泥生产企业通过均化等措施降低了熟料性能的波动，但仍无法完全避免，因此一旦在混凝土生产过程中出现水泥对外加剂的适应性变差，可重点分析以上原因。

混合材的掺量和种类是影响水泥对外加剂适应性的又一重要因素，不同种类的混合材如矿渣、石灰石、粉煤灰等，由于其本身粉磨后其存在形态有较大差别（例如粉煤灰多以玻璃微珠的形态存在），并且其微粒对外加剂分子的吸附能力各不相同，因此混合材的种类对外加剂的性能影响较大。另外，同一种类的混合材（例如矿渣）由于不同企业的生产工艺不尽相同，其对外加剂的适应性差别也较大，因此混合材的掺量、种类、产地是影响水泥对外加剂适应性的又一重要因素，混凝土搅拌站的质量控制人员应注意对此进行跟踪观察，发现变化及时采取措施。

水泥磨作为水泥生产的重要设备也是影响水泥对外加剂适应性的一个重要因素。水泥磨作为大型设备，一般不会发生较大的参数波动，但如果对选粉机等进行了改造，或者是选粉机转速、风量等控制参数的变化，这样尽管在水泥表观参数（如比表面积）上没有发生变化，但水泥颗粒的级配和微观形态已经显著不同，造成了水泥对外加剂的适应性变差。

另外目前广泛应用于水泥生产过程中的水泥助磨剂，也会影响水泥对混凝土外加剂的适应性。水泥助磨剂可以分为三种：聚合有机盐助磨剂、聚合无机盐助磨剂和复合化合物助磨剂。目前使用的助磨剂产品大都属于复合有机物表面活性物质，由于现行的《水泥助磨剂》（JC/T 667—2004）为建材行业的推荐性标准，而非国家的强制标准，因此，水泥助磨剂品种可谓五花八门，其质量情况也参差不齐，甚至有许多作坊式助磨剂生产企业，这些企业所用的母液等原材料产地杂乱，生产过程中缺乏统一的标准，只追求对水泥的降低电耗、提高强度的效果，而不顾及是否会对后续混凝土的生产产生影响，混凝土搅拌站必须对此有足够的重视。

2.1.4　水泥标准的变化

我国的硅酸盐系列水泥标准近十几年发生了两次较大的变化，一是1999年由国家建筑材料工业局推出，由国家质量技术监督局批准颁布的，从1999年12月1日起实施的水泥强度检验方法（ISO法）和六大水泥产品标准，包括：《水泥胶砂强度检验方法（ISO法）》（GB/T 17671—1999）代替GB/T 177—1985；《硅酸盐水泥、普通硅酸盐水泥》（GB 175—1999）代替GB 175—1992；《矿渣硅酸盐水泥、火山灰质硅酸盐水泥及粉煤灰硅酸盐水泥》（GB 1344—1999）代替GB 1344—1992；《复合硅酸盐水泥》（GB 12958—1999）代替GB 12958—1991。

由于水泥强度检验方法所用试验设备和标准砂不同，胶砂组成、操作方法、养护条件及检测结果的计算方法等都不同，导致同一水泥用两种检验标准检验出来的结果相差10MPa左右，这就是通常所说的同一水泥实行新标准后降低一个强度等级的原因。六大水泥标准实行以MPa表示，如32.5、32.5R、42.5、42.5R、52.5、52.5R等，强度等级的数值与28d抗压强度指标的最低值相同，六大通用水泥新标准规定的水泥强度均为3d、28d两个龄期，每个龄期均有抗折与抗压指标要求。

1999年所推行的标准只是检验方法以及水泥强度等级与水泥标号的变更，水泥企业的质量控制指标并没有实质上的变化。

《通用硅酸盐水泥》（GB 175—2007）新标准于2008年6月1日正式实施，将原来三个硅酸盐水泥标准合并为一个，并且对硅酸盐水泥的制造技术和工艺做了较为细致的规定，如：将原版中要求普通硅酸盐水泥中“掺活性混合材料时，最大掺量不超过15%，其中允许用不超过水泥质量5%的窑灰或不超过水泥质量10%的非活性混合材料来代替”改为“活性混合材料掺加量为>5%且≤20%，其中允许用不超过水泥质量8%的非活性混合材料或不超过水泥质量5%的窑灰代替”；将火山灰质硅酸盐水泥中火山灰质混合材料掺量由“20%～50%”改为“大于20%且不超过40%”；将复合硅酸盐水泥中混合材料总掺加量由“应大于15%，但不超过50%”改为“大于20%且不超过50%”；助磨剂允许掺量由“不超过水泥质量的1%”改为“不超过水泥质量的0.5%”。对各品种水泥混合材掺加量的详细规定，消除了原来水泥企业普遍存在的“违规”行为——生产P·O32.5水泥时混合材掺量超标的现象。由于原标准中限制混合材掺量为5%～15%，如果按此数量掺加混合材而水泥的富余强度又过高，会影响企业运营成本，因此很多水泥企业都超量掺加混合材，这也是取消普通水泥中32.5和32.5R等级水泥的原因。

在《通用硅酸盐水泥》（GB 175—2007）标准中增加了氯离子含量不大于0.06%的强制性条款（这一点主要是限制一些小型水泥企业随意掺加氯盐类早强剂），除此之外，新标准还在交货与验收中增加了“安定性仲裁检验时，应在取样之日起10d以内完成”，以及包装标志中将“且应不少于标志质量的98%”改为“且应不少于标志质量的99%”等方面对水泥企业服务管理方面提出更严格的要求。

总之，《通用硅酸盐水泥》（GB 175—2007）标准的推出与国家加速淘汰立窑、整体提高我国的水泥产业水平的政策密切相关，并且新标准中所增加的条款（如氯离子）有利于混凝土搅拌站生产控制工作，混凝土搅拌站应充分利用好这一标准。

2.1.5 质量控制重点

混凝土搅拌站与水泥供应企业之间不可避免地会出现一些质量上的纠纷和争议，但目前的质量争议焦点多集中在水泥的性能上，而不是传统上的强度、安定性等指标。因为随着水泥生产工艺水平的总体提高，水泥的强度、安定性等硬性质量指标不合格的几率已大大降低，而与此同时随着混凝土工程施工的需要，对混凝土的工作性能指标，如和易性、早期强度、水化热、对外加剂适应性等非硬性指标的要求越来越高。例如：某大型混凝土搅拌站在生产某批次混凝土后，出现了“抓底”现象，造成了施工困难，工程进度及质量都受到不同程度的影响，怀疑是所用水泥有问题，但经仲裁检验，所用水泥各项质量指标均符合国家标准的要求，最后只能不了了之。由于某些对混凝土性能影响较大的因素对水泥是非强制性标准，所以往往出现水泥质量完全合格，而混凝土的性能却达不到要求的现象，由于这种水泥标准与混凝土实际应用脱节的现象，一些混凝土搅拌站在水泥质量波动时有苦难言，被动接受，但目前除了加强对进厂水泥的质量监控、检验外，尚无更好的解决办法。

在混凝土生产中，如果在水泥应用于工程之前发现质量问题，则可采取一些相应的避免措施，但如果在混凝土已经应用于工程之上才发现质量问题，则可能会造成重大的经济损失，甚至于被追究刑事责任。当然这种结果是供需双方都不愿看到的，因此混凝土搅拌站要做好进厂水泥的质量控制工作。

首先，应建立健全进厂水泥的控制检验制度，对每批次水泥的物理化学指标进行检验分析，由于水泥强度检验及化学分析耗时较长，而生产中往往又急于使用，因此可采用一些简易的分析方法，例如游离钙的检测：水泥中的游离钙含量是非常重要而往往又容易被忽略的一个指标，大多数人都以为出厂水泥经过水泥企业的检验确认，不会存在游离钙过高、安定性不良的问题，而实际上发生水泥质量事故的水泥都是经过检验确认的，但由于水泥本身的质量波动以及抽检的风险性（不可能一批次数千吨水泥完全相同），因此还存在这种水泥安定性不良的风险，例如笔者所知某大型水泥集团下属的水泥粉磨站，在某批次水泥出厂后，发现该批次水泥安定性不良，沸煮法检验时试饼溃散，经检测发现水泥中游离钙严重超标，后查明是由于使用了一批黄料（煅烧质量差、游离钙高、断面呈黄色的熟料），所幸该批水泥尚未用于工程，没有造成进一步的损失。

除对进厂水泥的游离钙进行检测外，也可对进厂水泥的 SO_3 含量和比表面积分批次进行检测，这些检测都比较快速简单，不会耗费太多的时间和人力，当检测结果出来后，可以把所得数据与该品种水泥的历史数据进行比对，如果这些数据处于合理波动范围之内，则可确认使用，反之则必须慎重对待。其他一些简易判断方法，如目测法：用某品种有代表性水泥建立标准样品，置于浅色（最好是白色）案板之上，然后另取进厂水泥样品置于标准样品一侧，用玻璃板压平，在明亮的光线下，肉眼即可分辨出二者颜色上的差别（特别是掺加粉煤灰的水泥），如果二者色差过大，则应慎重使用。

其次，应建立每批次水泥样品的封存检验制度。在笔者所经历过的一些质量争议发生后，双方为推卸各自责任，往往会尽力掩饰一些事实真相，当双方互不能使对方信服时，物证就显得尤为重要了，但一些混凝土搅拌站缺少这种意识，往往是在某批次水泥用完之后发现质量问题，此时由于没有有效的封存样品而有苦说不出，最后不了了之。

最后，混凝土搅拌站应与水泥企业建立长效及时的质量沟通机制（最好直接与质量部门沟通，而不是售后服务部门）。可以说每一个企业都不希望出现质量争议，因此双方质量技术管理人员建立有效而及时的沟通渠道则显得尤为必要了。当然这种沟通在水泥企业生产稳定时意义不大，但在水泥企业生产条件发生变化或不正常生产时则具有相当重要的意义，例如质量控制参数的变化（熟料的率值、水泥的混合材掺加量、SO_3 的控制指标等）；工艺设备不正常及变化（如窑况恶化造成熟料质量差、原本A水泥粉磨系统生产该水泥而现在改在B水泥粉磨系统生产该水泥）；水泥销售旺季时企业为提高产量而对一些质量指标的放宽；水渣烘干能力不足时放宽水渣水分的控制指标，一些原本质量低劣的混合材也被允许使用，再就是混合材的随意更换，例如原本使用矿渣及粉煤灰两种混合材，但由于矿渣供应紧张，就降低矿渣的使用量而提高粉煤灰的用量。

在以上这些情况下，虽然对水泥的强度等物理指标影响不大，但对下游企业的混凝土性能影响是巨大的。例如笔者所知某混凝土搅拌站在一工程施工后发现混凝土长时间不凝结硬化，结果被迫返工，造成了巨大经济损失，该企业怀疑所用水泥有问题，但仲裁结果表明水泥各项指标均符合国标要求，只能自行承担所有损失。后来了解到是水泥企业改换了水泥助磨剂，但没有通知混凝土搅拌站，而混凝土搅拌站没做试配，仍按原配合比生产混凝土，导致外加剂与水泥适应性不良，造成了此次质量事故。

总之，水泥企业与混凝土搅拌站二者关系密不可分，作为混凝土搅拌站应做到对水泥质量的提前、超前控制，这种控制应一直延伸到水泥企业的所有生产过程；而作为水泥企业应本着对下游混凝土搅拌站负责的态度，把质量控制工作延续到混凝土的生产，及时告知本企业水泥生产过程中存在的一些问题，通过双方及时的沟通交流，形成有效的质量预警机制。混凝土搅拌站可以及时掌握水泥供应企业生产上的一些变化，以及这些变化可能对混凝土带来哪些影响，并做出应对措施，在生产过程中加以调整，做到有的放矢，尽可能地保证生产的优质稳定。

评价某种水泥的好与坏，就现在的水平而言，不是抗压强度指标，而是指标的波动区间大小，也就是稳定性。水泥是混凝土的主要原料，混凝土的许多性能主要是由水泥性能决定的，由于混凝土性能与影响因素的非线性特征，以及影响因素众多而又错综复杂的特点，准确确定水泥性能与混凝土性能的相关关系是困难的。

2.2 粉煤灰

2.2.1 粉煤灰的来源

粉煤灰是燃煤电厂的废弃物，由电收尘所得，根据生成过程，分别见图 2-3 电收尘装置、图 2-4 分选和图 2-5 仓储罐。随着电力工业的迅速发展，带来了粉煤灰排放量的急剧增加，我国每年粉煤灰的排放量约在 1.2 亿吨以上，给我国的国民经济建设和生态环境造成了巨大的压力。粉煤灰作为混凝土的一种矿物掺合料在生产中得到合理的利用，不但可以改善混凝土的多种性能，使混凝土的耐久性得到提高，而且可以大量地消耗粉煤灰这种工业固体废弃物，使生态环境得到改善。

为了能够从微观角度更为清晰地认识粉煤灰，对产自天津某热电厂的三个等级的粉煤灰样品做扫描电镜，见图 2-6～图 2-8。

图 2-3　电收尘装置

图 2-4　分选

图 2-5　仓储罐

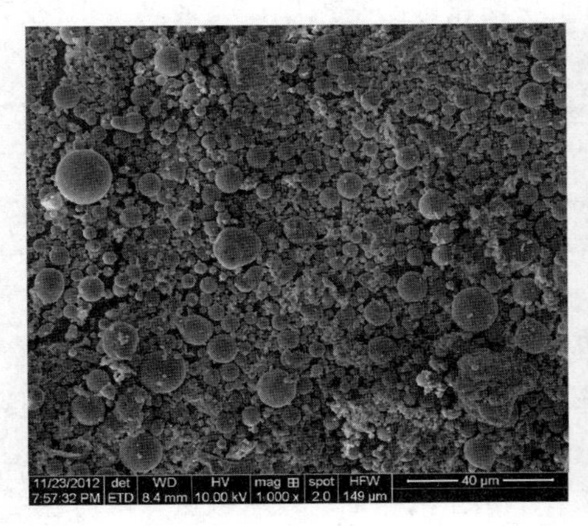

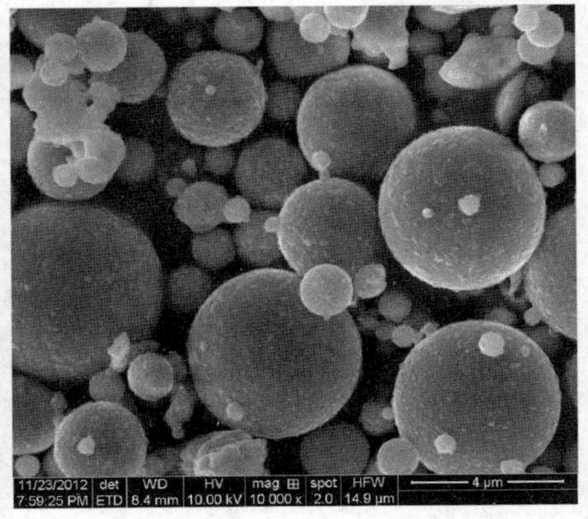

图 2-6　一级粉煤灰扫描电镜照片

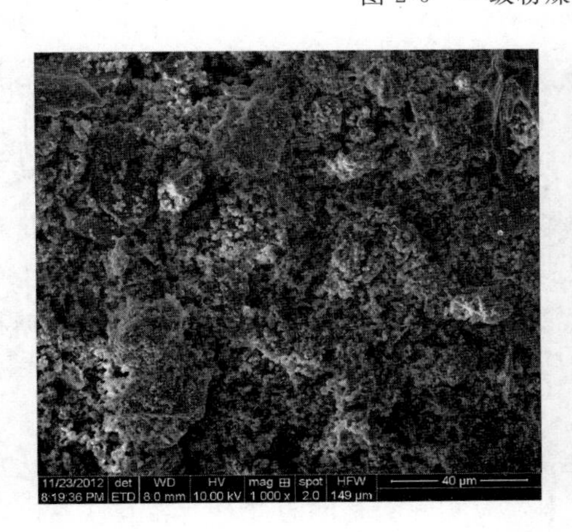

图 2-7　二级粉煤灰扫描电镜照片

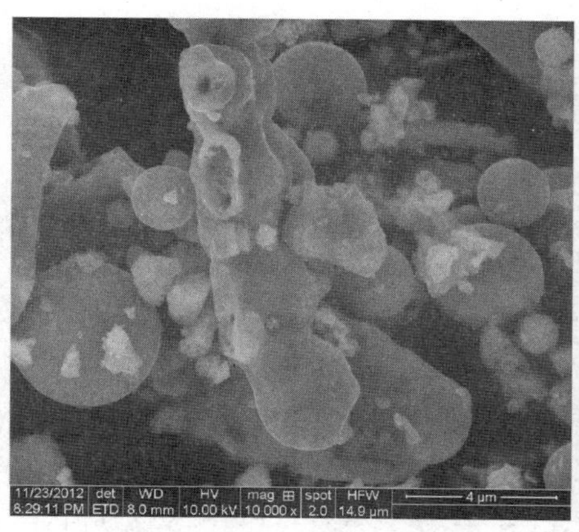

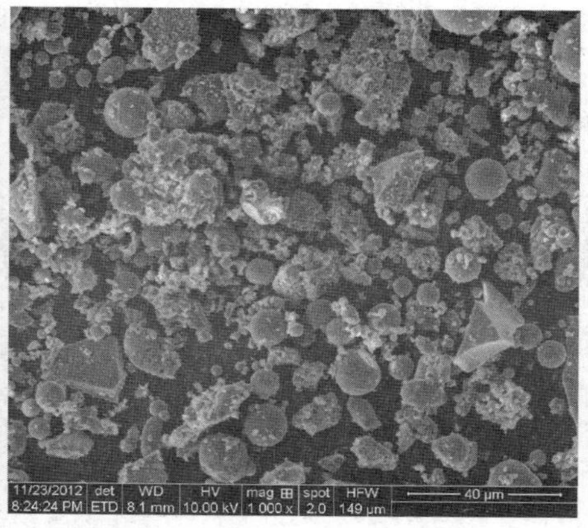

图 2-8　三级粉煤灰扫描电镜照片

2.2.2　粉煤灰的化学成分

粉煤灰的化学成分主要取决于煤自身的品质，现在主要是烟煤、无烟煤、褐煤等。我国大部分电厂粉煤灰的化学成分见表 2-5。

表 2-5　粉煤灰化学成分表

组分	SiO_2	Al_2O_3	Fe_2O_3	CaO	MgO	R_2O	SO_3	烧失量
质量分数（%）	34～55	16～34	1.5～19	1～10	0.7～2	1～2.5	0～2.5	1～15

CaO 含量超过 10%的称为高钙粉煤灰，掺加高钙粉煤灰的混凝土早期强度偏高，但因为游离氧化钙含量高，影响体积安定性，造成混凝土开裂，应注意安定性的试验检测，合格后再使用。由于煤粉燃烧不充分，粉煤灰的含碳量超标，会增加需水量和对外加剂的吸附，引起混凝土拌合用水增加和外加剂用量加大。有经验的从业人员，可通过目测粉煤灰的颜色来粗略判断含碳量是否超标，含碳量高则颜色偏黑；含碳量低甚至为零的粉煤灰颜色为灰白色。

2.2.3　粉煤灰掺入混凝土中的作用机理

自 1933 年美国加州理工学院的 Davis 首次发表了关于粉煤灰用于混凝土的研究报告后，到 20 世纪 50 年代，人们发现粉煤灰是一种具有火山灰活性的材料，将它掺入混凝土中能够使混凝土的一些性能发生变化。而如今粉煤灰作为一种对混凝土性能可发生重要影响的基本材料，能够改善和提高混凝土质量，节省资源和能源。混凝土搅拌站的技术人员已将粉煤灰作为混凝土中重要的一种组分，甚至是不可缺少的一种组分来使用。粉煤灰在混凝土中的作用也不仅是简单地局限于传统意义上的火山灰活性，而是多种功能的综合体现。根据粉煤灰在混凝土中的作用，可将粉煤灰对混凝土拌合物性能、硬化混凝土力学性能等的影响分为形态效应、活性效应和微骨料效应三类基本效应。

粉煤灰基本效应解析为形态效应、活性效应和微骨料效应三类，并非把粉煤灰的形态、活性和骨料作用单独孤立。粉煤灰的这三种基本效应实际上是同时并存、相互联系、共同作用于混凝土的。归纳为形态效应的物理作用中，有不少是物理化学作用，即形态效应也不是孤立的物理作用，它与化学作用的活性效应有着密切的关系。粉煤灰形态效应在新拌混凝土流变性质的作用下，也包括一部分微骨料效应，即在混凝土混合物中粉体填充料也会增加。所以粉煤灰形态效应对新拌混凝土和易性的贡献（如改善流动性、可泵性、坍落度损失、泌水性、离析现象以及凝结时间的调整等），也有微骨料效应的作用存在。

2.2.4　混凝土用粉煤灰的质量标准

《用于水泥和混凝土中的粉煤灰》（GB/T 1596—2005）把粉煤灰按照煤种分为 F 类（由无烟煤或烟煤煅烧收集的粉煤灰）和 C 类（由褐煤或次烟煤煅烧收集的粉煤灰，氧化钙含量一般大于 10%）。把拌制混凝土用的粉煤灰按其品质分为Ⅰ、Ⅱ、Ⅲ三个等级，具体要求见表 2-6。

表 2-6　用于水泥和混凝土中的粉煤灰的技术要求

项　目		技术要求		
		Ⅰ级	Ⅱ级	Ⅲ级
细度（45μm 方孔筛筛余），不大于（%）	F 类粉煤灰	12.0	25.0	45.0
	C 类粉煤灰			
需水量比，不大于（%）	F 类粉煤灰	95	105	115
	C 类粉煤灰			
烧失量，不大于（%）	F 类粉煤灰	5.0	8.0	15.0
	C 类粉煤灰			
含水量，不大于（%）	F 类粉煤灰	1.0		
	C 类粉煤灰			
三氧化硫，不大于（%）	F 类粉煤灰	3.0		
	C 类粉煤灰			
游离氧化钙，不大于（%）	F 类粉煤灰	1.0		
	C 类粉煤灰	4.0		
安定性 雷氏夹沸煮后增加距离，不大于（mm）	C 类粉煤灰	5.0		

2.2.5　粉煤灰的供需现状

随着建设工程项目的增多以及粉煤灰应用技术的成熟，市场对粉煤灰的需求量骤增，出现了明显的供不应求的状况，加之燃煤电厂并不把粉煤灰作为重要的产品售出，只是作为一种废弃物进行处理，只要满足环保的要求即可，所以粉煤灰的质量水平很难得到保证。而粉煤灰的供应商（运输单位）为了满足供给需求和获得更大的经济利益，到处购买，导致料源不固定，甚至出现混装拼凑的情况。而对粉煤灰的二次加工更增加了引入不明杂质的可能性，使得粉煤灰的品质变化进一步加大。

由于供货商和产地不同，还受市场的影响，以次充好或作假的情况时有发生。为保证进场粉煤灰的质量，最好以最小的进场运载工具为检验单位进行检验，即车车检验，不要单纯满足国家标准。另外，粉煤灰的取样还应具有代表性，即：以长筒状的取样工具，从不同的部位和深度分别取样检测，立即检测的项目是细度和烧失量，细度合格才可收货入仓。这里介绍几种取样工具，见图 2-9。

多档取样器包括外筒、套装在外筒内部的内筒、设置在外筒下端的锥体、设置在外筒筒壁上的外取样口、设置在内筒筒壁上的内取样口，其特征在于还包括调节手柄、手柄卡槽，调节手柄设置在内筒上部，手柄卡槽设置在外筒上部，手柄卡槽上设置有卡孔，调节手柄通过手柄卡槽穿过外筒，且调节手柄、手柄卡槽通过卡孔连接，外筒与内筒通过调节手柄与手柄卡槽的配合相连接，外取样口与内取样口相对应，内取样口上设有档位，档位与卡孔对应。其有益效果为：通过卡孔及档位的设置提供了多档取样的功能，使取样器具有多档取样功能。

另有一种可调式粉状物料取样器，示意图见图 2-10，结构形式不同，但也可实现在控制范围内的随机取样。

这些取样器均适用于粉状物料的取样，包括水泥、磨细矿渣粉、硅灰等。

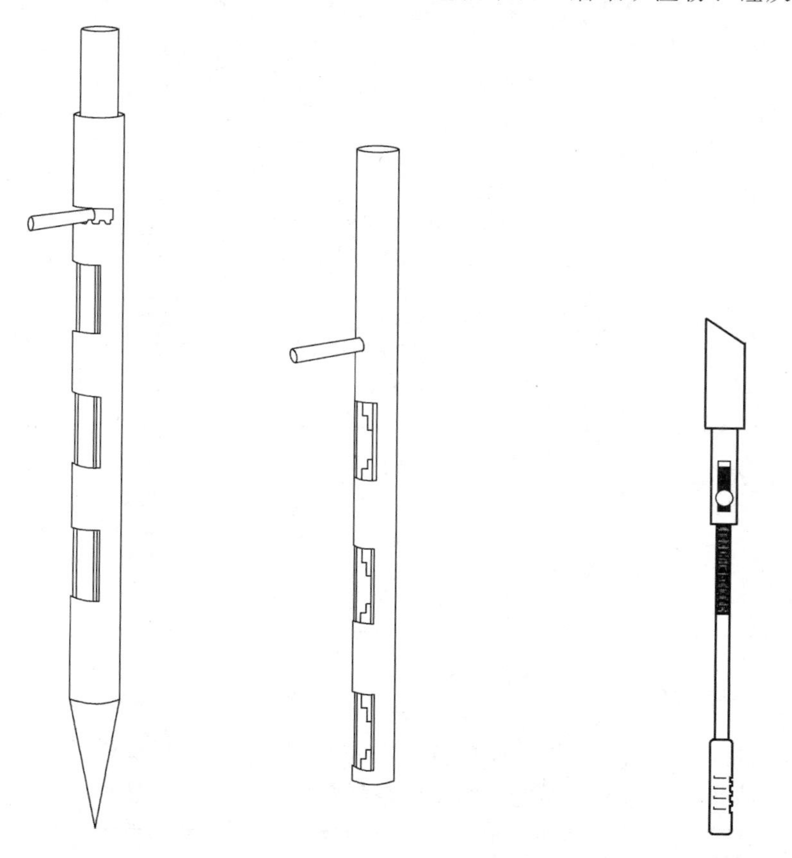

图 2-9　多档取样器示意图
（专利号 ZL201220742941.9）

图 2-10　可调式粉状物料取样器示意图
（专利号 ZL201220104997.1）

2.2.6　粉煤灰在混凝土中的应用

粉煤灰在混凝土搅拌站中作为一种重要的原材料，一直被重视使用，应用较多的是Ⅱ级粉煤灰和Ⅲ级粉煤灰，使用Ⅰ级粉煤灰较少，因为电厂并不重视粉煤灰的品质，所以搅拌站应用起来比较被动。由于电厂燃煤的变化、设备的故障、定期检修以及使用不同电厂的粉煤灰等原因，搅拌站使用的粉煤灰的品质往往一直处于波动状态，有时还会因品质过差而造成混凝土的质量缺陷。

对应用较多的Ⅱ级和Ⅲ级粉煤灰来说，搅拌站基本用于绝大部分的混凝土当中，包括水下灌注桩混凝土、结构用混凝土、有长期和耐久性指标要求的混凝土和部分特种混凝土，有抗硫酸盐或者氯盐侵蚀的混凝土都会优先考虑使用粉煤灰，只是用量多少不同而已，即便不考虑粉煤灰的强度贡献，其改善混凝土拌合物性能的能力还是被看重的。一般粉煤灰的用量占到胶凝材料总量的10%～30%。Ⅰ级粉煤灰因为资源较少，常被使用在高强、自密实等混凝土中，利用其需水量小、活性高的优点，但其售价也高，不适宜搅拌站大量应用。

但是，对于面层有耐磨要求的混凝土，如道路混凝土或者堆场用混凝土则应该慎用，尤其是与普通硅酸盐水泥甚至矿渣水泥、复合水泥一起使用，将加大表面起砂的可能性。

2.2.7　粉煤灰对混凝土性能的影响

2.2.7.1　粉煤灰掺量对水泥水化热的影响

在许多研究报告和文章中多次看到关于粉煤灰的掺入可以大幅度地降低水泥水化热的报道，但这些报道中的试验数据一般都是以3d和7d的水化热数据为依据的。若只从3d和7d的水化热试验结果来看，粉煤灰的加入的确是可以降低水泥的水化热，并且水化放热峰值也相应地有所降低，水化放热的时间得到了一定的推迟。掺入粉煤灰，可明显减小胶凝材料早期的水化放热速率。粉煤灰降低胶凝材料早期水化放热速率的作用随龄期发展而降低。粉煤灰掺量越大，胶凝材料早期水化热减小的越多。

2.2.7.2　粉煤灰对混凝土强度的影响

粉煤灰作为活性掺合料，可代替部分水泥，为混凝土的强度做出贡献。适宜的掺加量可达到良好的技术经济效果。常温养护条件下，粉煤灰的掺入降低了水泥水化的程度。之后随着龄期的增长，水泥水化程度的逐渐提高，且粉煤灰掺量较大时，提高的程度也较大。粉煤灰的掺入无论是在常温还是在较高温度养护下，均对水泥的水化有一定的促进作用。这是由于粉煤灰的加入增大了实际的水与水泥的比例，从而为水泥提供了更多的水，改善了水泥的水化环境，提高了水泥的相对水化程度，且掺量越大，这种提高作用就越明显。在较高温度养护条件下，水泥-粉煤灰复合胶凝材料虽然在早期可获得较高的强度及充分的水化，但随着龄期的增加，相对于常温养护而言，其优势逐渐消失，到后期，其水化性能以及力学性能要逊于后者，因此，在实际工程中，必须注意到养护温度对于这种复合胶凝材料的影响，才能保证粉煤灰在实际工程中的合理使用。

2.2.8　微珠

2.2.8.1　微珠的性质

微珠是Ⅰ级粉煤灰的优质提取物，是一种新型超微火山灰粉体材料，见图2-11，粒径分布连续，呈完美正球状，见图2-12。球体密度2.52g/cm^3，堆积密度0.65g/cm^3。微珠扫描图片见图 2-13，微珠的化学成分见表 2-7。

图 2-11　微珠原貌

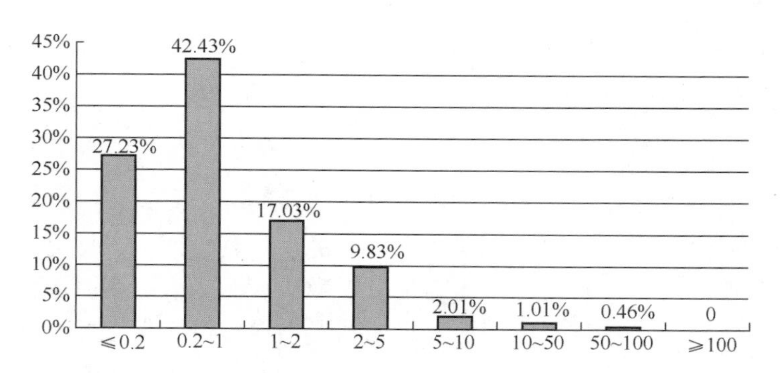

图 2-12　平均粒径分布统计（单位：μm）

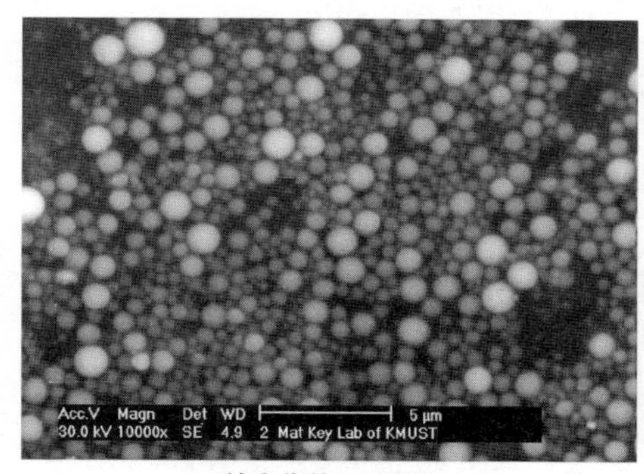

(放大倍数：10000)

(放大倍数：20000)

图 2-13　微珠扫描图片

表 2-7　微珠化学成分（约值）　　%

化学成分	SiO_2	CaO	MgO	Al_2O_3	Fe_2O_3	Na_2O	K_2O	SO_3	含碳量
质量分数	56.5	4.8	1.3	26.5	5.3	1.4	3.28	0.65	<1

微珠是一种几乎不含多孔状物质的全球状颗粒，粒径极细，这就为混凝土带来极好的填充和滚珠润滑效果，物理减水效果显著，在相同坍落度条件下，混凝土用水量明显减少，减水率达15%左右，流动性增加。

由于微珠有着连续且均匀的粒径分布，粒径一般在0.1～5μm之间，这使得混凝土级配在微观层面上得到了极好的优化，混凝土更加密实，强度更高，同时混凝土抗渗、抗蚀性能也得到极大的改善，因此，微珠也是一种混凝土级配优化剂。

微珠作为一种颗粒极细的铝硅酸盐物质，虽然平均粒径只有1.5μm，但是在混凝土水化反应初期，微珠几乎不与混凝土中的碱性物质反应，混凝土强度主要通过微珠的填充效应补充，因此与其他种类高比表面积微填料（硅灰等）相比，水化反应前期混凝土水化热低，干收缩小；随着时间增长，微珠致密表层被破坏，水化反应持续进行，使混凝土更加致密，后期强度更高。武汉理工大学丁庆军等研究了微珠对二元复合胶凝材料体系水化硬化的影响机理，以及与粉煤灰、硅灰的差别。运用激光粒度分析（Laser Particle Sizer）、X射线衍射分析（XRD）、扫描电子显微镜（SEM）、热重分析（TGA）、微量热仪（Tam Air）、傅里叶红外光谱分析（FTIR）等多种现代微观测试技术，对微珠的水化活性进行了系统的研究。结果表明，微珠的水化活性介于硅灰和粉煤灰二者之间。在水化早期微珠和粉煤灰都不参与水化反应，在体系中仅起到分散和填充作用，延迟水泥的水化；随着水化龄期的延长，微珠的火山灰活性高于粉煤灰的特性慢慢体现出来，使浆体水化产物持续增加，孔隙不断得到细化和填充。

胶砂需水量比约85%，具有优良的保塑性，大大降低了混凝土因长途运输而造成的坍落度损失。有较高的活性指数，28d活性指数达105%～110%，56d可达到115%～120%（掺量在6%～24%），后期强度明显提高。

2.2.8.2 微珠在混凝土中的性能发挥

常用的超细粉填充料为硅灰，硅灰能显著提高混凝土强度和结构密实性，但却增加了混凝土的需水量比，降低了混凝土的和易性。同时由于硅灰较好的活性和较高的水化热，使混凝土很快达到早期强度的同时，也增加了养护难度，后期会因混凝土的干收缩而产生微裂缝，这些缺陷均是导致混凝土后期强度和耐久性下降以及其他性能指标降低的根本原因。同样，普通粉煤灰能有效改善混凝土的流动性，并具有一定的填充密实的作用，但是由于粉煤灰的活性低，一般其28d强度不会超过水泥强度（掺量越多，28d强度损失越多），其对混凝土整体贡献很小，效果通常不如硅灰。而微珠在配制高性能混凝土时，提供了一种全新的选择，填补了一种填充料粒径空白。它既具备了硅灰的微骨料填充等优点，同时其本身还具有很强的物理减水性和较高的活性，在配制高性能混凝土时不仅降低了需水量，减少了水化热，而且其活性指数高，掺入后并不会降低混凝土复合体的强度，相反其特有的微骨料特性，进一步提高了混凝土的密实性。微珠为配制高强、自密实混凝土提供了一种全新的、更加有效的选择。

用42.5级水泥作水泥砂浆进行性能对比试验，在相同水胶比情况下用微珠等量替代水泥，微珠掺入量分别为6%、12%、18%、24%和30%，硅灰掺量为10%，其扩展度比和28d、56d强度比见图2-14。

可见，微珠在改善砂浆流动性方面明显优于硅灰，24%掺量以下，28d强度高于不掺者，56d强度明显高于水泥和硅灰，说明其活性指数远大于一般粉煤灰。

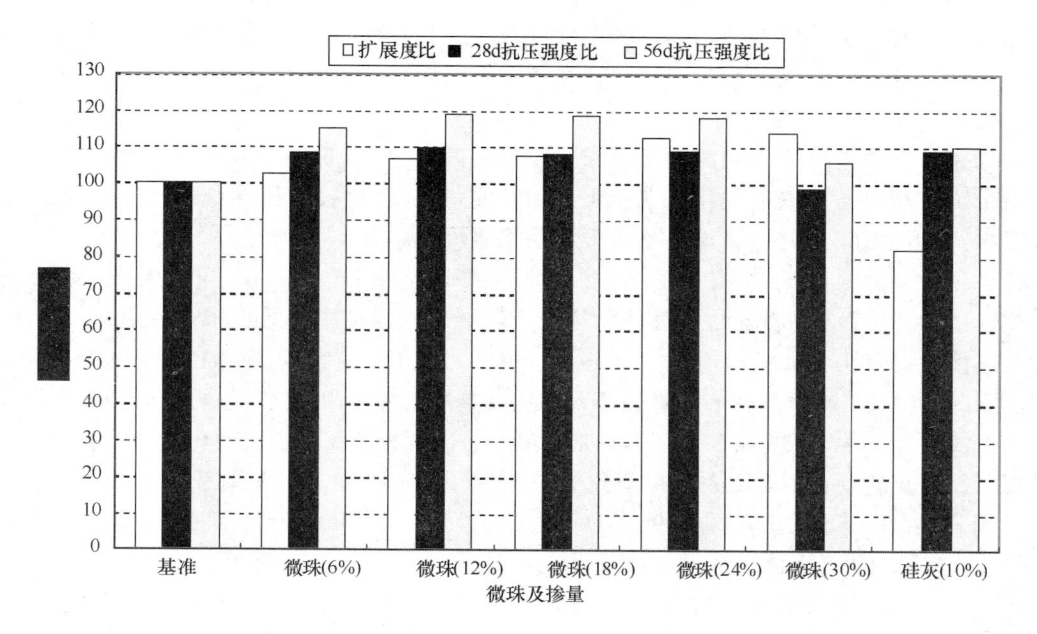

图 2-14 胶砂扩展度比和 28d、56d 强度比

2.2.8.3 应用领域

(1) 配制具有高流动性、高强、低水化热、低收缩、优良触变性、易泵送的砂浆和混凝土。

(2) 配制有抗侵蚀、抗冻融、抗冲磨、耐久的高密实砂浆和混凝土。

(3) 利用"微珠"的自密实性和球状特性，应用于水泥基灌浆材料、水泥基自流平砂浆，以及自密实混凝土。

据试验，微珠最为优越的特性在于其极低的需水量比，为 85%左右，是目前所见国内外文献记载需水量比最低的一种单组分矿化物材料（一般优质粉煤灰需水量比为 96%左右）。经试验，在目前材料的使用情况下，配合用"微珠"取代原粉煤灰的措施，可将包括 C60（泵送）在内的高等级混凝土的单方用水量下降至 150kg 左右，而其流动性、黏聚性、坍落度经时损失等性能皆能满足使用要求，这说明微珠作为一种优质的矿化物减水剂，将极大地方便高等级混凝土的配制，并极大地降低高等级混凝土的原材料成本。

2.2.8.4 使用微珠配制混凝土的注意事项

(1) 建议添加量为总胶凝材料的 10%～15%。

(2) 微珠的减水作用随微珠的掺量增加而增强，最高减水率可达到 30%。微珠为矿物减水，能和任何化学减水剂相容。

(3) 微珠等量替代水泥在 25%以内时，在同样的水胶比下，活性为 110%～120%，60 天可达 125%～130%，强度基本和硅灰持平，后期强度更高，可等量或超量替代水泥。

(4) 微珠配制的混凝土保塑性好，酌情减少缓凝剂用量。

(5) 微珠配制的混凝土黏度低，具有优良的触变性，在相同的坍落度时有更好的泵送性和流动性，相比没有使用微珠的混凝土，设计坍落度可以减少 10%～15%。

(6) 微珠在早期基本不参与水化反应，水化热低，对大体积混凝土施工有利。

(7) 微珠可降低混凝土和砂浆的黏性，在配制高流动度的混凝土时，一般会大量掺入本身就有引气作用的聚羧酸减水剂，可以考虑不要再添加引气剂，并控制减水剂用量。如混凝土表面出现黑色的浮碳时，应降低引气剂用量，适当减小混凝土的坍落度。

2.3　磨细矿渣粉

磨细粒化高炉矿渣是粒化高炉矿渣（俗称水渣）经干燥、粉磨（也可以添加少量石膏或助磨剂一起粉磨）达到规定细度并符合规定活性指数的粉体材料，简称磨细矿渣或矿渣粉。其生产工艺见图 2-15，磨机的类型除立磨以外，还有球磨。考察的河北唐山地区某矿渣粉厂家的图片见图 2-16～图 2-20。其中图 2-19 和图 2-20 可见矿粉的生产厂家在粉磨水渣的同时也掺加了一部分石灰石。

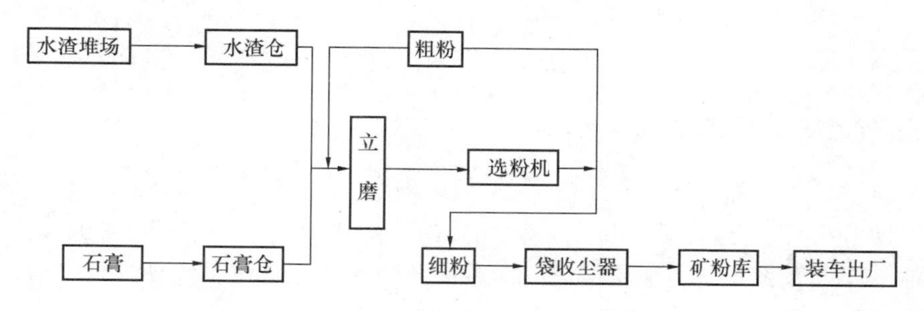

图 2-15　矿渣粉生产工艺

(a)　(b)

图 2-16　水渣露天堆放晾晒

图 2-17　烘干

图 2-18　粉磨（球磨工艺）

图 2-19　用于掺加在水渣中的石灰石

图 2-20　石灰石上料斗

2.3.1　粒化高炉矿渣的来源与收集

冶炼生铁时，为了降低铁矿石中脉石的熔化温度，必须加入适量的含有大量碱性氧化物的助熔剂（即石灰石），这样就产生了容易熔化的高炉矿渣。高炉矿渣是由脉石、灰分、助熔剂和其他不能进入生铁中的杂质组成的易熔混合物，其主要化学成分为氧化钙、二氧化硅和三氧化二铝。生产 1t 生铁排放 0.3～1.0t 矿渣。

高炉矿渣从炉体中排出后，由于冷却过程不同而使其活性呈现很大差异。

如果对炉渣进行缓慢冷却（如自然冷却），则炉渣内部各种原子可有充分的时间进行排列，形成稳定的结晶体，其性能相当于玄武岩。慢冷高炉矿渣的水硬活性很低，不宜被利用。如果使高炉矿渣快冷（急冷），则其内部原子没有充分时间结晶，就会保存许多内能（结晶热约为 200kJ/kg），形成不规则的矿渣玻璃体。急冷高炉矿渣具有理想的潜在水硬活性。

我国每年高炉矿渣排量约为 4000 万吨以上，大约有 3400 万吨被水泥工业利用，作为水泥混合材与水泥熟料、石膏一起粉磨，生产矿渣硅酸盐水泥，这种工艺已有很长的历史。在共同粉磨时，由于矿渣较水泥熟料难以磨细，在水泥中颗粒较粗，所以矿渣水泥中矿渣的水化活性难以得到充分发挥，给矿渣硅酸盐水泥混凝土带来一些缺点，如混凝土早期强度低、易泌水、耐久性差。

随着粉磨技术的不断发展，水淬高炉矿渣开始被加工成商品磨细矿渣粉（比表面积 $400m^2/kg$ 以上，有些甚至达到 $800m^2/kg$），并且逐渐在混凝土中得到应用，这时的磨细矿渣与前边提到的水泥混合材概念是完全不同的。它作为辅助性胶凝材料，等量替代水泥，在混凝土拌合时直接加入混凝土中，可以改善新拌混凝土及硬化混凝土性能，使矿渣的利用价值更上一层楼。将这一大宗工业废渣转化为高附加值的磨细矿渣产品，符合环境保护和可持续发展的战略要求。在我国推广和应用磨细矿渣，正是实现这一战略目标的具体举措。目前，我国有关磨细矿渣的研究、生产和工程应用已进入新的发展阶段，水淬高炉矿渣这一大宗工业废渣已经开始转化为高附加值的磨细矿渣产品在工程中应用。

磨细矿渣所采用矿渣的化学成分应符合《用于水泥中的粒化高炉矿渣》（GB/T 203）的要求。矿渣粉磨时分两种情况，一是单纯的磨细矿渣；二是在粉磨时可以掺入适量的石膏。根据国内外研究和使用经验，掺入适量的石膏可以提高混凝土的早期强度及其他有关性能，因此允许在粉磨时掺入适量的石膏，所用石膏的性能应符合《天然石膏》（GB/T 5483）的规定，掺量以 SO_3 为控制指标，应小于 4%。由于矿渣较为难磨，为提高粉磨效率，在矿渣粉磨时还允许掺入不大于矿渣质量 1%的助磨剂，所掺助磨剂应符合《水泥助磨剂》（JC/T 667）的要求。掺入的助磨剂，必须确保对磨细矿渣及其配制的混凝土品质没有不良影响。

2.3.2　矿渣粉的化学成分和物理性能

2.3.2.1　化学成分

矿渣的主要化学组成为 CaO、SiO_2、Al_2O_3 和 Fe_2O_3 等。一般用质量系数 K 来评价粒化高炉矿渣的活性，即

$$K=\frac{\%CaO+\%Al_2O_3+\%MgO}{\%SiO_2+\%MnO+\%TiO_2}$$

质量系数值越大，矿渣的活性越高。用于生产高性能混凝土用的矿物外加剂的矿渣质量系数 K 应该大于 1.2。粒化高炉矿渣的活性，还与成料条件（淬冷前熔融矿渣的温度、淬冷方法以及淬冷速度等）有关，质量系数只是主要从化学成分方面来反映活性的一个指标。我国一些大型钢铁厂排放矿渣的化学成分见表 2-8。

表 2-8　我国大型钢铁厂高炉矿渣的化学成分

矿渣产地	矿渣化学成分（%）								质量系数
	SiO_2	Al_2O_3	Fe_2O_3	CaO	MgO	MnO	TiO_2	S	
首都钢铁厂	32.62	9.92	4.21	41.53	8.89	0.29	0.84	0.70	1.56
邯郸钢铁厂	37.83	11.02	3.47	45.54	3.52	0.29	0.30	0.88	1.76
唐山钢铁厂	33.84	11.68	2.20	38.13	10.61	0.26	0.21	1.12	1.54
本溪钢铁厂	37.50	8.08	1.00	40.53	9.56	0.16	0.15	0.66	1.39
鞍山钢铁厂	40.55	7.63	1.37	42.55	6.16	0.08	—	0.87	1.62
马鞍山钢铁厂	33.92	11.11	2.15	37.97	8.03	0.23	1.10	0.93	1.73
临汾钢铁厂	35.01	14.44	0.88	36.78	9.72	0.30	—	0.53	1.56

要特别注意矿渣粉中的一些有害物质含量不应超过国家标准的要求，如对钢筋有锈蚀作用的氯离子含量、影响混凝土碱骨料反应的碱含量、影响混凝土体积稳定性的氧化镁和三氧化硫含量等。另外，有些有害杂质可能引起混凝土凝结时间的明显延长，在胶凝材料中 20%的掺量可导致混凝土的凝结时间延长 10h 左右，应引起重视。另外，矿渣粉中的某些组分在水化过程中可能生成着色能力强的物质，引起混凝土的色差，影响外观质量，其中生成蓝绿斑的情况在本书的第 8 章中有描述，可参考。因为矿渣本身是钢铁厂的固体废弃物，这些工厂不会重视其在混凝土中的使用效果，但搅拌站却要把它作为重要的材料使用，关注度不同，而现行的标准和规范中又没有对这种情况予以考虑，因此搅拌站在使用时应该对此有

所认知。

2.3.2.2 物理性能

矿渣粉细度对混凝土性能影响很大，矿渣粉的颗粒群形态，诸如颗粒级配、粒径分布、颗粒形貌等特征参数与水泥基材料的流动性、密实性及力学性能都有密切的关系。

随着矿渣粉比表面积的增大，矿渣的平均粒径减小。当比表面积为 $300m^2/kg$ 时，平均粒径为 $21.2\mu m$；比表面积为 $400m^2/kg$ 时，平均粒径为 $14.5\mu m$；比表面积 $800m^2/kg$ 时，平均粒径为 $2.5\mu m$，仅为比表面积 $300m^2/kg$ 的矿渣粒径的 1/8 左右。

粒径大于 $45\mu m$ 的矿渣颗粒很难参与水化反应，因此要求用于高性能混凝土的矿渣粉磨至比表面积超过 $400m^2/kg$，以较充分地发挥其活性，减小泌水性。比表面积为 600～$1000m^2/kg$ 的矿渣粉用于配制高强混凝土时的最佳掺量为 30%～50%。矿渣磨得越细，其活性越高，掺入混凝土后，早期产生的水化热越大，越不利于降低混凝土的温升；当矿渣的比表面积超过 $400m^2/kg$ 后，用于很低水胶比的混凝土时，混凝土早期的自收缩随掺量的增加而增大；但矿渣粉的填充效应增加，粉磨矿渣要消耗能源，成本较高；矿渣粉磨得越细，掺量越大，则低水胶比的高性能混凝土拌合物越黏稠。

2.3.2.3 活性指数

矿渣粉活性是通过活性指数试验测得，测定试验胶砂和对比胶砂的抗压强度，以二者抗压强度之比确定矿渣粉试样的活性指数。试验胶砂和对比胶砂材料用量见表 2-9。

表 2-9 测定矿渣粉活性指数试验中试验胶砂和对比胶砂材料用量

胶砂种类	水泥（g）	矿渣粉（g）	标准砂（g）	水（mL）	28d 强度
对比胶砂	450	—	1350	225	$R_0=50$
试验胶砂	225	225	1350	225	$R_2=45$

（1）活性指数的标准计算方法

矿渣粉 7d 活性指数按下式计算，结果取整数，即

$$A_7=\frac{R_7}{R_{07}}\times 100$$

式中 A_7——7d 活性指数，%；

R_{07}——对比胶砂 7d 抗压强度，MPa；

R_7——试验胶砂 7d 抗压强度，MPa。

计算结果精确至 1%。

矿渣粉 28d 活性指数按下式计算，即

$$A_{28}=\frac{R_{28}}{R_{028}}\times 100$$

式中 A_{28}——28d 活性指数，%；

R_{028}——对比砂浆 28d 抗压强度，MPa；

R_{28}——试验砂浆 28d 抗压强度，MPa。

计算结果精确至 1%。

（2）28d 活性指数的推荐计算方法

根据对比胶砂可知：450g 水泥提供强度 50MPa，则 225g 水泥提供的强度为 $0.50R_0=25$MPa；试验胶砂提供的强度包括 225g 水泥提供的强度由 $0.50R_0=25$MPa 计算得到，225g 矿渣粉提供的强度由 $R_2-0.50R_0=20$MPa 计算得到；则矿渣粉的活性指数由下式求得，即

$$\alpha_K=(R_2-0.50R_0)/(0.50R_0)$$

代入数据可得矿渣粉的活性指数：$\alpha_K=(R_2-0.50R_0)/(0.50R_0)=20/25=0.8$

矿渣粉替代水泥的水泥替代系数 $\delta_c=(0.50R_0)/(R_2-0.50R_0)=25/20=1.25$

这样，我们在混凝土配合比设计过程中可以用 1kg 矿渣粉取代 0.8kg 与对比试验相同的水泥，摒弃传统观念中矿渣粉等量取代和超量取代水泥的思路，准确合理地使用了矿渣粉。

2.3.3　矿渣粉作为混凝土掺合料的应用

认识到矿渣熔融体急冷后形成的玻璃体具有理想的潜在水硬活性后，人们普遍采用水淬法对矿渣熔融体进行粒化急冷。

早在 1853 年就开始对矿渣进行水淬粒化。当时的主要目的是将其制成粒状材料（矿渣砂）以便运输。1862 年，德国 Email Langen 发现了这种产物具有潜在的水硬性并通过试验进一步证实。此后，工业上普遍采用这种意义重大的粒化工艺。

研究表明，水淬高炉矿渣玻璃体含量达 90%以上时，其水硬性较令人满意。水淬高炉矿渣中含有少量结晶体并不会产生严重的不利作用，且有资料表明，玻璃质矿渣中含有少量结晶体可以作为晶核，对矿渣水化产物的结晶有利。水淬高炉矿渣的玻璃体含量高，其化学组成与硅酸盐水泥熟料接近，所以，水化后的产物与硅酸盐水泥水化产物相似，能够互相穿插，相互搭接并形成具有一定强度的结构体。但不同的是，硅酸盐水泥接触水后能立即与水发生水化反应，产生凝胶并进一步结晶、穿插和搭接后产生强度。而粒化水淬高炉矿渣与水接触后并不能发生明显的水化反应，即其水硬性是潜在的，只有在用强碱或其他方法的激发作用下，它才能缓慢地发生水化反应。一般来说，矿渣活性的激发主要有两种措施，即物理激发和化学激发。

2.3.3.1　物理激发

通过细磨甚至超细磨，使得矿渣颗粒暴露出更多的新表面和缺陷，参与水化反应，或者采用加热的方法来加快其水化反应速度。

2.3.3.2　化学激发

通过化学激发剂的作用，促使矿渣颗粒与水发生水化反应，通常使用的化学激发剂有硫酸盐和碱等。

从 1862 开始，水淬高炉矿渣逐渐得到有效的利用。1865 年德国利用这种矿渣生产矿渣石灰水泥，1880 年又开始生产矿渣硅酸盐水泥。目前，将水淬高炉矿渣磨细后作为混凝土掺合料的应用是最普遍的。

将矿渣单独磨细作为混凝土掺合料使用，其效果远比将矿渣作为水泥活性掺合料好。这

是因为生产矿渣硅酸盐水泥时，粒化高炉矿渣与水泥熟料以及石膏共同磨细，而矿渣颗粒的硬度远高于水泥熟料，磨成水泥后，易磨性相对较好的水泥熟料颗粒的平均粒径比矿渣颗粒的小，而矿渣颗粒本身表面比较光滑，亲水能力差，再加上颗粒较粗，所以矿渣硅酸盐水泥的保水性较差。另外，由于矿渣硅酸盐水泥中矿渣颗粒的水化速度慢，颗粒又较粗，影响着矿渣水硬性的有效发挥。这也是为什么人们将矿渣硅酸盐水泥看作二等水泥而不用于配制高强混凝土或早强混凝土的原因。

将水淬高炉矿渣单独磨细后作为混凝土掺合料，在使用环节上可以根据实际需要任意调整矿渣粉与水泥的比例，具有极大的技术性、经济性和便利性，因此，应大力提倡将矿渣单独磨细后作为掺合料在混凝土中使用。

2.3.4 掺矿渣粉对混凝土性能的影响

据近几年矿粉在混凝土中应用的实践，矿粉用作混凝土掺合料可以等量取代部分水泥，取代量一般在20%～40%。矿粉混凝土与普通混凝土相比，具有以下特点：

(1) 与同强度等级的基准混凝土相比，矿粉混凝土早期强度（3d、7d）稍低，后期强度增长率较高，甚至可以超过基准混凝土。

(2) 掺加矿粉可以降低混凝土水化热峰值，延迟峰温发生的时间。

(3) 矿粉的微骨料效应和二次水化反应优化了混凝土孔结构，使混凝土进一步致密，孔径细化，连通孔减少，大大提高了混凝土的抗渗性能和抗氯离子渗透性能，表2-10是不同掺合料配制C40泵送混凝土水渗透系数的比较。同时矿粉混凝土中由于水泥用量降低和矿粉本身对碱的吸收，使整个混凝土体系内的 $Ca(OH)_2$ 减少，使其抗硫酸盐腐蚀性能和抑制碱骨料反应的能力明显提高，掺加矿粉对水泥抗硫酸盐腐蚀性能影响的试验结果见表2-11。

表2-10 不同掺合料配制C40泵送混凝土水渗透系数的比较

混凝土品种	C40泵送矿粉混凝土	C40泵送粉煤灰混凝土
水渗透系数（cm/s）	1.1×10^{-11}	1.9×10^{-11}

注：普通混凝土的水渗透系数一般为 1.0×10^{-9}cm/s。

表2-11 矿渣水泥抗硫酸盐（3% Na_2SO_4）试验结果

水泥品种	矿渣粉掺量（%）	1个月抗蚀系数
硅酸盐水泥	0	1.05
矿渣水泥	50	1.09
矿渣水泥	70	1.14

(4) 掺加矿粉增加了混凝土的干燥收缩，尤其是早期收缩，表2-12是 R_{28} 分别为40MPa和60MPa条件下，不同掺量矿粉混凝土干缩值的比较。因此，在干燥环境中，应该注意控制矿粉掺量，以防矿粉混凝土的干缩开裂。此外，对掺量≥35%的矿粉混凝土，早期干缩值（7d）的增幅都较大，应注意早期的保湿养护。

表 2-12　同强度等级（R_{28}）条件下矿粉混凝土的干缩值的比较（$\times 10^{-6}$）

混凝土抗压强度（MPa）	龄期（d）	矿粉掺量（%）				
		0	20	35	50	65
60		W/B=0.48	W/B=0.46	W/B=0.44	W/B=0.42	W/B=0.39
	7	161（100）	168（104）	199（124）	219（136）	254（158）
	180	388（100）	398（103）	430（111）	468（121）	526（136）
40		W/B=0.60	W/B=0.59	W/B=0.58	W/B=0.56	W/B=0.54
	7	131（100）	132（101）	154（118）	166（127）	183（140）
	180	363（100）	362（100）	382（105）	417（115）	449（124）

混凝土生产中如果采用矿粉单掺取代部分水泥，混凝土坍落度大，保水性差，工作性能不好。目前应用的趋向一般是采取矿粉与粉煤灰复掺，这样一方面可以改善混凝土的工作性，同时也可以使矿粉与粉煤灰在混凝土强度上有一定的互补，弥补单掺粉煤灰时出现的早强降幅太大的缺点。在设计采用矿粉和粉煤灰双掺配制等强度等级混凝土时，矿粉等量取代水泥部分，一般不需进行强度补充；粉煤灰取代水泥部分，可以通过适当降低混凝土水胶比进行弥补。

2.4　硅灰

2.4.1　硅灰的来源

硅灰是冶炼硅铁合金或工业硅时的副产品，通过烟道排出的硅蒸汽冷氧化并冷收尘而得。金属硅和合金都是在电炉生产的。原料是石英、焦炭、煤炭和木片。由于石英减少，氧化硅气体与电炉上层部分氧气混合，形成硅灰。在电炉里，氧化硅被氧化成为二氧化硅，凝聚成纯球形的硅灰颗粒，形成烟雾或烟尘的主要部分。

电炉中的烟尘进入冷却管道，再进入预先收集管道，通过旋风消除粗糙颗粒，这些颗粒被转入到专门设计的布袋过滤器，硅灰在此被收集。

其生成过程见图 2-21，原状硅灰见图 2-22。

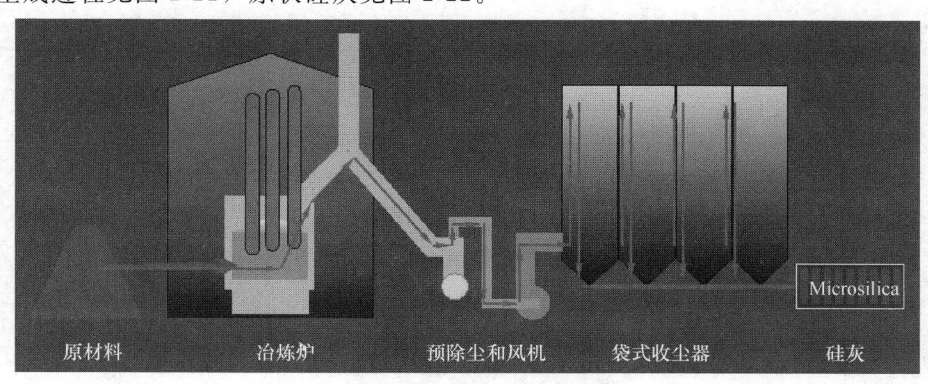

图 2-21　硅灰生成过程示意图

2.4.2　硅灰的物理性质

图 2-22　硅灰原状图

颜色——硅灰的颜色在浅灰色与深灰色之间。

相对密度——硅灰的相对密度在 $2.2g/cm^3$ 左右，比水泥（$3.1g/cm^3$）要轻，与粉煤灰相似。

松散表观密度——直接收尘得到的原状硅灰的松散表观密度一般在 150～$250kg/m^3$ 之间。采用增密工艺可将硅灰松散表观密度提高到 500～$700kg/m^3$，即加密型硅灰。

颗粒形状——非常微小、表面平滑的玻璃态球形颗粒。

颗粒尺寸——绝大多数颗粒的粒径小于 $1\mu m$，平均粒径为 $0.15\mu m$ 左右，仅是水泥颗粒直径的 1/100。

比表面积——介于 15000～$25000m^2/kg$（采用氮吸附法测定）。

2.4.3　硅灰的化学性质

二氧化硅最小含量 85%（一般超过 90%），无定形的活性二氧化硅具有火山灰活性——能与 $Ca(OH)_2$ 反应，烧失量一般低于 4%。

2.4.4　用于混凝土中的硅灰的技术要求

《砂浆和混凝土用硅灰》（GB/T 27690—2011）对用于混凝土中作为掺合料的硅灰品质的规定见表 2-13。

表 2-13　作为混凝土掺合料的硅灰品质要求

项　　目	指　　标
固含量（液料）	按生产厂控制值的±2%
总碱量	≤1.5%
SiO_2 含量	≥85.0%
氯含量	≤0.1%
含水率（粉料）	≤3.0%
烧失量	≤4.0%
需水量比	≤125%
比表面积（BET 法）	$\geq 15m^2/g$
活性指数（7d 快速法）	≥105%
放射性	$I_{Ra} \leq 1.0$ 和 $I_r \leq 1.0$
抑制碱骨料反应性	14d 膨胀率降低值≥35%
抗氯离子渗透性	28d 电通量之比≤40%

注：硅灰浆折算为固体含量按此表进行检验。抑制碱骨料反应性和抗氯离子渗透性为选择性试验项目，由供需双方协商决定。

2.4.5　硅灰在混凝土中的应用

2.4.5.1　硅灰应用的发展过程

1947 年，在挪威克里斯蒂安桑市埃肯集团 Fiskaa 工厂，世界上首次进行硅灰收尘。1951 年开始进行混凝土应用试验，1952 年硅灰混凝土第一次在工程中应用（奥斯陆 Bernhardt 隧道）。70 年代，生产收尘技术日趋成熟，硅灰对混凝土性能的改善引起广泛兴趣，应用研究工作在世界范围内全面展开。挪威率先颁布硅灰在混合水泥与混凝土中应用的国家标准。80 年代，应用技术高速发展，混凝土应用领域不断扩展，用量快速增长。挪威首先将硅灰用于喷射混凝土，并很快成为喷射混凝土的标准组分；高强泵送混凝土（80～130MPa）、高抗冲磨混凝土在美国成功应用。90 年代，硅灰成为广泛使用的火山灰质混合材，改善新拌与硬化混凝土的性能，世界范围的年用量达 10 万吨以上。

2.4.5.2　硅灰用于混凝土的优点

混凝土中掺入硅灰可以实现：

（1）显著提高混凝土的强度。

（2）改善泵送性能。

（3）有效阻止硫酸盐及氯离子对混凝土的渗透、侵蚀，避免混凝土中的钢筋受到腐蚀，从而延长混凝土的寿命。

（4）耐磨、耐冲刷。

2.4.5.3　掺入硅灰的混凝土的用途

（1）制造高强度等级混凝土（C70 以上）。

（2）制造高抗渗（≥P30）、结构自防水混凝土，用于地铁、隧道、高层建筑物的地下室。

（3）制造海工和化工混凝土。

（4）水利、桥梁的混凝土工程。

（5）快速施工需要的早强、高强混凝土。

（6）隧道、地铁、大型基坑结构施工过程中用于支护的高强喷射混凝土。

（7）水下施工项目（如桥墩、大坝、钻井平台等）用的混凝土。

（8）高速公路、大型桥梁的路面混凝土。

2.4.5.4　硅灰的使用方法和注意事项

（1）由于硅灰颗粒细小，比表面积大，需水量高，因而在混凝土掺入硅灰时，必须与高效减水剂联合使用才能取得良好的效果，掺入量为胶凝材料的 5%～10%。

（2）通常混凝土搅拌站使用加密型硅灰，因此可选择人工加料或自动加料。由于硅灰独有的超细特性，在骨料投料后立即投入，不得将粉状硅灰加入已拌合的混凝土中。掺入硅灰混凝土的搅拌时间比普通混凝土要延长 30～40s，以获得良好的均匀性。掺入硅灰混凝土的运输没有特别要求，与普通混凝土相同。

（3）硅灰混凝土的振捣要求密实，不得漏振、欠振，也不得过振。硅灰混凝土养护过程中防止水分的过早蒸发非常重要。因此，浇注完毕，要立即覆膜，并铺设麻袋，浇水养护。

（4）硅灰用编织袋套塑料内密封袋包装，在贮存和运输过程中注意防水、防潮。

2.5 外加剂

外加剂日益广泛的应用对混凝土技术进步带来的影响十分显著，外加剂与混凝土的关系是相辅相成、相互依存的。各种类型的外加剂在混凝土搅拌站中的使用比较普遍，也成为混凝土生产中不可缺少的重要组分。没有混凝土技术的发展需求，外加剂的发展就缺少动力；反之，没有外加剂产品及其应用技术的发展，混凝土技术和产品也无法实现更高的水平。但不得不说，行业内对外加剂的认识和了解的程度以及使用中的方法问题已经在实践中表现突出，因为外加剂的产品质量和不恰当的使用造成混凝土质量缺陷甚至是质量事故的案例屡见不鲜。应该说，外加剂本身的性能质量加上其应用技术共同组成混凝土外加剂的完整概念。搅拌站的技术人员及时了解混凝土外加剂新产品及其新技术、新工艺，准确掌握各种外加剂的性能，针对具体工程需求正确选择使用各种不同性能的外加剂，使其发挥最佳作用，取得应有的技术经济效果，对于提高混凝土总体质量水平、推动混凝土工程的技术进步具有重要意义。

2.5.1 混凝土外加剂的发展阶段

2.5.1.1 以木质素为代表的第一代

国内于20世纪50年代开始研制开发生产以木质素磺酸钙为代表的第一代普通减水剂，代号M剂。

普通减水剂品种有以下几种：木质素磺酸盐、多元醇、聚氧乙烯及衍生物、羟基羧酸盐。应用较为广泛的主要有木质素磺酸钙、木质素磺酸钠、木质素磺酸镁、葡萄糖酸钙。其中通过木质素磺酸钙进行活性改进的方法制备出高效减水剂，其掺量0.5%～0.6%的情况下减水率15%以上，和萘系复合使用加入适量缓凝剂可以配出很好的泵送剂。

木质素磺酸盐减水剂的主要原料为亚硫酸盐法生产纸浆的废液，主要成分是由草本、木本植物造纸浆废液中提取得到的各类木质素衍生物，有木质素磺酸盐、硫酸盐木素（硫化木素）、碱木素等。其合成工艺见图2-23。

木质素磺酸盐掺量为水泥量的0.25%，在保持混凝土和易性不变的情况下，可减水10%左右，28d强度提高10%～20%，节省水泥10%左右。

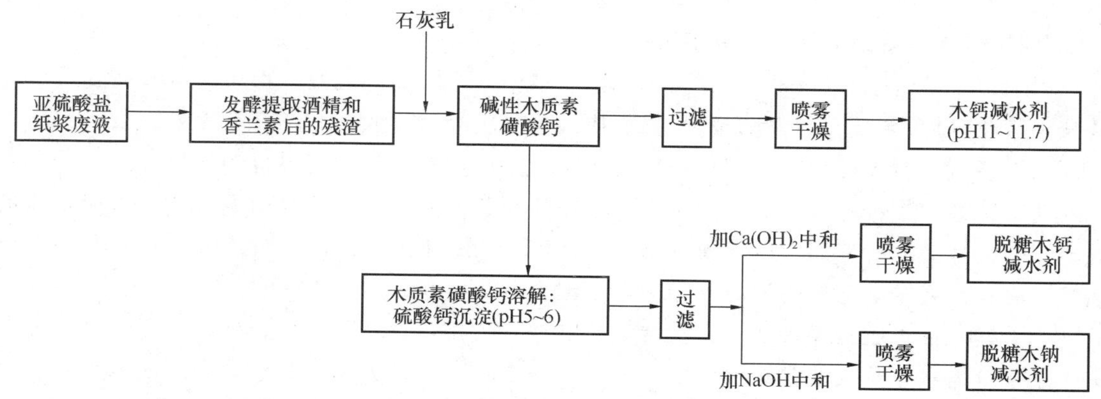

图2-23 木质素磺酸盐减水剂的合成工艺流程图

在水泥浆中掺加占水泥量 0.25％木质素磺酸钙后，凝时可延长 1～3h，且随掺量增加，凝时延长，同时含气量随之增加。这类减水剂因价格低而长期在国内减水剂市场占有一定的用量，而且木质素磺酸盐是制浆工业的副产品，它的利用符合当前环境保护的政策。

在混凝土拌合物性能、原材料以及混凝土外加剂环保性方面，C10～C25 等级预拌混凝土中采用木质素磺酸盐减水剂为主复配泵送剂具有一定的优势。尤其在预拌混凝土出现泌水现象时，掺加适量木质素磺酸钠可以减少泌水量，改善混凝土的黏聚性和保水性。在复配过程中木质素磺酸钙只能用粉体，特别是与萘系减水剂组合一起配制出的泵送剂容易出现沉淀现象。木质素磺酸钠与木质素磺酸钙的区别之处在于：木质素磺酸钠可以与各种类型的高效减水剂复配成粉体或液体泵送剂；木质素磺酸钙只能与各种类型的高效减水剂复配成粉体泵送剂。二者与高效减水剂复配再加适量的缓凝剂和引气剂就可以配制出经济实用的泵送剂。

普通减水剂的劣势主要有以下几方面：

使用木质素磺酸盐减水剂之前必须做水泥适应性试验，因为木质素中含一些还原糖和多元醇，而这些成分会影响水泥中调凝剂（如硬石膏与氟石膏）在水泥反应过程中的溶出速度，当水泥中的铝酸三钙含量较高时易发生假凝。

普通减水剂具有减水、缓凝、引气的特性，有时在生产应用中为调整混凝土和易性、坍落度和流动性，在增加掺量的同时会导致混凝土凝时延长、含气量偏高等诸多问题出现。

该类减水剂适应于最低气温 5℃以上的混凝土施工，低于 5℃时应与早强剂复合使用，气温过高容易使混凝土出现硬壳现象。

由于木质素减水剂减水率低、强度增长幅度小、后期强度偏低、对混凝土原材料适用面窄等缺点，逐渐被以萘系为代表的第二代高效减水剂所取代。

2.5.1.2　以萘系为代表的第二代

20 世纪 60 年代，国内研制开发生产第二代高效减水剂，代号 FDN，按合成原料不同分为：萘系减水剂、氨基磺酸盐、脂肪族系、三聚氰胺减水剂。

目前国内萘系减水剂的生产量占减水剂用量的 70％以上，该类减水剂是经化工合成的非引气型高效减水剂，化学名称 β-萘磺酸钠甲醛缩合物，它对水泥粒子有很强的分散作用，对配制大流态混凝土，高强度、高抗渗性高性能混凝土及预拌混凝土有很好的使用效果，对常用水泥有良好的适应性。

萘系一般通过以浓硫酸为磺化剂对萘进行磺化、水解、滴入甲醛缩合、加入氢氧化钠（钙）中和而得母液，见图 2-24。萘系高效减水剂的减水率一般在 15％以上。根据其硫酸钠含量分为高浓型、中浓型和低浓型。高浓型指硫酸钠含量低于 3％，中浓型指硫酸钠含量低于 10％，低浓型的硫酸钠含量一般不超过 20％。其中高浓型高效减水剂是在合成完后加入

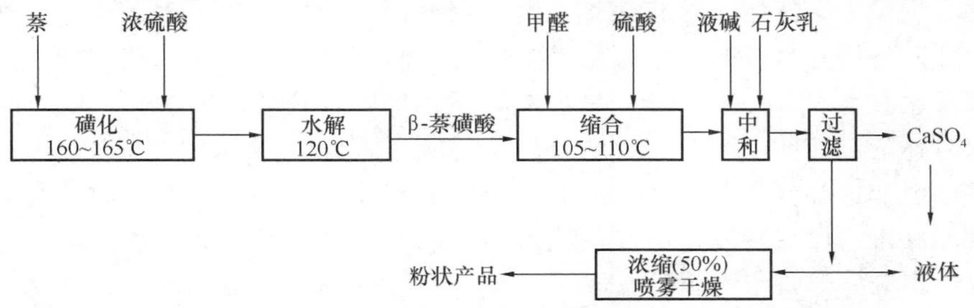

图 2-24　萘磺酸盐甲醛缩合物高效减水剂合成工艺流程图

少量氢氧化钠和氢氧化钙中和，然后经过脱硫酸钙工艺而得。其纯度比较高，减水率相对也高。中浓型高效减水剂是一种新的合成工艺，用较低的硫酸量作磺化剂（大概萘酸比为1：0.8），采取磺化共沸排去磺化过程中反应出的水，保证了磺化萘酸比，而后中和而得。低浓型减水剂也就是一般所说的高效，因其硫酸钠含量高，水剂在气温低于15℃、浓度高时，硫酸钠容易析出，造成结晶、堵管。在降低浓度为30%左右时，能解决此问题。甲基萘系、蒽油系、铣油系因其含量相对萘较低，为了提高转化率加入了较多的硫酸，再中和时又要加入氢氧化钠，加上杂质相对多，故该类产品有一定的引气，减水率也相对要低。

（1）配料表（单位：kg）

总量	工业萘	浓硫酸	甲醛	氢氧化钠	水
1000	150～160	152～184	95～98	236～310	120

（2）磺化：萘入釜—升温130℃搅拌熔融—155℃滴加硫酸（60min内加完）—升温165℃（恒温4h）。

（3）水解：降温到130℃—滴加（60～70℃）热水—恒温（110～120℃）30min。

（4）缩合：降温到100℃—缓慢滴加甲醛（60min内加完）—缓慢升温（105～115℃）—恒温3h。

（5）中和：降温到80℃—分三次加入烧碱—调整pH值8左右。

掺量范围：粉体占水泥量的0.75%～1.5%，液体占水泥量的1.5%～2.5%，萘系减水剂的减水率高低及保坍性取决于合成工艺、原材料、温度控制等方面。

从复配方式来讲：它可以和各种类型高效减水剂组合，单掺萘系减水剂时坍落度损失大，一般1h损失过半甚至更大，气温高更明显。在水泥正常情况下，一般与葡萄糖酸钠、糖类、羟基羧酸及盐类、柠檬酸及无机盐类缓凝剂进行搭配组合，再加适量引气剂可以很好控制坍落度损失。该类减水剂的减水率一般在15%～25%，不引气，对凝结时间影响小。它的缺点之一是冬季硫酸钠结晶问题，当温度低于15℃时就有结晶现象。一旦结晶则造成管道堵塞致使无法正常使用，结晶过程有可能造成部分有效成分丢失，使减水率下降。萘系减水剂由于选用高毒、易挥发、易分解的危险化学品，采用高温高压生产工艺易产生挥发性有害气体，对环境有较大的影响，对人体有较大危害性。该类减水剂在低水胶比的情况下混凝土发黏。

萘系减水剂合成出来的母料含固量一般在38%～40%，硫酸钠含量一般在18%～20%。因为硫酸钠溶解度受温度高低影响，目前冬季解决结晶问题一般采用储罐加热，在复配过程中与氨基减水剂、脂肪族减水剂搭配使用降低硫酸钠含量。

萘系减水剂在混凝土工程应用中经常遇见水泥与减水剂不适应的情况，表现为减水效果低、凝结快、坍损大、新拌混凝土泌水、十几分钟没有流动性甚至强度偏低，这种情况不仅与水泥成分及矿物掺合料有关，也与生产萘系减水剂厂家工艺的差别有直接的关系。

氨基磺酸系减水剂，代号ASP，出现在萘系、三聚氰胺高效减水剂之后。这类减水剂在改善低水胶比下流动性差、坍损大方面优于萘系、三聚氰胺减水剂。氨基磺酸系减水剂即芳香族氨基磺酸盐聚合物，它是由对氨基苯磺酸钠、苯酚、甲醛为原料经过缩合、中和反应合成的一种高减水、保坍性能好的高效减水剂，见图2-25。因为氨基亲水性官能团朝向水溶液，容易以氢键的形式与水分子缔合，在水泥颗粒表面形成一层稳定的溶剂化水膜，阻止水泥颗粒之间的直接接触，从而起到润滑作用，因此氨基磺酸系减水剂具有极强的分散作用和防止坍损能力。国内 1990 年以后对氨基磺酸系减水剂进行研制生产，目前在工程应用中主要作为减水成分，与其他高效减水剂复合使用。氨基对水泥颗粒吸附呈齿形，静电斥力呈立体交错纵横式，对水泥颗粒有很好的分散能力；而萘系减水剂吸附方式呈平直状，分子呈棒状键结构，静电排斥作用弱，对水泥颗粒分散比氨基弱。

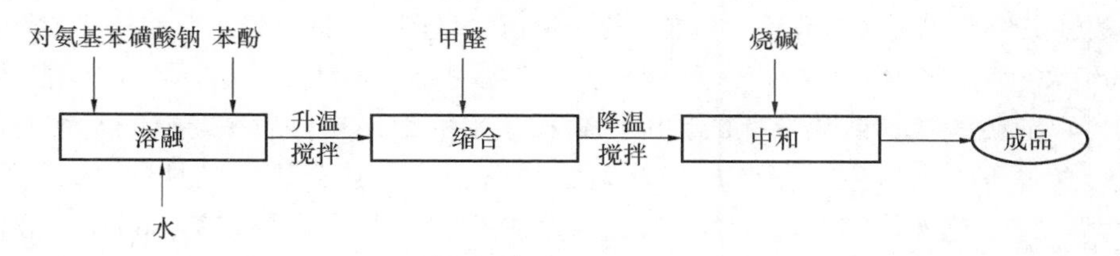

图 2-25　氨基磺酸盐高效减水剂合成工艺

氨基减水剂的劣势主要有：原材料偏贵，生产成本高，应用过程对掺量比较敏感；由于选用高毒、易挥发、易分解的危险化学品，对人体及环境都有一定的危害。

氨基减水剂按折固掺水泥量 0.4%的基础上增加掺量，混凝土不发黏，特别在低水胶比的情况下，减水率可达到 25%～30%；而萘系减水剂按折固掺水泥量 0.75%的基础上增加掺量，混凝土发黏，特别在低水胶比的情况下更明显。

从水泥净浆来看：以 0.29 的水胶比，萘系减水剂掺水泥量的 0.75%，初始水泥净浆流动度 230mm，半小时 160mm 甚至更小；而氨基减水剂掺水泥量的 0.4%，初始水泥净浆流动度 230mm，半小时 200mm。从对比数据可以说明氨基比萘系保坍性好。

氨基减水剂具有减水率高的特性，在配制高等级如 C50～C80 混凝土时，混凝土不发黏且强度增长幅度大。

氨基减水剂单掺效果不理想，可以与其他高效减水剂复合使用，冬季不结晶。配制混凝土防冻剂时，以氨基作为减水成分可以单掺亚硝酸钠，萘系减水剂作为减水成分单掺亚硝酸钠，钠盐就超标，且碱含量偏高，而氨基自身碱含量低，复配亚硝酸钠后钠盐也符合标准。

三聚氰胺减水剂即磺化三聚氰胺甲醛树脂，以三聚氰胺、甲醛、亚硫酸氢钠为原料经过磺化、缩聚等反应过程生成，其代号 MSF。国内生产始于 20 世纪 80 年代初，该系减水剂具有减水率高，增强效果明显，低碱，能有效控制混凝土泌水，减少混凝土收缩，非引气，不会使混凝土产生大量气泡，对水泥适应性强，特别在硫铝酸盐水泥和铝酸盐水泥中效果比萘系好，无缓凝，对混凝土影响不大；硫酸钠含量低，氯盐含量低，生产过程无废气、废渣、废水排放；耐火、光亮等特点。其掺量占水泥量的 0.5%，减水率达 25%左右，可配制泵送、流态、耐火、蒸养、清水、装饰、彩色混凝土。

复配方式：可以与其他高效减水剂及常用缓凝剂进行搭配使用，配制出泵送剂。该减水剂因为生产成本高、难制成粉剂、反应条件严格、质量难以控制等缺点，在外加剂市场用量不高。

改性三聚氰胺减水剂与传统三聚氰胺减水剂性能的不同点在于：一是高羟基化，传统密胺减水剂在羟甲基化合物反应中只生成三羟甲基三聚氰胺，而改性三聚氰胺在羟甲基化合成反应过程中除形成三羟甲基三聚氰胺外还生成部分四羟甲基三聚氰胺。二是高磺化度，传统密胺减水剂在磺化合成反应过程中只生成三羟甲基三聚氰胺磺酸钠，而改性三聚氰胺减水剂在磺化合成反应过程中除形成三羟甲基三聚氰胺磺酸钠，还有部分四羟甲基三聚氰胺磺酸钠。

改性三聚氰胺减水剂与萘系减水剂的区别在于：①减水率。在相同掺量情况下，改性三聚氰胺减水剂比萘系减水剂高5%～10%。②坍落度。在相同掺量情况下，改性三聚氰胺减水剂比萘系减水剂少30～50mm，改性三聚氰胺减水剂掺1%的情况下1h坍落度损失小于或等于20mm，而萘系掺1%的情况下1h坍落度损失大于或等于50mm。③改性三聚氰胺减水剂不引气，不含硫酸钠，低碱；而萘系减水剂是高碱，硫酸钠含量高，冬季容易结晶。

新型改性三聚氰胺减水剂产品具有推广使用价值，生产成本低，经济效益和社会效益大。

20世纪80年代国内研发生产一种新型脂肪族减水剂，简称SAF，是由丙酮、甲醛为主要原料，再以亚硫酸氢钠或焦亚硫酸钠为原料按预定的配比投料顺序与时间，在不同的反应温度及反应条件下，反应生成脂肪族羟基磺酸盐缩合物，其合成工艺见图2-26。固含量在38%～40%，棕红色液体，经过喷雾干燥设备生产棕褐色粉末，掺量为0.5%，液体掺量为1.5%～2.0%，减水率25%左右。新型脂肪族减水剂目前有两种生产工艺，即锅炉加热法和免加热法，生产程序简单，生产时间短。产品具有不引气、无氯、低碱、无缓凝、早强、与水泥适应性好、分散能力强、保水性好、抗冻能力强、低温下强度发展快、耐高温等特点。与其他高效减水剂有良好的配伍性，配制混凝土坍落度损失小、强度高，减水效果出现叠加效应。

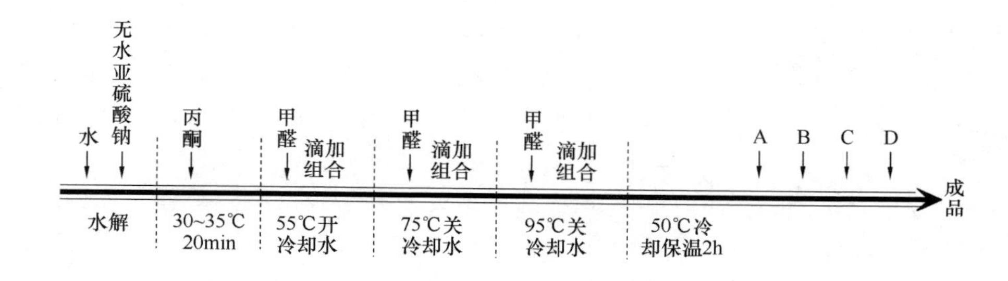

图2-26　脂肪族高效减水剂合成工艺图

新型脂肪族减水剂的缺点是：新浇混凝土颜色发红，影响混凝土外观，有些工程部位受限制；单掺时作为减水剂也存在泌水、坍损大的问题。

复配方式：一般与萘系减水剂搭配使用，二者可以有叠加效应。加适量的缓凝剂和引气剂可以配制出高流动性、高强度、高抗渗的高性能混凝土。

2.5.1.3　以聚羧酸系为代表的第三代

20世纪90年代以来，聚羧酸系减水剂已经发展成为一种高性能减水剂的新品种，也是国内研究的热门。聚羧酸减水剂的合成包括：

（1）活性大单体的制备

将聚乙二醇单甲醚和过量丙烯酸单体加入到装有冷凝分流装置的反应器中，搅拌，升温至一定温度反应5～15h，通过减压蒸馏蒸除溶剂并回收，即得含有丙烯酸单体的活性大单体。

溶剂法酯化时，以环己烷或甲苯带水，温度分别控制在82～95℃和110～125℃，溶剂回收率为98%～100%；无溶剂酯化时，采用通氮去水的方式，温度控制在100～130℃。

（2）合成聚羧酸盐高效减水剂

在反应器内加入一定量水为分散介质，搅拌，升温至一定温度，加入单体和引发剂溶液，反应4～8h，降温，加碱中和至pH＝6.5～8，即得聚羧酸高效减水剂母液，代号PC，见图2-27。

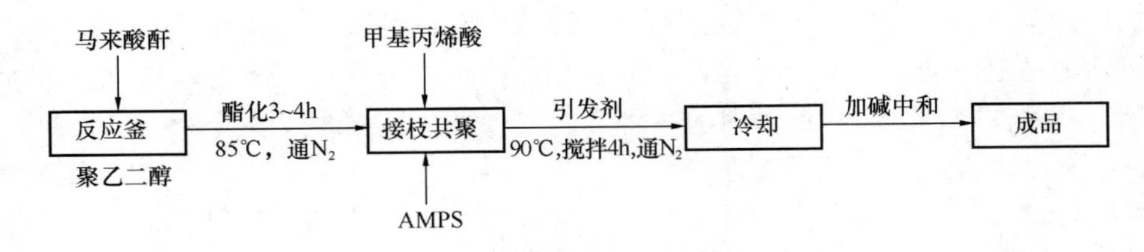

图 2-27　聚羧酸高性能减水剂合成工艺图

聚羧酸减水剂与其他减水剂也存在适应性的问题，它可以与木质素减水剂复配但不能与萘系、三聚氰胺、氨基减水剂复合使用。搅拌了这三种高效减水剂的搅拌机和运输车必须清洗干净。生产和储罐应该避免长时间与铁质材料接触，因为聚羧酸减水剂呈弱酸性，长时间与铁质材料接触，容易因腐蚀而使产品变黑。

聚羧酸减水剂对有些缓凝剂也存在不适应的问题，如柠檬酸钠不但起不到缓凝作用有时还促凝。三聚磷酸钠、焦磷酸钠缓凝剂与聚羧酸减水剂组合容易沉淀，会造成产品质量不稳定。葡萄糖酸钠、蔗糖、麦芽糊精、硼砂、硫酸锌等缓凝剂可以显著降低经时损失。另外有些消泡剂、引气剂、增稠剂也存在适应性不良的问题。聚羧酸减水剂与混凝土原材料也存在适应性的问题，影响较大的是砂石含泥量。含泥量对聚羧酸减水剂的影响程度比萘系和其他减水剂影响大得多。另外粉煤灰品质对其影响也较大，对水泥也有不匹配的问题。聚羧酸减水剂与混凝土配比也有很大的关系，单方水泥用量及砂率都会影响其使用性能。

聚羧酸减水剂在配制防冻剂方面存在的问题：优质混凝土防冻剂应该具有低碱、无氯、保坍效果好等特点。传统的萘系作为减水剂配制防冻组分的方法用在聚羧酸防冻剂上是不可取的。因为萘系减水剂与聚羧酸结构性能差别较大，适应性不好的防冻成分复配在一起会出现沉淀、冒泡，颜色会发生变化，减水及防冻效果降低。目前常用的有亚硝酸钠、硝酸钠、硝酸钙、三乙醇胺、乙二醇。选择不同的防冻组分与聚羧酸复合以不影响减水及保持能力为好。

聚羧酸减水剂对单方用水量及掺量比较敏感，在与水泥不匹配的情况下再加上砂石含泥量高，混凝土坍损特别大，有时候会发生快硬，往往出现水泥净浆保持特别好，而混凝土坍损特别大的现象。

聚羧酸减水剂的减水率在35%左右，能有效控制坍损、泌水、缓凝、引气等问题，与不同水泥有较好的适应性，在低掺量的情况下，可以配制出高流动度、低水胶比、不发黏、和易性好的混凝土。合成过程不含甲醛，没有易挥发、有毒成分，对人体和环境没有危害，属于绿色环保高性能减水剂，它在混凝土外加剂行业有着更好的应用前景。

2.5.2　合成厂与复配厂生产的产品的区别

现在搅拌站用的主要是合成厂和复配厂的外加剂产品，这两类厂家提供的产品有哪些区别呢？

合成厂侧重于化工合成，主要经营的是母料产品，复配是辅助产品。合成厂外购原料的品质及合成工艺配比差别较大，有些小合成厂对原料只检验简单几项。有些必检项目不具备技术条件，合成过程中滴加时间和速度、反应温度很关键，难免有控制不当的地方，就会造成合成出来的产品减水率低、保坍性能不好。

复配厂侧重于技术、生产售后服务和现场跟踪，发现问题及时解决。技术员的主要精力在于搅拌站的材料波动及混凝土配比设计的合理性，不能因为配比不合理给调整增加难度。另外复配厂在关注搅拌站材料的同时对减水方面的母料、早强剂、缓凝剂、引气剂等材料的性质比较了解。对母料使用有多项选择性，一旦发现外购母料性能不好，随时更换给搅拌站材料比较匹配的母料。检验方面不需要太精密的仪器，做几项必检项目即可。检验母料时，现场试拌一盘混凝土看一下减水、保坍、凝时、含气、强度等指标，很直观判断出来。合成厂自己生产则不可能外购其他厂家的产品，在这一点上复配厂有相对的优势。

2.5.3 混凝土外加剂适用范围问题

随着混凝土外加剂技术本身的不断发展，其品种和性能也在不断增多，但理论和实践证明，大多数产品都有一个适用范围，在某个有限的范围内可获得良好效果。如果使用不当，超范围使用，甚至无限夸大其作用与使用范围，不但没有好处，反而有害处。所以，应在理论指导和大量工程实践经验的基础上，总结出每一种类外加剂产品的最佳适用范围，这也是混凝土外加剂应用技术研究中应解决的关键问题之一。

2.6 骨料

2.6.1 砂

2.6.1.1 砂的来源

粒径为0.16～4.75mm的骨料称为细骨料，简称砂。混凝土用砂分为天然砂和人工破碎砂。

天然砂是建筑工程中的主要用砂，它是由岩石风化所形成的散粒材料，按来源不同分为山砂、河砂、海砂等。山砂表面粗糙、棱角多，含泥量和有机质含量较多。河砂的表面圆滑，较为清洁，且分布广，是混凝土主要用砂，见图2-28，但随着大量开采应用，资源逐渐减少，甚至枯竭。海砂长期受海水的冲刷，表面圆滑，较为清洁，但常混有贝壳和较多的盐分，见图2-29。

图2-28　河砂

图2-29 海砂

人工破碎砂，也称机制砂，见图2-30，是由天然岩石破碎而成，其表面粗糙、棱角多，较为清洁，但砂中含有较多片状颗粒和细砂，且成本较高，一般在缺乏天然砂时使用。在机制砂中有一个特例是尾矿砂，这种砂是钢厂的选矿厂在破碎和磁选后剩余的细颗粒部分，为工业的固体废弃物，见图 2-31。

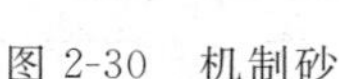

图 2-30　机制砂

图 2-31　铁尾矿砂

2.6.1.2　砂的粗细与颗粒级配

砂的粗细是指砂粒混合后的平均粗细程度。砂的颗粒级配是指大小不同颗粒的搭配程度。

砂的粗细和颗粒级配通常采用筛分析法测定与评定，即采用一套筛孔边长为 4.75mm、2.36mm、1.18mm、600μm、300μm、150μm、75μm 的方孔筛，将 500g 干砂由粗到细依次筛分，然后称量每一个筛上的筛余量，并计算出各筛的分计筛余百分率和累计筛余百分率。筛余量、分计筛余百分率、累计筛余百分率的关系见表 2-14。

表 2-14　筛余量、分计筛余百分率、累计筛余百分率的关系

筛孔边长（mm）	筛余量（g）	分计筛余（%）	累计筛余（%）
4.75	m_1	a_1	$\beta_1=a_1$
2.36	m_2	a_2	$\beta_2=a_1+a_2$
1.18	m_3	a_3	$\beta_3=a_1+a_2+a_3$
0.60	m_4	a_4	$\beta_4=a_1+a_2+a_3+a_4$
0.30	m_5	a_5	$\beta_5=a_1+a_2+a_3+a_4+a_5$
0.15	m_6	a_6	$\beta_6=a_1+a_2+a_3+a_4+a_5+a_6$

砂的粗细程度用细度模数 μ_f 来表示，计算式如下：

$$\mu_f=\frac{(\beta_2+\beta_3+\beta_4+\beta_5+\beta_6)-5\beta_1}{100-\beta_1}$$

按细度模数分为粗、中、细、特细四级，细度模数越大，表示砂越粗。标准规定，$\mu_f=3.7\sim3.1$ 为粗砂，$\mu_f=3.0\sim2.3$ 为中砂，$\mu_f=2.2\sim1.6$ 为细砂，$\mu_f=1.5\sim0.7$ 为特细砂。

除特细砂以外，砂的颗粒级配可按公称直径 630μm 筛孔的累计筛余量分成三个级配区，各级配区的要求见表 2-15。混凝土用砂的颗粒级配应处于三个级配区的任何一个级配区内，优先选用Ⅱ区砂。除公称粒径为 5.00mm 和 630μm 的累计筛余外，其余公称粒径的累计筛余可稍超出分界线，但其总超出量不应大于5%。

表 2-15 砂的颗粒级配区

公称粒径	累计筛余（%）		
	Ⅰ区	Ⅱ区	Ⅲ区
5.00mm	10～0	10～0	10～0
2.50mm	35～5	25～0	15～0
1.25mm	65～35	50～10	25～0
630μm	85～71	70～41	40～16
315μm	95～80	92～70	85～55
160μm	100～90	100～90	100～90

2.6.2 石

2.6.2.1 石子的来源

粒径大于5mm的骨料称为粗骨料，习惯称为石子。粗骨料分为碎石和卵石。

卵石分为河卵石、海卵石、山卵石等，其中河卵石分布广，应用较多。卵石的表面光滑，有机杂质含量较多。

碎石为天然岩石或卵石破碎而成，其表面粗糙、棱角多，较为清洁，见图2-32。碎石开采、破碎、筛分及装车见图2-34。与卵石比较，用碎石配制混凝土时，需水量及水泥用量较大，或混凝土拌合物的流动性较小，但由于碎石与水泥石间的界面粘结力强，所以碎石混凝土的强度一般高于卵石混凝土。碎卵石是将大块的卵石破碎和筛分后得到的一种骨料，

图 2-32 碎石

其性能介于碎石和卵石之间，见图 2-33。采用碎卵石与碎石相比，可显著地降低用水量或外加剂掺量，并获得更大的坍落度和扩展度，混凝土的流动性增强。用碎卵石作为粗骨料拌制的混凝土的试验数据，可参考附录 4。

图 2-33　碎卵石

2.6.2.2　粗骨料的最大粒径与颗粒级配

粗骨料公称粒径的上限称为该粒级的最大粒径。对中低强度的混凝土，应尽量选择最大粒径较大的粗骨料。应该采用连续粒级，单粒级可用于组合成为连续粒级。

粗骨料的级配也采用筛分析试验来测定，并按各筛上的累计筛余百分率划分级配。《普通混凝土用砂、石质量及检验方法标准》（JGJ 52—2006）规定，连续粒级的碎石或卵石的颗粒级配范围应符合表 2-16 的要求。

表 2-16　碎石或卵石的颗粒级配范围

级配情况	公称粒级 (mm)	累计筛余，按质量（%） 方孔筛筛孔边长尺寸（mm）											
		2.36	4.75	9.5	16.0	19.0	26.5	31.5	37.5	53	63	75	90
连续粒级	5～10	95～100	80～100	0～15	0	—	—	—	—	—	—	—	—
	5～16	95～100	85～100	30～60	0～10	0	—	—	—	—	—	—	—
	5～20	95～100	90～100	40～80	—	0～10	0	—	—	—	—	—	—
	5～25	95～100	90～100	—	30～70	—	0～5	0	—	—	—	—	—
	5～31.5	95～100	90～100	70～90	—	15～45	—	0～5	0	—	—	—	—
	5～40		95～100	70～90	—	30～65	—	—	0～5	0	—	—	—

图 2-34　碎石开采、破碎、筛分及装车组图

2.6.2.3　含泥量及石粉含量

对于有抗冻、抗渗或其他特殊要求的混凝土，其所用碎石或卵石中含泥量规定不应大于1.0%。当确定含泥不是黏土而是石粉时，含泥量可提高。石粉和泥从颜色上有明显的区别，雨季开采和破碎的碎石、卵石在进场时常有含泥或石粉黏附在颗粒表面的现象，简单的判别方法就是看颜色，若为黏土，其颜色与骨料本身的颜色差异很大。碎石或卵石中含泥量及石粉含量指标限值见表 2-17。

表 2-17　碎石或卵石中含泥量及石粉含量指标

混凝土强度等级	≥C60	C55～C30	≤C25
含泥量（按质量计,%）	≤0.5	≤1.0	≤2.0
石粉含量（按质量计,%）	≤1.0	≤1.5	≤3.0

2.6.3　砂石含泥量对外加剂适应性的影响

随着外加剂的大量使用以及砂石料质量的不断劣化，减水剂在混凝土生产应用过程中出现了许多新问题。当砂石含泥量较高时，经常出现外加剂在做水泥净浆流动度试验时效果很好，但当用相同掺量配制混凝土时，混凝土拌合物流动性很差，或者根本不流。对于使用聚羧酸系减水剂的厂家，这个问题特别突出。为了使混凝土拌合物满足泵送施工要求，有的单位将外加剂的掺量成倍增加，使混凝土的生产成本大大增加，影响混凝土生产企业的生产成本和直接经济效益。有的单位采用多加水的办法来解决混凝土拌合物流动性不足的问题，导致混凝土实际水胶比变大，严重影响混凝土的强度。

2.6.3.1　试验研究

朱效荣根据多年生产实践总结，对砂子含泥量和石子吸水对外加剂的适应性、混凝土拌合物的工作性等技术指标进行对比试验，查找原因。以 C30 混凝土为例进行分析，配合比设计为：胶凝材料 350kg，砂子 700kg，石子 980kg，水 175kg，外加剂 7kg。其中 1 号配比中砂子为饱和面干状态，含泥 2%，石子含泥 0.5%；2 号配比中砂子为绝干状态，含泥 3%，石子含泥 0.5%，吸水率 3%；3 号配比中砂子为绝干状态，含泥 5%，石子含泥 0.5%，吸水率 3%；4 号配比中砂子为干燥，含泥 3%，石子含泥 0.5%，吸水率 5%；5 号配比中砂子为干燥，含泥 5%，石子含泥 0.5%，吸水率 5%。试验数据见表 2-18。

表 2-18　试验数据

编号	胶凝材料 (kg/m^3)	砂子 (kg/m^3)	石子 (kg/m^3)	水 (kg/m^3)	缓凝减水剂 (kg/m^3)	初始坍落度 (mm)	0.5h 坍落度 (mm)	经时损失 (mm)
1	350	700	980	175	7	220	200	20
2	350	700	980	175	7	200	80	120
3	350	700	980	175	7	120	50	70
4	350	700	980	175	7	180	30	150
5	350	700	980	175	7	80	30	50

根据以上试验数据可知，当砂子、石子的含泥量为 2%，且砂子、石子为饱和面干状态时，配制的混凝土坍落度为 220mm，1h 坍落度为 180mm；当砂子为绝干状态，含泥 3%，石子含泥为 0.5%，吸水率 3%时，混凝土初始坍落度为 200mm，1h 坍落度为 80mm，损失很大；当砂子为绝干状态，含泥 5%，石子含泥 0.5%，吸水率 3%时，混凝土初始坍落度只有 120mm，1h 坍落度为 50mm，损失很大；当砂子为干燥，含泥 3%，石子含泥 0.5%，吸水率 5%时，混凝土初始坍落度只有 180mm，1h 坍落度为 30mm，损失很大；当砂子的含泥量达到 5%，吸水率达到 5%时，混凝土初始坍落度只有 80mm，1h 坍落度为 30mm，损失很大。

2.6.3.2　原因分析

（1）砂子含泥量对外加剂适应性和拌合物工作性的影响。在以上试验的基础上，对砂子含泥量影响外加剂掺量和混凝土工作性的原因进行分析，根据数据分析与现场观察，砂子含泥量高对混凝土工作性的影响在混凝土拌合物初期就表现得非常明显，对减水剂的适应性也特别明显，造成混凝土初始坍落度小，坍落度经时损失大。在其他材料没有变化的情况下，砂子中的含泥量增加为35kg，由于含泥量实际是黏土质的细粉末，与胶凝材料具有相同的吸水性能，而在配合比设计时，没有考虑这些粉料的吸水问题，因此35kg的黏土粉需要等比例的需水量即17.5kg才能达到表面润湿，同时润湿之后的黏土质材料也需要等比例的外加剂达到同样的流动性，即0.7kg的外加剂。这就是相同配比的条件下，当外加剂和用水量不变，含泥量由2%提高到5%以上时，混凝土初始流动性变差、坍落度经时损失变大、外加剂掺量成倍增加的根本原因。

(2) 石子含泥量及吸水对外加剂适应性和拌合物工作性的影响。在以上试验的基础上，对石子含泥量及吸水影响外加剂掺量和混凝土工作性的原因进行分析，石子含泥量对外加剂的适应性和混凝土拌合物工作性的影响与砂子相同。根据现场观察，石子吸水对外加剂的适应性和混凝土工作性的影响主要表现在坍落度损失方面，配制的混凝土初始坍落度都不受影响，但是当混凝土从搅拌机中卸出时，几分钟之内就失去了流动性，并且石子的表面粘有很多砂浆的颗粒，加水之后仍然没有流动性，强度明显降低。

产生这种现象的原因主要是由于石子吸水引起的。当混凝土的原材料按比例投入搅拌机后，在搅拌机内快速旋转，水泥砂浆的搅拌过程就像洗衣机的甩干过程一样，砂浆在搅拌机内做切线运动，水分无法进入石子内部，流动性很好。一旦停止搅拌，混凝土拌合物处于静止状态，则水泥混合砂浆中的水分就像洗衣机甩干桶中甩出的水分再次渗入衣服一样，快速渗入石子的孔隙中，由于外加剂全部溶解到水里，石子吸收了多少水，外加剂也等比例地被吸收，造成砂浆中的拌合水量快速减少，混凝土拌合物很快失去流动性，同时外加剂在胶凝材料中的浓度也是快速降低。最终出现混凝土在搅拌过程中的流动性很好，初始坍落度很大，但停止搅拌后几分钟之内混凝土拌合物就完全失去流动性的现象。在试验中，石子吸水29.4kg，外加剂被浪费近1/6。

2.7 水

混凝土用水包括两部分，一是拌合用水，二是养护用水。现行标准为《混凝土用水标准》(JGJ 63—2006)，包括饮用水、地表水、地下水、再生水、混凝土企业设备洗刷水和海水等。

为实现搅拌站内的废弃物零排放，有必要对生产污水回收利用，《环境标志产品技术要求 预拌混凝土》(HJ/T 412—2007) 和《预拌混凝土绿色生产及管理技术规程》(JGJ/T 328—2014) 都鼓励对这部分回收的水进行应用，按照现行的《混凝土用水标准》(JGJ 63—2006) 的要求，可溶物一般会超标，但笔者和同行的研究数据表明：超标的回收水是可以应用于混凝土生产的，应以混凝土的性能指标检测结果符合技术要求为准。在水的处理和应用方面，搅拌站要有充分的试验研究数据做支撑，以保证安全应用。对于浆水回收应用的研究数据，可参考本书第6章的内容。

混凝土养护用水可以不检验不溶物和可溶物，也不检验水泥凝结时间和水泥胶砂强度的对比。

第3章　混凝土配合比设计

混凝土配合比的设计在工程建设的任何领域都是至关重要的一项工作，对于混凝土来说更是具有特殊意义。在实际生产应用过程中也出现了不少的问题，首先是标准规范的限制和约束。对于大多数的混凝土搅拌站来说，配合比的设计主要依据《普通混凝土配合比设计规程》(JGJ 55—2011)，规程中对“胶凝材料”和“水胶比”术语定义的明确提出和使用，消除了以往“水泥”和掺合料分不清的问题，同时对于不同品种的水泥当中熟料和掺合料的比例选用也做了说明，供设计配比时参考。最大水胶比和最小胶凝材料用量在这本规程中都有明确的列表，使用时做个简单的计算就可以了。再者，改水泥胶砂的抗压强度为胶凝材料胶砂强度，更为接近实际的生产情况。当然，准确的同时也增大了试验工作量，要求技术人员在正式应用之前要做比较多的准备工作，将不同比例掺加矿物掺合料的胶砂强度试验做完，供配合比设计时取值。另外增加的一项内容也作为强制条文出现的就是对于有耐久性设计要求的混凝土应进行相应耐久性试验验证。

冬期施工，要考虑冬期混凝土配合比设计的问题。《建筑工程冬期施工规程》(JGJ/T 104—2011) 中关于水泥用量的问题也是设计配合比的技术人员需关注的事情。该规程规定：混凝土最小水泥用量不宜低于 280kg/m^3，水胶比不应大于 0.55。条文说明中对此条进行了补充：考虑现代混凝土配制和生产技术的发展，在有能力确保混凝土早期强度增长速率不下降，混凝土能尽快达到受冻临界强度的条件下，混凝土最小水泥用量也可小于 280kg/m^3，体现节能、节材的绿色施工宗旨，故本条最小水泥用量由“应”改为“宜”。按照规程的这个要求，水泥用量的控制应该说是通过技术人员结合实际情况可以做调整的，选择的余地是有的。但能够按照这个规程的本意来实施的难度也是有的，主编单位的宣讲和解释是有必要的。这个规程主要是针对我国的“三北”地区，而东北和华北地区的气温差距很大，用一本规范、一个水泥用量来控制是很有难度的。如何正确理解规程的本意和应用过程中的尺度掌握，是个难题。

王栋民和陈建奎提出了全计算法设计 HPC 配合比的方法；朱效荣基于多组分混凝土理论的 XS 公式法给出了公式，并设计了计算的软件，也有部分应用的经验，可供参考。北京市建筑工程研究院的傅沛兴提出了有别于传统的砂率法的不同流变性类型的连续级配计算式；清华大学陈肇元提出了“完善技术标准，提供性能切合工程需求的混凝土”，主张以具有工程所需的性能作为目标进行生产与施工，推广应用目标混凝土（或性能化混凝土）；戴镇潮针对混凝土的配制强度和验收强度著书立说。这些都是一家之言，可供技术人员在做设计时借鉴。

随着建筑材料和混凝土技术的发展，每天都会有新事物诞生，新的理论和方法也会不断提出。综合考虑本地区、本企业的实际情况，设计出满足生产和工程所需的混凝土才是设计的目标，同时为产品负责、为社会负责的道德底线是永远不可突破的。

3.1 普通混凝土配合比设计

普通混凝土（细石混凝土）样品见图3-1；普通混凝土（泵送）样品见图3-2。

图3-1 普通混凝土（细石混凝土）样品
（参见彩页）

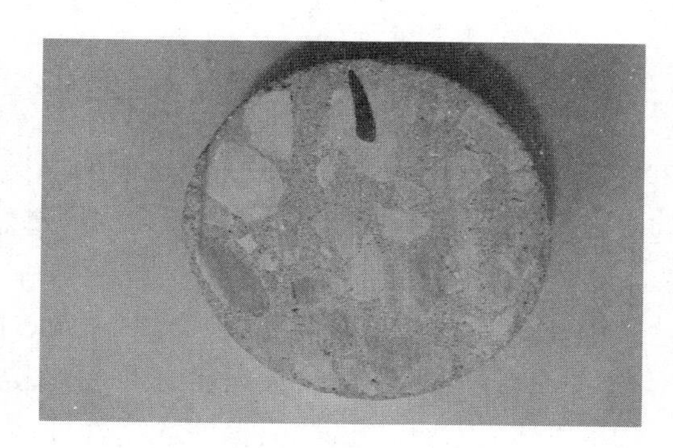

图3-2 普通混凝土（泵送）样品
（参见彩页）

3.1.1 《普通混凝土配合比设计规程》（JGJ 55－2011）配合比设计举例

根据《普通混凝土配合比设计规程》（JGJ 55—2011），设计某普通泵送C30混凝土配合比，设计过程如下。

3.1.1.1 原材料选择

结合设计和施工要求，选择原材料并检测其主要性能指标如下：

（1）水泥：选用P·O 42.5级水泥，28d胶砂抗压强度48.6MPa，安定性合格，密度$\rho_c=3100kg/m^3$。

（2）矿物掺合料：选用F类Ⅱ级粉煤灰，细度20.0%，需水量比102%，烧失量6.0%，密度$\rho_F=2200kg/m^3$；选用S95级矿粉，比表面积$428m^2/kg$，流动度比98%，28d活性指数99%，密度$\rho_K=2800kg/m^3$。

（3）细骨料：采用当地产天然河砂，细度模数2.70，级配Ⅱ区，含泥量2.0%，泥块含量0.6%，表观密度$\rho_s=2650kg/m^3$。

（4）粗骨料：选用最大公称粒径为25mm的粗骨料，连续级配，含泥量1.2%，泥块含量0.5%，针片状颗粒含量8.9%，表观密度$\rho_g=2750kg/m^3$。

（5）外加剂：选用某公司生产高性能聚羧酸减水剂，减水率为25%，含固量为20%。

（6）水：选用地下水。

3.1.1.2 计算配制强度

假设由于缺乏强度标准差统计资料，因此根据表3-1选择强度标准差σ为5.0MPa。

表3-1 标准差σ值

MPa

混凝土强度标准值	≤C20	C25～C45	C50～C55
Σ	4.0	5.0	6.0

采用公式（3-1）计算配制强度如下：

$$f_{cu,0} \geqslant f_{cu,k} + 1.645\sigma \tag{3-1}$$

式中　$f_{cu,0}$——混凝土配制强度（MPa）；

$f_{cu,k}$——混凝土立方体抗压强度标准值，这里取混凝土的设计强度等级值（MPa）；

σ——混凝土强度标准差（MPa）。

计算结果：C30 混凝土配制强度不小于 38.2MPa。

3.1.1.3　确定水胶比

（1）矿物掺合料掺量选择。应根据表 3-2 的规定，并考虑混凝土原材料、应用部位和施工工艺等因素来确定粉煤灰掺量。

表 3-2　钢筋混凝土中矿物掺合料最大掺量

矿物掺合料种类	水胶比	最大掺量（%）	
		采用硅酸盐水泥	采用普通硅酸盐水泥
粉煤灰	≤0.40	45	35
	＞0.40	40	30
粒化高炉矿渣粉	≤0.40	65	55
	＞0.40	55	45
钢渣粉	—	30	20
磷渣粉	—	30	20
硅灰	—	10	10
复合掺合料	≤0.40	65	55
	＞0.40	55	45

注：1. 采用其他通用硅酸盐水泥时，宜将水泥混合材掺量 20%以上的混合材量计入矿物掺合料。
2. 复合掺合料各组分的掺量不宜超过单掺时的最大掺量。
3. 在混合使用两种或两种以上矿物掺合料时，矿物掺合料总掺量应符合表中复合掺合料的规定。

综合考虑：方案 1 为 C30 混凝土的粉煤灰掺量 30%；

方案 2 为 C30 混凝土的粉煤灰掺量 25%，矿粉掺量 20%。

（2）胶凝材料胶砂强度。胶凝材料胶砂强度试验应按现行国家标准《水泥胶砂强度检验方法（ISO 法）》（GB/T 17671）的规定执行，对 3 个胶凝材料进行胶砂强度试验，也可从表 3-3 中选取所选 3 个方案的粉煤灰或矿粉的影响系数，计算胶砂强度 f_b。

表 3-3　粉煤灰影响系数（γ_f）和粒化高炉矿渣粉影响系数（γ_s）

掺量（%）＼种类	粉煤灰影响系数 γ_f	粒化高炉矿渣粉影响系数 γ_s
0	1.00	1.00
10	0.85～0.95	1.00
20	0.75～0.85	0.95～1.00
30	0.65～0.75	0.90～1.00
40	0.55～0.65	0.80～0.90
50	—	0.70～0.85

注：1. 采用Ⅰ级粉煤灰宜取上限值。
2. 采用 S75 级粒化高炉矿渣粉宜取下限值，采用 S95 级粒化高炉矿渣粉宜取上限值，采用 S105 级粒化高炉矿渣粉可取上限值加 0.05。
3. 当超出表中的掺量时，粉煤灰和粒化高炉矿渣粉影响系数应经试验确定。

检测或计算结果：

方案 1 实测掺加 30％粉煤灰的胶凝材料 28d 胶砂强度为 35.0MPa；

方案 2 根据表 3-3 选取粉煤灰和矿粉影响系数，计算胶凝材料 28d 胶砂强度 $f_b=0.75\times0.98\times48.6=35.7$MPa。

（3）水胶比计算。利用公式（3-2）计算实际水胶比如下，即

$$W/B=\frac{\alpha_a\cdot f_b}{f_{cu,0}+\alpha_a\cdot\alpha_b\cdot f_b} \tag{3-2}$$

式中 W/B——混凝土水胶比；

α_a、α_b——回归系数，根据实际生产时所使用的原材料，通过试验建立的水胶比与混凝土强度关系式来确定；

f_b——胶凝材料 28d 胶砂抗压强度（MPa），可实测，且试验方法应按现行国家标准《水泥胶砂强度检验方法（ISO 法）》（GB/T 17671）执行；也可按 $f_b=\gamma_f\gamma_s f_{ce}$ 计算确定。

由于没有回归系数统计资料，所以按表 3-4 选取回归系数 α_a、α_b。

表 3-4 回归系数（α_a、α_b）取值表

粗骨料品种 / 系数	碎 石	卵 石
α_a	0.53	0.49
α_b	0.20	0.13

计算结果：方案 1 掺加 30％粉煤灰时混凝土的水胶比为 0.442；

方案 2 掺加 25％粉煤灰和 20％矿粉时混凝土的水胶比为 0.450。

3.1.1.4 计算用水量

确定坍落度设计值为 180mm。因计算所得的水胶比在 0.40～0.80 之间，属于塑性混凝土，计算用水量步骤如下。

（1）塑性混凝土单位用水量。按表 3-5 选择单位用水量。满足坍落度 90mm 的塑性混凝土单位用水量为 210kg/m³（插值）。

表 3-5 塑性混凝土的用水量 kg/m³

拌合物稠度		卵石最大公称粒径（mm）				碎石最大公称粒径（mm）			
项目	指标	10.0	20.0	31.5	40.0	16.0	20.0	31.5	40.0
坍落度（mm）	10～30	190	170	160	150	200	185	175	165
	35～50	200	180	170	160	210	195	185	175
	55～70	210	190	180	170	220	205	195	185
	75～90	215	195	185	175	230	215	205	195

注：1. 本表用水量系采用中砂时的取值。采用细砂时，每立方米混凝土用水量可增加 5～10kg；采用粗砂时，可减少 5～10kg。

2. 掺用矿物掺合料和外加剂时，用水量应相应调整。

（2）推定未掺外加剂时混凝土用水量。以满足坍落度 90mm 的塑性混凝土单位用水量为基础，按每增大 20mm 坍落度相应增加 5kg/m³ 用水量来计算坍落度 180mm 时单位用水

量 $m'_{w0}=[(180-90)/20]\times5+210=232.5\text{kg/m}^3$。

（3）掺外加剂时的混凝土用水量。利用公式（3-3）计算掺外加剂时的混凝土用水量如下，即

$$m_{w0}=m'_{w0}(1-\beta) \tag{3-3}$$

式中　m_{w0}——计算配合比每立方米混凝土的用水量（kg/m^3）；

m'_{w0}——未掺外加剂时推定的满足实际坍落度要求的每立方米混凝土用水量（kg/m^3），以表 3-5 中 90mm 坍落度的用水量为基础，按每增大 20mm 坍落度相应增加 5 kg/m^3 用水量来计算；

β——外加剂的减水率（%），应经混凝土试验确定。

计算结果：混凝土单位用水量为 174kg/m^3。

3.1.1.5　计算胶凝材料用量

根据上述水胶比和单位用水量数据，根据公式（3-4）计算胶凝材料用量如下，即

$$m_{b0}=\frac{m_{w0}}{W/B} \tag{3-4}$$

计算结果：方案 1 混凝土的胶凝材料用量为 394kg/m^3；

方案 2 混凝土的胶凝材料用量为 387kg/m^3。

3.1.1.6　计算外加剂用量

选定 C30 混凝土的 A 型减水剂掺量为 1.0%，根据公式（3-5）计算外加剂用量如下，即

$$m_{a0}=m_{b0}\beta_a \tag{3-5}$$

式中　m_{a0}——计算配合比每立方米混凝土中外加剂用量（kg/m^3）；

m_{b0}——计算配合比每立方米混凝土中胶凝材料用量（kg/m^3）；

β_a——外加剂掺量（%），应经混凝土试验确定。

计算结果：方案 1 混凝土的外加剂单位用量为 3.94kg/m^3；

方案 2 混凝土的外加剂单位用量为 3.87kg/m^3。

3.1.1.7　计算矿物掺合料用量

根据上述确定的粉煤灰和矿粉掺量，根据公式（3-6）分别计算粉煤灰和矿粉用量如下，即

$$m_{f0}=m_{b0}\beta_f \tag{3-6}$$

式中　m_{f0}——计算配合比每立方米混凝土中矿物掺合料用量（kg/m^3）；

β_f——矿物掺合料掺量（%）。

计算结果：方案 1 混凝土的粉煤灰用量为 118kg/m^3；

方案 2 混凝土的粉煤灰和矿粉用量分别为 97kg/m^3 和 77kg/m^3。

3.1.1.8　计算水泥用量

已知胶凝材料用量、粉煤灰用量，根据公式（3-7）计算水泥用量如下，即

$$m_{c0}=m_{b0}-m_{f0} \tag{3-7}$$

式中　m_{c0}——计算配合比每立方米混凝土中水泥用量（kg/m^3）。

计算结果：方案 1 混凝土的水泥用量为 276kg/m^3；

方案 2 混凝土的水泥用量为 213kg/m^3。

3.1.1.9　计算砂率

根据表3-6初步选取坍落度60mm时砂率值为31%（插值）。随后按坍落度每增大20mm、砂率增大1%的幅度予以调整，得到坍落度180mm混凝土的砂率 β_s =［（180－60）/20］×1%＋31%＝37%。计算结果：坍落度180mm的C30混凝土砂率为37%。

表3-6　混凝土的砂率　　%

水胶比	卵石最大公称粒径（mm）			碎石最大公称粒径（mm）		
	10.0	20.0	40.0	16.0	20.0	40.0
0.40	26～32	25～31	24～30	30～35	29～34	27～32
0.50	30～35	29～34	28～33	33～38	32～37	30～35
0.60	33～38	32～37	31～36	36～41	35～40	33～38
0.70	36～41	35～40	34～39	39～44	38～43	36～41

注：1. 本表数值系中砂的选用砂率，对细砂或粗砂，可相应地减少或增大砂率。
2. 采用人工砂配制混凝土时，砂率可适当增大。
3. 只用一个单粒级粗骨料配制混凝土时，砂率应适当增大。

3.1.1.10　计算粗细骨料用量

（1）按质量法计算混凝土配合比，假定C30混凝土表观密度为2400kg/m³，则粗、细骨料用量应按式（3-8）计算，砂率按式（3-9）计算，即

$$m_{f0}+m_{c0}+m_{g0}+m_{s0}+m_{w0}=m_{cp} \quad (3\text{-}8)$$

$$\beta_s=\frac{m_{s0}}{m_{g0}+m_{s0}}\times 100\% \quad (3\text{-}9)$$

式中　m_{g0}——计算配合比每立方米混凝土的粗骨料用量（kg/m³）；
m_{s0}——计算配合比每立方米混凝土的细骨料用量（kg/m³）；
β_s——砂率（%）；
m_{cp}——每立方米混凝土拌合物的假定质量（kg），可取2350～2450kg/m³。

计算结果：方案1混凝土的砂和石子用量分别为678kg/m³和1154kg/m³；
方案2混凝土的砂和石子用量分别为680kg/m³和1158kg/m³。

（2）当采用体积法计算混凝土配合比时，砂率应按公式（3-9）计算，粗、细骨料用量应按公式（3-10）计算。

$$\frac{m_{c0}}{\rho_c}+\frac{m_{f0}}{\rho_f}+\frac{m_{g0}}{\rho_g}+\frac{m_{s0}}{\rho_s}+\frac{m_{w0}}{\rho_w}+0.01\alpha=1 \quad (3\text{-}10)$$

计算结果：方案1混凝土的砂和石子用量分别为675kg/m³和1150kg/m³；
方案2混凝土的砂和石子用量分别为677kg/m³和1153kg/m³。

3.1.1.11　调整用水量

扣除液体外加剂的水分，C30混凝土实际单位用水量计算结果为：

方案1混凝土的调整用水量为171kg/m³；

方案2混凝土的调整用水量为171kg/m³。

3.1.1.12　试拌配合比（以质量法计算配合比为例）

综上所述，计算得到C30混凝土的试拌配合比，见表3-7。

表 3-7　质量法计算所得配合比　kg/m³

配合比用量	水	水泥	砂	石	粉煤灰	矿粉	外加剂
方案 1	171	276	678	1154	118	—	3.94
方案 2	171	213	680	1158	97	77	3.87

3.1.1.13　配合比校正

试拌后的混凝土拌合物性能达到预计指标之后，用容量筒实测拌合物的表观密度，用该值除以计算值所得的比值为校正系数，计算所得的各种原材料的用量均乘以这个校正系数所得到的数值为校正后的配合比，可用于实际生产使用。

3.1.2　现代混凝土配合比设计——全计算法设计 C30 泵送混凝土配合比举例

现代混凝土由水泥、矿物细掺料、砂、石子、水和超塑化剂等多种成分按严格的比例关系组成，传统配合比设计方法不可能得到优化的配合比，而“全计算法”在设定条件下能精确计算出每个组分的用量和相互比例。全计算法设计步骤如下：

3.1.2.1　原材料选择

同 3.1.1.1 所用原材料。

3.1.2.2　计算配制强度

计算配制强度公式，见公式（3-1）。

计算结果：C30 混凝土配制强度不小于 38.2MPa。

3.1.2.3　水胶比的计算

水胶比见公式（3-11），即

$$W/(C+F)=\frac{1}{\dfrac{f_{cu,0}}{\alpha_a\cdot f_{ce}}+\alpha_b} \tag{3-11}$$

系数选择见表 3-4，本例选用碎石，将系数代入公式（3-11），计算可得

$$W/(C+F)=\frac{1}{\dfrac{38.2}{0.53\times 48}+0.20}=0.59$$

3.1.2.4　用水量的确定

用水量的计算公式，见公式（3-12），即

$$W=\frac{V_e-V_a}{1+\dfrac{0.335}{W/B}} \tag{3-12}$$

V_e 为浆体体积（为 W、V_c、V_f、V_a 之和），V_a 为单方混凝土中空气含量，取值混凝土正常含气量的 2%，即 20L，代入式（3-12）中可得

$$W=\frac{350-20}{1+\dfrac{0.335}{0.59}}=210\ (\text{kg})$$

混凝土外加剂掺量 2.0%，减水率为 25%，所以单方混凝土实际用水为 210×（1－25%）=158 kg。

3.1.2.5 胶凝材料的用量

$$C+F=\frac{W}{W/(C+F)}=Q \tag{3-13}$$

$$C=(1-\alpha)Q \tag{3-14}$$

$$F=\alpha Q \tag{3-15}$$

式中 Q——胶凝材料用量（kg/m^3）；

α——细掺料的掺量（%）。

所以：$Q=210/0.59=356$kg；

$C=$（1－25%）×356＝267kg；

$F=356\times25\%=89$kg。

3.1.2.6 砂率及骨料用量

$$\beta_s=\frac{V_{es}-V_e+W}{1000-V_e}\times100\%=44\%$$

$$S=(D-W-C-F)\times\beta_s=(2400-158-356)\times44\%=830\text{kg}$$

$$G=D-W-C-F-S=2400-356-158-830=1056\text{kg}$$

式中 D——混凝土表观密度（kg/m^3）；

V_{es}——干砂浆体积，$V_{es}=V_c+V_f+V_a+V_s$，通过实测石子表观密度及堆积密度计算可得。

$$V_{es}=1000\times(1-1.55/2.70)=426\text{L/m}^3$$

3.1.3 多组分混凝土理论 XS 公式法

由多组分混凝土强度理论数学模型，即

$$f=\sigma\cdot u\cdot m \tag{3-16}$$

可知：多组分混凝土硬化后单位体积内的石子、砂子均没有参与胶凝材料的水化硬化，其体积没有发生改变，分别为 V_g、V_s，混凝土的强度由硬化水泥混合砂浆理论强度、胶凝材料的填充强度贡献率和硬化密实浆体的体积百分比决定。以下介绍依据现代多组分混凝土理论进行混凝土配合比设计的具体步骤。

胶凝材料和外加剂的确定：以使用水泥配制混凝土为计算基础，根据水泥强度、需水量和表观密度求出提供 1MPa 强度时水泥的用量，以此计算出满足设计强度等级所需水泥的量；其次根据掺合料的活性系数和填充系数，用等活性替换和等填充替换求得胶凝材料的合理分配比例，然后用胶凝材料求得标准稠度用水量对应的水胶比，在这一水胶比条件下确定合理的外加剂用量以及胶凝材料所需的搅拌用水量。

骨料的确定：首先测得石子的空隙率，根据砂子完全填充于石子的空隙中求得每立方米混凝土砂子的准确用量，然后按照混凝土体积组成石子填充模型，用石子的堆积密度扣除胶凝材料，即可求得每立方米混凝土石子的准确用量，通过试验求得砂子和石子的吸水率即可求得润湿砂石所需的水。在计算的过程中，除去含气量，由于砂子的孔隙率所占体积和胶凝材料水化所需水分在混凝土中最后占据的体积基本相同，因此计算过程不考虑砂子的孔隙率和拌合水的体积。

3.1.3.1 配制强度的确定

现代多组分混凝土的配制强度按现行规范 $f_{cu,0}=f_{cu,k}+1.645\sigma$ 确定，同 3.1.1.2。

本案例设计强度为C30，则 $f_{cu,0}=38.2$MPa。

3.1.3.2　水泥浆理论强度 σ_0 的计算

由于配制设计强度等级的混凝土选用的水泥是确定的，在基准混凝土配比计算时取水泥为唯一胶凝材料，则 σ_0 的取值等于水泥标准砂浆的理论强度值 σ_0，即

$$V_{c0}=\frac{\frac{C_0}{\rho_{c0}}}{\frac{C_0}{\rho_{c0}}+\frac{S_0}{\rho_{s0}}+\frac{W}{\rho_{w0}}} \tag{3-17}$$

式中　V_{c0}——标准胶砂中水泥的体积比；

C_0——标准胶砂中水泥的用量（kg）；

ρ_{c0}——水泥的密度（kg/m^3）；

ρ_{s0}——砂的密度（kg/m^3）；

ρ_{w0}——水的密度（kg/m^3）；

S_0——标准胶砂中砂的用量（kg）；

W——标准胶砂中水的用量（kg）。

代入原材料各性能数值：$V_{c0}=0.165$。

则

$$\sigma_0=\frac{R_{28}}{V_{c0}} \tag{3-18}$$

σ_0——标准胶砂中水泥水化形成的纯浆体的强度（MPa）；

R_{28}——标准胶砂的强度（MPa）；

V_{c0}——标准胶砂中水泥的体积比。

代入数值，得 $\sigma_0=48/0.165=291$MPa。

3.1.3.3　水泥基准用量的确定

依据石子填充法设计思路，当混凝土中水泥浆体的体积达到100%时，混凝土的强度等于水泥浆体的理论强度值，即 $R=\sigma_0$，此时标准胶砂中纯浆体的密度可以通过式（3-19）求得。

$$\rho_0=\frac{\rho_{c0}\left(1+\frac{W_0}{100}\right)}{1+\rho_{c0}\times\frac{W_0}{100000}} \tag{3-19}$$

式中　W_0——标准胶砂中水泥的标准稠度用水量（kg）；

ρ_{c0}——标准胶砂中水泥的密度（kg/m^3）；

ρ_0——标准胶砂中纯浆体的密度（kg/m^3）。

代入数值，得 $\rho_0=2143$kg/m^3。

单位体积混凝土提供每兆帕强度对应的水泥浆质量由式（3-20）求得，即：

$$C=\frac{\rho_0}{\sigma_0} \tag{3-20}$$

式中　C——提供1MPa强度所需水泥用量（kg）；

ρ_0——标准胶砂中纯浆体的密度（kg/m^3）；

σ_0——标准胶砂中水泥水化形成的纯浆体的强度（MPa）。

代入数值，得 $C=7.36\text{kg}$。

配制强度为 $f_{cu,0}$ 的混凝土基准水泥用量为 C_{01}，即

$$C_{01}=C\times f_{cu,0} \tag{3-21}$$

代入数值，得 $C_{01}=281\text{kg}$。

3.1.3.4 掺合料用量的确定

设计中采用掺合料反应活性和填充强度贡献率折算后与水泥相等为基础，因此掺合料可由下式求得，即

$$C_{01}=B=\alpha_1 C+\alpha_2 F+\alpha_3 K+\alpha_4 Si \tag{3-22}$$

$$C_{01}=u_1 C+u_2 F+u_3 K+u_4 Si \tag{3-23}$$

$$300\leqslant C+F+K+Si\leqslant 600$$

式中 C、F、K、Si——分别为水泥、粉煤灰、矿粉、硅粉的用量；

α_1、α_2、α_3、α_4——分别为水泥、粉煤灰、矿粉、硅粉的活性系数；

u_1、u_2、u_3、u_4——分别为水泥、粉煤灰、矿粉、硅粉的填充因子指数。

$$u_1=\sqrt{\frac{\rho_c S_c}{\rho_c S_c}} \tag{3-24}$$

$$u_2=\sqrt{\frac{\rho_F S_F}{\rho_c S_c}} \tag{3-25}$$

$$u_3=\sqrt{\frac{\rho_K S_K}{\rho_c S_c}} \tag{3-26}$$

$$u_4=\sqrt{\frac{\rho_{Si} S_{Si}}{\rho_c S_c}} \tag{3-27}$$

$$u_1=\sqrt{\frac{S_c\rho_c}{S_c\rho_c}}=1.0,\quad u_2=\sqrt{\frac{S_F\rho_F}{S_c\rho_c}}=0.55,\quad u_3=\sqrt{\frac{S_K\rho_K}{S_c\rho_c}}=1.02$$

活性系数：$\alpha_F=\dfrac{R_1-0.7R_0}{0.3R_0}$，$\alpha_K=\dfrac{R_2-0.5R_0}{0.5R_0}$，$\alpha_{Si}=\dfrac{R_3-0.9R_0}{0.1R_0}$

$\beta_F=0.3R_0/(R_1-0.7R_0)$，$\beta_K=0.5R_0/(R_2-0.5R_0)$，$\beta_{Si}=0.1R_0/(R_3-0.9R_0)$

式中 α_F、α_K、α_{Si}——分别为粉煤灰、矿粉、硅灰的活性系数；

β_F、β_K、β_{Si}——分别为粉煤灰、矿粉、硅灰的取代系数；

R_0——对比砂浆 28d 抗压强度（MPa）；

R_1、R_2、R_3——试验砂浆 28d 抗压强度（MPa）。

则：$\alpha_F=0.67$；$\alpha_K=0.8$。

综合填充系数

$$u=\frac{u_1 C+u_2 F+u_3 K+u_4 Si}{C+F+K+Si} \tag{3-28}$$

$$C_{01}=C+\alpha_F F+\alpha_K K+u_4 Si \tag{3-29}$$

3.1.3.5 C10～C30（大掺量粉煤灰）混凝土

由于 C10～C30 混凝土配比计算 C_0 较小，用于生产普通混凝土时水泥用量 C 直接取 C_0 计算值，但用于预拌混凝土或者自密实混凝土等富浆的混凝土时，我们需要增加一定的胶凝

材料，根据我国现行规范，预拌或者自密实等富浆的混凝土中的胶凝材料用量不少于300kg，除水泥外的胶凝材料由活性较低的粉煤灰、炉渣粉等代替，不考虑填充效应。可以由以下公式求得，即

$$C_0=\alpha_1 C+\alpha_2 F \tag{3-30}$$

$$C+F=300$$

可以准确求得水泥、粉煤灰（炉渣粉）用量。

3.1.3.6 C30～C55掺复合料（矿粉和粉煤灰）混凝土

由于C30～C50混凝土配合比计算值 C_0 为水泥，用于生产普通混凝土时水泥用量直接取计算值 C_0，但为了降低混凝土的水化热，掺加一定的矿物掺合料，可以有效地预防混凝土塑性裂缝的产生，本计算方法确定将水泥的量控制在 C_0 的70%以下。根据我国国情，矿粉和粉煤灰是来源较广、价格比较便宜的两种矿物掺合料，当生产预拌或者自密实等富浆的混凝土时，应优先选用矿粉和粉煤灰代替部分水泥。根据现场实际情况，我们可以先确定水泥用量，然后求其余的两种。具体用量由以下公式求得，即

$$C_0 = B = \alpha_1 C + \alpha_2 F + \alpha_3 K \tag{3-31}$$

$$C_0 = u_1 C + u_2 F + u_3 K \tag{3-32}$$

可以准确求得水泥、粉煤灰和矿粉的合理用量。

3.1.3.7 C60～C100掺硅粉高强混凝土

由于C60～C100混凝土配比计算 C_0 较大，用于生产普通混凝土或干硬性混凝土时水泥用量直接取计算值 C_0，当用于生产预拌混凝土、自密实或自流平等富浆的混凝土时，为了改善混凝土的工作性，降低水泥的水化热，预防混凝土塑性裂缝的产生，提高混凝土的耐久性，需要增加一定的矿物掺合料。根据我国国情，矿粉和硅灰是来源较广、价格比较便宜的矿物掺合料，应优先选用并部分代替水泥。本计算方法确定将水泥的量控制在450 kg以下。采用矿粉主要考虑活性系数，使用硅粉主要考虑填充效应，胶凝材料总量控制在600kg左右。具体计算由以下公式求得，即

$$C_0 = B = \alpha_1 C + \alpha_3 K + \alpha_4 Si \tag{3-33}$$

$$C_0 = u_1 C + u_3 K + \alpha_4 Si \tag{3-34}$$

$$C+K+Si=600$$

可以准确求得水泥、矿粉和硅灰用量。

3.1.3.8 减水剂及用水量的确定

（1）胶凝材料需水量的确定

① 试验法。通过以上计算求得水泥、粉煤灰、矿粉和硅灰的准确用量后，按照已知的比例将各种胶凝材料混合成复合胶凝材料，可以采用测定水泥标准稠度用水量的方法求得胶凝材料的标准稠度用水量对应的水胶比 W/B。求得搅拌胶凝材料所需水量 W_1 为胶凝材料总量乘以水胶比。

② 计算法。通过以上计算求得水泥、粉煤灰、矿粉和硅灰的准确用量后，按照胶凝材料的需水量系数通过加权求和计算得到搅拌胶凝材料所需水量 W_1，同时求得搅拌胶凝材料的有效水胶比。

（2）外加剂用量的确定

采用以上水胶比，以推荐掺量进行外加剂的最佳掺量试验，即可求得外加剂的最佳用量。

3.1.3.9 砂子用量的确定

（1）砂子用量的确定

首先测得石子的空隙率 p，由于混凝土中的砂子完全填充于石子的空隙中，每立方米混凝土中砂子的准确用量为砂子的堆积密度乘以石子的空隙率，则砂子用量计算公式如下，即

$$S=\rho_s \times p \tag{3-35}$$

（2）砂子润湿用水量的确定

称量 1kg 砂子，放到水中浸泡至表面润湿状态，测得吸水率，用吸水率乘以砂子用量可求得润湿砂子的水量，即

$$W_2= S\times 吸水率 \tag{3-36}$$

3.1.3.10 石子用量的确定

（1）石子用量的确定

根据混凝土体积组成石子填充模型，在计算的过程中，除去含气量，由于砂子的孔隙率所占体积和胶凝材料水化所需水分在混凝土中最后占据的体积基本相同，因此计算过程不考虑砂子的孔隙率和拌合水的体积。用石子的堆积密度扣除胶凝材料，即可求得每立方米混凝土石子的准确用量，则石子用量计算公式如下，即

$$G = \rho_{g堆积} - (V_C + V_F + V_K + V_{Si}) \times \rho_{g表观} \tag{3-37}$$

（2）石子润湿用水量的确定

称量 1kg 石子，放到水中浸泡至表面润湿状态，测得吸水率，用吸水率乘以石子用量可求得润湿砂子的水量，即

$$W_3= G\times 吸水率 \tag{3-38}$$

3.1.3.11 总用水量的确定

通过以上计算，混凝土搅拌胶凝材料所用水量为 W_1，即

$$W_1 = (C+\beta_F F+\beta_K K+\beta_{Si} Si)\times \frac{W_0}{100} \tag{3-39}$$

润湿砂子所需的水量为 W_2；

润湿石子所需的水量为 W_3；

混凝土总的用水量 $W = W_1+W_2+W_3$。

3.1.4 现代混凝土的特点与配合比设计方法举例

本方法主要参考傅沛兴于 2010 年在《建筑材料学报》发表的“现代混凝土特点与配合比设计方法”一文，由于混凝土技术发展日新月异，且不同国家和地区标准也不尽相同，各有优劣。该文的设计方法突出了骨料级配的连续性，区别于国内现行标准在配合比设计中所采用的砂率设计法。本案例中试配强度、水胶比、用水量及各胶材用量依据现行标准。

3.1.4.1 配合比设计思想

混凝土配合比应按胶结材浆体（水泥＋矿物掺合料＋水＋外加剂）、空气、砂、石这四部分体积比进行设计。设计现代混凝土配合比的重点在于胶结材浆体性能和数量、骨料级配与用量。

现代混凝土要求具有优异的耐久性与工作性（易成型性），而不同流变类型混凝土胶浆体的性能、数量与骨料级配、用量差别较大，因而应按不同流变类型混凝土设计配合比。

3.1.4.2　不同流变类型混凝土胶结材浆体量与拌合用水量

不同流变类型混凝土所要求的坍落度、浆体量、用水量等均不相同，具体见表 3-8。

表 3-8　不同流变类型混凝土因素表

种类	干硬性	低塑性	塑性	流动	大流动
坍落度	＜10	10～50	50～100	100～180	＞180
浆体量	180～250	210～280	250～300	280～350	300～360
用水量	100～150	120～170		140～190	

目前在建工程基本属于高层泵送混凝土，施工要求坍落度均在（200±20）mm 左右，属于大流动性混凝土。

3.1.4.3　配合比的计算

参见本章 3.1.1.1～3.1.1.8 配合比设计案例中方案 2 的计算过程。

初步确定配合比：水，174kg；水泥，213 kg；粉煤灰，97 kg；矿粉，77 kg。

浆体量计算：$V_j = V_W + V_C + V_F + V_K + V_a$

$= 174 + 213/3.1 + 97/2.2 + 77/2.8 + 10$

$= 324$（L）

其中 V_a 为混凝土含气量，通过自然搅拌产生约 1%（体积分数）计算。

结合表 3-8，符合大流动混凝土浆体量及用水量要求。

3.1.4.4　富勒氏骨料连续级配公式及优化

目前国际上较为普遍应用的骨料连续级配计算式为富勒氏骨料连续级配公式，即

$$w_p = 100\sqrt{d/D} \tag{3-40}$$

式中　w_p——骨料通过某筛孔的质量分数（%）；

d——筛孔的孔径（mm）；

D——粗骨料最大粒径（mm）。

在式（3-40）基础上，通过大量试验验证，将不同流变性能的混凝土公式细分化，其中大流动性混凝土优化后公式为

$$w_p = 100\sqrt[3]{d/D} \tag{3-41}$$

以石子最大粒径为 25mm 为例，用调整后的富勒氏骨料计算骨料级配数据，结果见表 3-9。

表 3-9　用调整后的级配公式计算骨料级配

项　目	筛孔尺寸（mm）						砂率（%）
	25	20	15	10	5	0.16	
通过率（%）	100	92.8	84.3	73.7	58.5	18.6	49
筛余率（%）		7.2	8.5	10.5	15.2	39.9	
百分比（%）		17.4	20.5	25.4	36.7		

注：以上数据均按体积计算。

在设计混凝土配合比时，确定浆体量后，便可得到相应的骨料体积，再应用该流变类型混凝土骨料连续级配计算式计算出砂率（体积分数），便可以求得该种流变类型混凝土的粗骨料用量。

通过优化公式 $w_p = 100\sqrt[3]{d/D}$ 计算可得，砂率为 49%。

单方混凝土砂子用量为 m_S= （100－324） ×49%×2650＝878kg；

单方混凝土石子用量为 m_G= （100－324） ×51%×2750＝948kg；

单方混凝土表观密度为：174＋213＋97＋77＋878＋948＝2387kg/m³。

3.2 特殊混凝土配合比设计

3.2.1 铁钢砂混凝土

铁钢砂由一种天然铁矿石制成，耐磨、抗压、抗冲击，还具有耐酸碱腐蚀、抗高温等特点，铁钢砂混凝土样品见图 3-3。在建筑上，铁钢砂混凝土被用于耐磨层，在港口码头工程中可用于防撞击，并且可以提高混凝土的表观密度。本案例用于海中建造的高速公路桥墩外层的防撞保护层，主要防止冰凌的撞击对墩柱的损伤。该工程大部分处于海挡以外的沿海滩地之中。设计使用年限为 100 年。根据所处环境条件和作用等级，同时考虑抗冻耐久性，设计文件要求混凝土的配合比应满足表 3-10 的参数要求。

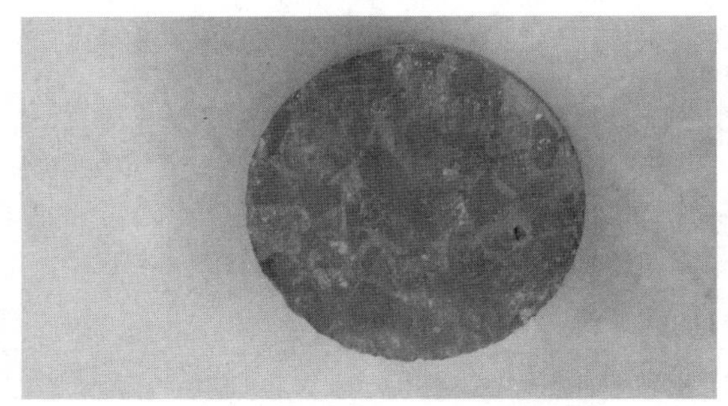

图 3-3 铁钢砂混凝土样品（参见彩页）

表 3-10 设计文件参数要求

结构部位	强度等级	环境等级	最大水胶比	最小胶凝材料用量（kg/m³）	最大氯离子含量（%）	最大碱含量（kg/m³）	抗侵入指标（氯离子扩散系数 $D_{RCM}10^{-12}m^2/s$）
防撞保护层铁钢砂混凝土	C80/P6/F300（*DF*≥80%）	E	0.36	360	0.10	3.0	＜4（28d）

由于该部位混凝土用量小，厚度薄，浇筑施工困难，设计要求铁钢砂混凝土坍落度（200±20）mm，流动性好，浇筑时采用汽车泵输送。

3.2.1.1 原材料选择

为保证工程质量需要，并充分利用地方资源，兼顾技术经济性合理等因素，选定混凝土所用原材料。

（1）水泥：水泥为 P·O 42.5 水泥，具体性能指标见表 3-11。

表 3-11 水泥性能指标

指标/品牌	凝结时间		强度（MPa）				碱含量（%）	氯离子（%）	氧化镁（%）	三氧化硫（%）
	初凝（min）	终凝（min）	抗压强度（MPa）		抗折强度（MPa）					
			3d	28d	3d	28d				
A	168	296	23.6	51.8	5.9	9.5	0.44	0.012	2.20	2.14

（2）细骨料：细骨料采用安徽芜湖产优质铁钢砂（图 3-4），依据《公路工程集料试验

规程》(JTG E 42—2005) 标准检验，属于Ⅱ区Ⅰ类中砂，其他性能指标见表 3-12。

表 3-12　铁钢砂性能指标

品种	细度模数	表观密度 (kg/m^3)	堆积密度 (kg/m^3)	空隙率 (%)
砂	3.2	4100	2190	46.4

铁钢砂的特点：外观呈暗红色，粗颗粒较多。由于铁钢砂硬度较天然石子更强，破碎难度也随之增大，铁钢砂细度模数普遍偏大，且较大颗粒形状尖棱突出。

(3) 粗骨料：粗骨料采用安徽芜湖产优质铁钢石，外观见图 3-5，性能见表 3-13。

表 3-13　石子性能指标

品种	颗粒级配	含泥量 (%)	泥块含量 (%)	片状颗粒含量 (%)	表观密度 (kg/m^3)	堆积密度 (kg/m^3)	压碎指标 (%)	空隙率 (%)
碎石	5～25mm	0.2	0	0.5	4130	2170	2	47.5

图 3-4　铁钢砂 (参见彩页)

图 3-5　铁钢石 (参见彩页)

铁钢石的特点：外观颜色呈灰红色，与天然石子相比，除密度较大外，外观也有明显区别，其颗粒形状类似针片形状较多，且尖棱突出。铁钢石的外观形状导致其空隙率较大，试拌的混凝土砂率也会相应提高。

(4) 矿粉：河北唐山产粒化高炉矿渣粉，依据 GB/T 18046—2008 标准，其性能指标见表 3-14。

表 3-14　矿粉性能指标

品种	级别	活性指数 (%)		密度 (g/cm^3)	比表面积 (m^2/kg)	三氧化硫 (%)	流动度比 (%)	氯离子 (%)	碱含量 (%)
		7d	28d						
矿粉	S95	80	99	2.95	463	0.12	99	0.012	0.68

(5) 山东产硅灰，主要性能指标见表 3-15。

表 3-15　硅灰的性能指标

品种	比表面积 (m^2/kg)	SiO_2 含量 (%)
硅灰	15000	92.12

(6) 外加剂：缓凝高效减水剂 Structuro300D1，依据 GB 8076—2008 标准，其性能指标见表 3-16。

表 3-16　Structuro300D1 型外加剂性能指标

名称	减水率（%）	泌水率（%）	含气量（%）	收缩率比（%）	抗压强度比（%）			氯离子含量（%）	碱含量（%）	密度（g/mL）	pH 值
					3d	7d	28d				
Structuro300D1	23.5	35.8	2.4	103	153	148	140	0.01	0.81	1.039	5.37

3.2.1.2　混凝土配合比设计及确定

（1）混凝土配合比设计思路

根据该部位所处环境及设计技术要求，混凝土配合比设计思路如下：

①综合考虑耐久性、强度、工作性能。

②按耐久性→强度→工作性能的优先次序确定配合比。

③抗冻性能思路：C80 铁钢砂混凝土强度较高，若按常规抗冻混凝土设计思路掺入部分引气剂，势必会影响混凝土强度，因此采用掺胶材 5%～10%的硅灰，提高混凝土致密度，阻止水进入混凝土内部。

（2）配合比的试拌及确定

通过混凝土的初步设计及试拌，铁钢砂 C80 混凝土与常规高强混凝土配合比主要区别在于：

①石子粒径不同，常规高强混凝土粗骨料粒径一般选用 5～20mm 的连续级配骨料，而铁钢砂选材面较窄，多集中在 5～25mm，甚至 5～31.5mm，较常规高强混凝土用粗骨料偏大。

②粒形不同，常规粗骨料粒形偏圆，而铁钢砂则偏针片状多一些，从而导致相同质量的粗骨料，铁钢砂比表面积较大，单方混凝土用水量也会有所增加。

③前两点的差异导致了铁钢砂空隙率较大，从而砂率也随之增加。

④铁钢砂密度较大，从而单方混凝土表观密度也明显比常规混凝土要大。

调整方向：根据已选择材料的特点，铁钢砂偏粗，铁钢石比表面积较大，在提高砂率的同时，混凝土的浆体也要比常规混凝土富余才能保证混凝土的泵送及施工性能。

因一级粉煤灰质量不易保证，最终设计配合比时，掺合料优先考虑矿粉及硅灰的组合。经过多次试拌及调整，最终确定铁钢砂混凝土配合比，见表 3-17。

表 3-17　铁钢砂混凝土配合比　　kg/m^3

施工部位	强度等级	水	水泥	铁钢砂	铁钢石	聚羧酸减水剂	硅灰	矿粉
防撞保护层铁钢砂混凝土	C80P6F300（*DF*≥80%）	165	458	846	1379	12.81	30	122

（3）铁钢砂混凝土拌合物的性能

铁钢砂混凝土拌合物的和易性及包裹性良好，各项性能均能满足泵送及施工需要，具体指标见表 3-18。

表 3-18　铁钢砂混凝土拌合物的性能

结构部位	强度等级	水胶比	坍落度（mm）		扩展度（mm）		凝结时间	
			0h	1h	0h	1h	初凝	终凝
防撞保护层铁钢砂混凝土	C80P6F300（*DF*≥80%）	0.27	220	215	515	500	12h40min	15h20min

铁钢砂混凝土拌合物的性能较好，胶材用量满足了混凝土对浆体的需要，出机坍落度及扩展度满足泵送施工要求，0.27 的水胶比及硅灰的取代使用虽增加了混凝土的黏度，但放

置 1h 后，混凝土并无明显分层或粗骨料下沉，保证了大密度骨料混凝土的均匀性。

采用该配合比试拌的铁钢砂混凝土室内放置 1h 后，随机盛放在一瓶子内，未进行任何插捣，见图 3-6，从图片可以看到铁钢砂混凝土外观呈灰红色，填充效果较好，完美呈现瓶子格子造型，已接近自密实混凝土浇筑效果。

图 3-6　铁钢砂混凝土浇筑样品（参见彩页）

（4）铁钢砂混凝土力学及耐久性能

铁钢砂混凝土 28d 强度达到设计强度标准值的 130%，但根据高强混凝土离散性大的特点，生产施工时应严格控制混凝土质量。混凝土抗渗性能良好，即使未添加膨胀剂，由于水胶比及硅灰的作用，抗渗性能可达 P12 要求。氯离子扩散及抗冻融也能满足技术要求，尤其是抗冻性能，为不添加引气剂的混凝土找到一条新的思路。铁钢砂混凝土力学及耐久性能检测结果见表 3-19。

表 3-19　铁钢砂混凝土力学及耐久性能检测结果

C80 铁钢砂混凝土	抗压强度（MPa）			抗渗 P6	氯离子扩散系数 $D_{RCM}10^{-12}m^2/s<4$（28d）	抗冻融 F300（$DF\geqslant80\%$）
	3d	7d	28d			
	48.7	77.4	103.8	合格	2.12	合格

3.2.2　轻骨料混凝土

用轻粗骨料、轻砂（或普通砂）、水泥和水配制而成的干表观密度不大于 1950 kg/m³ 的混凝土，称之为轻骨料混凝土。

本例主要参考《轻骨料混凝土技术规程》（JGJ 51—2002），以强度等级为 LC15、干表观密度小于等于 1600 kg/m³ 的轻骨料混凝土为例进行介绍，施工方式为机械振捣。

3.2.2.1　原材料选择

结合设计和施工要求，选择原材料并检测其主要性能指标如下：

（1）水泥：选用 P·O 42.5 级水泥，28d 胶砂抗压强度 48.6MPa，安定性合格，密度 3100kg/m³。

（2）矿物掺合料：选用 F 类Ⅱ级粉煤灰，细度 20.0%，需水量比 102%，烧失量 6.0%，密度 2200kg/m³；选用 S95 级矿粉，比表面积 428m²/kg，流动度比 98%，28d 活性指数 99%，密度 2800kg/m³。

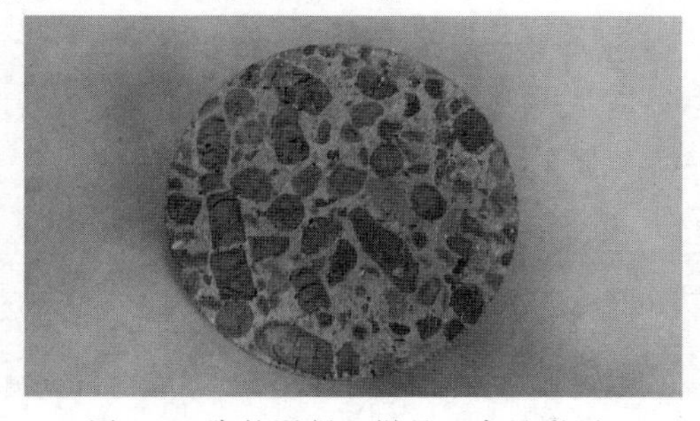

图 3-7　陶粒混凝土样品（参见彩页）

（3）细骨料：采用当地产天然河砂，细度模数 2.70，级配Ⅱ区，含泥量 2.0%，泥块含量 0.6%，堆积密度 1480kg/m³，表观密度 2650kg/m³。

（4）粗骨料（陶粒）：选用密度等级 700 的陶粒，最大公称粒径为 16mm，松散堆积密度 715 kg/m³，颗粒表观密度为 1130 kg/m³，1h 吸水率 5.5%，筒压强度 4.6MPa。陶粒混凝土样品见图 3-7。

（5）外加剂：选用某公司生产的高性能聚羧酸减水剂，减水率为25%，含固量为20%。

（6）水：选用地下水。

3.2.2.2 计算配制强度

由于缺乏强度标准差统计资料，因此根据表3-20选择强度标准差σ为4.0MPa。

表3-20 标准差σ值 MPa

混凝土强度等级	低于LC20	LC20～LC35	高于LC35
σ	4.0	5.0	6.0

采用公式（3-1）计算配制强度。

计算结果：LC15混凝土配制强度不小于21.6MPa。

3.2.2.3 确定水泥用量

不同强度的轻骨料混凝土水泥用量选择见表3-21。

表3-21 轻骨料混凝土水泥用量 kg/m³

混凝土试配强度（MPa）	轻骨料等级密度							
	400	500	600	700	800	900	1000	
<5.0	260～320	250～300	230～280	—	—	—	—	采用32.5级水泥时的水泥用量值
5.0～7.5	280～360	260～340	240～320	220～300	—	—	—	
7.5～10	—	280～370	260～350	240～320	—	—	—	
10～15	—	—	280～350	260～340	240～330	—	—	
15～20	—	—	300～400	280～380	270～370	260～360	250～350	
20～25	—	—	—	330～400	320～390	310～380	300～370	
25～30	—	—	—	380～450	370～440	360～430	350～420	
30～40	—	—	—	420～500	390～490	380～480	370～470	采用42.5级水泥时的水泥用量值
40～50	—	—	—	—	430～530	420～520	410～510	
50～60	—	—	—	—	450～550	440～540	430～530	

表3-21中下限值适用于圆球型和普通型轻骨料，上限值适用于碎石型轻骨料和全轻混凝土。

依据表3-21试配强度相符的水泥用量，宜采用32.5级水泥，但考虑到目前搅拌站普遍采用42.5级水泥，水泥用量选择参考《普通混凝土配合比设计规程》（JGJ 55）中的规定，并考虑混凝土原材料、应用部位和施工工艺等因素来确定粉煤灰和矿粉掺量，可通过胶凝材料28d胶砂强度实测值或采用表中掺合料影响系数来计算取代后的胶凝材料胶砂强度值。

综合考虑：粉煤灰掺量15%，矿粉掺量10%。

计算结果：

根据表3-3选取粉煤灰和矿粉影响系数，计算胶凝材料28d胶砂强度：

$f_b=0.80\times1.00\times48.6=38.9$MPa，符合32.5级水泥强度值。

试配强度为21.6 MPa，根据表3-21，选择水泥用量为350kg，则实际胶凝材料用量分别为粉煤灰用量：350×0.15＝52kg；

矿粉用量：350×10％＝35kg；

42.5级水泥用量：350－52－35＝263kg。

3.2.2.4　计算用水量

轻骨料混凝土的净用水量根据稠度和施工要求，按表3-22选用。

表3-22　轻骨料混凝土的净用水量

轻骨料混凝土用途	稠度		净用水量（kg/m^3）
	维勃稠度（s）	坍落度（mm）	
预制构件及制品：			
1. 振动加压成型	10～20	—	45～140
2. 振动台成型	5～10	0～10	140～180
3. 振捣棒或平板振动器振实	—	30～80	165～215
现浇混凝土：			
1. 机械振捣	—	50～100	180～225
2. 人工振捣或钢筋密集	—	≥80	200～230

根据坍落度要求和混凝土用途，选择净用水量为200kg。

采用减水剂时用水量为：200×（1－25％）＝150kg。

净用水量为150kg。

3.2.2.5　砂率的选择

轻骨料混凝土的砂率按表3-23选用。

表3-23　轻骨料混凝土的砂率

轻骨料混凝土用途	细骨料品种	砂率（％）
预制构件	轻砂	35～50
	普通砂	30～40
现浇混凝土	轻砂	—
	普通砂	35～45

根据轻骨料混凝土用途和细骨料品种，选择砂率为36％。

3.2.2.6　粗细骨料总体积的选择

本案例采用松散体积法设计，粗细骨料松散状态的总体积选择可按表3-24选用。

表3-24　粗细骨料总体积

轻骨料粒型	细骨料品种	粗细骨料总体积（m^3）
圆球型	轻砂	1.25～1.50
	普通砂	1.10～1.40
普通型	轻砂	1.30～1.60
	普通砂	1.10～1.50
碎石型	轻砂	1.35～1.65
	普通砂	1.10～1.60

根据轻骨料粒型和细骨料品种，选择粗细骨料总体积为1.20m^3。

3.2.2.7　计算粗细骨料用量

根据上述确定的松散体积和砂率，分别计算每立方米陶粒混凝土中粗细骨料用量如下：

①砂子用量：$V_s=1.20\times 36\%=0.432\text{m}^3$；

$m_s=0.432\times 1480=639\text{kg/m}^3$。

②陶粒用量：$V_a=V_t-V_s=1.20-0.432=0.768\text{m}^3$；

$m_a=0.768\times 700=538\text{kg/m}^3$。

计算结果：轻骨料混凝土的陶粒和砂子用量分别为 538kg/m³ 和 639kg/m³。

3.2.2.8　计算用水量

根据粗骨料的预湿处理方法和细骨料的品种，附加水量 $m_{wa}=m_a\times w_a=538\times 5.5\%=30\text{kg}$；总用水量 $m_{wt}=m_{wn}+m_{wa}=150+30=180\text{kg/m}^3$。

若采用预湿骨料方法，则无需计算附加水量。

计算结果：混凝土的用水量为 180kg/m³。

3.2.2.9　混凝土干表观密度

混凝土的干表观密度为：$\rho_{cd}=1.15m_c+m_a+m_s=1.15\times 350+538+639=1579.5\text{kg/m}^3$。

小于设计要求的干表观密度，且误差 $|1579.5-1600|/1600=1.3\%<2\%$，无需调整。

3.2.2.10　混凝土的校正系数

先按公式计算出轻骨料混凝土的计算湿表观密度，然后再与拌合物的实测振实表观密度相比，计算校正系数：$\rho_{cc}=m_a+m_s+m_c+m_f+m_{wt}$。

$$\eta=\frac{\rho_{co}}{\rho_{cc}}$$

式中　η——校正系数；

ρ_{co}——混凝土拌合物的实测振实湿表观密度（kg/m³）；

ρ_{cc}——按配合比各组成材料计算的湿表观密度（kg/m³）。

3.2.2.11　轻骨料混凝土配合比的确定

假设本例的校正系数为 0.92，各种原材料的用量见表 3-25。

表 3-25　轻骨料混凝土配合比　　kg/m³

原材料	水	水泥	粉煤灰	矿粉	砂	陶粒	减水剂
基准配合比	230	263	52	35	639	538	3.5
校正后配合比	212	242	48	32	588	495	3.2

图 3-8　陶粒混凝土拌合物

3.2.2.12　轻骨料混凝土配合比设计注意事项

（1）试配时应以计算混凝土配合比为基础，调整水泥用量±10%，用水量不变，砂率相应适当增减，测定抗压强度和干表观密度，选择经济性理想的配合比。

（2）采用减水剂时，宜优先选取预湿骨料方法，以减少陶粒对外加剂的吸附。陶粒混凝土拌合物及其卸料、浇筑见图 3-8～图 3-10。

图 3-9 陶粒混凝土卸料

图 3-10 陶粒混凝土浇筑

3.2.3 钢纤维混凝土

3.2.3.1 原材料选择

原材料选择与3.1.1.1相同，钢纤维采用铣削型，钢纤维混凝土样品见图3-11。

3.2.3.2 原材料的用量计算

除钢纤维以外的各种原材料的用量计算见3.1.1。

3.2.3.3 计算钢纤维用量

根据《纤维混凝土应用技术规程》(JGJ/T 221—2010) 中规定的钢纤维混凝土的纤维体积率范围，取纤维体积率为0.5%，钢纤维密度7800kg/m³。

计算结果：混凝土的钢纤维用量为39kg/m³。

图 3-11 钢纤维混凝土样品（参见彩页）

3.2.3.4 配合比的试配及调整

由于在计算配合比基础上外掺了钢纤维，使每立方米混凝土的密度发生了变化，应经过调整使其准确。

钢纤维混凝土配合比校正系数应按式(3-42)计算，即

$$\delta = \frac{\rho_{c,t}}{\rho_{c,c}} \tag{3-42}$$

式中 δ——纤维混凝土配合比校正系数；

$\rho_{c,t}$——纤维混凝土拌合物的表观密度实测值（kg/m³）；

$\rho_{c,c}$——纤维混凝土拌合物的表观密度计算值（kg/m³）。

纤维混凝土拌合物的表观密度计算值为2473kg/m³，假设本案例纤维混凝土拌合物的表

观密度实测值为2420 kg/m³，（2473－2420）/2420＝2.19%＞2%，需要进行混凝土表观密度修正，则δ＝0.978。

钢纤维混凝土配合比见表3-26。

表3-26 校正后的钢纤维混凝土配合比 kg/m³

水	水泥	粉煤灰	矿粉	砂	石	钢纤维	泵送剂
167	208	95	75	665	1133	38	3.78

3.2.3.5 钢纤维混凝土配合比设计注意事项

（1）对于钢纤维混凝土，试拌时，应保持水胶比不降低，可适当提高砂率、用水量和外加剂用量。

（2）钢纤维混凝土应严格计算混凝土拌合物中水溶性氯离子含量，以减少氯离子对钢纤维锈蚀的影响。

（3）钢纤维混凝土设计配合比确定后，应进行生产适应性验证。

3.2.4 不发火花混凝土

普通混凝土在遭遇碰撞冲击和摩擦作用下有可能产生火花。当所有材料与金属或石块等坚硬物体发生摩擦、冲击或冲擦等机械作用时，不发生火花（或火星）致使易燃物引起发火或爆炸的危险，即为具有不发火性，也称为防爆混凝土。在油料存储区、液化气站、煤气生产厂和乙醇生产厂等易燃品生产储存厂，以及可能产生粉尘爆炸危险源的厂区的工程建设中，对混凝土地面要求具有不发火性能。

3.2.4.1 不发火花混凝土的配制

不发火骨料是制备不发火花混凝土的关键，可采用以碳酸钙为主要成分的白云石、大理石或石灰石加工成的粗细骨料，本例为天津城建集团混凝土分公司的生产供应实例，全部采用白云石（图3-12和图3-13）作为混凝土粗、细骨料进行不发火花混凝土的配合比设计及试验。白云石骨料采购自河北省灵寿县，白云石破碎加工过程与磁选工序配合，防止破碎加工过程中混入金属材料，配合比的设计与普通混凝土相同，参考配合比见表3-27。

表3-27 C20不发火花混凝土配合比 kg/m³

水泥	矿粉	粉煤灰	白云石	白云石砂	外加剂	水
260	65	80	939	800	8.1	206

图3-12 白云石砂（参见彩页）

图3-13 白云石（参见彩页）

3.2.4.2　不发火花性能的检验

（1）试验砂轮的标定

为确认用于试验的直径为 150mm 的砂轮是合格的，应事先选择完全黑暗的房间（以便易于看见火花），在房间内对砂轮进行摩擦检查。检查时，砂轮的转速应控制在 600～1000r/min，用工具钢、石英岩或含有石英岩的混凝土等能发生火花的试件在旋转的砂轮上进行摩擦，如果发生清晰的火花，则认定该砂轮是合格的。

（2）不发火花性能的试验

粗骨料和混凝土的试验应从不少于 50 个，每个重 50～250g（准确度达到 1g）的试件中选出 10 个，在暗室内进行不发火性试验。只有每个试件上磨掉不少于 20g，且试验过程中未发现任何瞬时的火花，方可判定为合格。粉状骨料可用水泥将其制成块状后参照前述方法进行试验。

3.2.4.3　注意事项

（1）不发火骨料是生产不发火花混凝土的关键材料，为保证不发火混凝土施工，满足使用的要求，应避免不发火骨料生产、储存和使用的整个环节混入杂质，特别是铁质杂质，在搅拌前再检查一次。

（2）使用前，必须经过暗室内金刚砂轮试验，只有证明是不发火花才可以使用。

3.2.5　透水混凝土

3.2.5.1　原材料选择

原材料选择与 3.1.1.1 相同，粗骨料选择应视透水要求而定，粒径大透水率大，反之则小。根据已有的试验结果，建议碎石粒径采用单一级配，本例透水率设为 20%，选择骨料为 4.75～9.5mm。

骨料性能：粒径 4.75～9.5mm，表观密度 2770kg/m³，紧密堆积密度 1618kg/m³，空隙率 42%。

3.2.5.2　粗骨料用量

单位体积粗骨料用量的计算确定：$W_G = \alpha \cdot \rho_G = 1586$（kg/m³）

式中　W_G——透水混凝土中粗骨料用量（kg/m³）；

ρ_G——粗骨料紧密堆积密度（kg/m³）；

α——粗骨料用量修正系数，取 0.98。

3.2.5.3　胶结料浆体体积计算

$$V_p = 1-\alpha \times (1-\nu_c) - 1 \times R_{void} = 0.2316\ (m^3/m^3) \tag{3-43}$$

式中　V_p——每立方米透水混凝土中胶结料浆体体积（m³/m³）；

ν_C——粗骨料紧密堆积空隙率（%）；

R_{void}——设计孔隙率（%）。

3.2.5.4　水胶比的确定

水胶比应经试验确定，通常选择范围控制在 0.25～0.35，建议多选择几个水胶比进行对比试验，优化配合比。以 0.3 为例进行计算。

3.2.5.5　水泥用量的计算

$$W_C = \frac{V_P}{R_{W/C}+1} \cdot \rho_C = 552\text{kg/m}^3 \tag{3-44}$$

式中 W_C——每立方米透水混凝土中水泥用量（kg/m^3）；

$R_{W/C}$——水胶比；

ρ_C——水泥密度（kg/m^3）。

3.2.5.6 用水量计算

$$W_W = W_C \cdot R_{W/C} = 166kg/m^3 \quad (3\text{-}45)$$

式中 W_W——每立方米透水混凝土中用水量（kg/m^3）。

3.2.5.7 外加剂用量

$$M_a = W_c \cdot \alpha = 5.52kg/m^3 \quad (3\text{-}46)$$

式中 M_a——每立方米透水混凝土中外加剂用量（kg/m^3）；

α——外加剂掺量（%）。

3.2.5.8 增强剂

当掺用增强剂时，掺量按水泥用量百分比计算。

3.2.5.9 透水混凝土的试配

按计算配合比进行试拌，振动作用下出现过多坠落或不能均匀包裹骨料表面时，应调整透水混凝土浆体用量或外加剂用量，达到要求后再提出透水混凝土强度试验用的基准配合比。

透水混凝土试件及透水效果见图3-14～图3-17。

图3-14 无砂透水混凝土试件

图3-15 无砂透水混凝土透水效果

图 3-16　有砂透水混凝土试件

图 3-17　有砂透水混凝土透水效果

第4章 试验和检验

与混凝土相关的试验和检验工作主要包括两部分，分别为原材料和混凝土。对于原材料来说，主要包括水、水泥、砂、石、掺合料（粉煤灰、矿渣粉、硅灰等）和外加剂。对于混凝土来说，主要包括混凝土拌合物性能以及硬化之后的混凝土性能。

4.1 原材料检验

混凝土所用的各种原材料都有试验和检验的标准和规范，参见本书附录1，按其要求对材料的各个指标进行检测即可。

对于混凝土的原材料，清华大学陈肇元这样表述：事实上，符合混凝土原材料国家标准的水泥、砂石和矿物掺合料，不一定就是某一混凝土结构所需的合格原材料。比如含有较多粉煤灰混合料的普通硅酸盐水泥，尽管混合材用量仍在国家现行标准规定的允许限值（占水泥总重的20%）以内可视为合格产品，但如果用于水胶比偏大、钢筋的混凝土保护层厚度较薄而又处于潮湿大气环境中的混凝土构件时，就有可能因这种水泥混凝土的快速碳化而引起钢筋过早锈蚀，成为不合格的原材料，如果在这种情况下还要在配制时再外掺较多粉煤灰，更有可能铸成大错；再如，有的普通硅酸盐水泥含有较多石灰石粉混合材，就不能用于严重冻融或氯盐环境下可能受湿的混凝土构件。

原材料的质量直接影响到混凝土质量的优劣，对进场原材料的检验原则就是依据标准、实事求是，检验的频次要求为至少一批一检。

对于原材料检验的管理，首先应规定程序——原材料试验检验控制程序，一般为材料进场抽样委托—见证取样—检验—结果反馈。材料不同，但是检验的程序是一样的。稍有不同的是有些材料的全部指标能够短时间内检验完毕，有些材料的检验周期则很长。比如：砂石料的粒径经过筛分马上就可获得结果；磨细矿渣粉的活性指数要在7d和28d后才可获得；而比表面积是可以很快试验完毕的。至少部分指标经过检验合格才允许进场。

在对原材料的检验方面，对于混凝土搅拌站而言，最为重要的两种原材料当属水泥和外加剂，因为在胶凝材料中，水泥是最重要的，而外加剂的总量虽很小，但是在混凝土中发挥的作用却不可小觑，很多质量问题是由水泥和外加剂引起的。水泥的品质检验应包括安定性、强度、与外加剂的适应性以及温度。外加剂的检验应包括减水率、含固量、与胶凝材料的适应性。适应性的检验有必要观察新拌、0.5h和1h甚至更长时间的状态。水泥强度的检验，对于长期较稳定地大量使用的水泥来说，做水泥快速检验试验，积累24h与3d和28d强度数据，拟合函数关系，是一种较好的预控水泥质量的手段。

混凝土搅拌站使用的原材料千差万别，仅对某一个站而言，材料的稳定也成为一种渴望，这就给搅拌站的技术人员提出了更高的要求，而且，随着资源越来越紧张甚至濒临枯竭，技术人员的压力会更大，只有了解每天所用的材料，甚至每个工作班所使用的材料，在生产混凝土的时候，才能有的放矢。

对原材料的进场质量控制流程见图4-1。

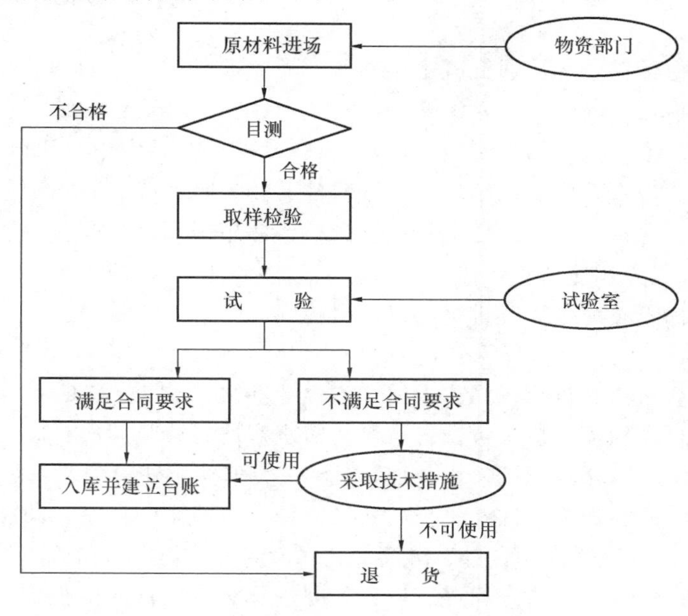

图4-1　原材料的进场质量控制流程图

4.1.1　采购前评估

搅拌站在正式采购原材料之前，应该对供应商进行有关资质和能力的评估，其中包括定期提供具有CMA资质的试验室出具的检验报告（混凝土工程所需要的全部检验项目，甚至包括放射性检验、对钢筋锈蚀作用、碱含量、氯离子含量等），并将复印件留于试验室，带有红章的原件存放在物资部门。

4.1.2　各种原材料检验指标及抽样频率

4.1.2.1　水泥

水泥的各项质量指标符合《通用硅酸盐水泥》（GB 175）规定的基本性能。必试项目：安定性、凝结时间、胶砂强度。检验频次：连续供应的同厂家、同编号、同品种、同强度等级的散装水泥每500t检验一次，当不足500t时，也需要检验一次。委托外检项目：碱含量、氯离子含量。送检频次：①任何新选货源；②使用同厂家、同品种、同规格产品达6个月。建立相应检验台账。

搅拌站内控指标：要求对每车水泥取样，并按出厂编号组批进行必试项目的检验。

4.1.2.2　砂

砂的各项质量指标符合《普通混凝土用砂、石质量及检验方法标准》（JGJ 52）中的质量指标要求。必试项目：筛分析、含泥量、泥块含量、贝壳含量。检验频次：①连续供应同厂家、同规格的细骨料400m^3（或600t）检验一次，不足400m^3（或600t）时也需检验一次；②当砂的质量比较稳定、进料量又较大时，可以1000t为一验收批。委托外检项目：氯离子含量、碱活性。送检频次：①任何新选料源；②使用同厂家、同品种、同规格产品达2

个月（碱活性）。并建立相应检验台账。

搅拌站内控指标：砂进厂时要求每1000t测含水一次。每批砂进行必试项目检验。

4.1.2.3 石

石的各项质量指标符合《普通混凝土用砂、石质量及检验方法标准》（JGJ 52）中的质量指标要求。必试项目：筛分析、含泥量、泥块含量、针片状颗粒含量、石粉含量。检验频次：①连续供应同厂家、同规格的石料400m^3（或600t）检验一次，不足400m^3（或600t）时也需检验一次；②当石的质量比较稳定、进料量又较大时，可以1000t为一验收批。委托外检项目：碱活性。送检频次：①任何新选料源；②使用同厂家、同品种、同规格产品达2个月（碱活性）。并建立相应检验台账。

搅拌站内控指标：石料进厂时进行必试项目检验。

4.1.2.4 粉煤灰

粉煤灰的各项质量指标符合《用于水泥和混凝土中的粉煤灰》（GB/T 1596）中的质量指标要求。必试项目：细度、烧失量、含水量、需水量比。检验频次：同厂家、同编号、同品种的产品每200t检验一次，不足200t也需检验一次。委托外检项目：三氧化硫含量、碱含量、游离氧化钙含量。送检频次：①任何新选货源；②使用同厂家、同品种的产品达6个月（碱含量），3个月（三氧化硫含量、游离氧化钙含量）。并建立相应检验台账。

搅拌站内控指标：要求对每车粉煤灰取样，并进行必试项目的检验。

4.1.2.5 粒化高炉矿渣粉

矿粉的各项指标符合《用于水泥和混凝土中的粒化高炉矿渣粉》（GB/T 18046）中的质量指标要求。必试项目：密度、比表面积、流动度比、活性指数。检验频次：同厂家、同编号、同品种的产品每200t检验一次，不足200t也需检验一次。委托外检项目：氯离子含量、碱含量。送检频次：①任何新选货源；②使用同厂家、同品种的产品达6个月（碱含量）。并建立相应检验台账。

搅拌站内控指标：要求对每车矿粉取样，并进行必试项目的检验。

4.1.2.6 外加剂

（1）泵送剂。泵送剂的各项质量指标符合《混凝土外加剂》（GB 8076）、《混凝土外加剂应用技术规范》（GB 50119）、《混凝土外加剂中释放氨的限量》（GB 18588）中的各项质量规定要求。必试项目：pH值、密度、坍落度增加及损失值、混凝土凝结时间。检验频次：以同一生产厂、同品种、同一编号的泵送剂每50t为一验收批，不足50t也按一批计。委托外检项目：氯离子含量、碱含量。送检频次：①任何新选货源；②使用同厂家、同品种的产品达6个月（碱含量）。建立相应检验台账。

（2）防冻剂。防冻剂的各项质量指标符合《混凝土防冻剂》（JC 475）、《混凝土外加剂》（GB 8076）、《混凝土外加剂应用技术规范》（GB 50119）、《混凝土外加剂中释放氨的限量》（GB 18588）中的各项质量规定要求。必试项目：密度、R_{-7}、R_{+28}抗压强度比、钢筋锈蚀。检验频次：①任何新选货源；②使用同厂家、同品种的产品达6个月（碱含量）。委托外检项目：氯离子含量、碱含量。送检频次：①任何新选货源；②使用同厂家、同品种的产品达6个月（碱含量）。建立相应检验台账。

（3）膨胀剂。膨胀剂的各项质量指标符合《混凝土膨胀剂》（GB 23439）、《混凝土外加剂应用技术规范》（GB 50119）、《混凝土外加剂中释放氨的限量》（GB 18588）中的各项质量规定要求。必试项目：限制膨胀率。检验频次：以同一生产厂、同品种、同一编号的膨胀剂，每200t为一验收批，不足200t也按一批计。委托外检项目：限制膨胀率、氯离子、碱含量。送检频次：①任何新选货源；②使用同厂家、同品种的产品达6个月（碱含量）。建立相应检验台帐。

搅拌站内控指标：细度、快速检测膨胀效果（见附录2快速检测膨胀剂的方法）。

4.1.3 原材料的取样及标志

（1）原材料堆场、罐或仓等处，须有明显的材料标志，并由物资采购部门负责，标志应注明材料的品名、产地（厂家）、生产日期或进货日期、等级、规格等必要信息。材料取样由试验室负责。

（2）原材料进厂抽样必须具备代表性，多点取样，水泥等粉剂必须密封保存。

（3）样品必须做唯一性的标志，标志包含信息：样品名称、样品的型号规格、样品的品牌或生产厂家、取样的日期及时间、取样人签名。

4.1.4 不合格原材料的处理

（1）当原材料质量指标不符合搅拌站内控标准要求或采购合同的规定时，应做好记录，并及时通知物资采购部门进行隔离，做好标志。

（2）物资采购部门接到不合格通知后，应立即通知供方，并要求其立即整改。情况严重的应停止该供方供货。

（3）对于可隔离的不合格原材料，由物资采购部门和试验室及有关人员进行评审，视其对混凝土产品的影响程度，做出让步接收或拒收的处理，上报技术负责人批准后，由物资采购部门通知供方。

（4）对让步接收的不合格原材料，不能直接投入生产，应由试验室提出降级处理或与其他合格品搭配使用的方案，视其品质情况，应用于相应等级混凝土生产。

（5）对停止供货的材料供应商，搅拌站应要求其在商定的期限内进行整改，达到要求时才允许其重新供货，并应在一段时间内增加对其供货的抽样检验频次。

（6）当搅拌站和材料供应商对检测结果有异议时，可共同委托至少两个第三方检测机构进行复检。

4.2 混凝土试验和检验

混凝土拌合物性能在试验和检验过程中检测的指标主要包括坍落度、扩展度、含气量；硬化后的混凝土主要检测力学性能指标，如抗压强度、抗折强度等；长期性能和耐久性能指标包括抗冻融、动弹性模量、抗水渗透、抗氯离子渗透、收缩、徐变、碳化、抗硫酸盐侵蚀以及碱骨料反应等。涉及的标准主要是《普通混凝土拌合物性能试验方法标准》（GB/T 50080）、《普通混凝土力学性能试验方法标准》（GB/T 50081）和《普通混凝土长期性能和耐久性能试验方法标准》（GB/T 50082）。

在众多的指标检测过程中，坍落度检测和试件制作是最为常用也是十分重要的方法，但是在搅拌站和施工现场应用时，出现的问题也较多，在此重点作以介绍。

4.2.1 坍落度

4.2.1.1 用坍落度表征混凝土性能的检测方法的优缺点

坍落度试验于1923年由D. A. Abrams提出，简便易行，近百年来国际通用，直到今天仍具有强大生命力。沈旦申说过："坍落度的实用性，有口皆碑。"

1994年S . Popovics著文评述坍落度问题：坍落度度量的只是它本身，并不能全面说明工作性能。坍落度的试验结果常因人而异，随着操作人员及手法的不同而有明显差别，但在熟练操作人的手中，按照标准的方法来操作，坍落度可以重现。Popovics认为："在混凝土工艺中，坍落度是历来最不为人赏识、理解的试验。就其在人力、设备及时间上的节约而论，成本最少，能够提供大量讯息。"这点在实际工作中确实有体现，如胶凝材料与外加剂的适应性、骨料粒径变化、用水量的大小等因素的变化在测量坍落度时，都会有变化。坍落度测量的仪器为坍落度仪（图4-2），每套坍落度仪包括坍落度筒、漏斗、捣棒和辅助工具直尺。

图4-2 坍落度仪

根据《预拌混凝土》（GB/T 14902—2012）的规定，混凝土坍落度实测值与合同规定的坍落度值之差应符合表4-1的规定。

表4-1 混凝土拌合物稠度允许偏差

mm

项　目	控制目标值	允许偏差
坍落度	≤40	±10
	50～90	±20
	≥100	±30
扩展度	≥350	±30

4.2.1.2 坍落度的检测过程

（1）取样

①同一混凝土拌合物应从同一车混凝土中取样。取样量应多于试验所需量的1.5倍，且宜不小于20L。

②混凝土拌合物的取样应具有代表性，宜采用多次采样的方法。一般在同一车混凝土的约1/4处、1/2处和3/4处之间分别取样，从第一次取样到最后一次取样不宜超过15min，然后人工搅拌均匀。

③从取样完毕到开始做各项性能试验不宜超过5min。

（2）坍落度试验

①润湿坍落度筒及底板，在坍落度筒内壁和底板上应无明水。底板应放置在坚实水平面上，并把筒放在底板中心，然后用脚踩住两边的脚踏板，坍落度筒在装料时应保持固定的位置。

②把按要求取得的混凝土试样用小铲分三层均匀地装入筒内，使捣实后每层高度为筒高的 1/3 左右。每层用捣棒插捣 25 次。插捣应沿螺旋方向由外向中心进行，各次插捣应在截面上均匀分布。插捣筒边混凝土时，捣棒可以稍稍倾斜。插捣底层时，捣棒应贯穿整个深度，插捣第二层和顶层时，捣棒应插透本层至下一层的表面；浇灌顶层时，混凝土应灌到高出筒口。插捣过程中，如混凝土沉落到低于筒口，则应随时添加。顶层插捣完后，刮去多余的混凝土，并用抹刀抹平。

③清除筒边底板上的混凝土后，垂直平稳地提起坍落度筒。坍落度筒的提离过程应在 5～10s内完成；从开始装料到提坍落度筒的整个过程应不间断地进行，并应在 150s 内完成。

④提起坍落度筒后，测量筒高与坍落后混凝土试体最高点之间的高度差，即为该混凝土拌合物的坍落度值。坍落度筒提离后，如混凝土发生崩坍或一边剪坏现象，则应重新取样另行测定。

⑤混凝土拌合物坍落度值以毫米为单位，测量精确至 1mm，结果表达修约至 5mm。

补充扩展度的描述，见图 4-3 和图 4-4。

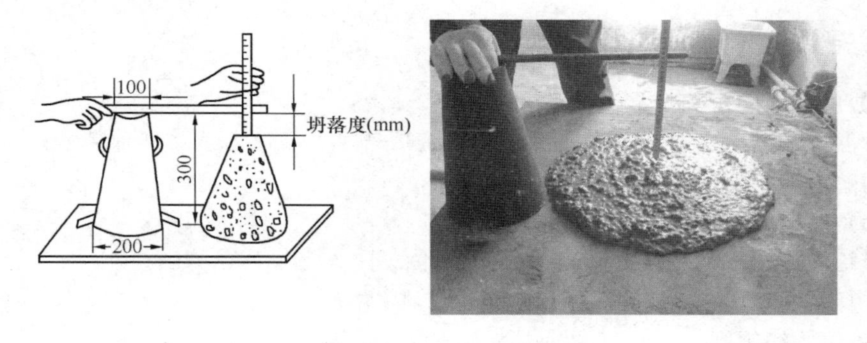

图 4-3　坍落度值测量示意图和实测图

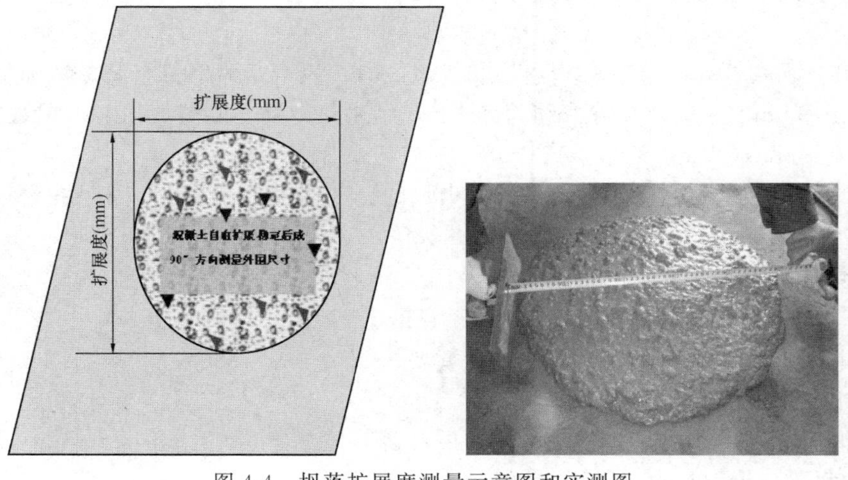

图 4-4　坍落扩展度测量示意图和实测图

4.2.2 混凝土试件的制作

（1）成型前，应检查试模尺寸符合标准，试模内应涂一薄层矿物油。

（2）取样后应在尽量短的时间内成型，一般不宜超过 15min。

（3）试件制作步骤：

① 取样后至少用铁锹再来回拌合三次。

② 混凝土拌合物应分两层装入模内，每层的装料厚度大致相等。

③ 插捣应按螺旋方向从边缘向中心均匀进行。在插捣底层混凝土时，捣棒应达到试模底部；插捣上层时，捣棒应贯穿上层后插入下层 20～30mm；插捣时捣棒应保持垂直，不得倾斜；然后应用抹刀沿试模内壁插拔数次。

④ 每层插捣次数：100mm 的试模不少于 12 次，150mm 的试模不少于 27 次。

⑤ 插捣后应用橡皮锤轻轻敲击试模四周，直至捣棒留下的空洞消失为止。

⑥ 刮除试模上口多余的混凝土，待混凝土临近初凝时，用抹刀抹平。

4.3 数据处理

4.3.1 数据修约

4.3.1.1 数值修约的有关定义

（1）数值修约的定义：通过省略原数值的最后若干位数字，调整所保留的末位数字，使最后所得到的值最接近原数值的过程。

注：经数值修约后的数值称为（原数值的）修约值。

（2）修约间隔的定义：修约间隔为修约值的最小数值单位。

注：修约间隔的数值一经确定，修约值即为该数值的整数倍。

4.3.1.2 数值修约规则

（1）确定修约间隔。修约间隔在不同的规范和不同的检测项目中有不同的规定，混凝土搅拌站的技术人员在工作中涉及的常用的修约间隔包括 0.01、0.02、0.1、1、5、10、50 等。

例 1：在检测混凝土拌合物的坍落度和扩展度时，以毫米为单位，测量精确至 1mm，结果表达修约至 5mm。也就意味着修约间隔为 5，结果只能是 5 的整数倍，末尾数字只能是 0 或者 5。如果实际测量坍落度值为 181mm，则应记录为 180mm。

例 2：使用游标卡尺测量时，由于游标卡尺的分度值为 0.02mm，因此就意味着以 0.02 为修约间隔，也就是说读数应该是 0.02 的整数倍。

例 3：测量混凝土拌合物的凝结时间，记录贯入压力，要求精确至 10N，意味着以 10 为修约间隔，也就是说，读数应该是 10 的整数倍。

例 4：混凝土立方体抗压强度的结果计算要求精确至 0.1MPa，意味着以 0.1 为修约间隔，也就是说，结果应该是 0.1 的整数倍。

例 5：混凝土泌水试验中泌水量的结果计算，要求精确至 0.01mL/mm^2，意味着以 0.01 为修约间隔，也就是说，结果应该是 0.01 的整数倍。

例 6：水洗法分析混凝土配合比试验中计算各种材料的量时，要求精确至 $1kg/m^3$，意味着以 1 为修约间隔，也就是说，结果应该是 1 的整数倍，也就是都是整数。

例 7：混凝土含气量测定仪容器容积的标定时，测定含气量仪的总质量，要求测量精确至 50g，意味着以 50 为修约间隔，也就是说，结果应该是 50 的整数倍。

（2）进舍规则。进舍的规则为“四舍六入五单双”，可以分述为：四舍六入五单说，五后非零必进一，五后皆零看奇偶，奇进偶不进。

①拟舍弃数字的最左一位数字小于 5，则舍去，保留其余各位数字不变（即“四舍”——小于 4 的舍去）。

例：将 12.1498 修约到个位数，得 12；将 12.1498 修约到一位小数，得 12.1。

②拟舍弃数字的最左一位数字大于 5，则进一，即保留数字的末位数字加 1（即“六入”——大于或等于 6 时加 1）。

例：将 35.67 修约到一位小数，得 35.7。

③拟舍弃数字的最左一位数字是 5，且其后有非 0 数字时进一，即保留数字的末位数字加 1（即“五后非零必进一”——5 后只要至少有一个数字不为 0，就加 1）。

例：将 10.500 2 修约到个位数，得 11。

④拟舍弃数字的最左一位数字为 5，且其后无数字或皆为 0 时，若所保留的末尾数字为奇数（1，3，5，7，9），则进一，即保留数字的末位数字加 1；若所保留的末尾数字为偶数（0，2，4，6，8），则舍去（即“五后皆零看奇偶，奇进偶不进”）。

例：修约间隔为 0.1

拟修约数值	修约值
1.450	1.4
0.35	0.4

（3）不允许连续修约。拟修约数字应在确定修约间隔或指定修约数位后一次修约获得结果，不得多次按进舍规则连续修约。

例 1：修约 97.46，修约间隔为 1。

正确的做法：97.46→97；

不正确的做法：97.46→97.5→98。

例 2：修约 15.4546，修约间隔为 1。

正确的做法：15.4546→15；

不正确的做法：15.4546→15.455→15.46→15.5→16。

4.3.2 数值计算和结果判定

4.3.2.1 测值的算术平均值

大多数据的计算都是取若干个测值的算术平均值，即 n 个数值的和除以 n 得到。若有超差的情况，则剔除超差的测值，取另外几个不超差的测值的算术平均值。如：

（1）水泥抗折强度是以一组三个棱柱体抗折结果的平均值作为试验结果，当三个强度值中有超出平均值±10%时，应剔除后再取平均值作为抗折强度试验结果。水泥抗压强度以一组三个棱柱体上得到的六个抗压强度测定值的算术平均值为试验结果，如六个测定值中有一个超出六个平均值的±10%，就应剔除这个结果，而以剩下五个的平均数为结果；如果五个测定值中再有超过它们平均数±10%的，则此组结果作废。

(2) 混凝土弹性模量按三个试件测值的算术平均值计算。如果其中有一个试件的轴心抗压强度值与用以确定检验控制荷载的轴心抗压强度值相差超过后者的20%时，则弹性模量值按另两个试件测值的算术平均值计算；如有两个试件超过上述规定时，则此次试验无效。

当只有两个测值时，若出现超差，则结果作废。如：当混凝土拌合物的坍落度大于220mm时，用钢尺测量混凝土扩展后最终的最大直径和最小直径，在这两个直径之差小于50mm的条件下，用其算术平均值作为坍落扩展度值；否则，此次试验无效。

4.3.2.2 中间值作为结果取值

混凝土强度值的确定，包括抗压强度、抗折强度、劈裂抗拉强度，应符合下列规定：

(1) 三个试件测值的算术平均值作为该组试件的强度值（精确至0.1MPa）。

(2) 三个测值中的最大值或最小值中如有一个与中间值的差值超过中间值的15%时，则把最大及最小值一并舍除，取中间值作为该组试件的抗压强度值。

(3) 如最大值和最小值与中间值的差均超过中间值的15%，则该组试件的试验结果无效。

混凝土凝结时间试验用三个试验结果的初凝和终凝时间的算术平均值作为此次试验的初凝和终凝时间。如果三个测值的最大值或最小值中有一个与中间值之差超过中间值的10%，则以中间值为试验结果；如果最大值和最小值与中间值之差均超过中间值的10%时，则此次试验无效。

4.4 资料管理

4.4.1 技术资料管理

技术资料主要包括标准规范、技术参考资料、外来文件、企业内部技术文件等。技术资料管理的目的是为技术活动提供准确依据，妥善保存，便于查询。分类要明确，标志要清晰，资料和档案盒内应附目录，实物与目录一一对应。借阅应登记，数量有限时，应复制以满足使用需要。

4.4.2 标准规范管理

技术资料中最为重要的就是标准和规范。对于混凝土的生产企业来说，技术活动、质量管理的依据就是企业、地方、行业、国家的有关标准和规范的规定。大体上包括两类：一是关于原材料的标准规范，二是关于混凝土的标准规范。凡是在生产和试验过程中涉及的标准都应收集齐全，一般无特殊要求的混凝土生产，以《预拌混凝土》（GB/T 14902)）标准为核心收集。该标准中引用的都应收集到，并随之延伸收集。因此，有效版本标准和规范的收集显得十分重要。试验室的检验和试验执行的标准不能错误，否则，所谓的工作都是徒劳的。当该标准有新版本发布实施时，搅拌站应该及时做标准化证书的备案（图4-5）。收集新版本的标准规范的途径有很多，诸如行业主管部门提供，网络、期刊、杂志、书店、培训机构等。及时收集到之后，应在新版本实施开始后，剔除作废版本，对于作废版本的处理，应执行企业的文件控制程序，做标志或另外保存等，不得与在用有效版本混淆。

(a)

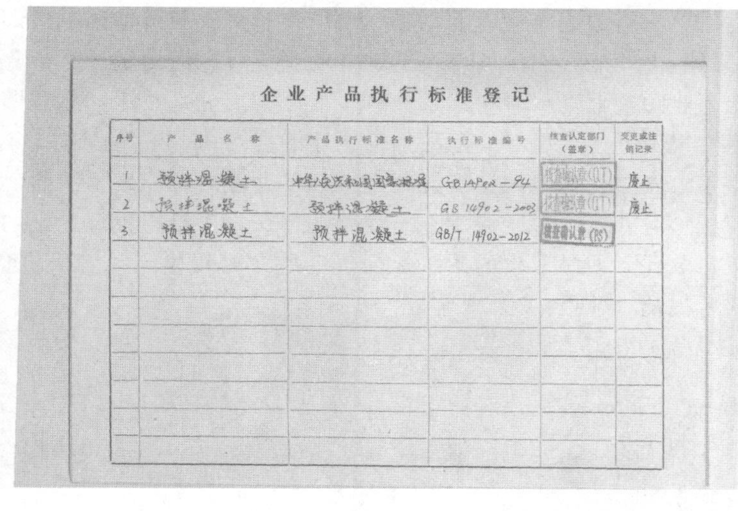

企业产品执行标准登记

序号	产品名称	产品执行标准名称	执行标准编号	核查认定部门（盖章）	变更或注销记录
1	预拌混凝土	中华人民共和国国家标准	GB14902-94	[illegible]	废止
2	预拌混凝土	预拌混凝土	GB 14902-2003	[illegible]	废止
3	预拌混凝土	预拌混凝土	GB/T 14902-2012	[illegible]	

(b)

图 4-5　企业产品执行标准证书

（a）证书封面；（b）证书登记备案内页

4.4.3　技术参考资料管理

供技术参考的资料大多为文献材料，书籍、杂志、报刊和电子版的技术资料。这部分资料不属于标准、规范类，只作为辅助试验室技术人员工作的材料，拓宽知识面和帮助理解运用标准规范。对此的管理不必严格，保证完好，需要时借用即可。

4.4.4　外来文件管理

这里说的外来文件，主要是指客户和原材料供应商提供的技术文件或技术资料。客户提供的大部分是对于混凝土及原材料的技术要求，大多以联系函或技术交底的形式体现。这是混凝土企业设计配合比和生产过程质量控制的重要参考依据。原材料供应商提供的大多为产品的使用说明书和应用案例之类，供混凝土企业在使用该产品时参考。这部分文件收到后，应马上传递到有关的人员，并将该资料作为配合比设计的附件，与配合比设计的原始文件一同装订保存。

4.4.5　企业内部技术文件管理

内部技术文件是指导试验室工作的作业性技术文件，一般包括配合比设计文件、冬期施工生产方案、专项技术方案等。内部技术文件是企业技术管理的要求以书面文件的形式体现，重点在于试验室人员的执行和落实，因此，传递到责任人和具体操作者是关键。文件传递到试验室后，应组织有关人员将文件的要求传达，否则，很容易发生实际作业与要求背离的情况。

4.4.6　质量保证资料管理

质量保证资料的整理、归集应便于检索并准确，主要包括两大类：原材料和混凝土性能两类。原材料的进场检验委托单、出厂检验报告及合格证、进厂检验记录和报告应装订在一起。混凝土性能方面的整理包括试件的制作单、原始记录、检验报告等。现在仍有很多的混凝土企业在整理资料时将记录报告等按照类别分别装订，在按照批次进行检查或追溯时查找和提供很不方便。保存的年限根据企业的要求，一般不少于三年，预拌混凝土质量证明书的保存年限应更长，因为涉及混凝土销售款回收时可能发生法律诉讼等事件，提供该资料的时间较长。另外，应建立混凝土质量保证台账，记录当批混凝土的所有基本信息，作为追溯的最原始依据。即时发生的质量保证资料应及时提供，并随当批运输车送达客户，28 天补报到期后应及时补报。

第5章　生产过程质量控制

生产过程质量控制环节是生产过程的核心，控制水平的高低直接关系到混凝土的质量，是检验混凝土搅拌站质量人员素质水平的标志。对于搅拌站来说，按照《预拌混凝土》（GB/T 14902）的规定，从原材料进厂到交货验收期间均属于生产的范畴，包括材料入库、配合比选用、开盘鉴定和过程控制、配合比调整、冬季生产、出厂检验、运输、浇筑和交货验收等。

5.1　材料入库

材料入库或入仓遵照分类存放、分类使用。

粗细骨料料场应注意按不同品种分别堆放、不混仓，设置显著的标志牌。标志牌至少应标明骨料产地、名称、规格、进厂日期、代表数量和检验状态等。封闭或露天式储仓各仓之间设置分隔，见图5-1，防止混仓而造成质量问题。料场应硬化，防止地面泥土进入砂石中。设置排水坡度，利于排水，防止在料场中产生大量积水。使用粗、细骨料时，应准确测

(a)

(b)　　(c)

图5-1　骨料分开存放

（a）罩棚内隔墙；（b）露天隔墙；（c）露天无隔墙（保持间隔）

定因天气变化引起的粗、细骨料含水率的变化，雨季生产应该增加测定粗、细骨料含水率的频次。雨雪天气生产混凝土时，骨料不得夹杂冰块，骨料仓和输送带应有防雨雪措施。为保证骨料的品质和匀质性，料场可设置符合要求的骨料筛分系统和清洗设备，其生产能力应满足生产要求。在上料时，注意粗骨料的匀质性，一般料堆的上部粒径较小，下部周边粒径较大，细粉则聚集在料堆的顶部和中部，经过装载机或挖掘机归垛、码高之后更明显，见图5-2，以致于使用同一料堆不同部位骨料所配制出的混凝土性能相差较大。

图 5-2　碎石料堆图

水泥及矿物掺合料等散装粉料用储料仓储存，仓下应有明显的标志牌。散装粉料进入搅拌站磅房时，司磅员应根据司机随车带的送货单，给运输车司机进场处理单，见表 5-1，单上标明该车料应入几号站几号仓，并由物资采购部门的指定人员监视入仓，防止物料入错仓，可在每个仓的输送管接口处上锁，一把钥匙开一把锁，以确保物料不会被注错仓（图5-3 和图 5-4）。袋装粉状材料，一般是膨胀剂、防水剂、阻锈剂等，在存放期间应采用专用库房存放，不得露天堆放，且应特别注意防潮。

图 5-3　粉剂物料仓注入口上锁和保护盖

图 5-4　粉剂物料正确入仓

外加剂应专料专储，并设置标志牌。对于液体外加剂，应注意防止沉淀和分层。外加剂的储存、保管应防雨、防潮、防暴晒，避免污染，不同配方的外加剂存储罐之间的管路最好不要相通，若相通，则应设置阀门，并定期检查（一般外加剂都有腐蚀性），确保阀门不渗漏，避免混料。

表 5-1　进场材料处理单

日期：　　　　　　　　　　　　　　　　　　　　　　　　　　　　　　　　编号：

材料名称		品种、规格	
通知抽样单时间		运输车牌号	
取样时间（24 时制）		试样筒编号	
净浆流动度（mm）及表观情况			
处理意见		粉料注入	站　　仓

取样人：　　　　　　　　　　收料人：　　　　　　　　　　司机：

5.2　配合比选用

生产时所用的配比应从试验室出具的经过审批的系列配比中选取，未经批准使用的配合比不得用于生产。在该系列配比中应明确标示试验时所用原材料的检验数据，并在配比的发布文件中标明使用的原则和方法。选用配比原则上以主要应用的原材料品质为依据，按该配合比进行生产时，混凝土性能必须达到搅拌站规定的要求，并不得低于现行标准的规定。配合比选用原则如下：

（1）质量安全原则。对于混凝土买方提出的不同的技术条件，如：浇筑部位、坍落度、水泥用量、水泥品种和强度等级、是否允许掺加掺合料等，相应选择配比，保证实体的质量安全。买方有特殊技术要求的，按照买方的要求选择配比；无特殊要求的，按照如下原则选用：考虑路面混凝土因施工不当容易造成起砂、起粉现象，路面混凝土配比必须尽量少掺掺合料，砂率尽可能低，出厂坍落度在满足施工要求的前提下，尽量小些，做好技术交底工作。若无泵送要求，宜优先采用两种粒级碎石的配合比。水下混凝土必须适当提高砂率，必须第一车抽检混凝土的和易性。当砂细度模数大于 2.8 或砂、石级配连续性较差时，必须对拌合物的和易性引起足够重视。有特殊要求的混凝土，如须控制混凝土含气量，务必第一车检测其性能，必要时第一车第二盘进行检测，以便进行调整，直至满足技术要求。有防腐要求的，应选用掺加掺合材和防腐剂的配比。体积较大的基础类结构应选用水泥用量小、掺合料多的配比。结构用混凝土，如梁、板、柱，应选用粉煤灰、矿粉双掺的配比。

（2）技术经济原则。根据精细化管理的要求，在保证质量的前提下，选用最经济的配比，即原材料成本最低的配比，争创效益。

（3）保障生产原则。受资金和原材料供应的制约，本着保障生产正常运行的原则选用配比。应根据当日的原材料库存情况选择使用配比，避免因材料不足而中断供应，造成质量事故。不允许发生当日浇筑的同一部位使用不同种水泥的情况。应将工程项目采用的配合比确定，质检人员选用配合比时统一。若有变动，应及时记载在交接记录上，便于参考。

5.3　开盘鉴定和过程控制

搅拌站的质检人员对于当日的每个生产任务单，包括每个工程部位、每个强度等级都要进行开盘鉴定。按照要求选定的配合比形成的配合比通知单，要在搅拌楼的生产控制系统中录入，逐一确认，开盘时，由操作工负责输入配比参数，开盘质检员负责校核。核对配合比通知单中对应的各种原材料是否与材料存储的仓号对应，及骨料料斗的分布和上料规格（图5-5）。根据实时检测的骨料含水率数据，扣减骨料含水，形成实际用水量。确认计量正常后，开始生产。

图 5-5　骨料上料斗

操作工应严格按生产操作规程配制每盘混凝土，准确地将拌合物投入到罐车拌筒内。遇有特殊技术要求的混凝土生产时则以签发的生产专项方案为依据进行生产。其中搅拌时间是指从混合干料全部投入搅拌机开始，到搅拌机将混合料搅拌成匀质混凝土所用的时间。当采用搅拌运输车运送混凝土时，其搅拌的最短时间应符合设备说明书的规定，并且每盘搅拌时间（从全部材料投完算起）不得低于 30s，在制备 C50 以上强度等级的混凝土或采用引气剂、膨胀剂、防水剂等时应相应增加搅拌时间。一般搅拌站均在混凝土卸料口、上料皮带机尾部安有监控，并在控制室设有显示器（图 5-6），操作人员应通过监视荧屏观测搅拌站出口处的混凝土坍落度、上料皮带机运转和投料情况以及后台外加剂的添加情况，如发现异常情况，应立即报告相关部门及时纠正。同时搅拌机的电流表也能较直观地反映拌合物坍落度的变化。电流表有指针式和数显式两种，见图 5-7 和图 5-8。在配料过程中，操作工必须通过观察搅拌机电流表的示数、拌合物在罐车进料口下落状态及质检员提供的坍落度信息，判断混凝土的坍落度，在生产操作过程中，质检员必须密切配合操作工根据搅拌机电流、混凝

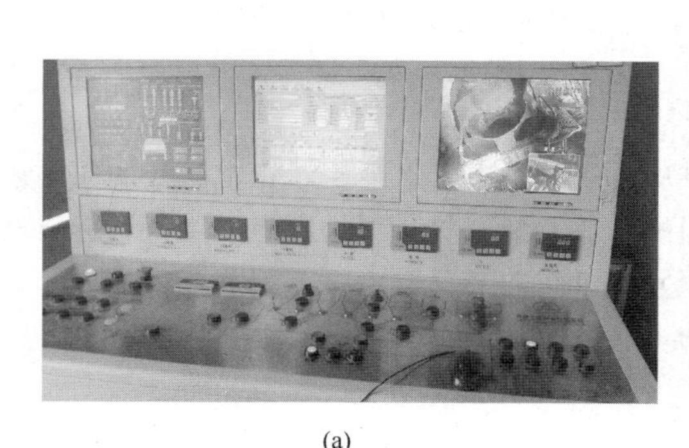

(a)

(b)

图 5-6　控制平台全图及局部监视画面

（a）控制平台全图；（b）控制平台之局部——监视画面

土拌合物状态以及砂石含水率，适当调整用水量，确保混凝土拌合物出厂质量在受控范围内。

(a)　　　　(b)

图 5-7　搅拌混凝土过程中指针式电流表峰值电流和稳定电流

(a) 混凝土搅拌过程峰值电流显示值；(b) 混凝土搅拌均匀时的稳定电流示值

(a)　　　　(b)

图 5-8　搅拌混凝土过程中数显式电流表峰值电流和稳定电流

(a) 混凝土搅拌过程峰值电流显示值；(b) 混凝土搅拌均匀时的稳定电流示值

5.4　配合比调整

5.4.1　正常生产状态时的调整

配合比在执行的过程中，由于原材料品质的变化、运送距离显著远或近、买方施工条件变化等，必须对配合比进行调整，则有必要确定不同人员的调整权限，以保证混凝土的出厂和交货状态满足要求。有权调整配合比的人员可设置为每班主责值班质检员，原则上胶凝材料用量不允许进行调整。如有特殊情况，主责值班质检员需经技术负责人批准，并且拌合物性能指标需经配合比管理人员试拌后确认。可调整的项目包括用水量、砂率、外加剂掺量。允许调整用量范围应明确，可根据搅拌站的管理水平拟定。调整范围均以系列配合比为基准，其中砂率的调整以混凝土和易性良好为原则，根据当时使用的原材料品质情况和买方的技术要求做适当调整。外加剂用量以混凝土到达施工现场满足合同技术要求为目标。本着安全和节约的原则，在外加剂供应商提供的安全掺量范围内结合用水量选择使用。砂率的调整应在保证混凝土拌合物和易性前提下，采用尽量低的砂率，尤其是地下室墙体等易开裂部位混凝土更要重视，但必须保证拌合物的可泵性。当砂率偏小时，优先考虑适当增加细石掺量，不能改善和易性时，才考虑增加砂率，增加胶材总量（如粉煤灰、磨细矿渣粉、水泥等），对和易性没把握时，必须及时抽样检查，具体视拌合物和易性和石子级配情况而定，基准配比砂率、细石掺量可根据石子粒径、级配和拌合物和易性情况调整。当砂含泥量大于2.0%，砂细度模数小于2.0，石粉过多，粉煤灰净浆流动度小于120mm，导致基准配比用水量增大时，必须考虑增加外加剂掺量和水泥用量。

在生产过程中，生产配比更改（水泥、磨细矿渣粉、粉煤灰、外加剂等品种变化以及用量更改），必须经当班主责质检员同意（签字确认），并填写混凝土生产配料单（表5-2），如实记录调整配比的时间、调整原因、调整后的配比、调整后的坍落扩展度值。有必要时可制作混凝土试件，记录试件制作的数量并填写试块制作单。超过权限时，必须经主管领导同意，方可继续进行生产。

表5-2 混凝土生产配料单

<table>
<tr><td>工程名称及部位</td><td colspan="6"></td><td colspan="2">任务单编号</td><td colspan="3"></td></tr>
<tr><td>施工单位</td><td colspan="6"></td><td colspan="2">配合比编号</td><td colspan="3"></td></tr>
<tr><td>强度等级</td><td colspan="6"></td><td colspan="2">要求坍落度</td><td colspan="3">± mm</td></tr>
<tr><td rowspan="2">生产日期</td><td colspan="2" rowspan="2"></td><td colspan="2" rowspan="2">订货方量</td><td colspan="2" rowspan="2">m³</td><td colspan="2">砂含水（%）</td><td colspan="3" rowspan="2"></td></tr>
<tr><td colspan="2">石含水（%）</td></tr>
<tr><td>搅拌时间（s）</td><td colspan="2"></td><td colspan="2">试件组数</td><td colspan="2">组</td><td colspan="2">砂含石（%）</td><td colspan="3"></td></tr>
<tr><td>材料名称</td><td>水泥</td><td colspan="2">细骨料</td><td colspan="2">粗骨料</td><td>水</td><td colspan="3">外加剂</td><td colspan="2">掺合料</td></tr>
<tr><td>品种/产地/规格</td><td></td><td></td><td></td><td></td><td></td><td></td><td></td><td></td><td></td><td></td><td></td></tr>
<tr><td>基准配合比（kg/m³）</td><td></td><td></td><td></td><td></td><td></td><td></td><td></td><td></td><td></td><td></td><td></td></tr>
<tr><td>调整后配合比（kg/m³）</td><td></td><td></td><td></td><td></td><td></td><td></td><td></td><td></td><td></td><td></td><td></td></tr>
<tr><td rowspan="2">实际生产微调
调整人签字：</td><td colspan="5">调整时间：</td><td colspan="6">调整原因：</td></tr>
<tr><td></td><td></td><td></td><td></td><td></td><td></td><td></td><td></td><td></td><td></td><td></td></tr>
<tr><td rowspan="2">实际生产微调
调整人签字：</td><td colspan="5">调整时间：</td><td colspan="6">调整原因：</td></tr>
<tr><td></td><td></td><td></td><td></td><td></td><td></td><td></td><td></td><td></td><td></td><td></td></tr>
<tr><td rowspan="2">实际生产微调
调整人签字：</td><td colspan="5">调整时间：</td><td colspan="6">调整原因：</td></tr>
<tr><td></td><td></td><td></td><td></td><td></td><td></td><td></td><td></td><td></td><td></td><td></td></tr>
<tr><td rowspan="2">实际生产微调
调整人签字：</td><td colspan="5">调整时间：</td><td colspan="6">调整原因：</td></tr>
<tr><td></td><td></td><td></td><td></td><td></td><td></td><td></td><td></td><td></td><td></td><td></td></tr>
<tr><td rowspan="2">开盘鉴定：
质检签字：</td><td colspan="2">出机坍落度</td><td colspan="2">和易性</td><td colspan="2">其他要求性能</td><td colspan="5" rowspan="2">开盘鉴定结论：符合要求□
应调整 □
调整方式：
签字：</td></tr>
<tr><td colspan="2"></td><td colspan="2"></td><td colspan="2"></td></tr>
</table>

续表

计量检查	水泥	细骨料	粗骨料	水	外加剂		掺合料	
单盘抽查：								
设定值								
盘号：								
实际值								
误差（%）								
单盘抽查：								
设定值								
盘号：								
实际值								
误差（%）								
备注：								
负责：		质检：			操作：			

5.4.2　异常生产状态时的调整

这里重点介绍水泥质量突变时的应对，因为水泥是混凝土中最为重要的原材料，它的质量异常是最为紧急的，尤其是突变。“突变”可以广义地理解为质量参数发生明显的变化，对于水泥的使用者而言，在其他材料没有发生显著变化的时候，使用水泥来生产或制作的产品性能包括过程参数明显异常的情况。对于混凝土搅拌站来说，遇到水泥质量突变，首先将在混凝土的生产过程中感受到明显异常，包括颜色、用水量、出机坍落度、坍落度经时损失、保水性、黏聚性，甚至更为特殊的情况：闪凝、假凝、膨胀、开裂等。当出现水泥质量突变时，往往此时搅拌站正处在正常生产状态，不论是否知道水泥的质量发生变化，发生什么样的变化，维持正常生产，保障混凝土的正常生产、运输和浇筑一般是放在首位的。针对上述情况，归纳如下应对措施：

（1）水泥颜色明显异常时，应立即与水泥生产厂家和运输单位联系，确定水泥是否发错或在装车、运输过程中掺杂。若发货错误，则按实际品种和规格使用，若掺杂则要考虑杂质的危害程度，至少要降低等级使用。若因水泥的原材料颜色变化而引起水泥的颜色变化，对于混凝土表观颜色有特殊要求的项目应停供，其他项目可正常供应。

（2）水泥需水量增加导致混凝土拌合用水提高时，提高减水剂用量和用水量。当提高减水剂的用量时，若各种组分分开存放和计量，仅增加减水组分即可。若采用复合型的减水剂，其中含有缓凝、引气等组分时，应控制最高掺量，咨询外加剂的供应商，避免由于缓凝组分用量过高而导致混凝土长时间不凝或因引气量过大而使抗压强度大幅降低。

（3）由于水泥中的化学成分发生变化，致使水泥与外加剂的适应性不良时，一般会导致出机坍落度过小和经时损失过大。应急的方法就是提高水泥用量，增加用水量，降低外加剂的掺量。尽快调整外加剂的配方，使之与变化后的水泥相适应。若坍落度经时损失为零，或者后增大时，应降低外加剂掺量，减少磨细矿渣粉用量，降低用水量，以减小混凝土出机坍落度值。

（4）若混凝土保水性不好，出现泌水或泌浆时，应降低外加剂掺量，降低用水量，提高粉煤灰用量，提高砂率。

（5）若黏聚性不好时，可提高胶凝材料用量，尤其是提高粉煤灰用量，降低用水量，提高砂率。

（6）当水泥出现开裂和膨胀时，则很可能水泥为废品，其中掺加了有害杂质，应停止使用。

一般水泥质量发生突变持续的时间不会很长，应急措施则显得尤为重要，而水泥的供需双方及时进行信息沟通必不可少，尤其是搅拌站的技术人员与水泥厂的质量控制人员之间的沟通。一旦水泥质量突变期过了，恢复到以往的状况，则应急措施将有可能导致新的混凝土状态异常，若不能及时发现将会酿成大祸。此外，搅拌站应制订应急程序，具有相应能力的技术人员及时介入处理，以保证混凝土的生产正常，质量受控。

5.5 冬季生产

在我国北方地区均存在冬季施工，该期间混凝土的生产较其他季节要考虑低温对混凝土的影响，围绕防止混凝土早期受冻和后续的强度发展，在生产过程中应注意的事项包括原材料测温、搅拌生产控制、混凝土测温和产品防护等。本书附录 6 为某搅拌站的冬期生产方案，供参考。

5.5.1 原材料测温

受气温影响，原材料的温度较低，为保证混凝土的出机温度，应该对所有在用的原材料进行测温，按照公式（5-1）和公式（5-2）进行计算。若不能满足出机温度，则应提高原材料的温度，包括加热水和骨料加热，设定出机温度反算热水温度，或者已知热水温度来推算混凝土出机温度均可，简便的计算可利用 Excel 的公式功能，见本书 10.2.2 热工计算，对于雨雪天气应增加测温频次。

有技术人员在按照公式进行计算时，出现了水温为负值的情况（图 5-9），这种情况的发生是不应该的。冬期生产所用的混凝土在搅拌站内控制的是混凝土的出机温度，在施工现场控制的是入模温度，为了防止混凝土受冻，才规定了最低温度，而不是要求按照最低温度来控制。在《建筑工程冬期施工规程》（JGJ/T 104—2011）的附录 A 中给出了混凝土拌合物运输与输送至浇筑地点时的温度计算公式，但因为实际上现场工况差异较大，不推荐搅拌站使用该公式来计算。对搅拌站来说，可以参照公式（5-1）来进行拌合物的温度计算。在日平均气温（日最高气温和最低气温之和的平均值）0～5℃时，一般不需要加热水，因为自来水的温度一般都在 15℃以上，当日平均气温低于 0℃时，尤其是持续的负温时则要加热水。在用参考公式进行拌合物温度计算时，有两种方式：一种是设定混凝土拌合物温度值，比如 10℃，原材料温度和含水率值均通过实测得到，只有水温度一个未知数，可以按照公式来计算求得，若为负数，说明不需要对水进行加热即可获得 10℃以上的混凝土温度，水温越高，混凝土的温度越高，对防止混凝土受冻越有利，而不是要向混凝土中加入负温的水；另外一种计算方式是把所有实测得到的温度值，包括水温代入公式中，计算出混凝土拌合物的温度，当该值低于控制目标值时，再按照第一种方式推算热水的温度。

在实际测温时不容易测得的是已经入仓的胶凝材料和粗骨料的温度，胶凝材料的温度可在筒仓内设置电子测温装置或者在筒仓锥体下端与螺旋输送器接口处测得，粗骨料的测温则要用测温探头较长的电子测温仪插入料堆内部测得。但不论哪种测温方式，所测得的温度值都较其真实温度低，这就会造成计算得到的混凝土温度比实测的混凝土温度低的情况，应以实测的为准，计算值只能作为参考。

冬期施工温度记录表

津砼 H-005　1/2

日期	时间	计算要求水温℃	实测水温度℃	搅拌台温度℃	外加剂温度℃	粉料温度℃	砂温度℃	石温度℃	砼出机温度℃	砼浇筑温度℃	配比编号	气象记录					记录人
												大气温度℃	最低温度℃	最高温度℃	平均温度℃	晴 云 雨 雪 雾	
2013、11.15	00:00	1.74	26	14	25	48	8	5			L4-10	3	3	14	8	晴 云 雨 雪 雾	
	02:00	-8.16	26	14	25	48	8	5	16	13	L4-356	4				晴 云 雨 雪 雾	
	04:00	1.74	26	14	25	48	8	5			L4-10	4				晴 云 雨 雪 雾	
	06:00	-3.12	26	14	26	49	9	5	17	15	L4-20	5				晴 云 雨 雪 雾	
	08:00	-4.89	26	15	27	50	10	6			L4-10	7				晴 云 雨 雪 雾	
	10:00	-11.50	30	15	27	50	12	8			L4-10	10				晴 云 雨 雪 雾	
	12:00	-14.09	30	17	28	52	12	8			L4-10	14				晴 云 雨 雪 雾	
	14:00	-14.98	30	18	28	52	13	9			L4-10	14				晴 云 雨 雪 雾	
	16:00	-25.29	30	14	27	50	13	10	16	14	L4-356	12				晴 云 雨 雪 雾	
	18:00	-25.29	30	14	25	50	10	8	16	14	L4-356	12				晴 云 雨 雪 雾	
	20:00	-25.29	27	14	25	50	10	8	16	14	L4-356	9				晴 云 雨 雪 雾	
	22:00	-24.62	27	14	25	49	8	6	17	14	L4-356	9				晴 云 雨 雪 雾	
2013 11.16	00:00	-24.62	27	14	25	49	8	6	16	14	L4-356	6	3	10	8.5	晴 云 雨 雪 雾	
	02:00	-24.62	27	14	25	49	7	4	16	14	L4-356	3				晴 云 雨 雪 雾	
	04:00	4.63	27	14	25	49	7	4			L4-10	3				晴 云 雨 雪 雾	
	06:00	6.31	25	14	25	49	7	3			L4-10	5				晴 云 雨 雪 雾	
	08:00	4.63	25	14	25	49	7	4			L4-10	8				晴 云 雨 雪 雾	
	10:00	0.03	25	15	25	50	8	5			L4-10	10				晴 云 雨 雪 雾	
	12:00	0.03	28	15	26	50	8	5			L4-10	10				晴 云 雨 雪 雾	
	14:00	-4.16	28	16	26	50	9	6			L4-10	12				晴 云 雨 雪 雾	
	16:00	-3.27	28	15	26	50	9	6			L4-10	8				晴 云 雨 雪 雾	
	18:00	-25.29	28	15	26	50	8	6	15	13	L4-356	8				晴 云 雨 雪 雾	
	20:00	-23.96	26	14	25	48	8	6	15	13	L4-356	9				晴 云 雨 雪 雾	
	22:00	-23.96	26	14	25	48	7	5	15	13	L4-356	6				晴 云 雨 雪 雾	

图 5-9　冬期施工温度记录表

公式（5-1）为混凝土拌合物温度计算：

$$T_0 = [0.92(m_{ce}T_{ce} + m_sT_s + m_{sa}T_{sa} + m_gT_g) + 4.2T_w(m_w - w_{sa}m_{sa} - w_gm_g) + c_w(w_{sa}m_{sa}T_{sa} + w_gm_gT_g) - c_i(w_{sa}m_{sa} + w_gm_g)] / [4.2m_w + 0.92(m_{ce} + m_s + m_{sa} + m_g)] \tag{5-1}$$

式中　T_0——混凝土拌合物温度（℃）；

T_s——掺合料的温度（℃）；

T_{ce}——水泥的温度（℃）；

T_{sa}——砂子的温度（℃）；

T_g——石子的温度（℃）；

T_w——水的温度（℃）；

m_w——拌合水用量（kg）；

m_{ce}——水泥用量（kg）；

m_s——掺合料用量（kg）；

m_{sa}——砂子用量（kg）；

m_g——石子用量（kg）；

w_{sa}——砂子的含水率（%）；

w_g——石子的含水率（%）；

c_w——水的比热容［kJ/（kg·K)］；

c_i——冰的溶解热（kJ/kg)；当骨料温度大于0℃时：$c_w=4.2$，$c_i=0$；当骨料温度小于或等于0℃时：$c_w=2.1$，$c_i=335$。

公式（5-2）为混凝土拌合物出机温度计算：

$$T_1=T_0-0.16(T_0-T_p) \tag{5-2}$$

式中 T_1——混凝土拌合物出机温度（℃）；

T_p——搅拌机棚内温度（℃）。

5.5.2 生产控制和组织

生产部门在组织生产前，应组织开盘工作，提前通知锅炉房加热生产用水，达到满足计算的混凝土要求的水温才可开始生产。骨料上料时应剔除冻块，搅拌时间应做适当延长，以保证混凝土拌合均匀。

图 5-10 检测混凝土出机温度

合理安排车辆，确定优先选择的行车路线，缩短路上的运送时间，尽量避免罐车在现场的等待时间过长，防止混凝土过多地散热，以保证入模温度。

5.5.3 混凝土测温

混凝土的测温包括两部分：一是混凝土的出机温度，在搅拌站内检测，见图5-10；二是入模温度，在浇筑现场检测。出机温度和入模温度之间的差值由运输时间、等待时间和浇筑时间确定。按照规范要求，混凝土的入模温度不得低于5℃，可综合考虑上述因素来确定出机温度，而不是有些人认为的出机温度不低于10℃。

5.6 出厂检验

5.6.1 出厂取样、成型试件控制

用于出厂检验的混凝土试样应在搅拌地点（即搅拌站内）抽取。每个试样量应满足混凝土质量检验项目所需要用量的1.5倍，且不宜小于0.02m^3。混凝土检测的试样，其取样频率和组批条件应按下列规定进行：

（1）重大重要工程、重要结构部位，无论方量多少，第一车必须取样检测和易性，发现异常情况及时向试验室主任反映，以便及时调整生产配比。

(2) 用于强度检测的试样，每拌制 100 盘且不超过 100 m^3 的同配合比的混凝土，取样不得少于一次。

(3) 当一次连续浇筑超过 1000 m^3 时，同一配合比的混凝土每 200 m^3 取样不得少于一次。

(4) 每一构件、同一配合比的混凝土，取样不得少于一次。

(5) 每次取样应至少留置一组标准养护试件，同条件养护试件的留置组数应根据实际需要确定。

(6) 混凝土坍落度经时损失检测每天不得少于 2 次。

(7) 混凝土坍落度、和易性等施工指标的取样每个任务单至少一次。

(8) 所有的取样，必须认真检测混凝土的和易性、施工性能，并把检测结果及时向当班质检员或试验室主任反映，以便及时地进行调整。

(9) 以上取样应形成记录，并归档保存。

5.6.2　对混凝土出厂坍落度和坍落度经时损失的控制

混凝土出厂坍落度控制应以到达交货地点实测坍落度为准，视原材料质量和气温、强度等级、运距等情况控制出厂坍落度。坍落度经时损失应综合考虑前述影响因素，一般控制在 20～30mm/h。出现异常情况时，必须及时通知试验室，必要时应对生产配比做出相应调整。

5.7　运输环节质量控制

5.7.1　罐车装料与卸料

(1) 罐车装料前必须空载称重，保持罐内干净无异物，注意车容车貌，装料前反转卸干净罐内积水，避免因罐内积水而导致坍落度过大，造成混凝土质量异常。

(2) 罐车进机位装货时，应按搅拌楼操作工的提示停好车位，避免因装料口异位而导致混凝土撒漏浪费。

(3) 司机收到发货单后，必须看清发货单上车号和工程名称及送货地点等，必要时与值班调度核对发货单上的内容，如工地名称、混凝土标记、坍落度、方量等，互相核对无误后方可出车送货，送货路线由负责运输的部门指定，并绘制行车路线图提示司机。

(4) 罐车进入工地后，应服从工地的安排与调度，到达准确的位置卸料，并将随车混凝土的质保资料交予施工方，并再次核实工地名称、混凝土标记、方量、坍落度要求等，避免卸错工地，卸错部位，核对无误后方可卸料。司机有义务劝阻工地外加水等不符合施工规范的操作，并将发货单上的信息填写完整，不得在发货单上乱涂乱画。

(5) 司机有义务协助工地卸料，并有义务将工地对搅拌站临时提出的意见和建议及时反馈给值班调度。

5.7.2　混凝土的运输

(1) 罐车司机要经常对车辆进行检查、保养，使车辆保持良好的技术状况，严禁隐瞒车辆故障而进行装料。装料前必须对车辆进行一些常规检查，如油料是否足够，轮胎是否完好，拌筒里的清洗水是否倒干净等。

（2）司机要熟悉混凝土性能，运输途中不得私自载客和载货，行驶路线必须以提供的行车路线图为准，尽量缩短运输时间。到达目的地后，要在发货单上注明到达时间。当罐车卸完混凝土后，要求用户在发货单上注明卸完时间，并签字及核实数量。发货单样本见图5-11。

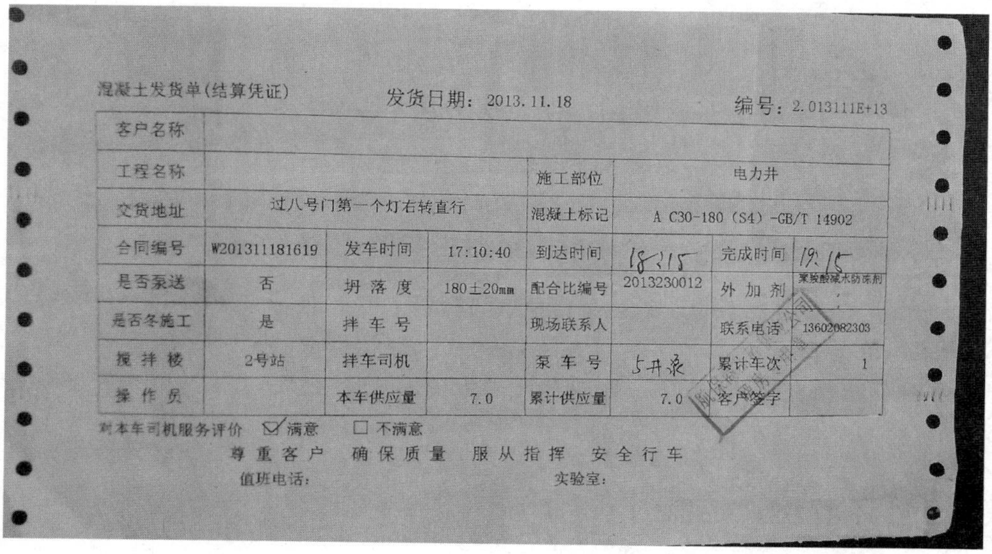

混凝土发货单(结算凭证)　　发货日期：2013.11.18　　编号：2.013111E+13

客户名称							
工程名称				施工部位	电力井		
交货地址	过八号门第一个灯右转直行			混凝土标记	A C30-180（S4）-GB/T 14902		
合同编号	W201311181619	发车时间	17:10:40	到达时间	18:15	完成时间	19:15
是否泵送	否	坍落度	180±20mm	配合比编号	2013230012	外加剂	聚羧酸减水防冻剂
是否冬施工	是	拌车号		现场联系人		联系电话	13602082303
搅拌楼	2号站	拌车司机		泵车号	5井泵	累计车次	1
操作员		本车供应量	7.0	累计供应量	7.0	客户签字	

对本车司机服务评价　☑满意　☐不满意

尊重客户　确保质量　服从指挥　安全行车

值班电话：　　　　实验室：

图5-11　发货单样本

（3）司机在装料前把罐车水箱灌满，禁止随车携带外加剂并私自添加，当混凝土不满足施工要求时，应及时与搅拌站内联系派技术人员进行调整。

（4）混凝土出厂前后，不得随意加水。若施工人员擅自加水，司机应在发货单上注明原因，并向值班调度汇报。混凝土在运输过程中，如发生交通事故、遇到塞车或罐车出现故障及因工地原因造成罐车在施工现场停留时间过长而引起混凝土坍落度损失过大，难于满足施工要求时，必须及时通知值班调度，由调度员安排人员进行处理。这时可根据混凝土停留时间长短，考虑采取多次添加外加剂的办法来改善混凝土的流动性，即在现场罐车中加入适量外加剂但不得擅自加水处理。如果还达不到施工要求，或混凝土已接近初凝时间，则应对整车混凝土做报废处理，该处理由专人负责，其他人员禁止私自处理。

（5）在运输过程中混凝土罐应保持一定转速（砂浆车除外），控制混凝土运至浇筑地点后不离析、不分层，组成成分不发生变化，并能保证施工所必需的坍落度。如混凝土拌合物出现离析或分层现象，应对拌合物进行二次搅拌，满足施工要求。

（6）混凝土运到浇筑地点后，应检测其坍落度，所测坍落度应符合设计和施工要求，且其允许偏差符合规定。

（7）混凝土从搅拌时起至卸料结束，一般要求在4.0h内完成，运输时间不宜超过2h。

5.8　交货环节质量控制

除了出厂检验之外，混凝土被运送到施工现场，在交付到客户手上之前，也就是在混凝土卸出罐车之前，对于搅拌站负责泵送的，则是在混凝土出泵管之前，技术人员应对混凝土进行交货前的检验，这是搅拌站控制混凝土质量的最后一道关口。

5.8.1　指标监测

因为混凝土的特性，交货过程的检验只能对处于拌合物状态的参数进行检测而其中有一部分指标只能根据经验来判断。一般来说，可检测或者观察坍落度，前文曾表述，坍落度是混凝土硬化之前最重要的技术参数，其表征的信息较多，与技术人员的水平有关。坍落度的大小是否满足需方的技术要求，是否与该车发货单记录的信息相符，可选择实测，也可目测。另外则是施工性能，包括可泵性、保水性、黏聚性、砂浆与骨料的比例、骨料最大粒径、流动速度、含气量等，指标的偏差应在合同约定的范围之内，合同没有约定的，应在《预拌混凝土》（GB/T 14902）允许的范围内，这些工作也可由双方确认。见图 5-12 在泵管出口端取样检测坍落扩展度，图 5-13 现场检测含气量。

(a)　(b)　(c)

图 5-12　现场检测坍落扩展度

（a）检测坍落度；（b）检测坍落度；（c）检测扩展度

图 5-13　现场检测含气量

5.8.2　现场信息反馈

在施工现场的人员应密切监视现场混凝土质量，当混凝土拌合物质量出现波动时，应及时向搅拌站反映混凝土情况，以便及时调整，出现问题，及时解决，确保向工程实体提供优质混凝土。

在混凝土施工过程中，当出现异常情况，如混凝土坍落度过大而超过试配允许范围，混凝土拌合物出现离析现象，由于种种原因造成混凝土已出现初凝迹象等时，为保证混凝土工程质量起见，现场人员必须及时采取措施，阻止该车混凝土使用，并做退料处理，同时向搅拌站反映，禁止故意隐瞒实际情况而使不合格的混凝土用于工程中。

为了保证交货时尤其是进入模板之内的混凝土是搅拌站供应的未被掺杂的产品，重点监控的是后加水，一方面是向罐车中加水，另一种是模板内有存水。混凝土作业人员为了获得更大的坍落度和更好的流动性，随意向罐车中加水的情况越来越多，应该引起重视。这给混凝土的泌水、起砂、砂线、水纹以及硬化之后的实体强度都会造成风险，也成为搅拌站与施工方产生纠纷的焦点之一。图 5-14 为现场后加水现象。但同时搅拌站也要得到需方的监督，因为也有搅拌站自己后加水的现象。

现场加水的情况不尽相同，程度也有轻重之分，少量的水可能仅导致混凝土的强度降低，也有个别的强度并不降低的情况，或者导致泵送的混凝土堵管而无法正常施工。但大量的肆意加水，则必定会造成严重的后果，见下述案例。

某钢筋混凝土框架结构，主体四层、局部五层。其中主体部分首层层高 7.5m，夹层标高 4.4m，二至四层层高 3.9m，女儿墙标高 21.000m；局部五层层高 3.9m，女儿墙标高 23.8m。建筑物合理使用年限为 50 年（二级），抗震设防烈度为 7 度（0.15g）。基础形式为桩基独立承台基础，主体钢筋混凝土框架结构，钢筋采用 HPB235、HRB335、HRB400，混凝土强度等级：基础为 C30，三层以下混凝土柱、梁、板为 C45，四层及局部五层混凝土柱、梁、板为 C30。主梁截面主要为 450mm×800mm、450mm×700mm，次梁为 250mm×450mm，首层、二层柱子断面为 850mm×850mm，三层柱子为 700mm×700mm，四层及局部五层为 600mm×600mm，板厚均为 100mm。该项目在浇筑首层柱时，混凝土的施工作业人员嫌混凝土坍落度小［订货要求（160±30）mm，现场实测 200mm］、流速慢，向罐车中

(a)　(b)　(c)　(d)　(e)　(f)

图 5-14　现场加水

加入大量的水之后浇筑入模，拆模之后的柱子外观见图 5-15 和图 5-16。由于外观明显存在缺陷，便对柱子进行钻芯取样，取芯后的孔洞见图 5-17，经检测其抗压强度不足 20MPa，而设计等级为 C45，最终因为补强加固的方案验算未通过而不得不拆除处理，造成了巨大损失，教训惨痛。

而基坑中、模板内存水在浇筑混凝土之前没有及时排除，势必影响混凝土的面层质量，甚至是降低混凝土的强度。见图 5-18。

施工现场的人员进行正确的试块制作和养护工作也是很重要的。采用错误的取样、成型和养护的试件却被送去第三方的检测机构做检验，这样的结果也将给混凝土的供需双方带来不必要的麻烦。参见本书 11.8 的内容。

图 5-15　柱子外观全图

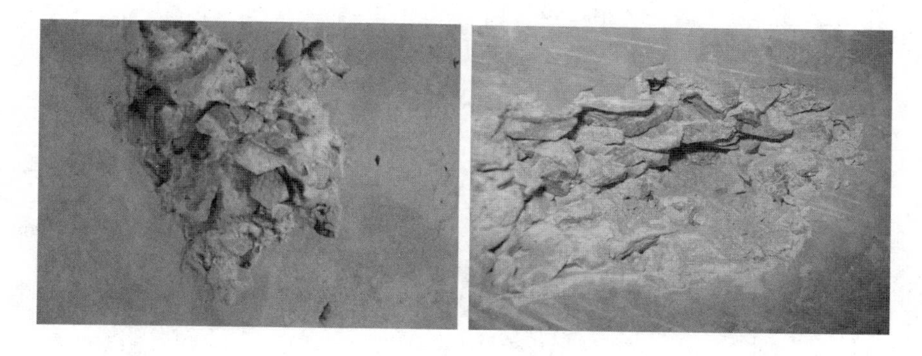

图 5-16　柱子外观局部

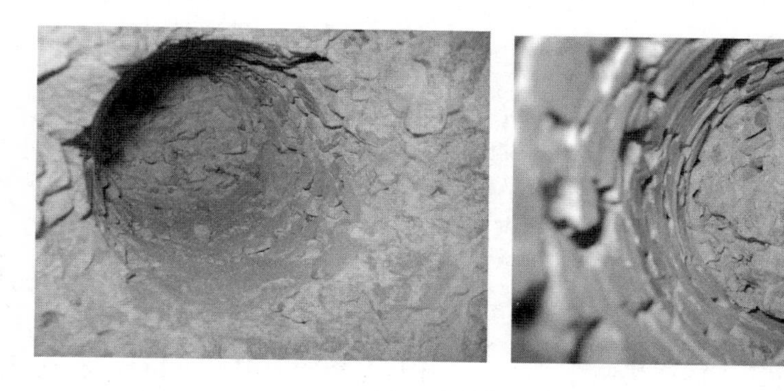

图 5-17　钻取芯样后孔洞内部

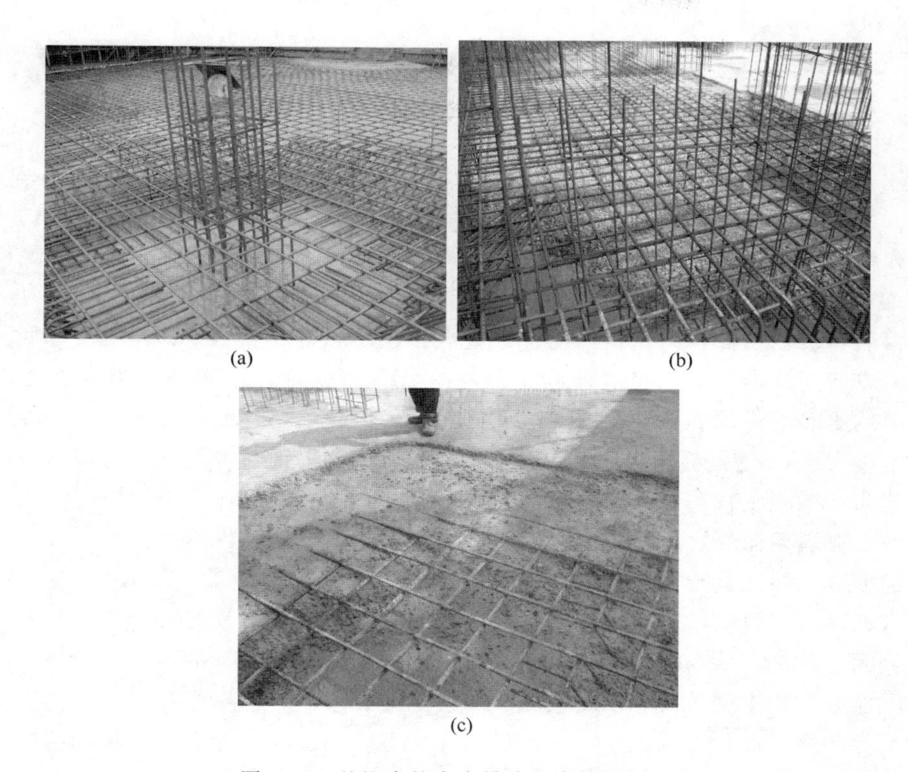

(a) (b) (c)

图 5-18　基坑中的水未排除即浇筑混凝土

第6章 绿色生产及辅助技术

随着人口的增长、城市的扩容，大自然承受的负担日益加剧，资源日趋枯竭、环境污染越来越严重，雾霾时常与我们亲密接触，人类的生存受到严重威胁。1992年里约热内卢世界环境会议后，绿色事业受到全世界的普遍重视。建设"资源节约型、环境友好型"社会是我们的努力方向，国内的绿色建筑评价和国外的LEED认证，都将目光瞄准了建筑工程的绿色化，节约更多的资源和能源，将对环境的污染降低到最小程度，这不仅为了混凝土和建筑工程的健康发展，更是人类生存和更好发展的必需。有人说：水泥将成为城市垃圾的回收站，笔者认为：混凝土在不远的未来将成为固体废弃物的回收站，人类使用的最大宗的建筑材料将实现生命周期循环，绿色与安全有望成为混凝土生命的新内涵。

行业标准《预拌混凝土绿色生产及管理技术规程》（JGJ/T 328—2014）这样定义"绿色生产"：以节能、降耗、减排为目标，以技术和管理为手段，实现预拌混凝土生产全过程的节地、节能、节材、节水和保护环境基本要求的综合活动。该标准包含了预拌混凝土生产过程中的厂址选择和生产布局、设备设施、绿色生产技术、绿色生产管理、绿色生产监测控制和绿色生产评价。可见，绿色生产是全过程和全方位的。本章介绍几种绿色生产技术，主要是从节能减排角度考虑的。

6.1 电伴热

管道电伴热保温是用电能直接转化为热能的新型供暖系统。使保温防冻系统自动控制其温度保持在允许的范围内，实现了对管道的主动性保温防冻。主要应用于搅拌站冬期生产时对管路，包括液体（水和减水剂）和气体（气路）管路的加热和保温，防止因受冻而影响生产，同时也减少烧锅炉或者供暖产生的能耗。管道保温防冻的目的就是补充由于管道外壳内外温差引起的热散失。发热电缆管道保温防冻系统就是提供给管路损失的热量，维持其温度基本不变。管道电伴热系统由发热电缆供电电源系统、管道防冰冻电缆加热系统和管道电伴热智能控制报警系统三部分组成。每根伴热电缆单元包括温控器、温度传感器、空气开关、交流越限报警隔离变速器、伴热电缆断路监测器、工作状态显示器、故障蜂鸣报警器及变压器等电路，以便观察、控制与调节电伴热工作情况。工作状况下，温度传感器安置在被加热的管道上，可随时测量出其温度。温控器根据事先设定好的温度，与温度传感器测出的温度比较，通过伴热电缆控制箱内的空气开关与交流电流越限报警隔离变速器，及时切断与接通电源，以达到加热防冻的目的。

6.2 节电器

为了降低皮带机无功损耗，可采用节电器来解决。在保持原有设备原状前提下，通过对皮带输送系统应用变频器进行时序控制解决皮带机空载无功损耗问题。

节电器的节电原理：在终端电网中，存在着大量的瞬流，而瞬流是正弦波交流电路上电流与电压的一种瞬时态的畸变，浪涌和谐波为其主要的表现形式。畸变的主要特点是超高压、超高速、超高频次。设备在频繁地开关和负荷突变电弧放电都会有大量的瞬流反应，反馈到自身的用电系统中，由于瞬流的存在，使负载电流损失，瞬流产生的谐波、浪涌会使电机过热而效率降低甚至烧毁，使各种触点产生氧化碳膜而接触不良，直接使设备耗电过高寿命缩短。节电器采用并联式补偿技术进行节电，将电力电子器件智能化集成，组成内置的专用电压调节与能效优化软件，自动识别和调节功率。通过电感之间电磁相互作用，回收被彼此反相剩余的电流和无功功率，有效提高功率因数，提高三相异步电动机的用电效率。实现了输入电压的正弦波输入，抑制谐波，可滤除电网瞬变、浪涌对机器设备的损害，延长使用寿命，降低电耗，提高能效。

节电器安装简便，以并联的方式和用电设备连接，连接时将节电器的三根火线对应用电设备的三根火线，零线对零线进行连接。节电器距离用电设备越近，效果越显著，安装后，将节电器固定好即可。节电器免维护、运行稳定、安全可靠，在混凝土生产行业有着良好的推广前景。

6.3　电机变频

搅拌站中，在正常生产情况下，主机的电动机为连续运行，其他工序负载电机为断续运行。由于工艺要求，一个生产循环中主机负载持续率为 80％～90％。强制搅拌机在工作时，驱动电动机负载率是随着混凝土搅拌的均匀度增加呈下降趋势变化，直观反映在主机电流上，电流由峰值降至搅拌均匀后约降低一半，主机电动机在大部分时间内是在负载率很低（低于 50％）的工况下工作。针对这种情况导致的主机电动机效率低、能耗大、无功功率低的问题，可采用电机变频技术。

变频驱动皮带机断续运行节电是采用变频器驱动电动滚筒，使原有滚筒星角启动连续运行控制系统变为变频器驱动软启动间断运行控制系统。实现皮带机间断运行，变频器大幅地降低了滚筒的启动电流，变频器输出功率因数高，提高了电动滚筒的效率，断续运行使整个系统大大缩短了运行时间，节约电能。

6.4　砂石分离和浆水回收应用

混凝土生产规模日益增大，自然资源紧缺，而搅拌站废水、废渣问题则日益突出。根据目前搅拌站生产工艺，对废料的处理和当地的监管要求有关，有些搅拌站剩余的废弃混凝土直接被装载机铲走、堆放，见图 6-1。而罐车在浇筑现场剩余的混凝土则在返回搅拌站的途中随意排放，见组图 6-2。

在浪费宝贵的自然资源的同时，也污染了环境。现在有些搅拌站已经应用砂石分离机对废弃的混凝土拌合物进行水洗过筛，将砂石回收重新生产混凝土，这样可以回收一部分，但产生的大量的废浆仍无法处理，只能定期清淤，而这部分废浆当中全是细小的颗粒，在运输和堆放的过程中还会产生粉尘，见图 6-3。同时堆放掩埋这些“废渣”占用了大量的土地，

图 6-1 废弃混凝土拌合物堆放

图 6-2 剩余混凝土随意排放

造成了资源浪费，对环境造成很大破坏。据统计，年产量 40 万 m^3 的混凝土企业，每年大约要产生约 $4000m^3$ 的废渣及近 2.5 万 t 废水。现在已有部分企业对砂石分离机进一步升级，将水洗筛分后的浆体逐级沉淀或者进行搅拌，然后通过管路输送到搅拌楼上，经过计量用于混凝土生产。这样能将废弃混凝土拌合物通过分离后形成浆水循环再利用，既可利废，又节约成本，有利于促进搅拌站混凝土生产的“环保化”和“绿色化”，具有良好的技术、经济和环境效益。该装置的工作原理是将废弃的未硬化的混凝土由车辆运至洗车台，触动行程开关，启动清洗分离系统，废弃混凝土经砂石分离机清洗和筛分后，砂石经过不同的出口排出，浆水流入搅拌池，池中的浆水通过管路在生产混凝土时被抽取应用。富余的浆水可流入后两级的沉淀池，经过分离或沉淀后的污水可继续作为洗车水循环使用。砂石分离及浆水回收流程图和装置见图 6-4～图 6-7。因此，废弃混凝土拌合物分离后的浆体的再利用成了混凝土行业的重要课题，有些同行也做了研究，但因为各个搅拌站的情况都不一样，包括原材料和混凝土都存在差异，加之技术人员担心废浆会影响混凝土的质量而对其利用较少甚至拒绝应用。现将天津金隅和航保搅拌站的试验研究数据列举如下。

图 6-3　沉淀后的废浆堆放

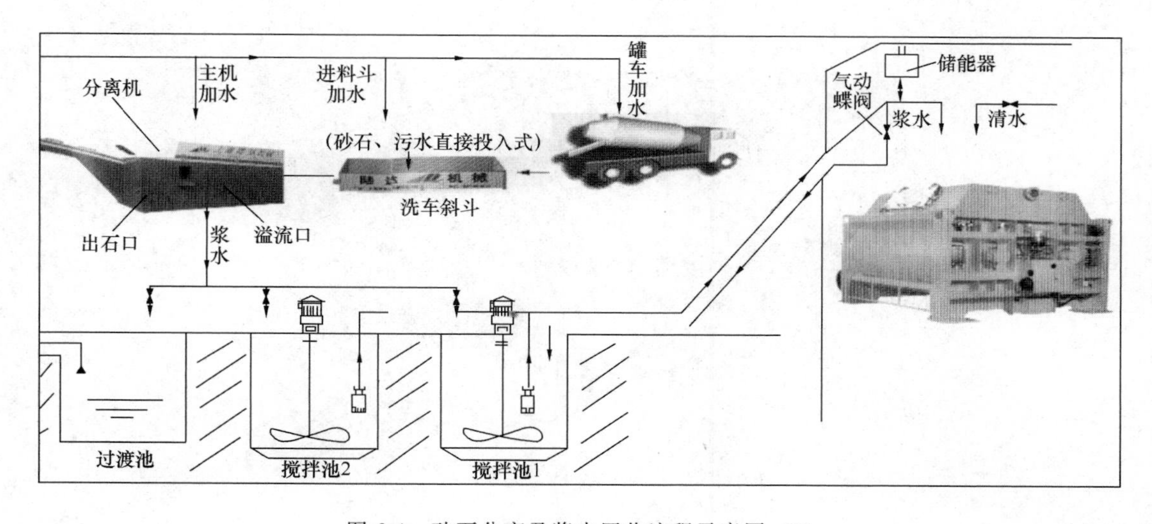

图 6-4　砂石分离及浆水回收流程示意图（1）

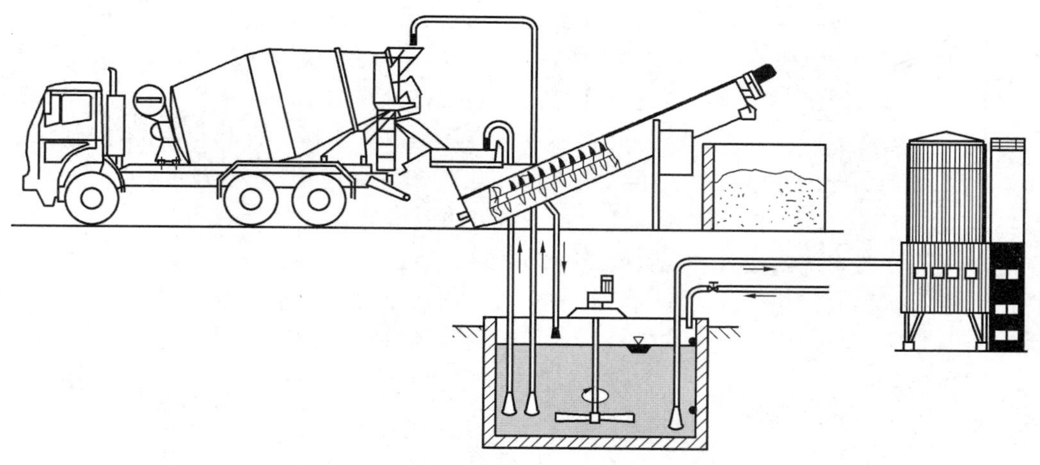

图 6-5　砂石分离及浆水回收流程示意图（2）

(a)　　(b)

图 6-6　砂石分离及浆水回收装置（1）

（a）砂石分离及浆水回收装置全图；（b）浆水存储和搅拌用的八角池

(a)

图 6-7　砂石分离及浆水回收装置（2）

（a）砂石分离及浆水回收装置全图

(b)

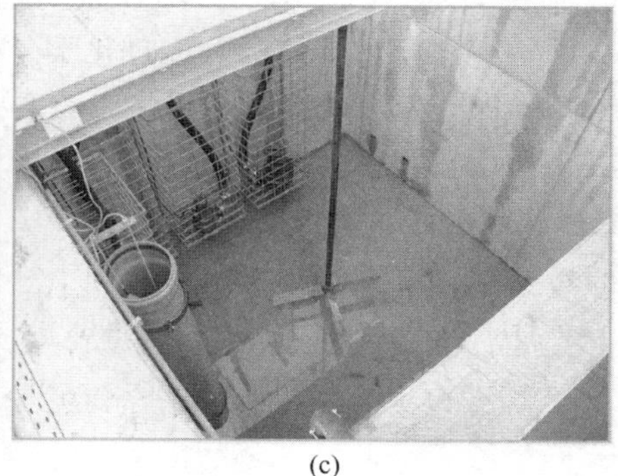

(c)

(d)

图 6-7　砂石分离及浆水回收装置（3）

（b）砂石分离装置；（c）浆水存储和搅拌池内部图；（d）浆水存储和搅拌池外部图

6.4.1　天津金隅搅拌站的试验研究情况

6.4.1.1　废弃浆水的分析

在混凝土生产中产生的浆水，基本为当日生产所产生的浆水，其中包括已部分水化的水泥熟料、未开始水化的矿物掺合料和部分细骨料、砂石中的泥土成分和少量化学添加剂，但这种浆水如经过长时间浸泡后，其中的水泥颗粒和矿物掺合料会进一步水化反应，造成新、旧浆水化学成分会发生变化。选取不同时期的两种废弃浆水（A 样品、B 样品）。A 样品为 24h 内产生的新鲜浆水，B 样品为存放 30d 以上的陈旧浆水。将废弃浆水过滤、低温烘干处理后对样本进行分析。XRD 图谱显示：新产废渣和陈旧废渣矿物成分上有较大区别，新产废渣的结晶矿物有石英、胶凝材料水化产物钙矾石、含 Cl^- 水化铝酸钙、含 Na^+ 水化硫铝酸钙（单硫型）和已碳化的氢氧钙石，以及未水化的 C_2S、C_3S 矿物；陈旧废渣中结晶矿物主

要有 $CaCO_3$、石英、钙钒石。图谱显示有部分非晶态或结晶程度较弱的物相存在，应该是水化凝胶体及掺合料中玻璃体成分。经过化学分析可知，新产废渣和陈旧废渣的矿物组成上有较大区别：24h 内产生的废渣中有很多未进行水化的粉煤灰颗粒以及部分活性物质；30d 以上的废渣中主要为已经进行水化后产生的凝胶体以及钙矾石等。

6.4.1.2 复掺配制水泥胶砂性能试验

新渣（A）、旧渣（B）分别等量取代 P·O 42.5 水泥量的 10%、20%、30%（标记为 PO、A1～A3、B1～B3）。当新渣（A）、旧渣（B）分别等量取代水泥量的 40%、50%、60%、70%时（标记为 A4～A7、B4～B7），由于需水量较多，流动性差，采用压实方式制备试件，胶砂强度见表 6-1。

表 6-1 胶砂强度

编号	扩展度（mm）	3d（MPa）		7d（MPa）		28d（MPa）	
		抗折	抗压	抗折	抗压	抗折	抗压
PO	180	6.4	30.7	6.3	35.2	10.6	59.3
A1	175	5.6	25.7	6.0	34.0	10.2	52.4
A2	150	6.0	26.0	5.5	30.3	10.4	52.5
A3	100	5.3	23.5	6.9	36.4	9.7	46.7
A4	—	4.0	17.3	5.5	13.1	7.1	31.3
A5	—	3.3	14.2	4.2	13.1	5.9	25.7
A6	—	2.0	5.6	2.6	10.3	3.0	10.6
A7	—	0.4	2.23	1.0	4.5	1.8	5.7
B1	160	5.9	25.5	5.8	34.1	9.5	58.2
B2	140	5.7	26.7	4.8	26.6	10.3	49.9
B3	100	4.8	21.7	8.0	37.4	8.7	39.9
B4	—	2.7	12.8	3.4	15	4.8	21.5
B5	—	0.6	7.1	1.6	11	3.3	15.8
B6	—	0.5	3.5	1.0	5.1	1.9	8.4
B7	—	0.2	1.7	0.5	2.6	0.5	3.8

通过图 6-8 可知，随着废渣取代水泥量的增加，胶砂扩展度逐渐下降。当掺量超过 20%后，新鲜废渣和陈旧废渣的扩展度迅速减小。

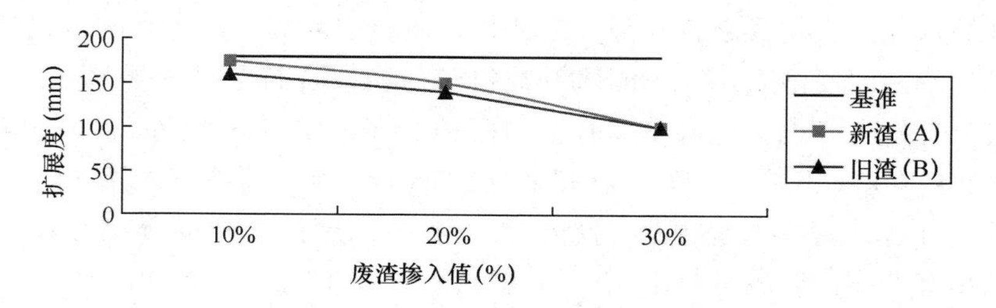

图 6-8 废渣掺入量与胶砂扩展度关系图

通过图 6-9 可知，对于新废渣，当取代水泥用量的 10%、20%时，胶砂 28d 强度变化不大，而陈旧废渣取代水泥用量的 10%后，胶砂 28d 强度迅速降低。由此也验证了新废渣中存在更多的未水化完全的活性物质，可应用于混凝土配制中。

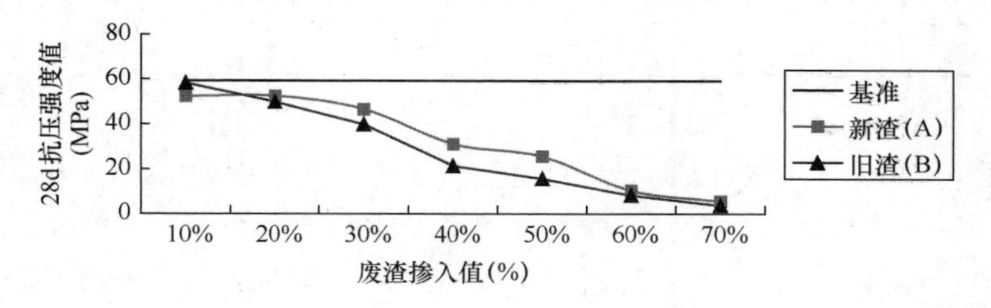

图 6-9　废渣掺入量与 28d 胶砂抗压强度值关系图

6.4.1.3　不同浓度的废弃灰浆对混凝土工作性能以及力学性能的影响

（1）试验原材料情况

①水泥选用 P·O 42.5 级水泥，其物理性能见表 6-2。

表 6-2　水泥性能指标

品种	凝结时间（min）		标准稠度（%）	安定性	胶砂强度（MPa）			
	初凝	终凝			3d 抗折强度	3d 抗压强度	28d 抗折强度	28d 抗压强度
P·O 42.5	175	230	27	合格	5.6	30.1	8.3	57.4

②矿粉选用 S95 级，其物理性能见表 6-3。

表 6-3　矿粉性能指标

品种	密度（g/cm^3）	比表面积（m^2/kg）	流动度比（%）	活性指数（%）	
				7d	28d
S95	2.9	413	99	78	101

③粉煤灰选用 F 类Ⅱ级，其物理性能见表 6-4。

表 6-4　F 类Ⅱ级粉煤灰性能指标

细度（0.045mm 方孔筛筛余）（%）	需水量比（%）	烧失量（质量分数%）	含水率（质量分数%）
21.0	102	3.5	0.2

④砂选用遵化河砂，其物理性能见表 6-5。

表 6-5　砂子性能指标

表观密度（kg/m^3）	规格	细度模数	含泥量（质量分数%）	泥块含量（质量分数%）
2660	Ⅱ区中砂	2.6	1.5	0.3

⑤石子选用三河 5～25mm 连续粒级碎石，其物理性能见表 6-6。

表 6-6　石子性能指标

表观密度（kg/m^3）	规格	含泥量（质量分数%）	泥块含量（质量分数%）	压碎指标（%）
石子	5～25mm	1.0	0.2	7

⑥外加剂选用高效减水剂，其物理性能见表6-7。

表6-7 外加剂性能指标

固体含量（质量分数%）	pH值	减水率（%）	净浆流动度（mm）	28d抗压强度比（%）
33	8.0	21	255	123

（2）混凝土配合比设计及性能检测

对强度等级为C30、C40进行试配，利用配制好的三种浓度的溶液直接等量取代试配拌合用水，观察混凝土出机状态、经时损失情况及其力学性能。在配合比的设计过程中折算废弃灰浆的固体质量等量取代粉煤灰，同时在保证水胶比不变的前提之下调整配合比，其配合比见表6-8。

表6-8 试验配合比 kg/m³

编号	强度等级	配合比										
		水泥	矿粉	粉煤灰	砂	石	废水	外加剂	外加剂掺量（%）	水胶比	砂率（%）	废水浓度（%）
1	C30	200	90	90	760	1075	175	9.5	2.5	0.46	41	0
2	C30	200	90	82	760	1075	175	9.5	2.5	0.46	41	2
3	C30	200	90	71	760	1075	175	9.5	2.5	0.46	41	5
4	C30	200	90	52	760	1075	175	9.5	2.5	0.46	41	10
5	C40	260	110	60	680	1110	165	12.5	2.9	0.38	38	0
6	C40	260	110	51	680	1110	165	12.5	2.9	0.38	38	2
7	C40	260	110	38	680	1110	165	12.5	2.9	0.38	38	5
8	C40	260	110	17	680	1110	165	12.5	2.9	0.38	38	10

混凝土工作性能见表6-9。

表6-9 混凝土工作性能

编号	强度等级	工作性（出机）		工作性（1h后）		工作性描述
		坍落度（mm）	扩展度（mm）	坍落度（mm）	扩展度（mm）	
1	C30	225	540	180	490	和易性良好
2	C30	215	485	160	430	流速比基准慢
3	C30	205	395	130	300	流速稍慢，黏聚性良好
4	C30	85	200	13	200	无流动性
5	C40	220	550	190	510	和易性良好
6	C40	200	500	180	420	和易性良好
7	C40	190	410	160	350	流速稍慢，黏聚性良好
8	C40	60	200	20	200	无流动性

由图6-10可知，废水浓度超过5%之后，C30、C40混凝土坍落度迅速减少。由图6-11～图6-14可知，废水浓度超过5%之后，两强度等级混凝土扩展度加速减小。所以在保证混凝土工作性的前提之下，应该控制废水浓度不超过5%。

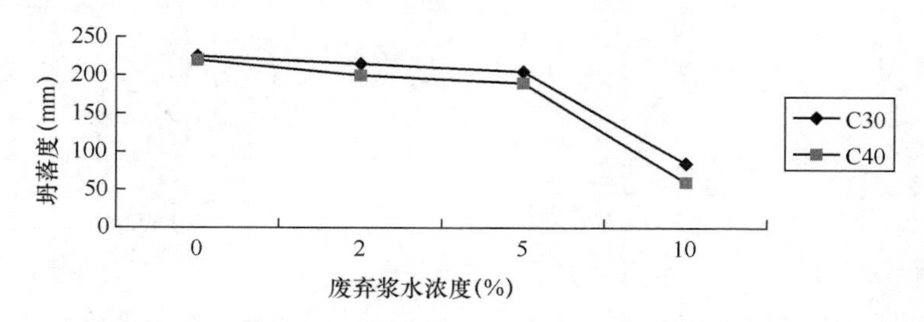

图6-10 废弃浆水浓度与混凝土坍落度关系图

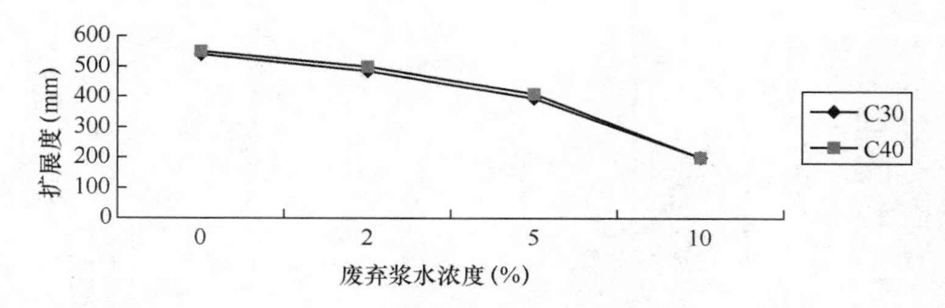

图6-11 废弃浆水浓度与混凝土扩展度关系图

图6-12 C30自来水拌制（初始）

图6-13 C30浓度为5%溶液拌制（初始）

混凝土力学性能见表6-10。

表6-10 混凝土力学性能

编号	强度等级	硬化后混凝土抗压强度（MPa）							
		3d		7d		14d		28d	
1	C30	17.8	59%	31.4	105%	45.9	153%	56.5	188%
2	C30	17.1	57%	31.9	106%	46.3	154%	54.4	181%

续表

编号	强度等级	硬化后混凝土抗压强度（MPa）							
		3d		7d		14d		28d	
3	C30	17.8	59%	33.7	112%	46.9	156%	57.4	191%
4	C30	13.1	44%	31.5	105%	42.8	143%	50.9	170%
5	C40	23.8	60%	34.9	87%	51.0	128%	58.6	146%
6	C40	24.3	61%	37.1	93%	53.4	134%	56.7	142%
7	C40	22.6	56%	32.8	82%	51.5	129%	55.0	138%
8	C40	22.5	56%	36.4	91%	51.7	129%	53.9	135%

由图 6-15 和图 6-16 可知，当废弃浆水浓度在 0%～5%的过程中，随着浓度升高，C30、C40 混凝土各龄期强度随之增加。当浓度超过 5%之后，混凝土各龄期强度开始降低。从混凝土力学性能考虑，试配过程中废弃浆水浓度不应超过 5%。

图 6-14　C30 浓度为 10%浆水液拌制（初始）

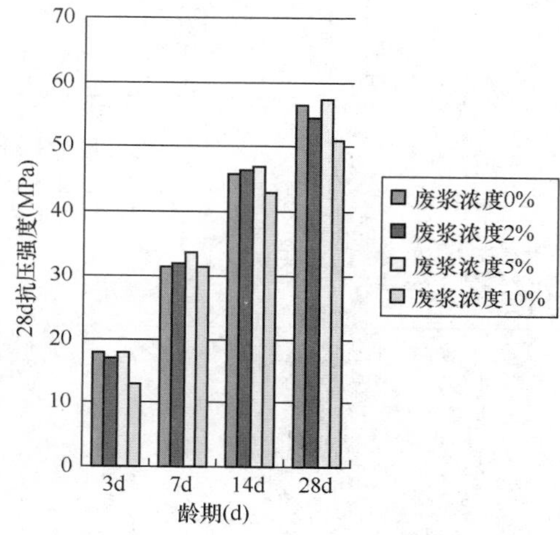

图 6-15　废浆浓度与 C30 混凝土 28d 强度关系图

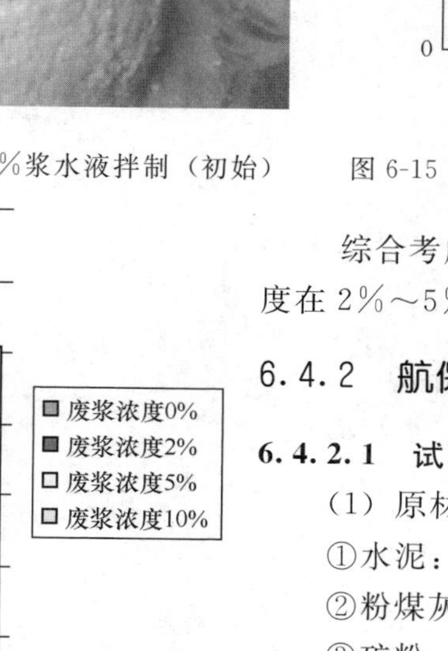

图 6-16　废浆浓度与 C40 混凝土 28d 强度关系图

综合考虑两方面因素后，应控制废弃浆水浓度在 2%～5%之间。

6.4.2　航保搅拌站的研究情况

6.4.2.1　试验材料及思路

（1）原材料

①水泥：P・O 42.5。

②粉煤灰：F 类Ⅱ级灰。

③矿粉：唐山产 S95 级。

④砂：辽宁绥中中砂。

⑤石：唐山 5～25mm 石灰石。

⑥外加剂：聚羧酸系高性能减水剂。

(2) 试验思路

①对不同浓度浆水进行水质检测，依据《混凝土用水标准》(JGJ 63)。

②不同浓度浆水胶砂强度试验，逐步确定可用浆水浓度。

③不同浓度浆水混凝土工作性能试验，选择生产量较大的C30、C35、C40三种强度等级的混凝土配合比进行试验，配合比见表6-11，确定符合生产标准的浆水要求。

表6-11　浆水混凝土配合比

强度等级	坍落度要求(mm)	配合比(kg/m^3)						
		水	水泥	粉煤灰	矿粉	砂	石	外加剂
C30	180±20	170	180	80	120	759	1091	5.7
C35	200±20	170	200	80	120	732	1098	6.0
C40	200±20	170	220	80	120	706	1104	7.1

④分别测试浆水浓度为0%、1%、2%、3%、4%、5%时对应的浆水密度，以及不同浓度浆水在各等级混凝土中的使用比例，并建立相应的数值表。目的是为了简化检测工序，使浆水检测更具可操作性，提高工作效率，使生产更方便快捷。

6.4.2.2　试验结果及分析

(1) 不同浓度浆水水质分析

根据从搅拌站浆水池取样不同浓度的浆水，依据《混凝土用水标准》(JGJ 63)的要求进行检测，检测结果见表6-12。

表6-12　不同浓度浆水水质分析

检测项目	单位	标准要求	0%	2%	4%	6%	8%
pH值	—	≥4.5	7.0	7.7	8.9	10.1	11.7
不溶物含量	mg/L	≤2000	8	359	5540	11680	16000
可溶物含量	mg/L	≤5000	26	1170	1160	1780	2650
氯化物含量(以Cl^-计)	mg/L	≤1000	127	138	155	163	178
硫酸盐含量(以SO_4^{2-}计)	mg/L	≤2000	54	80	130	168	237
碱含量($Na_2O+0.658K_2O$)	mg/L	≤1500	21	248	1140	1563	2270

从表6-12中可以看出，pH值、可溶物、氯化物及硫酸盐含量满足混凝土拌合用水要求，但不溶物超标较多，通过烘干筛分可知其不溶物不是由于泥、砂等引起，主要是浆水中存在大量水化后的水泥、粉煤灰等胶材颗粒，有别于传统意义上的含泥量。但其较高的pH值要注意增加砂石碱活性检测。

(2) 不同浓度浆水胶砂强度试验

通过表6-12可知，当浆水浓度达到6%时，有多个指标未能达到要求。因此，在进行浆水胶砂强度试验时，将浆水浓度指标控制在5%以内进行细化试验，结果见表6-13。

表6-13　不同浓度浆水胶砂强度试验结果

浆水浓度(%)	0	1	2	3	4	5
3d抗压/抗折(MPa)	26.3/5.3	27.1/5.4	26.2/5.5	25.6/5.2	24.5/4.8	23.8/4.2
28d抗压/抗折(MPa)	49.7/9.1	50.5/9.2	49.6/9.1	49.4/8.8	48.5/8.6	46.7/8.2

由表6-13可以看出，随着浆水浓度的增加，早期强度有降低趋势，可能是由于目前混凝土中普遍使用缓凝减水剂，浆水中存在一定的水泥水化颗粒，从而会引入部分缓凝，影响了胶砂的早期强度。在浓度小于3%时，强度波动不明显。当浆水浓度达到4%～5%时，胶砂强度有所降低，同时在试验过程中胶砂显得干涩。

（3）不同浓度浆水对混凝土强度及工作性能的影响

为了更全面了解浆水对混凝土性能的影响，选择占生产总量85%的C30、C35及C40三个强度等级进行混凝土工作性能试验，以此来确定实际生产中浆水最佳浓度范围。试验结果见表6-14～表6-16。

表6-14　不同浓度浆水C30混凝土强度及工作性能

浆水浓度（%）	0	1	2	3	4	5
7d抗压（MPa）	26.6	26.8	26.2	25.4	24.6	21.9
28d抗压（MPa）	39.4	39.0	38.6	37.7	36.4	33.6
初始坍/扩（mm）	220/515	225/510	220/500	210/490	205/475	200/460
经时损失（mm）	10	10	20	20	30	30

表6-15　不同浓度浆水C35混凝土强度及工作性能

浆水浓度（%）	0	1	2	3	4	5
7d抗压（MPa）	30.8	30.7	30.5	29.4	29.1	26.7
28d抗压（MPa）	45.3	44.2	44.6	42.3	40.7	37.9
初始坍/扩（mm）	220/520	225/515	220/510	215/490	205/470	210/460
经时损失（mm）	10	10	20	20	30	30

表6-16　不同浓度浆水C40混凝土强度及工作性能

浆水浓度（%）	0	1	2	3	4	5
7d抗压（MPa）	36.6	37.2	35.7	33.5	.32.9	28.8
28d抗压（MPa）	52.4	51.4	49.9	48.4	46.6	42.2
初始坍/扩（mm）	230/525	225/515	225/510	220/495	215/485	210/465
经时损失（mm）	10	10	10	20	30	40

从表6-14～表6-16可以看出，对于C30、C35、C40混凝土，浆水浓度对强度的影响是比较明显的，尤其在浓度增加到3%时，同时对混凝土状态影响也较大。因此，在实际生产过程中可将浆水浓度控制在3%以下，保证混凝土强度及工作性能。

原因在于，浆水池中含大量的水泥浆体，随着水泥的水化，水泥水化产物会逐渐溶解，特别是$Ca(OH)_2$，提高了浆水的pH值。用浆水生产混凝土时，可能会对外加剂产生一定的影响，从而影响混凝土的和易性。另一方面，浆水中含有的少量的固体废弃悬浮颗粒，活性较低，将它们加入混凝土中后，一方面能增加骨料的表面积，增加新拌混凝土的用水量，降低混凝土的工作性能，而且这些颗粒本身具有一定的吸水性，对混凝土的工作性产生不利的影响；另一方面当其包裹在骨料表面时，影响骨料与水泥浆的粘结，从而导致混凝土的力学性能降低。

6.4.2.3　对实际生产的指导意义

通过以上试验结果可知，浆水对较高的强度等级混凝土强度及工作性能会造成不利影响，因此在实际生产过程中应精确控制浆水用量。由于浆水浓度随着罐车涮洗次数的变化而实时波动，因此应经常检测浆水浓度，生产任务量较多，更应增加检测频率。建议每个工作班对浆水 pH 值及浓度进行不少于两次的测定。为方便快捷地检测，可建立浓度-密度-pH 值检测结果的快速查询表，缩短检测浆水浓度所需时间，见表 6-17。

表 6-17　浓度-密度-pH 数值查询表

浓度（%）	0	1	2	3	4	5
密度	1.000	1.009	1.018	1.024	1.029	1.043
pH 值	7.0	7.3	7.7	8.2	8.9	9.6

当浆水浓度超过 5%或自设比例值时，应及时采取调整措施，调节浆水使用量或采取其他措施，如调整外加剂掺量来保持其工作性，避免因浆水浓度过高而影响混凝土工作性能。通过对一系列配合比的试验，初步建立不同浓度浆水在各强度等级混凝土中的使用量。对于 C45 及以上较高强度混凝土可根据任务量少用或不用，见表 6-18。

表 6-18　不同浓度浆水在各强度等级混凝土中的使用比例表

强度 比例（%） 浓度（%）	C10	C15	C20	C25	C30	C35	C40	C45	C50
2	100	100	100	100	100	100	100	50	50
4	100	100	100	100	80	75	70	30	30
6	100	100	100	80	60	55	45	25	20
8	100	100	70	60	50	45	35	20	—
10	100	100	60	50	40	35	30	—	—

（1）浆水 pH 值普遍相对较高，应注意砂石碱活性检测。由于浆水引入的缓凝剂或其他原因，对胶砂早期强度有一定影响。

（2）通过建立废弃混凝土拌合物浆水浓度-密度数值查询表，在生产过程中，可随时监测浆水浓度，及时掌握浆水关键指标，使混凝土质量稳定可靠。

（3）浆水对低强度等级混凝土影响较小，但超过一定浓度时，对中高强度等级混凝土影响较大，可通过建立不同浓度浆水在各强度等级混凝土中使用比例来控制浆水使用量。

行业标准《预拌混凝土绿色生产及管理技术规程》（JGJ/T 328—2014）也对搅拌站的废浆利用提出了要求，并鼓励应用。因为各个搅拌站的实际情况各异，建议在应用之前做充分的试验研究和验证，避免引起混凝土产品的质量波动或造成质量缺陷甚至事故。

6.4.3　砂石分离及浆水回收应用的注意事项

（1）根据不同的气候地区，保障设备运行环境。由于南北方的气温差异，设备应根据当地的气温条件，考虑保温、加热甚至降温的设施保障，比如在北方冬季使用，应考虑保温防冻。

（2）待回收量与使用量的匹配。实施后要做到零排放，回收使用量则与回收量相同，这就要求搅拌站应具备一定的混凝土生产量，并且全部生产线均具备使用废弃浆水的条件。

6.5 小型构件制作

对于搅拌站来说，制作混凝土构件具有得天独厚的条件。在搅拌楼装料时撒漏的混凝土、罐车从浇筑现场剩余的混凝土，往往没有必要采用砂石分离机进行分离，如果那样，反而增加了废浆的量。而这部分处于较好的拌合物状态的混凝土完全可以制作成小型的混凝土构件产品，如路缘石（也称作路沿石）、植草砖、路面砖等（图 6-17 ~ 图 6-20）。这些小型混凝土构件制品的体积小，强度等级不高，制作的成本较低。只需定制或者购买一定数量的模具即可，一般路缘石的模具为金属材质的，而砖的模具有很多都是塑料材质的。制作这种构件的时间和剩余的混凝土量有关，属于间歇性的工作，完全没有必要设定专职人员。搅拌站制作这些小型构件也是政府鼓励的做法，在混凝土搅拌站等级划分规定中，注明可以制作上述类型的构件制品，这也是出于环保的考虑。在搅拌站的自身管理方面，也应建立剩余混凝土回收利用的激励机制，否则，大部分的剩余混凝土就可能直接随意排放或进入砂石分离机。

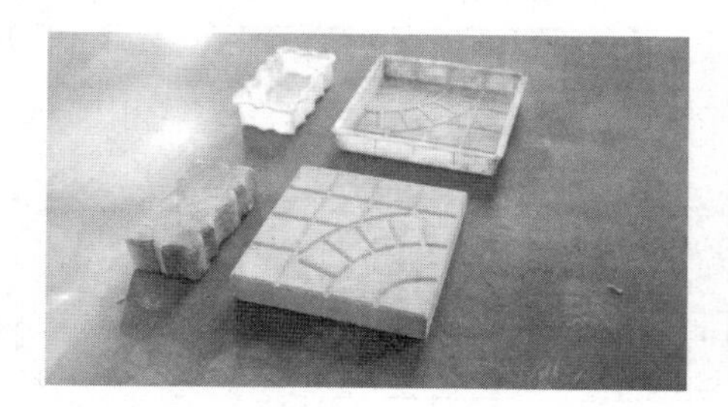

图 6-17　小型混凝土构件制品（一）

图 6-18　小型混凝土构件制品（二）

图 6-19　小型混凝土构件制品（三）

图 6-20　小型混凝土构件制品（四）

6.6　地垄结构骨料仓

一般的搅拌站骨料仓制作时，从成本考虑，骨料仓位于同一轴线上。按照安装时骨料仓位置的高低，将骨料仓分为地垄结构和地上结构两种形式。

地上结构骨料仓的优点是设备安装简单，基础施工投入较少。但缺点是容量小；同时装载机上料时必须有爬坡和举升过程，装载机工作量非常大，连续生产过程中，单台装载机难以满足双站生产需求。

地垄结构骨料仓的优点是容量大，生产过程中装载机没有爬坡及举升过程。缺点是基础施工一次性投入费用较大；在地垄式骨料仓基础施工时，由于基础下挖达到 6m，可能有地下水冒溢，也给基础施工造成一定麻烦。见图 6-21 和图 6-22。

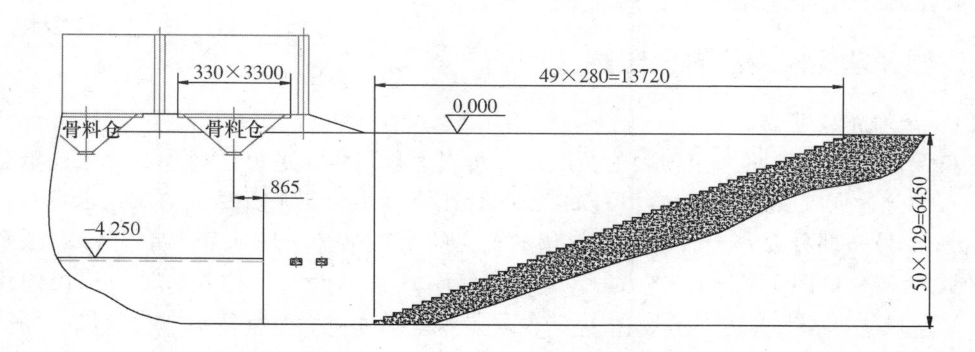

图 6-21　地垄式骨料仓纵剖示意图

图 6-22　地垄骨料仓图

中交一航局二公司的混凝土搅拌站将双站建设成一字形结构，双站骨料配料系统设置在地下，上料仓为两站共用。其优点是在生产过程中运输地材的车辆可以直接将骨料卸入料仓内，协助了装载机的上料工作，降低了装载机的燃油消耗。

6.7 预湿骨料

目前在混凝土生产中坍落度不稳定，造成工作性能不稳定和退货的现象较为普遍，同时造成客户满意度下降和生产成本上升。这是由于砂石中含有黏土质粉料或石粉，在生产混凝土时按照同样的水胶比，润湿这些粉料需要消耗一定量的水，为了使这些黏土质材料具有与胶凝材料同样的流动性，需要吸附一定量的外加剂。同时石子含有一定量的开口孔隙，骨料进入搅拌机后快速旋转，砂浆中的水分在离心力的作用下无法进入石子内部，混凝土流动性很好。一旦搅拌机停止搅拌，石子的孔隙快速吸收了浆体中的水分，此时外加剂也按比例流入了石子的孔隙，使混凝土很快失去了流动性，表现为混凝土坍落度损失大。由于砂石中粉料与石子开口孔隙会造成水分和外加剂的双重消耗，在引起混凝土拌合物坍落度波动和损失的同时，增加了外加剂掺量，提高了原材料生产成本。

6.7.1 砂子含泥问题的解决思路

6.7.1.1 单独加水思路

在只保证工作性，不考虑强度的情况下，可以通过增加水的办法解决。加水的量分为两部分，一部分为润湿黏土所需水，可以根据配合比设计水胶比乘以黏土的质量求得，试验中为 17.5kg；另一部分为黏土所需外加剂减水对应的水，试验中外加剂为 0.35kg，减水剂减少的水量为 20%，即 17.5kg×20%=3.5kg，合计加水 21kg。这种方法是施工现场经常采用的方法，由于成本低廉，操作随意，没有专业人员指导，经常导致混凝土强度不能满足设计要求。

6.7.1.2 单独增加外加剂思路

为了保证混凝土用水量不变，且必须满足强度和工作性的要求，许多混凝土搅拌站采用只增加外加剂的方法解决这一问题。此时外加剂量的增加量分为两部分：一部分是为了补充与胶凝材料同样质量的黏土所需的外加剂，试验中取 0.7kg；另一部分为润湿黏土所需的水，使用减水剂通过减水实现，试验中即减少拌合用水取 17.5kg 需要增加减水剂 1%掺量，即 3.5kg 外加剂，合计增加外加剂 4.2kg，解决问题的经济成本为 10.6 元/m^3。这种方法既保证了混凝土的强度，又实现了混凝土的工作性良好；但是成本较高，企业难以承受，同时在技术方面还存在混凝土浆体扒底、拌合物容易分层、泵送压力大等问题。

6.7.1.3 加水同时掺加适量外加剂思路

为保证混凝土的强度，同时满足混凝土的施工性能，可以加水同时掺加适量外加剂的办法解决这个问题。加水的量为润湿黏土所需水，可以根据配合比设计水胶比乘以黏土的质量求得，试验中为 17.5kg；外加剂掺加量用黏土的质量乘以外加剂的推荐掺量即可求得，试验中为 0.35kg。解决问题的经济成本为 1.75 元/m^3。这种方法是混凝土搅拌站技术人员可以采用的合理的科学方法。

6.7.1.4 石子含泥及吸水问题的解决思路

解决这一问题的根本思路，就是采用表面润湿的石子作为混凝土的粗骨料，一方面可以减少石子吸水引起的混合砂浆失水，使混凝土增加流动性；另一方面减少石子吸水，还可以有效提高外加剂在胶凝材料中的利用率，从而增加混凝土的流动性。

6.7.1.5　外加剂与含泥量适应性问题解决的综合技术方案

（1）砂石料场冲洗方案

砂石作为混凝土的主要骨料，占混凝土体积的比例很大，因此为了解决这一问题，就必须从实际出发。在条件许可的情况下，可以采用建立砂石冲洗生产线的方案，确保冲洗后砂石的含泥量达到国家标准规定的范围；另一方面，冲洗的过程可以让砂石达到表面润湿状态，实现减少混凝土坍落度损失、节约减水剂用量、保证混凝土质量的目的。

（2）上料皮带头喷淋砂石方案

但现有的混凝土搅拌站，由于受到场地和排水等的限制，大多数都无法建设砂石冲洗场。朱效荣在多次现场调研和实践的基础上，通过研究，确定在搅拌站砂石上料皮带上增加一套喷淋设备，使喷水过程和砂石的上料过程同步进行，实现砂石料表面润湿和内部空隙的饱水状态，在生产时外加剂和水分就能全部用于胶凝材料的润湿以及工作性的改善，初始坍落度提高，坍落度损失减小，达到节约减水剂、保证工作性、预防坍落度损失且降低混凝土成本的目的。

6.7.2　技术准备

为实现砂中粉料润湿和石子饱水，使砂石达到表面湿润状态，需要确定润湿水量，具体测定方法如下。

6.7.2.1　粗骨料润湿水量的测定

（1）取一个体积为 10L 的容量桶，往里装满石子，晃动几下之后用尺子刮平桶口，称出其质量为 m_1。

（2）往装满石子的容量桶中缓慢加水至刚好完全浸泡石子为止，待 3～5min 后把水倒尽，称出其质量为 m_2。

（3）粗骨料的吸水率：$\frac{m_2-m_1}{m_1}\times 100\%$，则 $1m^3$ 混凝土中粗骨料润湿水量为单方石子用量乘以吸水率。

6.7.2.2　细骨料润湿水量的测定

（1）取一个体积为 1L 的容量桶，往里装满砂子，晃动几下之后用尺子刮平桶口，称出其质量为 m_1。

（2）将砂子倒进 0.15mm 筛子，将装有砂子的筛子放进水盆完全浸泡至饱水后取出，待 3～5min 后不再滴水时，称出其质量为 m_2。

（3）细骨料的吸水率：$\frac{m_2-m_1}{m_1}\times 100\%$，则 $1m^3$ 混凝土中细骨料润湿水量为单方砂子用量乘以吸水率。

6.7.2.3　骨料预加水量计算

单方骨料润湿水量等于粗、细骨料润湿用水量之和。

6.7.2.4　预湿骨料装置

预加水装置的工艺原理见图 6-23，设备安装示意图见图 6-24。

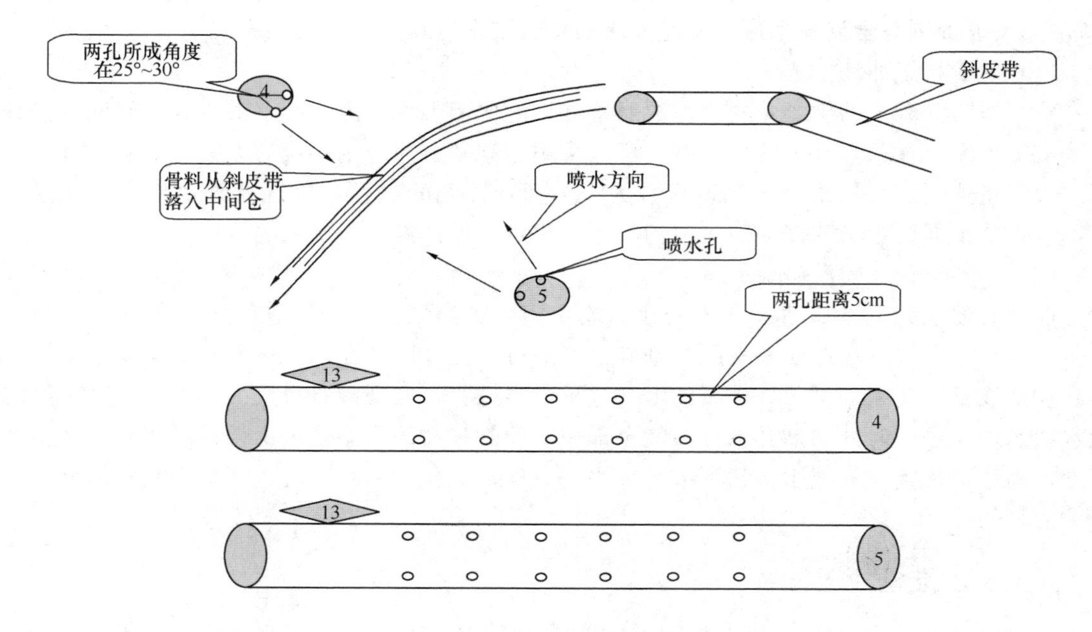

图 6-23　预加水装置的工艺原理

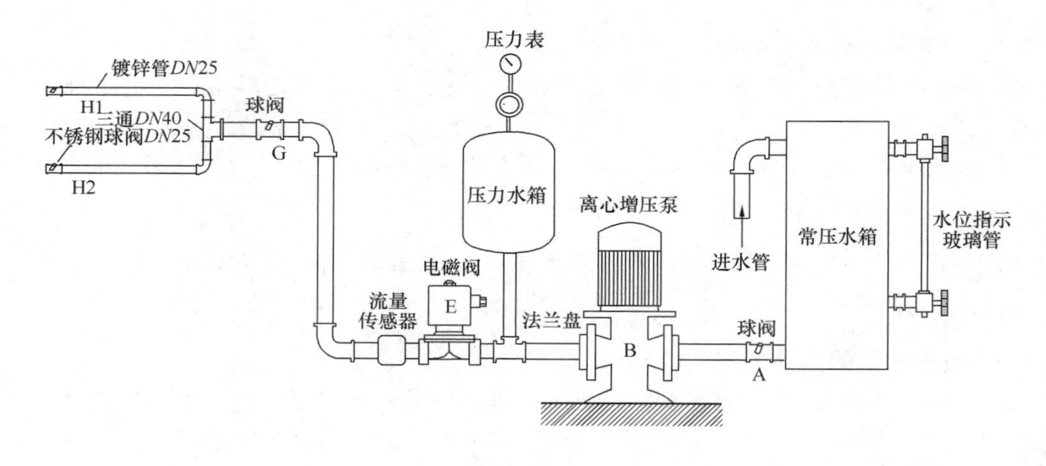

图 6-24　设备安装示意图

6.8　铁尾矿应用

尾矿属选矿后的废弃物，是工业固体废弃物的主要组成部分。凡有矿产资源且进行选矿加工的地区都有大量的尾矿产生。随着钢铁工业的迅速发展，铁矿石尾矿在工业固体废弃物中占的比例也越来越大。铁尾矿目前大都采用尾矿库集中堆放方式，占用大量土地，对周围环境也有一定影响。《中国 21 世纪议程》已把“尾矿的处置、管理及资源化示范工程”列入了优先领域的优先项目计划，在美国阿林斯堡召开的“98 尾矿与矿山废物会议”，在加拿大卡尔加里召开的“第三届国际矿产与冶金工业废物处理与回收讨论会议”，都标志着我国和国际社会已把矿山尾矿资源的开发利用和环境保护提高到相当重要的位置。多年来，我国对尾矿回收利用给予了相关的政策支持，例如《关于加强再生资源回收利用管理的通知》和《关于继续对部分资源综合利用产品等实行增值税优惠政策的通知》等。

若把铁尾矿用在预拌混凝土中，作为砂石骨料使用：

（1）可以大量消耗铁尾矿，为现有尾矿库腾出库容，减少对周围环境的污染。

（2）减少土地的占用量，节约耕地资源。

（3）可以降低建设工程造价，实现其自身价值。

（4）可以大量减少河砂和土石方的消耗量，避免破坏土地和环境。

6.8.1　尾矿的生成过程

尾矿的生成过程见图 6-25。

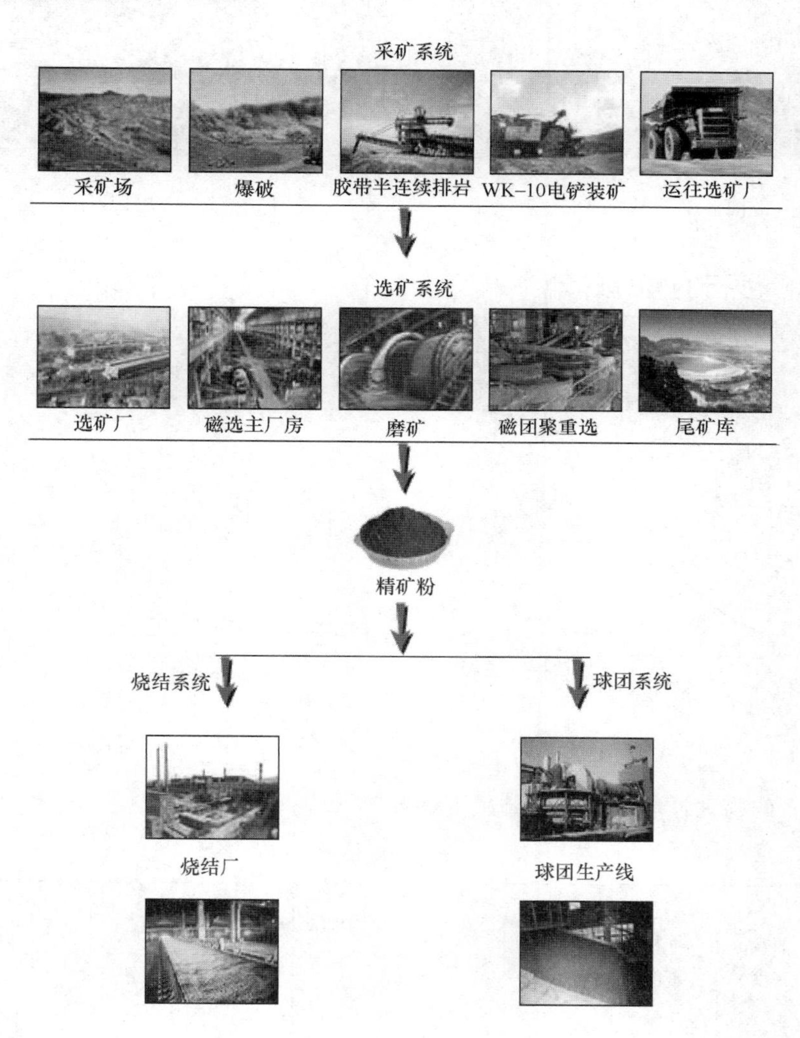

图 6-25　尾矿生成示意图

铁尾矿砂石来自于从“磁团聚重选”至“尾矿库”期间，通过筛分或水洗得到，减少了尾矿库的存储量。铁尾矿砂石的外观见图 6-26 和图 6-27。

图 6-26　铁尾矿砂

图 6-27　铁尾矿石

6.8.2　铁尾矿砂石的物理性能

铁尾矿砂石的级配见图 6-28 和图 6-29。

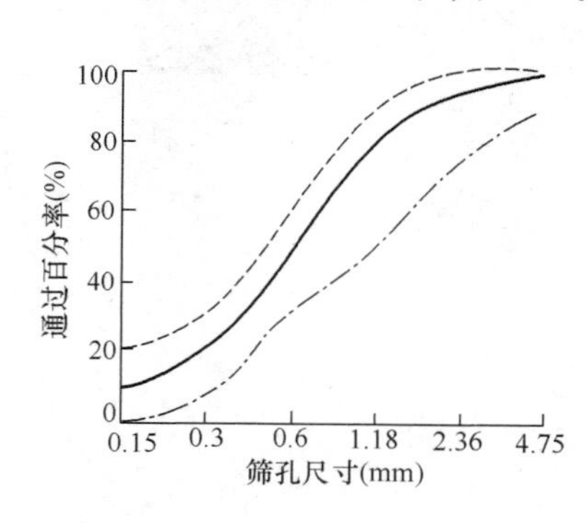

图 6-28　铁尾矿砂的级配曲线

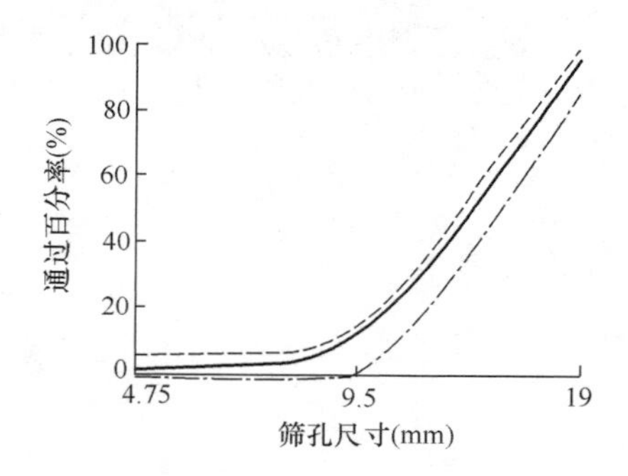

图 6-29　铁尾矿石的级配曲线

铁尾矿砂石的物理性能指标检测结果见表 6-19 和表 6-20。

表 6-19　铁尾矿砂检测结果

品种	细度模数	表观密度（kg/m³）	堆积密度（kg/m³）	含泥量（%）	泥块含量（%）	坚固性天然砂质量损失率（%）	轻物质以质量百分比计（%）	云母含量（%）	有机物比色法	放射性	
										内照射指数	外照射指数
尾矿砂	3.0	2590	1560	0.5	0.0	0	0.0	0.0	合格	0.0	0.2

表 6-20　铁尾矿石检测结果

品种	颗粒级配（mm）	含泥量（%）	泥块含量（%）	片状颗粒含量（%）	表观密度（kg/m^3）	堆积密度（kg/m^3）	坚固性质量损失量（%）	压碎指标	有机物	碱骨料反应膨胀率（%）	空隙率（%）	放射性	
												内照射指数	外照射指数
尾矿石	5～25	0.2	0.0	0	2790	1520	0	5	合格	合格	40	0.1	0.3

6.8.3　铁尾矿砂石的化学成分分析

为了分析、试验研究的需要，进行矿样制备，流程见图 6-30 和图 6-31。

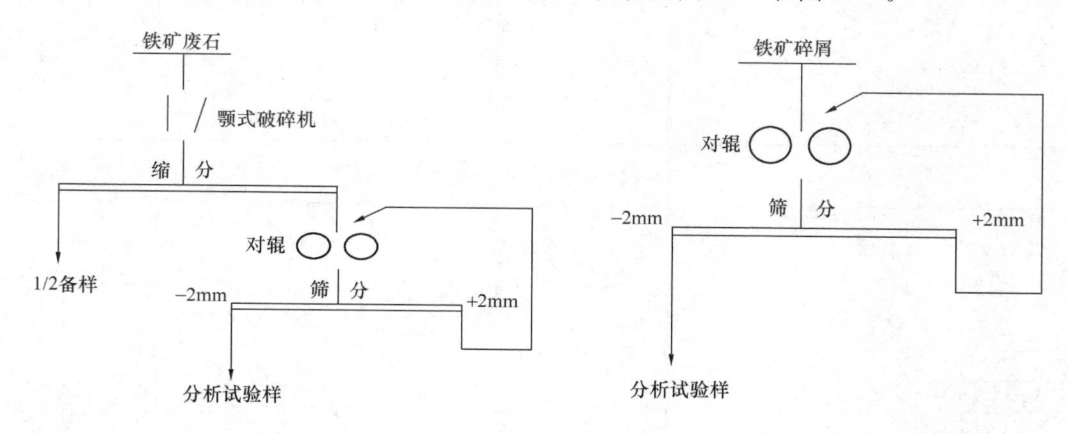

图 6-30　尾矿石试验样制备流程图

图 6-31　尾矿砂试验样制备流程图

为进一步确定铁尾矿石及铁尾矿砂中的有价成分，进行了主要元素化学成分分析，分析结果分别见表 6-21 及表 6-22。

表 6-21　铁尾矿石主要化学成分分析结果

化学成分	SiO_2	CaO	Al_2O_3	MgO	Na_2O	K_2O
质量分数（%）	66.12	3.81	9.83	3.56	2.84	0.52
化学成分	TFe	Pb	Zn	Cu	S	—
质量分数（%）	6.47	<0.01	0.020	0.003	0.042	—

表 6-22　铁尾矿砂主要化学成分分析结果

化学成分	SiO_2	CaO	Al_2O_3	MgO	Na_2O	K_2O
质量分数（%）	65.72	4.15	6.46	4.87	1.54	0.76
化学成分	TFe	Pb	Zn	Cu	S	—
质量分数（%）	9.20	<0.01	0.015	0.002	0.036	—

6.8.4　铁尾矿砂石用于混凝土的试验研究

考虑到经济及实用性，掺合料取代率趋于实际生产，粉煤灰取代率均为 25%，矿粉取代率均为 20%，试拌 0.50、0.45、0.40 系列水胶比混凝土。

初步试拌，由于尾矿砂细度较粗，且表面粗糙、棱角尖锐，相对比表面积、需水量较大，如果细骨料全部采用尾矿砂，混凝土和易性差，根据天津地区细骨料供应情况，决定尾矿砂比例为细骨料的 40%，总体细度模数控制在 2.6 左右。

尾矿石粒形较规则，趋于天然石料，对混凝土性能影响较小，生产及使用量较大，且设为试验变量，掺量以20%为量级由零逐步提高至100%。试验数据见表6-23～表6-25。

表6-23 0.50水胶比强度结果

编号	水胶比	砂率（%）	尾矿石取代量	坍落度/扩展度（mm）	抗压强度（MPa）	
					7d	28d
W1-1	0.5	45	0	220/510	23.3	37.2
W1-2			20	215/490	24.4	39.1
W1-3			40	215/460	24.1	40.4
W1-1			60	205/420	26.9	41.8
W1-1			80	205/430	28.8	43.4
W1-1			100	195/410	29.6	45.7

表6-24 0.45水胶比强度结果

编号	水胶比	砂率（%）	尾矿石取代量	坍落度/扩展度（mm）	抗压强度（MPa）	
					7d	28d
W1-1	0.45	43	0	220/530	27.7	43.4
W1-2			20	230/500	29.5	44.3
W1-3			40	215/490	33.2	46.6
W1-1			60	220/470	29.7	44.5
W1-1			80	205/430	34.6	49.8
W1-1			100	210/430	36.7	52.1

表6-25 0.40水胶比强度结果

编号	水胶比	砂率（%）	尾矿石取代量	坍落度/扩展度（mm）	抗压强度（MPa）	
					7d	28d
W1-1	0.40	40	0	230/530	33.7	50.3
W1-2			20	230/520	33.2	53.6
W1-3			40	220/500	35.2	55.6
W1-1			60	230/490	34.5	53.5
W1-1			80	210/470	41.6	58.8
W1-1			100	220/490	42.7	61.9

试验结果分析：将上述试验结果绘制成不同养护天数下取代率与强度趋势图，见图6-32和图6-33。

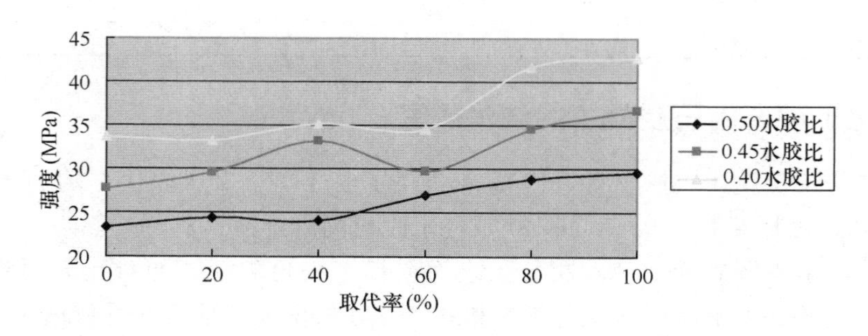

图6-32 尾矿石取代率与7d强度趋势图

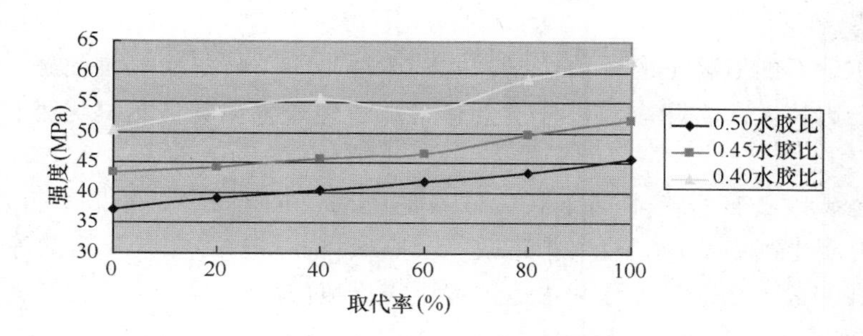

图 6-33　尾矿石取代率与 28d 强度趋势图

相同条件对比尾矿石不同取代率下结果可发现，随着取代率的提高，混凝土坍落度及扩展度逐渐减小，但混凝土 7d 及 28d 强度均有提高，这是由于铁尾矿砂石颗粒粗糙、多棱角，颗粒间相互咬合，使得铁尾矿砂石混凝土内摩擦力较大，同时也由于铁尾矿砂吸水率较大，所以与同样坍落度的天然砂石混凝土相比，铁尾矿砂石混凝土的流动性要小一些。

同时，0.50 水胶比在试拌后有泌水现象，也是由于尾矿砂石多棱角、骨料颗粒间机械啮合力大，使得拌合物流变学性能较差，容易出现浆体与骨料分离，配合比调整不当影响黏聚性而产生离析，成型后试件表面泌水量比天然砂石混凝土略多。

大量的铁尾矿砂石的应用，可以大大消减尾矿库的容量，为社会减轻压力，在节能减排、发展循环经济方面，为营造资源节约型、环境友好型社会可以做出突出的贡献。有技术研究作为基础，更有较大的空间回报社会，产生良好的社会效益。

结合天津地区的地方特点和研究用尾矿砂的粗细程度，确定尾矿砂在混凝土中的固定掺加比例，以尾矿石掺加量为试验变量，以普通混凝土配合比设计规程中的鲍罗米公式为主要的计算依据，进行系列配合比的设计。水胶比范围为 0.34～0.60，通过对拌合物状态和抗压强度、抗渗性能、抗氯离子扩散性能、放射性等性能指标的检测，可知：应用铁尾矿砂石作为骨料的混凝土拌合物状态良好，有着与天然砂石材料拌制的混凝土相类似的特点，对混凝土的影响规律相同。即：

①同一水胶比，随着尾矿石用量的增大，坍落度无明显变化或变化较小。扩展度也表现出类似的特点。

②随着水胶比的增大，扩展度变小，这个规律与天然碎石拌制的混凝土相同。也就是说，随着用水量的增加和胶凝材料的减少，混凝土拌合物的自身流动性能变弱。

③从整体的黏聚性来看，低水胶比的混凝土较高水胶比的拌合物黏稠，保水性能更好，高水胶比的混凝土则容易出现泌水。这个规律与天然砂石混凝土的影响规律相同。

④铁尾矿砂石拌制的混凝土同天然砂石混凝土一样，通过使用一定比例的矿物掺合料和一定性能的外加剂，均可获得大流动性的混凝土，满足预拌混凝土的生产和施工性能要求。

⑤固定外加剂的配方，通过调整掺加量可部分满足拌合物的状态需要；通过调整外加剂的配方，可保证混凝土的拌合物性能满足生产需要。

⑥利用现有的原材料，以拌合物状态为考核指标，不便确定铁尾矿石的最佳使用量。从试验的数据可见：在保证无泌水、混凝土的流速正常的前提下，流动性和黏聚性均较好，可满足施工要求。但水胶比较大的除外。水胶比为 0.58 和 0.60 时的情况不理想，这个水胶比在实际生产时一般为 C10 和 C15 等级的混凝土，主要用于垫层施工，对性能要求不高，可

不作为重点考虑。

⑦应用尾矿砂石的混凝土的流动性比普通砂石混凝土差，是由于铁尾矿砂石颗粒粗糙、多棱角，内摩擦力较大。实际应用过程中会有泌水的现象发生，应提高天然砂的掺加比例，或者提高砂率。

⑧由于铁尾矿砂石自身有不同于天然砂石的颜色（图 6-34），考虑对混凝土外观的影响，未在清水混凝土当中应用，主要指市政、公路项目的墩柱、盖梁、箱梁等。若没有抗冻融试验的数据供参考，在港口工程和水运工程中需谨慎应用。

图 6-34　铁尾矿砂石混凝土抗压强度试件断面图（参见彩页）

⑨铁尾矿砂石是经过水洗和筛分的，到达搅拌站的料场存储较短的时间，仍然含水率较高，在冬季会结冰，不能正常使用，影响这个季节对尾矿砂石的生产消耗量。

6.9　再生骨料应用

再生混凝土技术，是将建筑垃圾通过清洗、破碎、筛分后作为混凝土骨料，部分或全部取代天然骨料应用于混凝土生产的技术。这种混凝土具有减少建筑垃圾对环境的污染，降低天然砂石料开采量与开采能耗，符合世界环境组织提出的“绿色”的三大含义：①节约资源、能源；②不破坏环境，更应有利于环境；③可持续发展，既可满足当代人的需求，又不危害后代人满足基本需要的能力。因此，它是一种可持续发展的绿色混凝土。所以近些年来对再生混凝土的研究和应用开发，备受政府有关部门和建设工程界人士的关注，同济大学肖建庄和青岛理工大学李秋义做了大量研究，可供参考。再生骨料混凝土由于其自身特点，如表面较天然骨料更粗糙、棱角较多、孔隙率大、吸水率高，若按天然骨料混凝土的思路配制再生骨料混凝土，其基本性能可能会受到影响。

6.9.1　再生骨料的基本性能

6.9.1.1　再生骨料的制备

再生骨料按尺寸大小可分为再生粗骨料、再生细骨料。一般将建筑垃圾筛分后，取

4.75mm 以上的为再生粗骨料，4.75mm 以下的为再生细骨料。本试验所采用再生骨料来自于混凝土块，经破碎和筛分所得，见图 6-35～图 6-38。

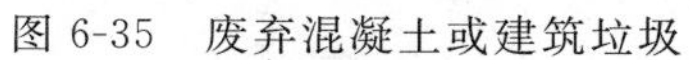

图 6-35　废弃混凝土或建筑垃圾

图 6-36　破碎

图 6-37　筛分

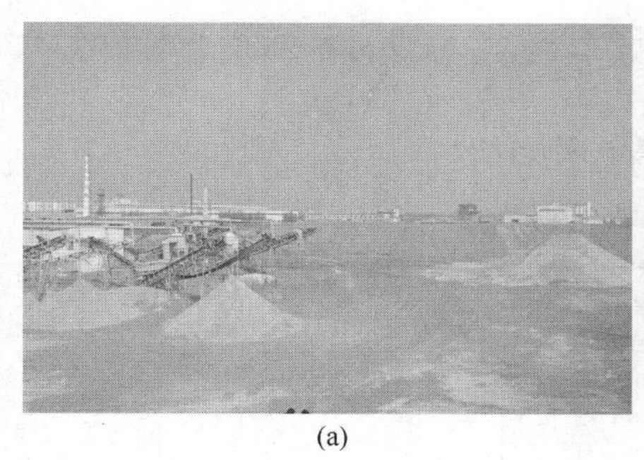

(a)

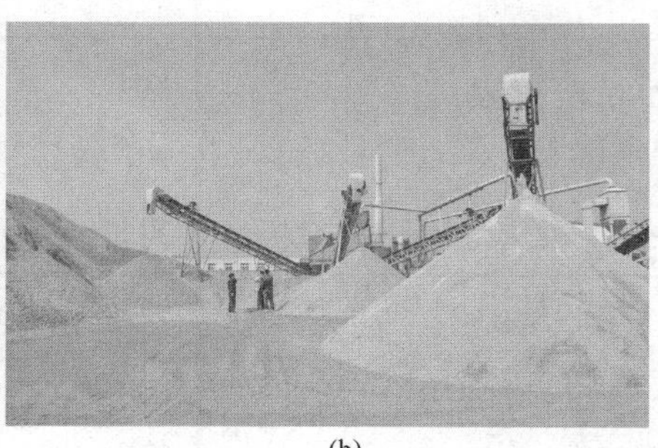

(b)

图 6-38　按粒径不同分开堆放

6.9.1.2　再生骨料的基本性能试验

本试验所采用的再生骨料基本性能的测试方法，按《普通混凝土用砂、石质量及检验方法标准》（JGJ 52—2006）执行。主要试验包括：颗粒级配、针片状含量、表观密度、含泥量、吸水率、含水率、压碎指标。见表6-26。

表6-26 再生粗骨料的材料性能

类 型	颗粒级配	针片状含量（质量分数%）	表观密度（kg/m^3）	含泥量（质量分数%）	吸水率（%）	压碎指标（%）
再生粗骨料	连续	0.5	2500	0.5	4.20	11.7

外观上大部分再生骨料表面包裹有砂浆，少部分为与砂浆完全脱离的石子，还有部分为砂浆颗粒，加上在破碎过程中可能产生的大量微裂缝，导致其空隙率较高，表观密度偏小，吸水率大，压碎指标较大。从表6-26中试验数据不难发现，再生骨料表观密度较天然骨料小10%左右，吸水率较高，压碎指标明显高于天然骨料。

6.9.2 再生骨料试验技术思路

再生骨料各方面性能不同于天然骨料，所以再生骨料混凝土配合比不能简单地套用普通混凝土配合比设计方法，凭经验已不能科学地安排试验并选取最佳配比，由于其影响因素多，涉及的参数多，因此借助正交试验设计这一现代应用数学方法，来安排和设计建筑垃圾再生骨料混凝土的配比试验方案，分析试验成果，选择最佳配比。

6.9.3 试验方案

6.9.3.1 正交试验设计

本试验采用L_9（3^4）正交表，试验因素水平安排见表6-27。

表6-27 正交试验因素-水平表

水平/因素	水胶比	粉煤灰掺量（%）	矿粉掺量（%）	粗骨料取代量（%）
1	0.40	10	10	0
2	0.50	20	20	50
3	0.60	30	30	100

6.9.3.2 试验过程

依设定因素-水平进行试验，具体试验结果见表6-28。

表6-28 L_9（3^4）试验数据

编号	因素				拌合物性能			抗压强度（MPa）			
	水胶比	粉煤灰掺量（%）	矿粉掺量（%）	粗骨料取代量（%）	坍落度（mm）	扩展度（mm）	工作性	7d	14d	28d	60d
1	0.4	10	10	0	220	510	良好	38.9	42.6	48.6	54.3
2	0.4	20	20	50	230	510	良好	37.2	41.2	47.7	49.2
3	0.4	30	30	100	200	470	较差	36.8	40.3	47.3	49.8
4	0.5	10	20	100	210	450	一般	31.3	36.5	44.7	45.8

续表

编号	因素				拌合物性能			抗压强度（MPa）			
	水胶比	粉煤灰掺量（%）	矿粉掺量（%）	粗骨料取代量（%）	坍落度（mm）	扩展度（mm）	工作性	7d	14d	28d	60d
5	0.5	20	30	0	240	520	良好	30.4	38.9	44.0	48.0
6	0.5	30	10	50	220	500	良好	32.9	39.9	44.4	47.7
7	0.6	10	30	50	220	490	良好	24.8	31.4	37.1	40.5
8	0.6	20	10	100	200	480	一般	27.7	33.5	40.9	43.8
9	0.6	30	20	0	230	510	良好	26.0	35.4	38.7	45.2

6.9.3.3　数据分析

对再生骨料混凝土强度极差分析及点图，以再生骨料混凝土 28d、60d 强度和工作性能等综合指标作为考查指标，进行回归分析，分析结果见表 6-29、表 6-30 及图 6-39、图 6-40。

表 6-29　28d 强度作为考查指标的方案比选表

K1	141.5	124.7	129.8	131.3
K2	133.1	128.5	131.1	133
K3	116.4	128.2	130.1	126.7
k1	47.2	41.6	43.3	43.8
k2	44.4	42.8	43.7	44.3
k3	38.8	42.7	43.4	42.2
极差	8.4	1.2	0.33	2.1
优方案	A1	B2	C2	D2

注：K1——因素 A、B、C、D 的第 1 水平所在的试验中考查指标：抗压强度之和；
K2——因素 A、B、C、D 的第 2 水平所在的试验中考查指标：抗压强度之和；
K3——因素 A、B、C、D 的第 3 水平所在的试验中考查指标：抗压强度之和；
k1、k2、k3——K1、K2、K3 的平均值，因为是三个指标相加，所以应除以 3，得到表中结果。

表 6-30　60d 强度作为考查指标的方案比选表

K1	152.4	140.6	145.8	147.5
K2	141.5	141	140.2	143.4
K3	129.5	141.8	137.4	138.5
k1	50.8	46.9	48.6	49.2
k2	47.2	47	46.7	47.8
k3	43.2	47.3	45.8	46.2
极差	7.6	0.4	2.8	3.0
优方案	A1	B3	C1	D1

从表 6-29 中可以看出，各因素对 28d 强度试验指标（抗压强度）的影响按大小次序是 A（水胶比）→D（再生骨料取代量）→B（粉煤灰掺量）→C（矿粉掺量）；最好的方案是

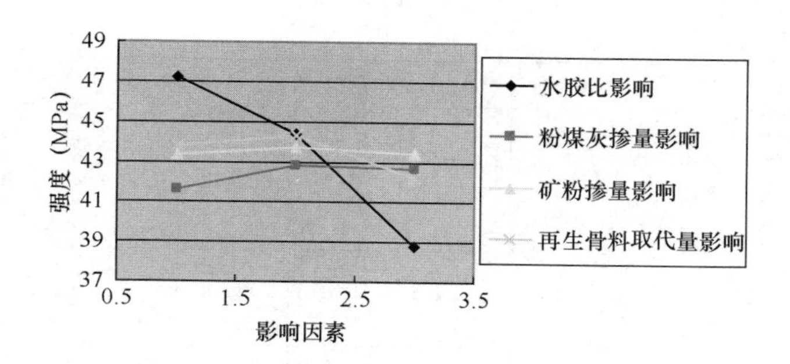

图 6-39　再生骨料混凝土 28d 强度与各因素水平关系

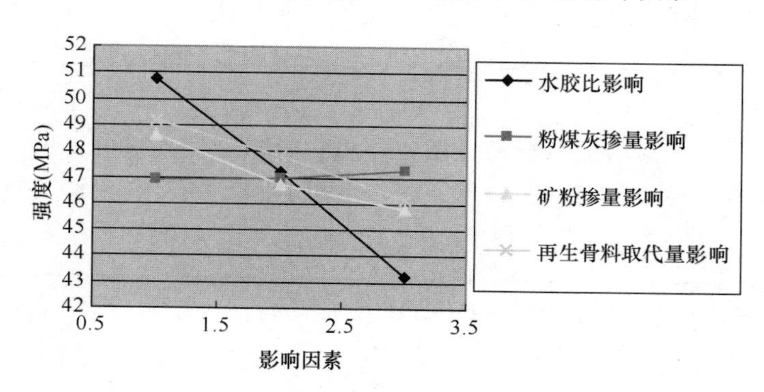

图 6-40　再生骨料混凝土 60d 强度与各因素水平关系

A1 D2 B2 C2，即

A1：水胶比	第 1 水平，0.40；
D2：再生骨料取代量	第 2 水平，50%；
B2：粉煤灰掺量	第 2 水平，20%；
C2：矿粉掺量	第 2 水平，20%。

可以看出，对再生骨料混凝土 28d 强度影响最大的是水胶比，其次为再生骨料取代量。从影响因素来看，水胶比为主要因素，水胶比越小，强度越高。

由表 6-30 可见，各因素对 60d 强度试验指标（抗压强度）的影响按大小次序来说是 A（水胶比）→D（再生骨料取代量）→C（矿粉掺量）→B（粉煤灰掺量）；最好的方案是 A1 D1 C1 B3，即

A1：水胶比	第 1 水平，0.40；
D1：再生骨料取代量	第 1 水平，0%；
C1：矿粉掺量	第 1 水平，10%；
B3：粉煤灰掺量	第 3 水平，30%。

可以看出，对再生骨料混凝土 60d 强度影响最大的是水胶比，其次为再生骨料取代量，掺量越低后期强度越高。

6.9.4　应用建议

（1）无论是普通混凝土还是再生骨料混凝土，水胶比都是影响其强度的最主要因素之一。

（2）再生骨料掺量对混凝土强度影响较掺合材更明显，掺量越大，混凝土强度下降越明

显，尤其体现在后期强度，对于强度等级较高的混凝土使用再生骨料应慎重。

（3）掺合材对再生骨料混凝土的强度影响最小。通过试验数据，说明掺合材有利于混凝土的后期强度，粉煤灰的滚珠作用、活性及填充作用对混凝土的和易性及强度的提高都有好处。因此，粉煤灰的使用有利于混凝土的强度和经济效益。

（4）再生骨料的取代量对混凝土的施工性能有很大影响。再生骨料的吸水性使得混凝土在拌合时就吸收了很多水分，影响了混凝土的工作性能，建议调整减水剂掺量来满足施工性能。

6.10　集中除尘

6.10.1　搅拌站除尘现状

搅拌站的除尘包括粉料入仓除尘和投料过程除尘。投料过程因为没有外来压力，一般效果较好；而对于粉料入仓除尘来说，目前较多的搅拌站在粉剂物料入仓时"冒顶"情况时有发生，即便不"冒顶"，一边泵送粉料，一边从仓顶除尘器中直接向大气排放的情况也是经常发生，不但造成了材料的浪费，而且产生的粉尘污染严重。除了料位计工作不正常之外，仓顶除尘器的除尘效果不佳是主要原因，并且这种除尘器的滤芯更换不便，维护困难。

6.10.2　集中除尘系统的特点

集中除尘系统是结合我国当前的环保排放要求研制开发的新型除尘系统，该系统是采用散装物料车自带气泵为输送动力源，通过除尘器使粉尘沉降在沉降仓内，从而使粉尘再次循环利用。每条生产线安装一套集中除尘系统，通过管路使粉剂料仓与主要除尘设备连接即可。该系统不但具有清灰能力强、除尘效率高、排放浓度低等特点，还具有运行稳定可靠、能耗低、维护方便的特点。尤其适用于混凝土搅拌站和干粉砂浆厂，其诸多优点逐渐被越来越多的搅拌站所认可，较以往除尘器直接安装在粉料仓顶的方式，其除尘效果显著增强。其特点主要体现在如下五个方面：

（1）强化清灰。采用高密度滤芯，对包括呼吸性细粒子、黏附性强的粉尘在内的各种粉尘都能获得良好的除尘效果。

（2）设备阻力低。由于清灰能力强，使除尘设备的阻力可稳定在900～1500Pa范围内，明显低于其他除尘系统。

（3）除尘效率高。在通常情况下排尘浓度低于50mg/m^3，在一些有特殊要求的场合，可低于10mg/m^3。

（4）换袋方便。滤袋靠袋口部位的弹性胀圈与花板孔嵌接，不但密封效果好，而且拆装方便，减少了换袋工作量及维护人员与粉尘的接触。

（5）运行能耗低。由于设备运行阻力低，清灰压力低，利用散装车自带泵压力作为输出压力，使得设备综合的运行能耗低于其他类型的除尘系统。

6.10.3　集中除尘主要设备的工作原理

6.10.3.1　过滤过程

粉剂物料的粉尘经管道通过气流输送进入除尘器，气流在灰斗上部扩散形成重力沉降，这时部分质量大的粉尘颗粒在重力的作用下沉降到灰斗中。其余含尘气体向上进入中部箱体，经过滤袋过滤后，洁净空气通过滤袋进入除尘器上部箱体，并经出风口排向大气。

6.10.3.2 清灰过程

每次吹灰时必须先启动风机、关闭蝶阀，一次吹灰结束开始脉冲振动清灰，在2～3d不吹灰的时候，打开蝶阀，通过排料螺旋机把粉尘输送到灰秤中。

6.10.3.3 集中除尘主要设备

集中除尘主要设备见图6-41，该图由阜新市正和机械有限责任公司提供。

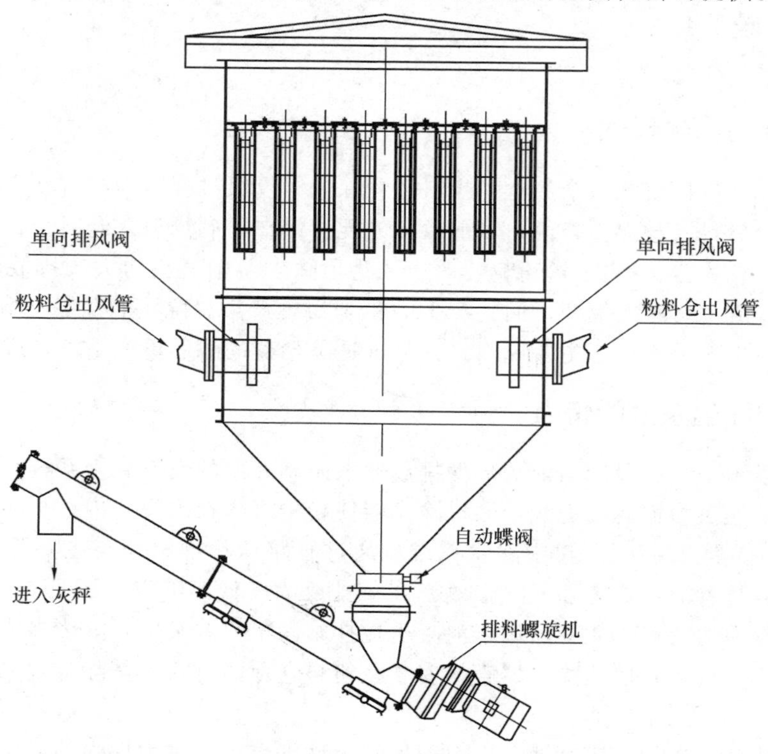

图6-41 集中除尘主要设备示意图

6.11 罐车安装收集袋

混凝土罐车行驶在路面上，常见因为装载量偏多以及坍落度较大、车辆爬坡等情况而造成撒漏现象，混凝土硬化后，环卫工人清理不便（图6-42和图6-43）。建议：首先搅拌站要

图6-42 路边撒漏

图6-43 路面上撒漏

控制装车量，不要过满；另外；可安装收集袋，以防止少量的水泥浆漏出而形成污染（图6-44和图6-45）。

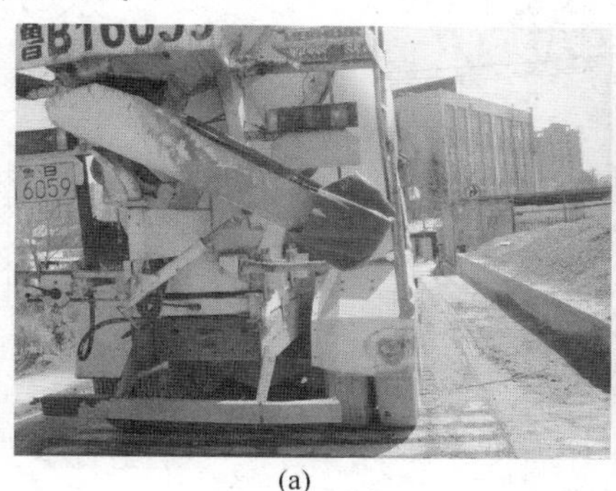

(a)

(b)

图6-44　罐车出厂时安装收集袋

图6-45　行驶中装有收集袋的罐车

6.12　地源热泵中央空调系统

地源热泵空调是采用节能环保的地源热泵系统，其冷热源采用安装灵活、易于控制的埋管式土壤源热泵系统，也称土壤耦合式热泵系统。采用立埋的埋管方式，以水作为冷热量载体，水在埋于土壤中的换热管道内与热泵机组间循环流动，实现机组与大地土壤之间的热量交换。地源热泵示意图见图6-46。

冬季循环水通过埋在土壤中的高密度聚乙烯管环路，从土壤中吸收热量，使循环水温度升高，供给地源热泵机组，同时由热泵机组提供热水，通过地板辐射给室内供暖；夏季循环水通过地埋管将热量排放到土壤中，使循环水温度降低供给地源热泵机组，再由热泵机组提供冷冻水，通过风机盘管给室内供冷。地源热泵系统能充分利用蕴藏于土壤中的巨大能量，循环再生，实现对建筑物的供暖和制冷。因而运行费用较低，地源热泵比风冷热泵节能40%，比电采暖节能70%，比燃气炉效率提高48%，所需制冷剂比一般热泵空调减少50%。地源热泵空调相比常规的中央空调，集中央空调、地板采暖、生活热水于一体，采用欧洲最先进的热泵技术和暖通技术，是水质空调、最舒适的节能空调。地源热泵利于推行低

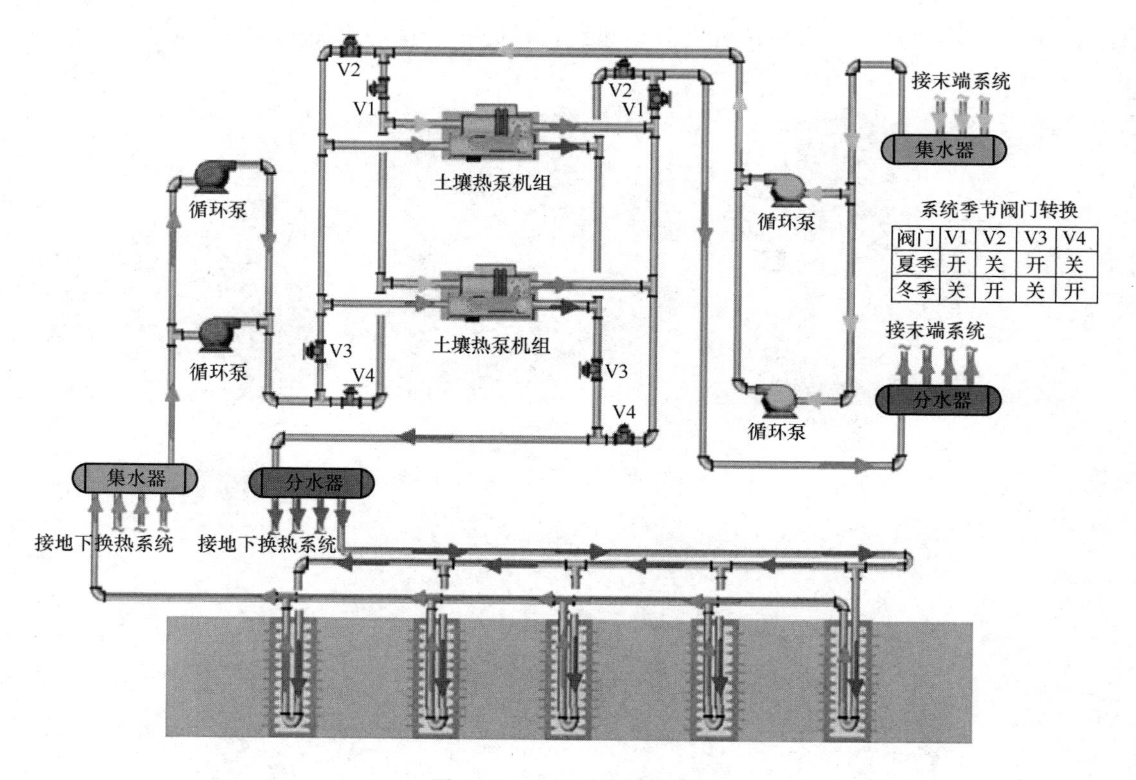

阀门	V1	V2	V3	V4
夏季	开	关	开	关
冬季	关	开	关	开

图 6-46　地源热泵示意图

碳经济，更适合人类的可持续发展，是地热能等可再生能源的开发利用。采用地源热泵中央空调系统作为采暖和制冷设备，初期的投入资金虽然比锅炉加分体空调多出近三倍，但每年可节约部分资金，不超过三年就可收回初期增加的投入资金。并且地源热泵中央空调寿命长达 50 年，这远远高出了锅炉和分体空调的寿命。其制冷制热所需的 3/4 的能量来自地源，另外 1/4 来自电力输入，从而减少了一次性矿物能源的消耗；也不消耗水源，不会对地下水造成污染；没有燃烧，不排放任何废气；不排放冷热风，不会造成热岛效应。天津振华混凝土搅拌站选用垂直埋管式的土壤源热泵，该项目于 2010 年 9 月动工，同年 11 月完工，总投资 46 万元，采暖建筑面积约为 1300 m^2。系统组成为泵房机组、地下热交换埋管、末端风机盘管，每台风机盘管采用控制器单独控制。项目采用的采暖与制冷的设备，不需要专人来操作，拆卸方便，可以因项目地点的变动进行搬迁，并且在岩石、软基、一般土质地基都可采用，只是在不同的地质条件下，初期投入成本不同。通过一个采暖期和一个制冷期的对比，比锅炉加分体空调系统每年可节约标煤 157.85t。

第 7 章　生产设备技术

双卧轴强制式的搅拌主机在混凝土搅拌站中应用较多，上料方式分为斜皮带式和提斗式两种，本章以 HZS180 型和 2.25A-DW 型搅拌站为例介绍保养和故障排除。其中 2.25A-DW 型搅拌站为模块式移动站，不需做地下桩基和基础结构，模块式的组合，拆装方便，便于移动，提斗式上料方式占地面积小，在节约用地方面凸显优势。

7.1　设备的保养

设备的保养是十分必要的，应注意每个生产商提供的使用说明书，也包括生产商规定的保养工作，以及对工作类型的详细说明。在做保养工作时，要将全部总开关断开，或断开搅拌站的总开关，还要防止误操作重新接通开关。在有危险时，通过断开“紧急”键使机器停止。在料斗提升机范围内工作时应断开总开关。料斗用销子销住，使保护栅栏处于打开状态。在换油或换过滤器时，要用合适干净的容器装油，如果油溢出，应立即清理干净，防止污染发生。

下面以 2.25A-DW 型搅拌站为例，介绍保养内容，包括五部分，分别为：骨料称量部分、提升斗部分、搅拌平台部分、称量平台部分和粉料贮存及运输部分。

7.1.1　骨料称量部分

（1）皮带秤皮带从动轮润滑。水平皮带秤见图 7-1。

(a)

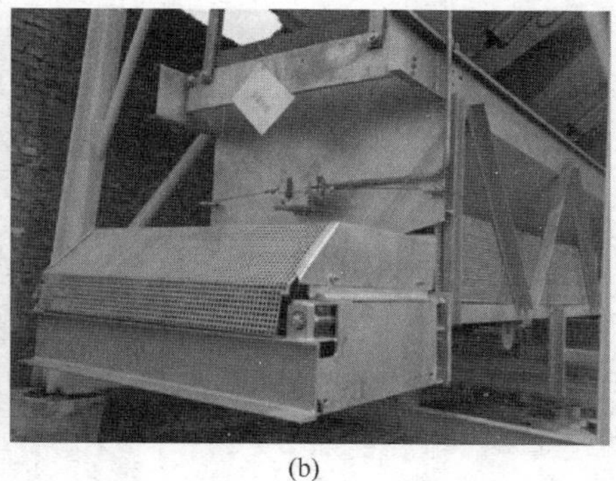

(b)

图 7-1　水平皮带秤

（a）水平皮带秤内部图；（b）水平皮带秤外部图

打开从动轮轴处（图 7-2）的盖子，润滑油嘴在从动轮上的两端，每半年润滑一次。

（2）皮带松紧及斜正的调节，见图 7-3。

（3）出料门的润滑，见图 7-4。

图 7-2　从动轮轴

每周检查皮带，必
要时调节此处丝杠
调节皮带松紧和平
直运行
调节前松掉这个螺
帽，并且在调节完
成后重新拧紧

图 7-3　皮带调节

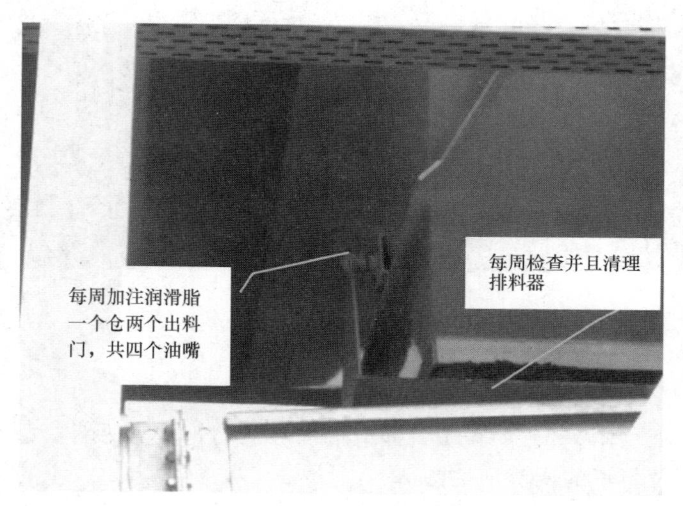
每周加注润滑脂
一个仓两个出料
门，共四个油嘴
每周检查并且清理
排料器

图 7-4　出料门的润滑

（4）传感器的保养，见图 7-5。电机、减速器等连接螺栓检查，首次一周，以后每月一次。

每周检查沙仓锥形出料斗处振动器磨擦处的电缆，检查螺丝是否松动
每周检查称量装置的性能和流通性，前后共四个，并且每月清理一次

图 7-5　传感器的保养

（5）皮带秤皮带托辊的保养，见图 7-6。

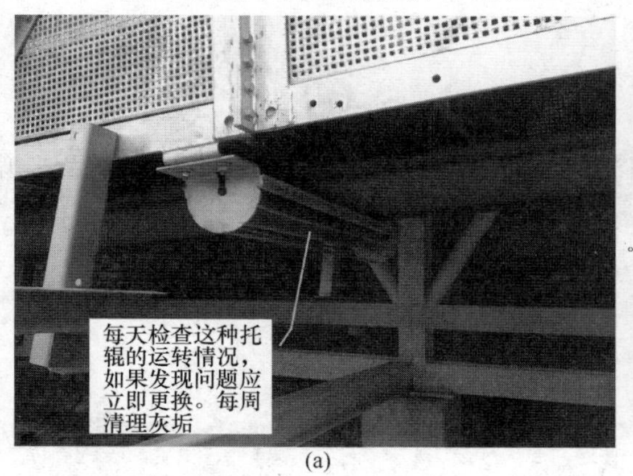
每天检查这种托辊的运转情况，如果发现问题应立即更换。每周清理灰垢

(a)

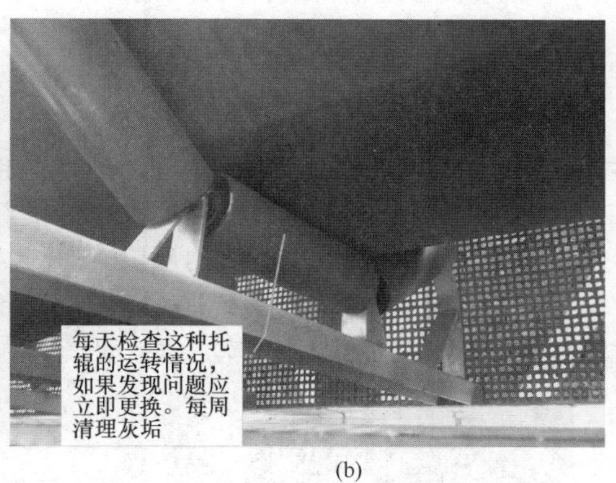
每天检查这种托辊的运转情况，如果发现问题应立即更换。每周清理灰垢

(b)

图 7-6　皮带秤皮带托辊的保养

（6）皮带秤皮带主动轮的润滑，见图 7-7。

润滑油嘴在绿色轴承座上，每周润滑一次

图 7-7　皮带秤皮带主动轮的润滑

图 7-8　皮带驱动减速机的保养

（7）皮带驱动减速机的保养，见图 7-8。

（8）皮带秤皮带的保养

①每周检查皮带接口是否开胶或有别的异常，必要时及时处理。

②每月检查皮带磨损情况，必要时更换皮带。

③环境温度较低时，每天检查皮带，注意防冻。

（9）骨料称量部分其他设备及零部件保养

①电机、减速器等的连接螺栓拧紧（注：首次一周，以后每月一次）。

②检查耐磨板。

③检查皮带运输机的料槽橡胶挡皮。

7.1.2　提升斗部分

提升斗全图见图 7-9。

提升斗部分除了轨道底部安全设备的使用注意事项之外，主要包括轨道及钢丝绳及提升斗的保养、各个接近和限位开关的保养、卷扬及刹车设备的保养。

（1）提升斗底部安全设施的使用

操作方法：当打开安全开关后，提升斗将处于停止状态。维修结束关上安全门后，必须按复位按钮，提升斗方能再次启动。见图 7-10。

图 7-9　提升斗全图

图 7-10　提升斗底部安全设施

（2）轨道、钢丝绳及料斗的保养，见图 7-11。

（3）各限位开关的检查，见图 7-12。

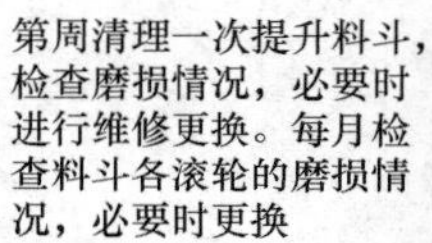

轨道一周或一月
（视产量选择）
涂抹含二硫化钼
的润滑脂一次
钢丝绳每月涂
抹润滑脂一次。
每天进行钢丝
绳断股检查

第周清理一次提升料斗，
检查磨损情况，必要时
进行维修更换。每月检
查料斗各滚轮的磨损情
况，必要时更换

图 7-11　轨道、钢丝绳及料斗的保养

1.顶部防松绳开关。
2.顶部冲顶开关
3.投料位置开关。
4.等待位开关。
5.底部开关。
以上各开关每周检查一次，
必要时调整

图 7-12　各限位开关的检查

（4）卷扬刹车设备的保养检修，见图 7-13。

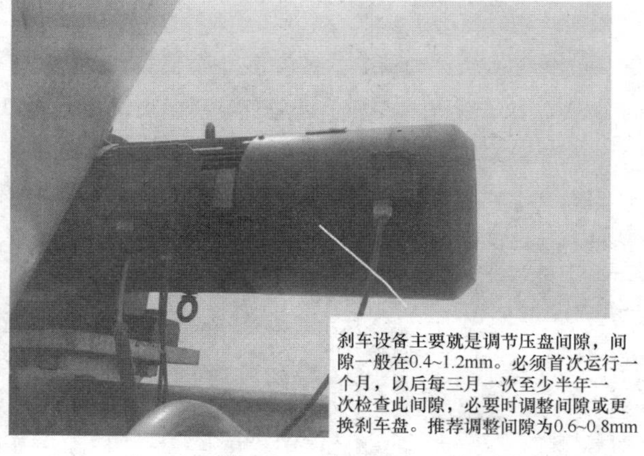
刹车设备主要就是调节压盘间隙，间隙一般在0.4~1.2mm。必须首次运行一个月，以后每三月一次至少半年一次检查此间隙，必要时调整间隙或更换刹车盘。推荐调整间隙为0.6~0.8mm

(a)

减速电机换油、电机轴承润滑运行10000h后，但至少每三年进行一次

(b)

图 7-13　卷扬刹车设备的保养检修

7.1.3　搅拌平台部分

搅拌平台部分（图 7-14），包括气动系统的保养和搅拌机部分的保养。

图 7-14　搅拌平台全貌

（1）气动系统的保养，见图 7-15 和图 7-16。

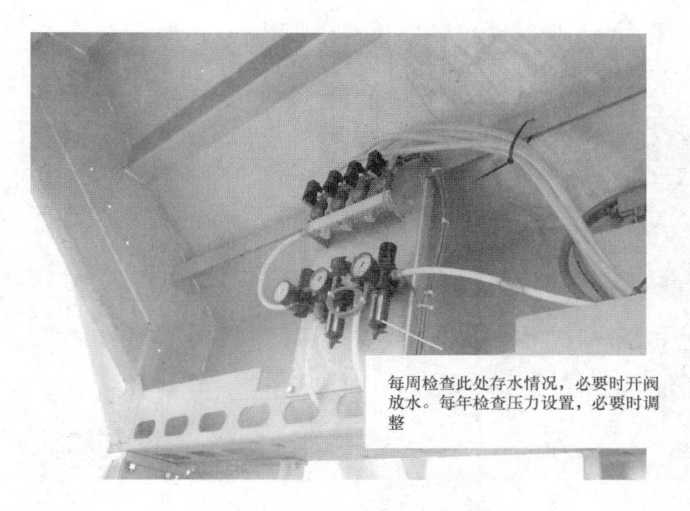

每周检查此处存水情况，必要时开阀放水。每年检查压力设置，必要时调整

图 7-15　油水分离器及压力调节装置的保养

空气过滤器，首次100h，以后每500h清理一次，皮带运行500h后，需要重新拉紧

换油，首次运行100h，以后每运行500h一次，但至少每年一次
每个台班放水一次

图 7-16　空压机的保养

（2）搅拌机部分的保养。搅拌机全貌，见图 7-17。

图 7-17　搅拌机全貌

①每天清理搅拌衬板和搅拌臂、搅拌叶片，见图 7-18。

②每天工作结束后检查润滑迷宫式密封，见图 7-19。

图 7-18　搅拌衬板和搅拌臂、搅拌叶片

图 7-19　迷宫式密封

③搅拌机内部保养，见图 7-20。

运行20h后拧紧搅拌叶片、搅拌臂、排料器的固定螺丝，检查搅拌叶片和排叶器的位置。每周检查搅拌臂、搅拌叶片和排料器的磨损，调整其位置以及检查搅拌机的耐磨衬板，必要时更换
检查搅拌机出口密封条的间隙，必要时调整

图 7-20　搅拌机内部保养

④每周检查迷宫式密封的磨损，见图 7-21。

⑤校核液压排料门的接近开关，必要时调整，见图 7-22。

⑥每周检查搅拌机减速器的油位，必要时加油。润滑油首次 200h，后每年或每两年更换一次，油品为 SAE15W-40，见图 7-23。油泵外置减速器，减速器应加美孚 96 号齿轮油，液压开关门系统应加美孚 46 号液压油。每周检查油位，及时补油。设备首次运行 200h 后换油，以后每年，至少两年换一次油。见图 7-24。

⑦检查搅拌机减速器的密封性，见图 7-25。

⑧每月对各油嘴加注润滑脂，见图 7-26。

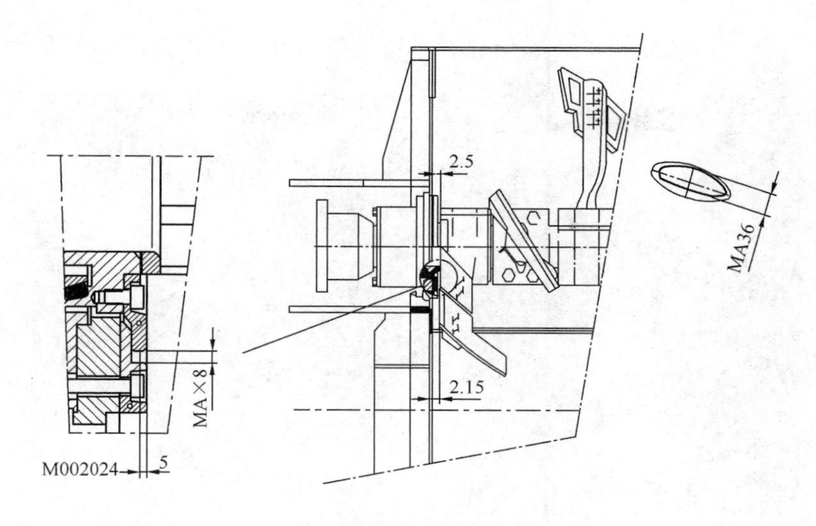

图 7-21　迷宫式密封装配图

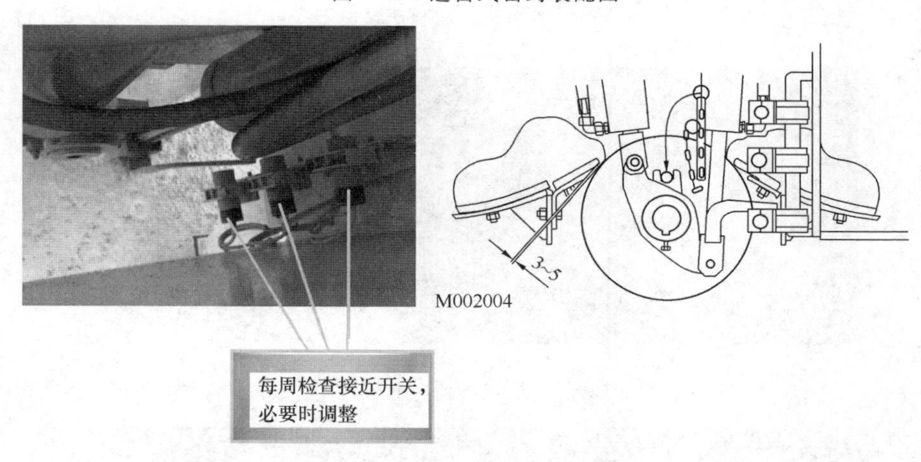

图 7-22　液压排料门的接近开关实图及示意图

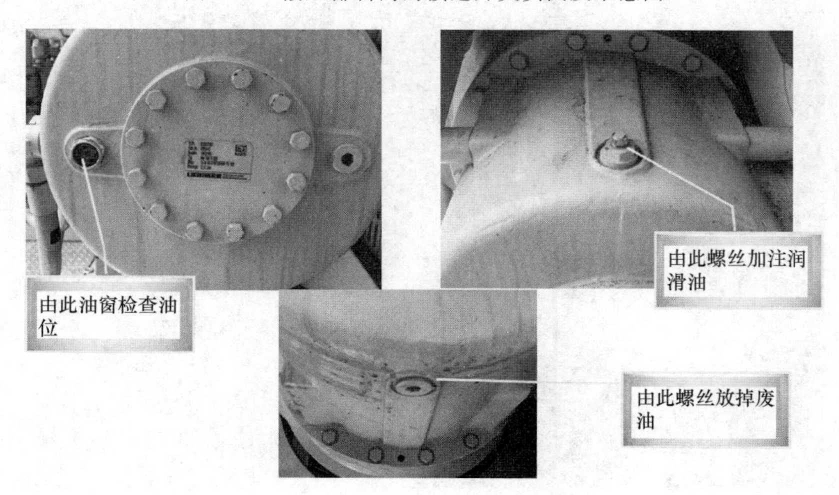

图 7-23　减速器保养的油位指示

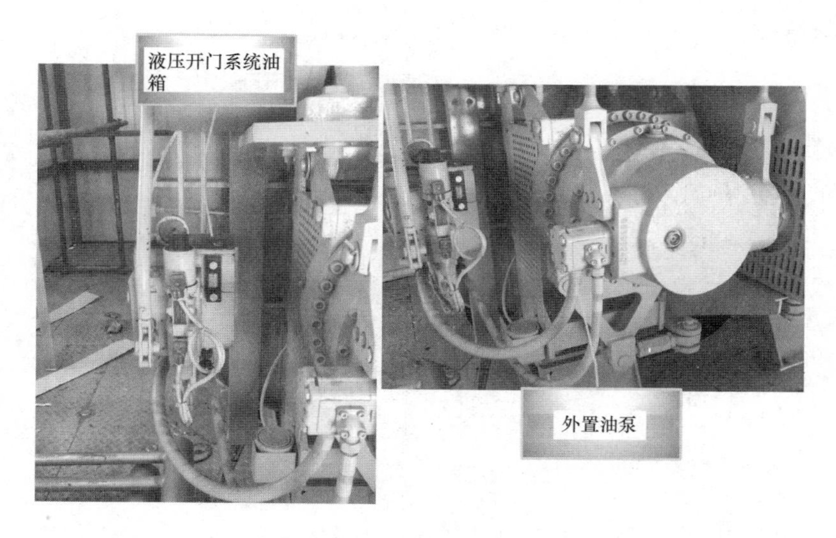

图 7-24　油泵外置的减速器保养

图 7-25　搅拌机减速器外观

图 7-26　加注润滑脂的各油嘴位置图

⑨中央润滑系统的保养，见图 7-27。

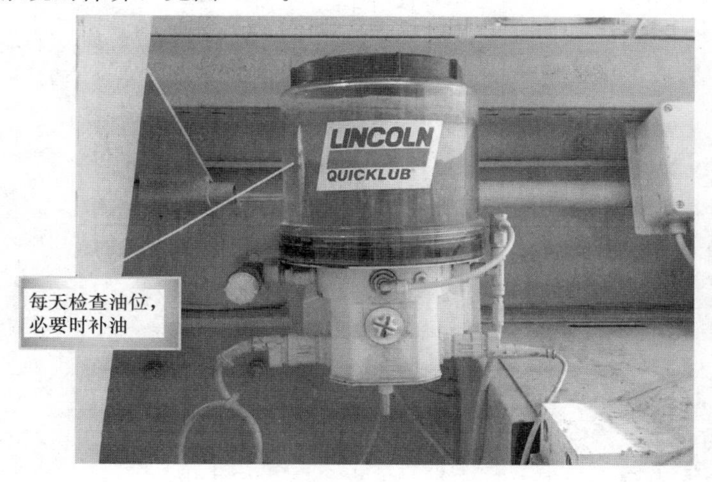

图 7-27　中央润滑系统的油位指示

⑩每月检查皮带张力，必要时调整张力。见图 7-28。

图 7-28　皮带张力检查位置

⑪每天检查液压开门系统，见图 7-29。

图 7-29　液压开门系统

⑫每周清理各加料管路，见图 7-30。

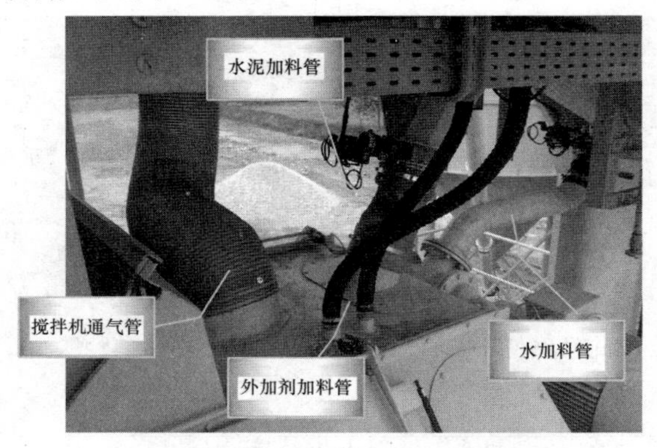

图 7-30　各加料管路指示图

7.1.4　称量平台部分

称量平台见图 7-31，包括水秤、水泥秤和外加剂秤的保养。

图 7-31　称量平台

（1）水秤：每天检查搅拌机的供水，必要时清洗进水口。在使用回收水时，水秤容器用清水冲洗并每月清理传感器。水秤见图 7-32。

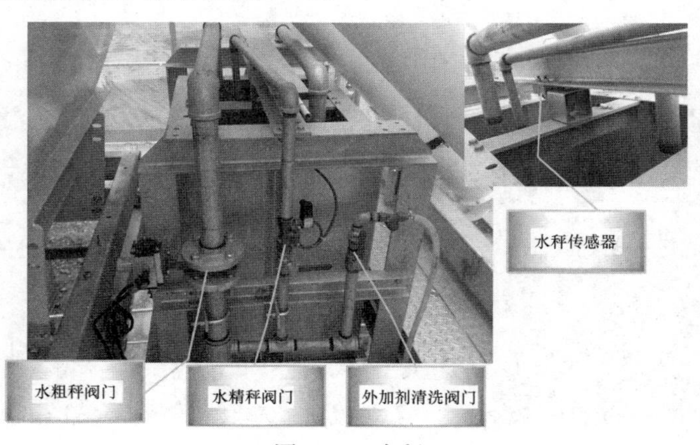

图 7-32　水秤

（2）水泥秤：每天检查螺旋与水泥秤的软连接，必要时更换。每周检查水泥秤容器至排料管的通道，必要时清理。清理蝶阀，检查称量装置的性能和流通性，清理通气管，每月清理传感器，检查蝶阀的密封性。见图 7-33。

图 7-33　水泥秤

（3）外加剂秤：每天清洗外加剂秤。每周检查称量装置的性能，检查齿轮泵的密封性和功率，检查连接和螺栓连接的密封性，检查维护单元的压力。见图 7-34。

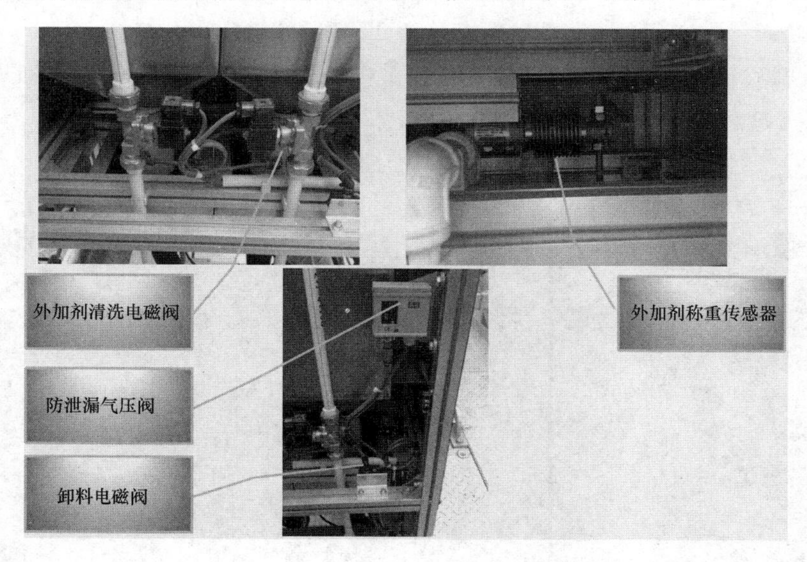

图 7-34　外加剂秤

7.1.5 粉料贮存及运输部分

（1）粉剂料仓：每周检查振动电机，检查过滤器的清洁，检查过压阀、欠压阀性能以及密封。检查烧结金属通气件，每季度一次。见图 7-35。

图 7-35 粉剂料仓及输送设备

（2）粉剂螺旋输送机：检查减速器油位，半年一次减速电机换油。电机轴承润滑首次运行 1000h，以后每运行 2500h 一次。见图 7-36。

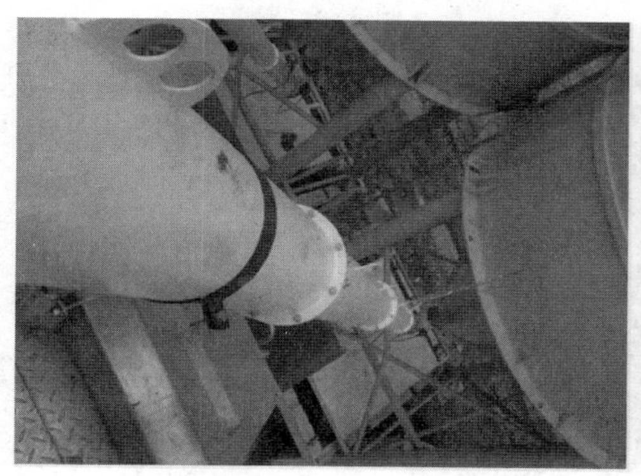
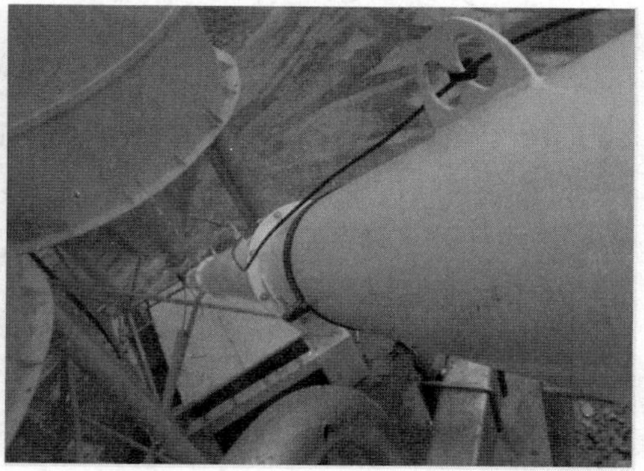

图 7-36 粉剂螺旋输送机

7.2　常见故障及排除

7.2.1　骨料配料（配料仓、斜皮带、提升料斗、骨料过渡仓）

7.2.1.1　如何调整皮带跑偏

皮带运输机运行时，皮带跑偏是最常见的故障。为解决这类故障，重点要注意安装的尺寸精度与日常的维护保养。跑偏的原因有多种，需根据不同的原因区别处理。

（1）调整承载托辊组。托辊组安装偏斜（托辊见图 7-37），与皮带产生的摩擦力和皮带走向不一致引起皮带跑偏。皮带机的皮带在整个皮带运输机的中部，跑偏时可调整托辊组的位置来调整跑偏；在设计制造时，托辊组的两侧安装孔都加工成长孔，以便进行调整。具体方法是皮带偏向哪一侧，托辊组的哪一侧朝皮带前进方向前移，或另外一侧后移。如向左边偏，可将托辊架左边向前调，右边向后调；反之，皮带向右偏，可将托辊架右边向前调，左边向后调即可。两头跑偏如严重，可在两边靠近滚筒处加挡边轮；如还是跑偏，可在挡边轮加压皮带轮强制挡住跑偏，一般这种情况多发生于转角皮带。

（2）调整驱动滚筒与改向滚筒位置。驱动滚筒（图 7-38）与改向滚筒的调整是皮带跑偏调整的重要环节。因为一条皮带运输机至少有 2～5 个滚筒，所有滚筒的安装位置必须垂直于皮带运输机长度方向的中心线，若偏斜过大必然发生跑偏。其调整方法与调整托辊组类似。对于头部滚筒的左侧跑偏，则左侧的轴承座应当向前移动；皮带向滚筒的右侧跑偏，则右侧的轴承座应当向前移动，相对应地也可将左侧轴承座后移或右侧轴承座后移。尾部滚筒的调整方法与头部滚筒刚好相反。经过反复调试直到皮带调到较理想的位置。在调整驱动或改向滚筒前最好准确安装其位置。

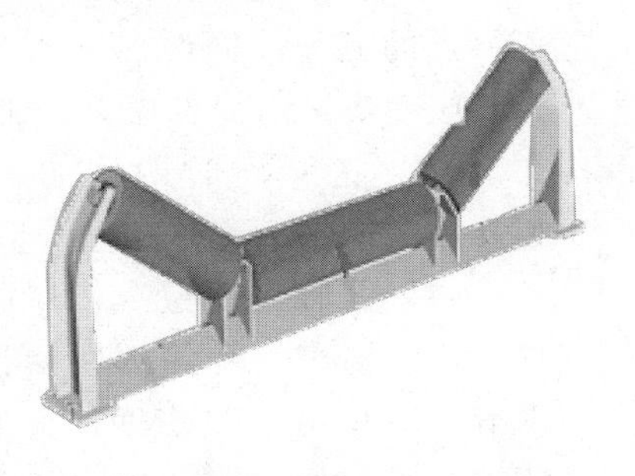

图 7-37　托辊

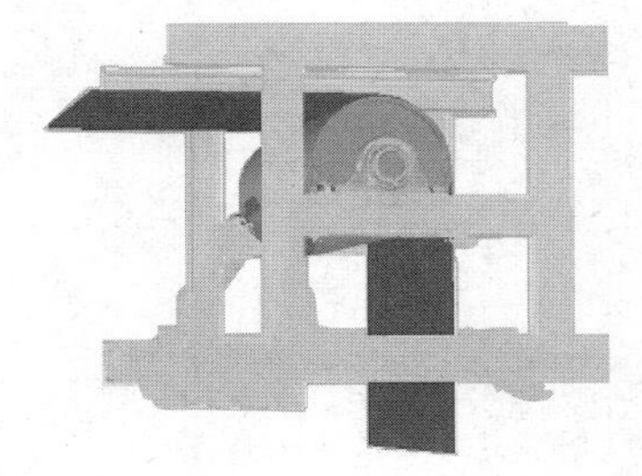

图 7-38　驱动滚筒

（3）皮带张紧处的调整。皮带张紧处的调整是皮带运输机跑偏调整的一个非常重要的环节。坠重张紧处（图7-39）上部的两个改向滚筒除应垂直于皮带长度方向外还应垂直于重力垂线，即保证其轴中心线水平。使用螺旋张紧或液压油缸张紧时，张紧滚筒的两个轴承座应当同时平移，以保证滚筒轴线与皮带纵向方向垂直。具体的皮带跑偏的调整方法与滚筒处的调整类似。见图 7-40。

（4）转载点处落料位置引起的皮带跑偏的调整。转载点处物料的落料位置对皮带的跑偏有非常大的影响，尤其当两条皮带机在水平面的投影成垂直时影响更大。通常应当考虑转载点处上下两条皮带机的相对高度。相对高度越低，物料的水平速度分量越大，对下层皮带的

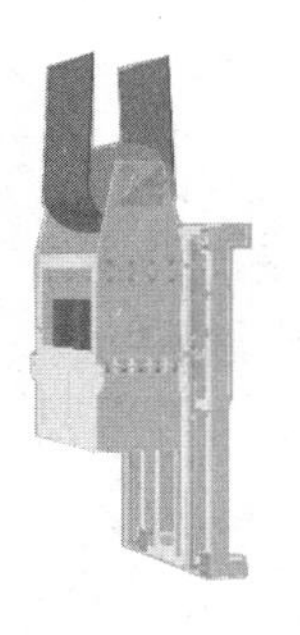

图 7-39　坠重张紧处

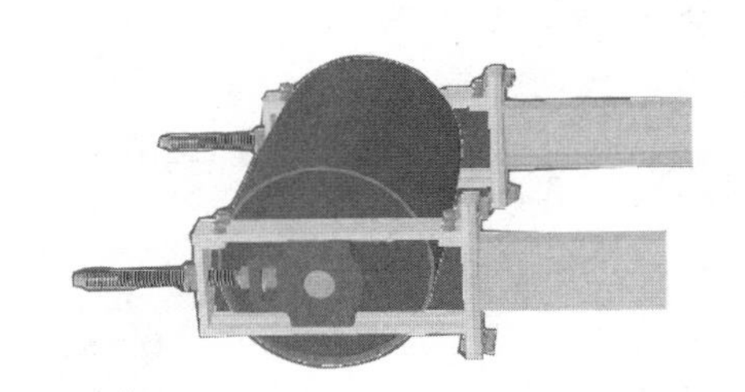

图 7-40　螺旋张紧

侧向冲击也越大，同时物料也很难居中。使在皮带横断面上的物料偏斜，最终导致皮带跑偏。如物料偏到右侧，则皮带向左侧跑偏，反之亦然。在受空间限制的移动散料运输机械的上下漏斗、导料槽等件的形式与尺寸更应认真考虑。一般导料槽的宽度应为皮带宽度的 2/3 左右比较合适。为减少或避免皮带跑偏，可调整头部挡料斗（图 7-41）阻挡物料，改变物料的下落方向和位置。

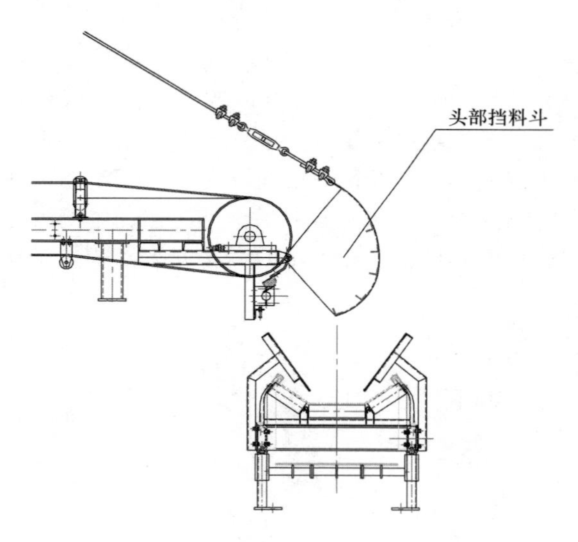

图 7-41　头部挡料斗示意图

（5）双向运行皮带运输机跑偏的调整。双向运行的皮带运输机皮带跑偏的调整比单向皮带运输机跑偏的调整相对要困难许多。在具体调整时应先调整某一个方向，然后调整另外一个方向。调整时要仔细观察皮带运动方向与跑偏趋势的关系，逐个进行调整。重点应放在驱动滚筒和改向滚筒的调整上，其次是托辊的调整与物料的落料点的调整。同时应注意皮带在硫化接头时应使皮带断面长度方向上的受力均匀，在采用导链牵引时两侧的受力尽可能地相等。

如果因跑偏而造成皮带损伤、起橡胶皮等，应该用刀片将那些受损伤的地方割平滑，防止扩大损伤度，大面积的损伤应该用胶水粘好，或者用皮带扣把有断裂的地方扣好（用扣时不能用 H 型合金清扫器）。皮带机皮带太松、无坠重时则调整尾部的张紧装置，用扳手顺时针转动螺母即可张紧，应注意将两个调成一样，以防皮带两侧张紧程度不同而产生喇叭形，易造成皮带跑偏；有坠重时应增加坠重块。

托辊不转动或转动不灵活时，将该托辊拆下，将辊内轴承拆洗或更换，加润滑脂，即可使其转动灵活。

7.2.1.2　如何解决皮带打滑

皮带打滑的原因主要有：①皮带张紧不够。②滚筒表面与皮带之间有泥浆、油等润滑性物质。③滚筒表面包胶老化磨损。

相应解决措施：①调整驱动滚筒或添加皮带配重以增大张紧力。②杜绝滚筒与皮带之间泥浆、油等润滑性物质产生的源头，必要时在相应位置安装皮带保护罩加以隔离，采取水冲或撒锯木屑的方法给予辅助解决。③更换滚筒包胶。

7.2.1.3　如何排除在生产称量中出现骨料仓门打不开现象

（1）可先检查仓门是否被卡住或者原来未关严。

（2）是否润滑不良使开关门阻力太大。

（3）仓门气缸限位开关是否吸合。

（4）开门电磁阀线圈是否烧坏，阀芯是否被异物卡住，如果电磁阀不正常可以拆下电磁阀清洗或更换新的电磁阀。

（5）控制线路是否有断路的地方（断线、虚接等），与之相关的中间继电器是否吸合。

（6）检查气路故障，如果气压不足，就没有足够的驱动力矩打开仓门。检查气路管线是否有严重漏气或者截止情况，油水分离器内的滤芯是否需要清洁，还有空压机故障及压力调整。

7.2.1.4　如何解决斜皮带、平皮带的漏（撒）料

斜皮带与平皮带接口处漏料的主要原因和解决办法：

（1）放料过快，在斜皮带接料斗处形成溢料。通过调整放料时间和出料口，让骨料不要大量堆集在接料斗上，可以减少漏料。

（2）安装时对平皮带的送料抛射角度考虑欠缺，骨料不能落于斜皮带中心，造成一侧偏多漏料。调整平皮带头部挡料斗可以控制落料点。

（3）斜皮带为槽形皮带时，撒料主要发生在接料斗、挡料槽等处。如皮带运输机严重过载、皮带运输机的挡料槽挡料橡胶板损坏、由于皮带跑偏导致挡料槽距皮带较远、接料斗与挡料槽之间间隙过大等都会产生撒料，控制平皮带的出料量、加强斜皮带的维护保养可解决此问题。

（4）凹段皮带（L 形皮带机折弯处）悬空时的撒料。凹段皮带区间当凹段曲率半径较小时会使皮带产生悬空，此时皮带成槽情况发生变化，因为皮带已经离开了槽形托辊组，一般槽角变小，使部分物料撒出来。调整压轮，以增大凹段的曲率半径，保证皮带槽角不减小。

（5）跑偏时的撒料。皮带跑偏时的撒料是因为皮带在运行时两个边缘高度发生了变化，一边高，而另一边低，物料从低的一边撒出。处理的方法是调整皮带的跑偏。

7.2.1.5　提升料斗常见故障情况及处理措施

（1）平皮带秤上配好的骨料不投料到提升斗。原因是轨道的底限位接近开关是否动作，如没有，检查其和料斗之间的间隙，如果是接近开关的故障，更换之。

（2）料斗提升机在装完料后不提升。应检查钢丝绳是否松动到极限促使绳松开关动作，这种情况一般可以先把绳松开关释放，手动提升，钢丝绳绷紧后，将绳松开关恢复正常状态。检查料斗下是否有骨料导致绳松。

（3）料斗在中间待料位置不停。一般都是待料位置的接近开关不灵敏或损坏所致，调整更换解决。

（4）料斗运行到顶部投料位时有主空开跳闸现象。一般是卸料位接近开关故障导致料斗装置触碰顶部极限安全开关，应先检查和调整卸料位接近开关，如果接近开关正常，更换极限安全开关。

（5）料斗在提升过程中有异响。一般需要检查料斗尼龙轮内的轴承及底部轴套，损坏或

间隙过大需要更换。

(6) 提升料斗钢丝绳在运行过程中需要每天观察断丝现象，每周进行除尘及润滑保养，一般在10万方混凝土后需要更换新钢丝绳。

(7) 料斗如果在中间待料位有下滑现象，应是刹车不灵，应立刻停止生产，将料斗放到底部，切断主电源，检查刹车间隙，调整到要求的距离。

(8) 料斗及轨道螺栓紧固的地方每周都要查看，如有松动或切断的情况及时处理。

7.2.1.6 如何排除中间过渡仓门在生产过程中常有的门关不拢现象

中间过渡仓门在生产过程中常有门关不拢现象，致使气缸自带限位开关无法检测到门关，而不能进行下一程序，或产生漏料现象。其原因及措施如下：

(1) 气压太低，气压应大于0.4MPa。检查气路、油水分离器滤芯、空压机故障等。

(2) 料门被石头或异物卡住，如粘在上面的泥巴、沙子等，需清理干净。

(3) 磁感开关无法检测不到位，需进行调整。磁感开关损坏，需要更换。

(4) 开门机构的调节螺栓已有松动错位，需重新调节。

(5) 料门变形，造成开关门阻力太大，需做相应修复。

7.2.1.7 如何排除中间过渡仓不投料

(1) 在生产过程中如出现中间过渡仓不往搅拌缸内卸料，就应该检查粉灰秤、水泥秤、外加剂秤、水秤是否已经称量到位，中间过渡仓的限位开关是否检测到位，搅拌主机卸料门是否关门到位。

(2) 中间过渡仓门打开后再关上时却无法检测到关门信号，应该先用手动开关门开关试，如果还不行就应该检查限位开关以及线路是好是坏、是否移位松脱、门板上是否有积料粘在上面，或开门机构的调节螺栓是否松动，没有调节到位。

(3) 检查搅拌主机内有没有料，如果还没卸料，搅拌时间到可以按下卸料门按钮，先进行卸料。

(4) 卸料门接近开关没有检测到位或接近开关损坏，重新调整位置或更换。

(5) 平皮带延时未到设定值亦不投料；料门被卡住打不开；开门气缸感应器没有检测到位或失灵，气缸串气，密封件损坏；开门机构不够灵活，气压不够，气缸失灵等原因也应该加以考虑。

7.2.2 粉料配料（粉剂料仓、螺旋输送机、粉料称量装置）

7.2.2.1 如何防止、解决螺旋输送机堵料

螺旋输送机出现不启动或在工作中突然闷住无法启动现象时，应该检查是输送量太大，还是电器电源出现问题。如果是输送量太大出现闷机就应把蝶阀出料口关上，螺旋机下部检查口打开，让螺旋叶片反转清料后再顺转即可，蝶阀口不要开太大，预防再次闷机。如果是电源出问题，就应检查相对应的强电空开、接触器以及弱电的板卡输出、中间继电器是否吸合，电动机有无故障。有时电源电压下降太多（如附近有大功率设备同时在使用）会造成闷机，观察电压表电压，必要时协商解决。螺旋输送机堵料，一般多发生于长时间不用导致水泥结块或螺旋叶片与管壁有杂物卡住，因此防护重点是保护螺旋接口处不受潮，必要时打开接口进行清理。

7.2.2.2　如何排除蝶阀故障

经过一段时间的使用，粉剂料秤蝶阀上下接口处可能因水汽等因素结块，严重时使蝶阀打不开或关不严，造成漏料、称量不准，此时需要进行拆卸、清理。先将阀下部与主机盖的连接短管拆开，再将蝶阀上下连接法兰处螺栓拆掉，卸下蝶阀。将蝶阀转至打开位置，用木条等较软物将其壁内结块清除干净，注意不要损伤阀片橡胶，同时检查阀片是否周边有缺损。清除计量斗内部的残余水泥及结块。检修完后再装好，保证密封良好。

7.2.3　水、外加剂称量装置

7.2.3.1　蝶阀漏水的原因及处理

原因：蝶阀阀板磨损，关闭不严；气压不够，关不到位；沉淀物卡住阀板，造成关闭不严。

蝶阀漏水的处理：经过一段时间的使用，橡胶阀板挤压变形，造成气缸行程不够，无法压紧橡胶阀板，此时可调节气缸推杆的长度，以达到合理的压紧力。如果橡胶阀板挤压变形严重、有破损时，可拆下底部法兰，取出橡胶阀板予以更换，然后复原，并重新调整压紧力。

7.2.3.2　水泵不出水的原因及排除方法

（1）进出口阀门未打开，进出口管路阻塞，流道叶轮阻塞。检查，去除阻塞物。

（2）电机运行方向不对，电机缺相转速很慢。调整电机方向，紧固电机接线。

（3）吸入管漏气。拧紧各密封面，排除空气。

（4）泵没灌满液体，泵腔内有空气。打开泵上盖或打开排气阀，排尽空气。

（5）进口供水不足，吸程过高，底阀漏水。停机检查、调整。

（6）管路阻力大，泵选型不当。减少管路弯道，重新选泵。

7.2.3.3　外加剂管路阀门和供液泵故障处理

由于外加剂有腐蚀性，并带颗粒状，常见故障及排除：

（1）球阀之间间隙太小。可以通过加橡胶垫来增加球阀的间隙。

（2）外加剂泵不上外加剂、水泵不上水。应先检查电机是否转动，空气是否排干净，泵体叶片是否损坏。

（3）由于外加剂有黏性和结晶现象，在使用过程中常有过载现象，并且有一段时间不用就难启动。断电情况下可以用手扳外加剂泵电机风叶，强行转动，再通电就容易启动了。

7.2.4　搅拌主机的故障排除

7.2.4.1　主机开门装置常见故障及排除

主机开门装置由一套液压单元提供动力，在堵塞或其他如减速机阻滞的情况下，可使用紧急手动泵打开卸料门。操作方法如下：液压单元中配有手动—自动转换阀，正常工作时，将换向阀的手柄置于中间位置。偶遇突然停电等突发性停机故障时，可左右扳动转换阀手柄，提压手动泵，即可打开料门快速卸料，有效地防止混凝土在搅拌机内的凝固。

主机在生产过程中如出现不开门或打开后关不上，在主机面板上执行手动按钮开关无效，但是在液压开门系统自带的手动开门装置可执行开关门时，应该先检查开关门电磁阀的线圈有没有烧坏，二极管有没有烧坏，电源是否已输送过来，如没通电就应检查对应的板卡输出端口和对应的中间继电器及电源线本身是否有问题。如果电气上都没问题，液压开门系统自带的手动装置无法开门，就应该先清洗电磁阀阀体、阀芯，防止因卡住阀芯引起的故障。

7.2.4.2　调节搅拌叶片及周边的叶片

搅拌叶片及周边叶片需要定期调节，以保证机器能完全有效地操作。假如靠近缸底或墙身的叶片不加以调节，较大的砂石便会夹在它们与内衬之间。如此下去，搅拌轴所受的压力便会增加，从而导致叶片的断裂，这也会使内衬的缝隙里及叶片受到很大的磨损。

（1）调节搅拌叶片操作如下：

①松开固定螺栓。

②搅拌叶片要固定在离缸底最高点≤5mm 的位置。

③用说明书附表中所提供的数值，用转力矩扳手去锁紧螺栓。

（2）调节周边叶片操作如下：

①松开固定螺栓。

②叶片要支持在离端衬板最凸出部分≤5mm 的位置。

③用说明书附表中所提供的数值，用转力矩扳手去锁紧螺栓。

进行任何调节，最好在机器运行几个搅拌周期后，检查各螺栓是否锁紧。

7.2.4.3　搅拌主机轴端漏浆及防止

搅拌主机轴端漏浆的主要原因是润滑不良引起密封装置失效而造成的。当轴端出现漏油严重及不能有效阻止砂浆进入密封装置时，要及时检修，更换密封元件。由于不同型号的搅拌机其轴端密封装置不尽相同，要参看搅拌机轴端密封部分的附图及搅拌机说明书进行操作。

防止轴端漏浆的最佳措施是严格执行保养程序。大量实践事例证明：良好的润滑能极大地延长轴端密封件的使用寿命，消弭漏浆隐患。为此，再次强调：要严格按相应的使用说明书要求对搅拌机进行维护和保养。

7.2.4.4　在生产搅拌过程中突然停电的处理

（1）将搅拌机内未拌好的混凝土卸下，以免时间长后混凝土凝固。此时，先将各电源开关按操作程序和规程打至关闭状态，利用搅拌机的手动开门装置将余料卸完，并将搅拌机清洗干净。

（2）若过渡斗刚好储存料，为避免骨料可能散落进搅拌机，应及时在开门拐臂下部用木块或铁块撑住拐臂防止其转动。

（3）将各气阀用手动转至关闭状态，特别是各配料门一定要确定已关闭。

（4）停电后再生产时：

①过渡斗内刚好储存的料为可知数，则重新开机后可利用它，否则应先将其卸完后再重新配料。

②秤上未配完的料及未送完的料用手动操作继续配完或送完，然后才开始下次的自动操作。

③开机前要认真检查，确保无可能的故障存在。

④正常作业结束，应开动水泵和操作阀门把搅拌器清洗干净。

7.3　计量

计量准确是确保混凝土生产质量和降低生产成本的关键内容，它控制着各种材料的配比精度。现在的大部分混凝土搅拌站采用质量法配料，各料仓材料的质量均采用电子秤计量系统分别计量，液体外加剂和拌合用水也有采用流量计计量的。目前，搅拌站的计量方式大多为“加法计量”，即设定目标值，也就是配合比中的材料用量，然后通过皮带、料斗投料。另有一种计量方式为“减法计量”，即预称量一定量的物料，投料完毕后实际计量，然后再按照目标值从已经预称量的物料中扣减差值。由于原理的不同，在选择使用相同传感器的情况下，加法计量出现超差的情况较多；减法计量较加法计量的精度要高得多。由于受到搅拌楼的结构设计和造价偏高的影响，目前在行业内应用较少。从提高计量精度角度来说，减法计量值得推广应用。

搅拌站的电子秤计量系统，应在使用前经法定计量检定部门进行检定，并签发计量检定证书。现行《预拌混凝土》（GB/T 14902—2012）对混凝土原材料计量允许偏差的规定见表 7-1。

表 7-1　混凝土原材料计量允许偏差　%

原材料品种	水泥	骨料	水	外加剂	掺合料
每盘计量允许偏差	±2	±3	±1	±1	±2
累计计量允许偏差[a]	±1	±2	±1	±1	±1

[a] 累计计量允许偏差是指每一运输车中各盘混凝土的每种材料计量和的偏差。

搅拌站的计量记录不仅反映搅拌系统的计量精度，更能反映出混凝土的实物质量，是一项重要的质量记录。一般搅拌站均设有各种原材料计量自动记录装置，即每盘混凝土的生产时间、各原材料的计量值均能自动存入电脑备查。一旦发生质量问题，可随时调出，查出该混凝土生产的具体时间、各种原材料的实际计量值是多少，使搅拌计量过程有可追溯性。这个功能在混凝土的质量出现异常时很有用处。

实际生产用的混凝土配合比能否与试验室开具的配合比趋于一致，主要取决于混凝土计量装置。为确保计量精度，应定期对搅拌站的称量系统进行校准，每月不少于 1 次。用于校准称量系统的砝码，初次使用前最好进行检定。

搅拌站每月进行的自校准，应保存校准记录，见表 7-2。一般校准配料秤都是采用添加和减少一定质量的砝码的办法，每次逐级增加到极限值后再依次减少，比对砝码值与显示值的差值是否在计量允许的范围内，在范围内时才表明称量准确。有一种简便的电子秤自校准方法是法定计量部门每年检定时，记录每个电子秤在各检测点显示值对应的输入电压值，自校准时用一台精密数字电压源，输出相应电压值来检定电子秤仪表，可免除搬运几百斤，甚至几吨重的砝码。平时为了校核计量秤，也可利用运输车装载混凝土后在电子汽车衡（也称地磅）上的示值来比对，若两者之间的差值较大，则说明至少有一个计量秤不准确，应进行检定或检修。

表 7-2　计量秤自校准记录表

砂			石			胶凝材料			水			外加剂		
加荷值	实测值	误差（%）	加荷值	实测值	误差（%）	加荷值	实测值	误差（%）	加荷值	实测值	误差（%）	加荷值	实测值	误差（%）
结论			结论			结论			结论			结论		

7.3.1　计量和投料部分常见故障及排除

7.3.1.1　水泥或粉煤灰刚计量结束时质量正常，等一会儿质量显示会少，频繁出现

（1）气压不足造成投料蝶阀关闭不严，秤漏料——查明气压不足原因并处理即可。

（2）投料蝶阀壁上水泥板结，蝶阀关闭不严漏料——定期清理蝶阀壁。

（3）回灰管堵塞造成通气不畅。水泥秤本身是一个密封的空间，回灰管连接到搅拌主机，用来排出水泥秤在计量时里面的空气。水泥秤在计量时水泥的体积会占据空水泥秤里面的空间，如果回灰管发生堵塞，秤里的气体一时排不出去，产生一个压力作用在传感器上，使秤产生一个虚值。当秤计量结束时，里面气体会慢慢排出，产生的虚值就会消失。其实计量结束时，还没有达到配比要求的质量——此情况疏通回灰管的上下连接口即可。

7.3.1.2　称重数据漂移，上下波动太大

（1）传感器受力不均或是计量斗受到其他物体干涉。

（2）传感器受潮或传感器接线松动——做防潮处理、检修线路。

（3）传感器损坏。传感器在受到剧烈冲击、严重过载或大电流通过时，很容易损坏，因此在运输时一定要取下传感器，在安装时也要小心，焊接时要将秤体与秤架可靠短接。

（4）计量、投料口长期不清理，变成硬性连接——清理计量、投料口。

（5）信号放大板元件老化等原因造成性能不稳定——更换信号放大板。

注意：

①更换信号放大板后需要重新标定此放大板所连接的电子秤。

②传感器往往是三个或四个同时并联使用的，必须要求每个传感器的量程和灵敏度要相同才能同时使用。如果不相同会使整个秤不准，把一个东西放在同一个秤的不同地方会显示不同的质量。在更换损坏的传感器时，尽量使用同一厂家同一型号的传感器比较保险。如果找不到也要选择灵敏度和量程相同的传感器，其他的指标可以忽略。

7.3.1.3　物料计量过程中，超出计量误差允许范围

（1）落差值设置不合理——手动或自动调整落差值。

（2）气路系统漏气或有杂质使执行元件动作慢——检修漏气部位、清除杂质。

（3）电气执行元件内部机构进去灰尘、油污，动作不灵活——清洗或更换电气执行元件。

（4）机械部位不灵活，动作缓慢——检修机械部分。

7.3.1.4　骨料计量欠量，达不到配比值

（1）程序中骨料落差设置太大——将物料落差减小。

（2）程序中自动修正落差，且上盘骨料计量过多——此种原因一般是骨料计量时候的流量不均造成的，可以控制骨料的流量。

（3）骨料冲击力大——减小冲击力，减小落料高度。

7.3.1.5　骨料不计量

（1）电磁阀不换向，内部短路或者脱落——检修或更换电磁阀。

（2）气缸和料门连接件开焊，料门打不开——将连接件焊接牢固。

（3）中间继电器线圈短路或接线松动脱落——参照电气原理图查明短路原因并排除，检修线路。

（4）气压不足，电磁阀不到工作压力——检查气压、油水分离器是否堵塞造成气路不通。

7.3.1.6　骨料计量完成后，物料失去控制

（1）储料仓进去大骨料，把计量仓门卡死——清除异物。

（2）料门打开后电磁阀松动脱落，料门不能关闭——固定电磁阀。

（3）气缸和料门连接件开焊，料门打不开——将连接件焊接牢固。

（4）气压不足，电磁阀不到工作压力——检查气压、油水分离器是否堵塞造成气路不通。

（5）电气执行元件在计量过程中接点粘住不能释放——修或更换相应元件。

（6）机械部分动作不灵活，如气缸漏气、犯卡——检修机械部分。

7.3.1.7　水泥不计量

（1）水泥螺旋电机过载，热保护元件动作——找出过载原因并排除，复位热继电器。

（2）水泥秤关门未到位——查水泥秤门是否有异物、限位触点是否导通。

（3）中间继电器线圈短路或接线松动脱落——参照电气原理图查明短路原因并排除，检修线路。

（4）水泥筒仓下料口的水泥板结——清除异物，启动气动破拱。

（5）水泥筒仓内物料用空——打手动，用同强度等级水泥手动加满后打回自动，本车生产结束后更换水泥仓。

7.3.1.8　水、液剂不计量

（1）电磁阀不换向，内部短路或者脱落——检修或更换电磁阀。

（2）水秤、液剂秤关门不到位——检查秤门处是否有异物、限位触点是否导通。

（3）中间继电器线圈短路或接线松动脱落——参照电气原理图查明短路原因并排除，检修线路。

（4）气动蝶阀机械部分不动作——维修机械部分。

（5）液剂由于气温过低、过于黏稠或结晶使液剂泵泵送失效——加热液剂，打开液剂搅拌。

7.3.1.9　干粉不计量

（1）电磁阀不换向，内部短路或者脱落——检修或更换电磁阀。

（2）干粉秤关门不到位——检查秤门处是否有异物、限位触点是否导通。

（3）中间继电器线圈短路或接线松动脱落——参照电气原理图查明短路原因并排除，检修线路。

（4）料斗内物料用空，将料斗加满料。

7.3.1.10　计量完毕后有时电机不能马上停止，过几秒后才能停止

此情况偶尔出现而且无规律，多数情况是因为接触器的触点长期工作打火，触点间接触面不光滑，还可能是因为接触器复位触点的弹簧老化，线圈失电后有时不能马上断开。维修时打开接触器，将触点用细砂纸打磨光滑，将复位弹簧拉长。如果维修不方便可直接更换同型号的接触器。

7.3.1.11　去皮重（物料秤清零）

（1）由于传感器和放大电路板存在温度漂移，当外界温度变化时，电路的电特性也改变了，使计量秤在秤空时显示的可能不是零，甚至大于或小于零很多。

（2）由于调整传感器位置或计量秤其他条件改变，使计量秤在空时显示的不是零。

（3）秤在工作时避免不了有一些料粘在秤体上。

（4）还有一些不能估计到的原因都有可能改变秤的零点。

由于各种原因的存在，我们无法在一个固定的基准上进行计量，因而增加去皮重（清零）功能。一旦外界条件改变，致使秤的零点改变从而使秤在空载情况下显示值不为零，就有必要去一下皮重（清零），重新标定一下零点，使秤在空载时显示值为0。通常情况下可能经常要去一下皮重（清零）以保证秤的零点正确。

7.3.1.12　物料秤出现负值

在工作过程中秤值有可能会出现负值，这往往不是控制系统出现故障，而是和皮重值（零点值）的设定有关。秤上显示的数值是传感器值减去皮重，再经过运算得到的质量值。在系统内部有一个和质量值对应的刻度值，并成正比关系，其范围为0～4095。标定秤的零点刻度值一般在90～200之间，如果由于种种原因造成刻度值小于标定时的零点，刻度值就出现了负值。出现负值时，按一下去皮重（清零）按钮即可。

7.3.1.13　物料计量，但是秤上不显示数

（1）传感器线接头松动或进水受潮——检修线路，并烘干受潮接头。

（2）传感器损坏——找出受力不均点并排除，重新校秤。

（3）信号放大板（变送器）损坏——更换信号放大板（变送器）。

（4）放大后的信号线（到AD模块）松动或AD模块损坏——检查线路或更换AD模块试验。

7.3.1.14　水泥计量时候总是超量，螺旋已经停止，秤上值还是增长

（1）水泥秤通风管堵死，秤内有负压——清理水泥秤通风口。

（2）水泥破拱电磁阀损坏，造成直通，气压把螺旋内的水泥吹到秤内——更换水泥破拱电磁阀。

7.3.1.15　全部物料计量完毕后骨料秤不投料（平皮带不转）

（1）主机关门限位未到位或损坏——查看限位开关是否到位或更换新的限位开关。

（2）控制平皮带运转的中间继电器、接触器损坏或电气连线松动、主回路跳闸——参照电气原理图检修元件和线路。

7.3.1.16　水泥秤、水秤、液剂秤不投料

（1）电磁阀不换向，内部短路或者脱落——检修或更换电磁阀。

（2）控制投料电磁阀的中间继电器损坏或电气连线松动——参照电气原理图检修元件和线路。

（3）气动蝶阀机械部分不动作——维修机械部分。

7.3.1.17　中途缸不投料

（1）主机限位未到位或损坏——将限位开关固定于合适位置或更换限位开关。

（2）有一种物料未计量或未计量完（必须所有物料都计量完才能继续）——转换成手动生产。

7.3.1.18　粉剂秤投空后，主机搅拌时秤上显示几十千克的质量，而实际秤上并没有物料，待主机开门卸料完毕后秤上数据又归零

检查该秤投料口与主机的软连接布袋是否太紧。如果连接布袋太紧，所有物料全部投入主机后，主机因受重压产生形变，虽然很小，可是足以通过软连接布袋影响水泥秤，使秤体处于一种下坠的力牵引，相当于秤体内有料。传感器返回的电压信号变化1mV，就会变化几十千克的质量。尤其是主机四角与主机架体未接触实的时候更为严重。当主机开门卸料完毕后，形变又恢复正常，故秤上显示又归为零。实际上这种情况下因粉剂秤受主机下拉力作用，在搅拌过程中计量下一罐时，计量实际值是不够的。处理时将软连接布袋适当松一下即可。

7.3.1.19　各秤投料完毕后不关门或皮带不停机

（1）粘结物料质量大于各秤零区范围或皮带停机质量——清除余料；频繁粘秤或湿度较大时，适当加大各秤零区范围，同时加大卸料延时时间。

（2）中间继电器或接触器触点粘住不能释放——维修或更换电气元件。

（3）气压不够或半门气缸损坏——检查并维修。

7.3.1.20　搅拌计时到后主机不卸料

（1）气缸开门

①检查混凝土门是否处于加锁状态——解锁混凝土门。

②中间继电器线圈短路或者接线松动——参照电气原理图检修元件和线路。

③气压未达到要求气压值——检查气压、油水分离器是否局部堵塞造成气路不畅通。

④气缸连接件松动主机门打不开——维修机械部分。

（2）液压开门

①小型继电器线圈短路或接线松动脱落——查明短路原因并排除，检修线路。

②油泵电机过载，热保护元件动作——找出过负载原因并排除，复位热继电器。

③“禁止出砼”旋钮打到“禁止出砼”档位——“禁止出砼”旋钮打到“允许出砼”档位。

7.3.1.21　主机卸料时混凝土中出现干水泥

只要搅拌时间在20～30s范围时，可排除搅拌不均匀的情况。此种情况多半因为水泥秤关门是否到位，搅拌机卸料过程中秤上漏下的干水泥所致。在水泥计量完毕时注意水泥秤数据变化，如果秤上的数据不断减少，证明水泥秤漏料。可将水泥秤限位开关接上，并在程序中设为“使用”即可随时监视水泥秤关闭是否到位。不到位时系统会给出相关提示，让用户处理。

7.3.1.22 主机不卸料时发现混凝土坍落度很大，而水在计量时并未超重或超重不多

（1）检查水秤是否准确，可放些事先称好的重物，或站上人粗略验证一下水秤，若水秤不准，需要重新标定水秤。

（2）如果水秤准确，虽然水秤计量过程中并未超重或超重不多，表面上看好像与水没有太大关系，实际上此问题多半是因为水计量严重超重引起。检查一下水秤门关闭是否到位，水一边计量一边漏到主机中，到水计量够时，主机内已经漏下很多的水了，造成搅拌出的混凝土坍落度过大。只要在水计量过程中注意一下，此问题还是有迹象可寻的：

①水计量时间比正常时间长很多，并且不是因为水泵流量不够引起。例如：正常计量100kg水需要10s，而现在20s还未计量完毕。

②上面条件符合时，在水计量时暂停，让水泵不再上水，看水秤数据是否不断减少。

如以上两点全部符合，即可判断水秤在计量中秤门关闭不严漏料。

处理方案：把水秤限位接上，并在程序中设为“使用”即可随时监视水秤门关闭是否到位。不到位时系统会给出相关提示，让用户处理。

7.3.1.23 操作台上主机关门指示红灯已经亮，而系统提示主机关门不到位，物料全部计量完毕后不投料

主机关门碰到限位开关后，一方面点亮操作台上红色关门指示灯，一方面触发中间继电器线圈吸合，中间继电器的触点闭合，将关门信号输入PLC的0#模块，这样程序才会动作。出现此问题时，操作台上红色关门指示灯亮，证明主机关门已经到位，参照电气原理图，查PLC的0#模块主机关门输入点是否已经点亮，如果该点已经亮，则可能是该点损坏造成程序无法识别输入的信号，需要联系厂家服务人员协助解决；如果该点不亮，继续查控制该点的中间继电器是否已经吸合，触点是否导通，线路是否有断路情况。排查完此段故障后，问题大多都能解决。

另外，主机开门时，操作台上开门绿色指示灯已经亮，而程序并未开门计时（慢卸料，第一次开门时上位机不计时，二次、三次开门时计时，操作人员需注意），与上面情况类似，即实际上主机已经开门到位，而PLC的0#模块相应的主机开门输入点没有亮或损坏，处理方案同上，不再重述。

7.3.2 试验仪器、设备、器具检定与校准

试验室所用的仪器、设备和器具作为搅拌站主要的监视和测量装置，担负着在生产过程中混凝土产品的质量检测功能，由这些仪器、设备和器具测得的数据是供技术人员参考的重要依据，其准确性十分重要。

其中包括检定和校准两种形式，关于检定和校准的区别，参见本书第1章。按照检定的机构来分，可分为搅拌站外部的具有计量检定资质的机构和搅拌站内部自检。而外部机构按照检定周期半年或一年检定之后，给搅拌站出具的测试结果形式有检定证书、测试证书、校准证书、测试报告等。其中只有检定证书是有结论的，记载是否合格，而检定证书之外的校准证书、测试证书和测试报告等则无结论，需要搅拌站对测试数据进行比对，自行确定是否符合使用要求。比对的对象是测试数据和相应仪器、设备、器具的产品标准或者现行有效版本的标准、规范中相应检测项目对仪器等的要求，有的可能就是一句话或者一个参数。经过比对之后，如果满足使用要求，便可以继续使用；若不符合，则应考虑维修或更换。搅拌站常用试验

仪器、设备、器具中需要对测试数据进行确认的包括自动加压混凝土渗透仪、水泥净浆搅拌机、行星式胶砂搅拌机、胶砂试体成型振实台、水泥细度负压筛分析仪、水泥混凝土标准恒温恒湿养护箱、水泥胶砂流动度测定仪、箱式电阻炉、雷氏沸煮箱、电子控温远红外鼓风干燥箱、单卧轴强制式混凝土搅拌机、压力泌水率测定仪、震击式标准振筛机、混凝土震动台、混凝土贯入阻力仪、标准养护室全自动控温控湿设备、水泥比表面积自动测定仪、建筑电子测温仪、温湿度表、水泥稠度凝结时间测定仪、低温试验箱等。搅拌站内部自检的主要是试验器具，包括坍落度筒、试模等，对于这些器具，搅拌站应编制自检规程，确定自检器具的名录并根据相应的产品标准或者试验所用的标准、规范中的技术条件要求确定自检的项目和具体参数，同时规定自检的周期。参考样本见附录5，进行自检所使用的标准量具和仪器等应经过检定或证实其自身的准确性，否则用其量测出的数据是无法证明准确有效的。

7.4　生产设备安全操作注意事项

(1) 严禁在设备运行状态下进行维护保养操作，在设备检修时，必须断电，并挂警示牌。

(2) 只有本设备的操作者或本设备的管理人员才能启动设备，启动设备前必须确认所有人员处于设备运转部件安全有效距离之外。

(3) 严禁未持操作证书（未经培训合格）的人和未经设备管理人员认可的人员擅自开机、操作或替班。

(4) 设备维修保养人员应具有专门的技术知识并经专业培训。

(5) 设立操作规程并严格遵守，杜绝操作人员的误操作。

(6) 保证安全检测开关正常有效，不得带病使用或短接使用。

(7) 不要随意更改安全防护装置。

(8) 进入生产现场要佩戴好安全生产所必需的防护用品，如安全帽、防护手套、绝缘胶鞋等。

(9) 进行吊装作业时，应由专人指挥，吊臂周围严禁站人。

(10) 雷雨天气严禁从事户外高空作业，以免发生雷击。

(11) 从事高空作业的人员应保持良好的精神状态，工作时务必系好安全带。

(12) 安装、检修人员严禁在潮湿的环境下使用电焊机，以免发生触电。在使用气割时，氧气和乙炔应保持足够的安全距离。在操作的过程中应注意周围的易燃、易爆物。

7.5　日常保养维护巡检项目

日常保养维护巡检项目见表7-3。

表7-3　2.25A-DW型搅拌站日常保养维护巡检项目一览表

类别	检查保养部位	检查保养项目
骨料称重部分（皮带秤）	钢架结构	紧固
	振动器	紧固，线的磨损
	气路	漏气，紧固
	传感器	紧固，短接线，作业时注意

续表

类别	检查保养部位	检查保养项目
骨料称重部分（皮带秤）	皮带	走向调整，紧固，刮砂器调整
	减速机	油位，更换（一年）
	滚筒轴承	注油（每周）
	拉绳安全开关	正常情况
提升料斗部分	料斗	注油（每周），螺栓紧固，尼龙轮磨损，结构检查，磨损情况，积料清理，铜套注油
	轨道	润滑，连接紧固，变形情况
	接近开关	灵敏情况，调整
	行程开关	可靠情况，绳松开关、极限开关定期检查动作情况
	钢丝绳	断丝检查（每天），生产15万立方米混凝土以内更换，视具体情况除尘润滑
	小平台	清理（每天）
	刹车间隙	每月检查，有效在0.4～1.2mm（最好在0.6mm，且注意三点间隙一致），强制风扇工作情况
	减速机	油位，更换（一年）
粉料称重部分	排气软管	清理（每天）
	卸料口	清理（每天）
	螺旋吊架	注油（每天）
	螺旋减速机	油位，更换（一年）
	蝶阀	工作情况，清理
	传感器	紧固，短接线，作业时注意
水称重部分	蝶阀	密封，工作情况
外加剂称重部分	电磁阀	工作情况
	计量桶	清理
	卸料口	清理（每天）
搅拌机部分	搅拌机内	彻底清理（每天），尤其是卸料门部分（下部），叶片磨损调整
	减速机	油位，更换（一年）
	盖门安全开关	工作情况（每天）
	卸料门	手动工作情况，液压管，电磁阀
	注油	卸料门轴（每天），减速机轴承（每月）
气路部分	空压机	进气滤芯清理，油位检查更换（3个月），皮带检查，储罐及油水分离器放水（每天）
计量校核		建议每月一次
控制室	控制柜	灰尘清理（每月），紧固
	主机	灰尘清理（每月），紧固
	湿度温度	适当

第8章　质量问题分析及解决措施

混凝土搅拌站在生产、运输、泵送及售后服务过程中遇到的质量问题是比较多的，有产品的质量缺陷问题，有管理不到位的问题，也有商务合作方面的问题，但不论是哪方面的问题，最终都会对混凝土的质量造成影响，甚至导致质量事故的发生，这是我们都不愿意看到的。笔者总结了裂缝、坍落度、亏方、表面硬壳、起砂、凝结时间、表面长白毛、绿斑、砂线、气泡、泵送混凝土堵管、胶凝材料与外加剂的适应性、空鼓、水波纹等方面的质量问题，结合部分工程案例，分析造成这些质量问题的原因，并提出避免这些问题发生的预防措施，对已经形成缺陷的混凝土产品也提供了修补方法供借鉴。有些不确定的原因分析则给出了猜想和推测，供读者参考和进一步的讨论。

8.1　裂缝

杨文科在他的著作《现代混凝土科学的问题与研究》中这样描述："三十年前，谁敢说自己施工的混凝土工程有裂缝？今天，谁敢说自己施工的混凝土工程无裂缝？这就是当前裂缝问题的现状。裂缝问题愈演愈烈，可以这样讲，它已成为影响现代混凝土耐久性的不可救药的'癌症'。特别是在房建、桥梁等领域，钢筋混凝土构件的裂缝已成为普遍现象。"对于裂缝的原因分析，他总结现场工程师无法解决的原因有5个，分别是：①许多梁、板结构的长度越来越长、面积越来越大、超静定结构越来越多；②设计上钢筋用量越来越大，排布越来越密；③高强度等级混凝土的普遍使用；④水泥的细度越来越细，特别是3d强度越来越高；⑤施工中泵送混凝土越来越普遍。现场工程师难以解决的问题有7个，分别为：①水泥细度；②水泥中C_3A的含量；③水泥的颗粒级配；④混凝土中粗细骨料的用量；⑤水泥用量；⑥水泥中C_3S的含量；⑦现代水泥生产的某些工艺。现场工程师可以解决的问题有11个，分别为：①水灰比；②水泥品种；③水泥强度等级；④混凝土配合比；⑤配合比中的细粉掺合料；⑥外加剂；⑦施工现场的空气相对湿度；⑧施工现场的风力；⑨施工现场环境的相对温度；⑩振捣工艺；⑪养护。

裂缝是混凝土的顽疾，对于搅拌站来说也是经常遇到的质量问题，而关于混凝土裂缝的书籍、论文也很多。笔者认为对于搅拌站的技术人员来说，针对大量的各种类型的裂缝，静下心来进行细致的研究、查找原因对很多人是不现实的，从个人能力、时间、试验条件、人员和资源等方面都不允许。在产生裂缝的同时，还要维持生产，时间也紧迫。而裂缝从外观来看不尽相同，同时供应的众多项目开裂情况或有或无，或轻或重。而且，产生裂缝的时间上不固定、部位上不固定，往往重现性差，当天上午发生的情况下午不发生，今天发生的情况明天不发生的状况常有，不确定的因素较多。在此，仅介绍几个实际案例，通过一些有代表性的混凝土工程裂缝的图片来介绍，包括建议措施都是在特定的条件下才可以实现减少或者避免裂缝发生的，不一定能够推广。

不同的裂缝产生的原因不尽相同，学术界对裂缝的分类也是说法不一。笔者在实践当中也遇到了无法用现有的理论或者说法来解释成因和有效预防的情况。同一种混凝土在实际工程中都有开裂与不开裂的实例，混凝土的收缩、开裂，与试验室条件下检测的收缩值的大小并无直接的关系。往往在开裂发生的时候，在试验室内或者在搅拌站内做模拟试验的结果与施工现场也不一致。因此，试验室里检测的混凝土收缩值的大小，并不能作为衡量实际工程混凝土是否容易开裂的指标。甘昌成撰文论述他的观点，认为：①混凝土的体积稳定性反映了混凝土抗体积变形的能力。研究混凝土的体积稳定性，对于提高混凝土的抗裂性能有重要意义。②混凝土商品化以后，早期开裂频频发生，表明混凝土的体积很不稳定。工程实践证明，这主要不是混凝土的材料特性问题，而是我们对混凝土的生长发育规律和硬化规律认知不够。实际施工中普遍存在放任失水的现象，背离了混凝土正常生长发育的规律，混凝土体内因失水而产生应力，混凝土得不到正常的生长发育，体积就难以稳定。③传统的收缩理论未能对混凝土的体积稳定性做出确切的解释，我们的防裂工作因此常常陷于被动，混凝土工程裂与渗的质量通病难以根治。大量的工程实践证明，仅从材料学的角度研究混凝土的体积稳定性是不够的。混凝土的硬化过程以及硬化后的受役阶段，无时不受环境因素的影响。离开环境因素研究混凝土的体积稳定性，就不能抓住问题的实质。④混凝土体积稳定性问题的实质，是混凝土在环境中的体系平衡问题。体系平衡则体系稳定，混凝土体积也稳定；体系不平衡则体系不稳定，混凝土体积也不稳定。因此，不管混凝土处于生命过程的任何阶段，要保持它的体积稳定，首先要保持它在环境中的体系平衡。⑤如果不考虑外力的作用，破坏混凝土的体系平衡，造成体积不稳定的主要因素是混凝土体内滋生的应力，包括收缩应力和膨胀应力。收缩应力是由于拌合水损失而产生的，这一过程伴随着混凝土生命的始终，尤以凝结硬化阶段最为剧烈。连续的失水形成失水通道，这些失水通道就成为收缩内应力产生的母体。连通的毛细孔隙缺陷同时造成了混凝土抗渗性能的降低。膨胀应力则主要产生在混凝土的中后期，环境有害介质侵入混凝土内部，水化产物受蚀变质，发生膨胀，产生应力。这两种应力产生都与混凝土抗渗性能降低密切相关。因此，利用高抗渗切断毛细孔通道，防止形成连通的孔隙缺陷，防止外界有害介质的侵入，是预防或减小应力产生，保持混凝土体系平衡、保持体积稳定的有效方法。⑥在混凝土的凝结硬化阶段，为硬化混凝土建立一个稳定性好的平衡体系，对于提高硬化混凝土质量、提高混凝土的工程质量非常重要。如果混凝土在凝结之前或硬化过程中失水过多，其体系就已经是不稳定的体系。可在初凝前对表面进行二次抹压，或对混凝土实施二次振捣工艺，消除失水通道，消除内应力。抹压后立即养护，防止混凝土继续失水，混凝土因此可以实现高抗渗。高抗渗的混凝土体系，内部应力小，平衡度高，抗不平衡因素干扰能力强，体系稳定，混凝土的体积也就稳定。通观混凝土的整个生命过程，要实现和保持混凝土的高抗渗，就必须防止拌合水损失。因此，混凝土的拌合水就成为维持混凝土体系平衡、保持体积稳定的关键因素。不论是理论还是实际，我们都必须树立“混凝土配合比的拌合用水在混凝土密实成型以后不可以损失”的防裂新观念。

当然，混凝土结构裂缝的控制不仅仅是混凝土材料自身，同时涉及设计如何减小结构中的约束和应力集中、配筋如何配合裂缝的分散和便于混凝土浇筑等问题，材料制作如何提高混凝土抗裂性能的问题，涉及施工的也不仅是养护问题，还包括模板技术、浇筑顺序、振捣方式、温度和湿度的控制、拆模时间等，而更重要的则是建设主管方的指导思想、主观意志要符合客观规律，才能使混凝土结构性能正常发展。

8.1.1　现浇混凝土开裂

图 8-1、图 8-2 为某立交工程的侧墙，墙厚 900mm，浇筑高度 2～3m，长度约 20m，强度等级 C40。模板拆除后，即可见竖向裂缝，里外贯通，间隔约 1～2m。导致开裂的混凝土自身原因主要是温差过大和温降过快。该工程在天津滨海地区的夏季施工，户外温度 30℃以上，预埋测温导线测温数据显示中心温度超过 80℃。图 8-3 所示为当时的养护措施，这样的措施无法保证表里温差在一个较小的范围之内。降低混凝土自身的绝热温升并做有效的保温措施是避免该裂缝的主要手段。首先是降低水泥用量，降低骨料的温度，在夏季采取苫盖、喷淋水降温或者搭设遮阳棚等，若有必要，再加入部分冰块来降低入模温度。若有条件，可掺加温控型膨胀剂，也就是可以延缓胶凝材料释放水化热类型的膨胀剂。若通过预先的热工计算仍不能满足温差要求，还可以预埋散热水管，这些在浇筑混凝土之前就应该有充分的策划。

图 8-1　浇筑后的侧墙局部（参见彩页）

类似这样的结构还有住宅的地下室外墙、地下车库外墙、水池的池壁等。大体积或者厚度较薄（30～40mm）、高度较高（3m 以上）、一次浇筑长度在 20m 以上的结构，出现这样

图 8-2　浇筑后的侧墙全貌

图 8-3　夏季施工后的养护措施

裂缝的可能性高。墙体结构的裂缝测量宽度约在 0.1～0.4mm 之间。

从图 8-1、图 8-2、图 8-4、图 8-5 可见，这些裂缝都有共同点，就是规律性强，大多固定间隔，裂缝的方向都是竖直方向，通裂或者裂到搭接部位。导致这种开裂的主要原因是温差过大，因为竖向结构的保温和养护都不好做，拆除模板之后，混凝土结构基本上就处于外露状态，想起来就浇点水，否则就自然养护了。从混凝土自身而言，作为泵送混凝土，坍落度一般不会小于 180mm，而这样的部位钢筋密集，混凝土的流动速度不够快，作业队伍都会反映混凝土坍落度小，而此时如果真用坍落度筒来检测，实测值会远大于他们的预期。另外是砂率偏高，一般在 40%左右，胶凝材料用量 370kg 以上，如果再加上砂的细度模数偏小（指小于 2.0 时），发生的可能性更高，开裂的时间更早。骨料方面，粒径不连续和含泥量偏高是不利因素。含泥量不一定不合格，但稍高的含泥量都会对开裂不利，尤其是泥，而不是石粉。从气候条件来说，高温、干燥季节更容易发生。在华北地区就是夏季。建议做

图 8-4　某住宅地下室外墙 C35 混凝土开裂（参见彩页）

法：首先控制坍落度不大于 180mm，降低砂率，不高于 40%，砂的细度模数在 2.3 以上，骨料连续级配，若一种规格的石料无法满足要求，可采用两级配或三级配来实现。掺合料的总量，包括粉煤灰和矿渣粉，其总量不要超过 40%，如果仅掺加一种的时候，总量还要减少。

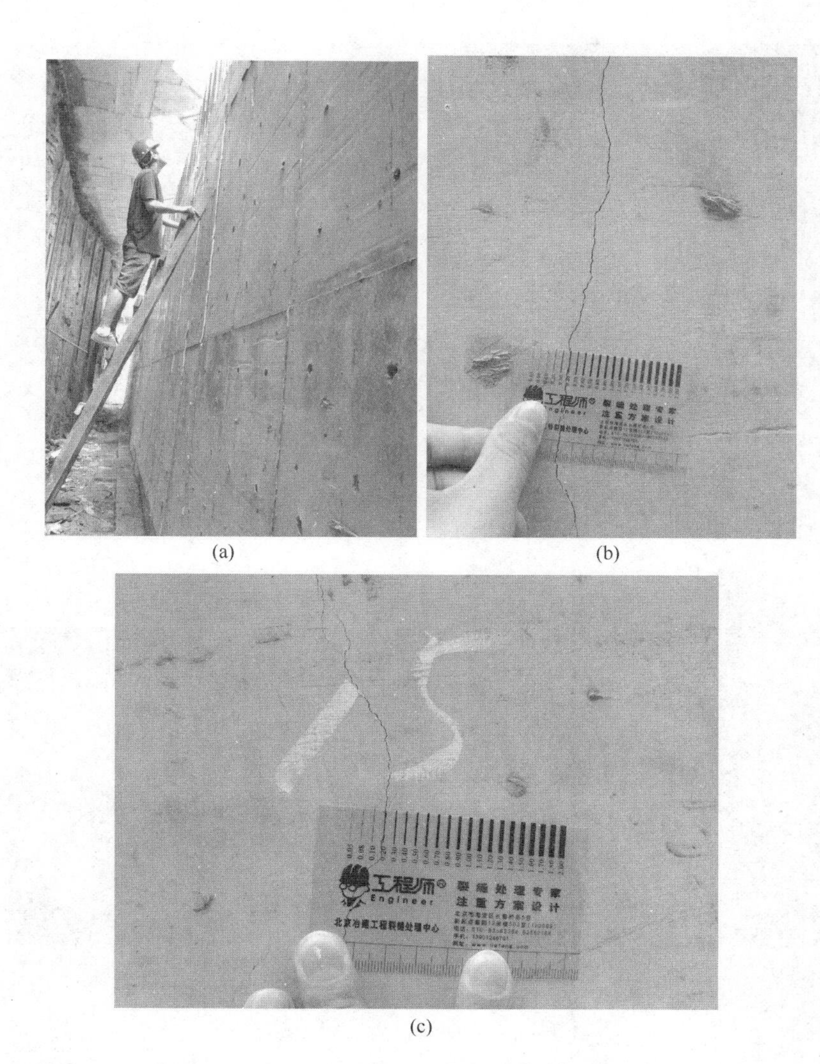

图 8-5　某商住楼地下车库 C50 混凝土外墙开裂

(a) 外墙全貌；(b) 裂缝测量最大值 0.4mm；(c) 裂缝测量最小值 0.2mm

水平结构的裂缝，在房建项目中主要体现在基础底板、楼板部位，干缩裂缝居多；其次是由于过早承受荷载而造成的开裂，这种现象较少见。

图 8-6 为某住宅楼的基础底板，强度等级 C35，在夏季浇筑，浇筑之后的 24h 以内即出现这种网格状的裂缝，基本和钢筋的排布一致。这个项目早期没有养护，浇筑完毕之后即表面拉毛，然后混凝土处于裸露状态，直到完全硬化以后才安排人员间歇性洒水。养护的缺失和外界气温高是外在的不利条件，而内在的原因可归结为胶凝材料，主要指水泥的水化热发

生了明显变化，并且生产时使用的水泥温度偏高。在此期间，这个搅拌站供应的其他项目的混凝土也出现了不同程度的开裂，但相同的结构部位，另外一家搅拌站供应的混凝土则没有发生这种开裂。此时，应速与水泥生产厂家联系，了解水泥配方的变化，并调整配合比，适当减少水泥用量，改用活性较高的掺合料。

图 8-6　基础底板的干缩开裂

(a) 某基础底板的干缩裂缝全图；(b) 某基础底板的干缩裂缝局部图；
(c) 拆除模板之后整体图；(d) 拆除模板之后局部图

图 8-7 是某楼板上下面的开裂情况，这也是典型的失水裂缝，施工作业人员没有及时地给予养护。发现裂缝时，没有通过抹面来使裂缝愈合，而是任其自由发展，最后导致这样的结果。往往这样 10cm 左右厚的楼板都是上下通裂，在上面淋水或者下雨时，水会从下部滴出。

另外，大都因为部位的重要性被忽视，而造成地面混凝土的质量问题较多，这些混凝土经常因为不属于结构混凝土，并且有些也不需要泵送，其配合比的设计、原材料的选用以及浇筑、养护等工作常欠缺，因此引发的质量问题也不少，裂缝问题是其中重要一项。下面以

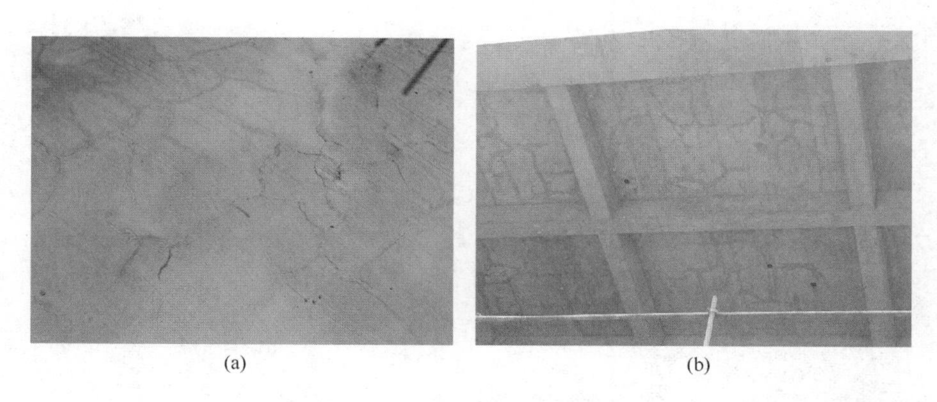

(a)　　　　(b)

图 8-7　某楼板的失水开裂

(a) 楼板上面图；(b) 楼板下面图

常见的厂区道路和用于仓储的物流堆场为例进行介绍。

图 8-8 是某厂区路面，混凝土浇筑之后没有任何苫盖和保湿措施，直接暴露在阳光暴晒之下而产生开裂，这种情况现在发生得非常多。

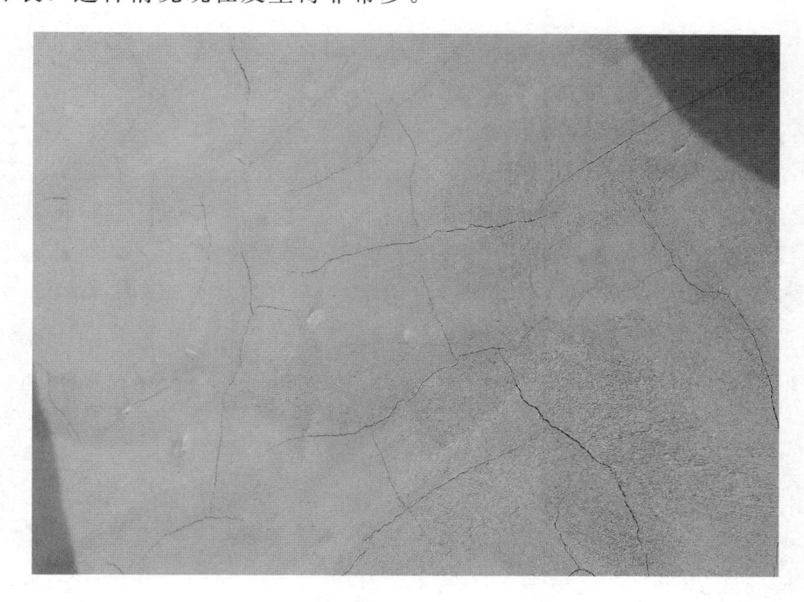

图 8-8　厂区路面表面开裂

图 8-9 是某货场的地面，从图 8-9 (a)可看出混凝土板下面是松散的石头和土的混合物，也就是说混凝土下面是没有经过正规的处理的。一般堆场的施工工艺当中，混凝土是最上面一层，混凝土的下面是基层和底基层，分别由水泥稳定碎石或者水泥稳定土、灰土或二灰土、山皮土及原地基的结构组成。图 8-9 中混凝土下面的结构松散、承载力低，难以承受混凝土的自重，容易造成断板；另外，这层混合物是干燥的，势必吸附混凝土中的水分，而引起混凝土过快失水，也就造成混凝土板上面暴晒失水下面被干土吸水，过早失水而形成开裂。从图 8-9 (b) 中可见混凝土的坍落度不大，而且砂率比较低，骨料的粒径也够大，这些都是有利于拌制路面混凝土的因素。

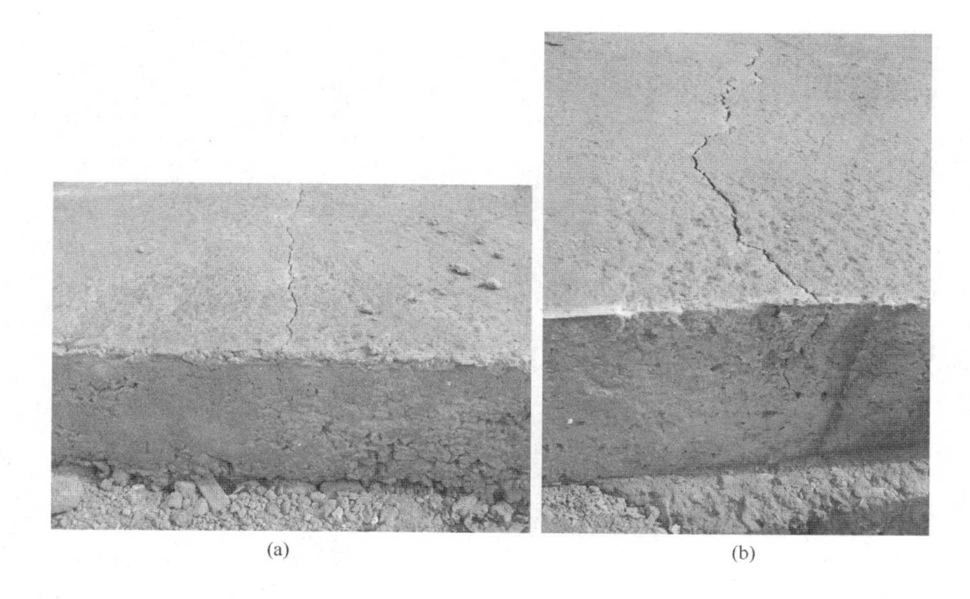
(a) (b)

图 8-9 某货场的地面开裂
(a) 货场的地面开裂（一）；(b) 货场的地面开裂（二）

图 8-10 是某铁路的物流堆场，混凝土浇筑过程见图 8-10 (a)，混凝土的外观和结构质量都很好，但缺欠就是开裂，而且是有规律的开裂。一是每隔 5～8m 就有一道裂缝［图 8-10 (b)］，二是在雨水井的边缘开裂［图 8-10 (c)］。裂缝基本上一裂到底，裂缝的方向与整个混凝土板的浇筑方向垂直（称其为横向裂缝）。导致这种裂缝的主要原因是没有控制好锯缝时间，或者是缺少锯缝工序。混凝土在硬化过程中一定会收缩，因此在浇筑数十米甚至上百米长的地面混凝土时，必须设置伸缩缝，或者预留，或者锯缝，强制将混凝土断开。该工程没有预埋，而是采取后锯缝的工艺，但施工作业人员没有掌握好锯缝的时间。要在混凝土硬化后有一定的强度时开始锯缝，只要锯片切割时混凝土不会掉边角就应马上开始，锯缝深度约 50mm。时间往后拖延，则混凝土自身已经收缩开裂，再锯缝就失去了意义。本案例中的图 8-10 (c)雨水井因为在混凝土板中少了井所占的这部分，结构尺寸变小，而成为薄弱位置，在收缩开裂时会首先裂开。

对于用于地面的混凝土，思想上要引起足够的重视，不要误认为地面的混凝土不需要泵送，直接卸在地上即可，要求低。施工方因为有这样的错误认识，在与搅拌站签订合同时就会有意压低价格，甚至是最低价，而搅拌站为了在低价下维持利润，在生产中就可能采用大量的掺合料或者劣质材料。而实际上地面的混凝土都隐含着技术要求，至少包括耐磨、抗裂、抗折甚至表面光洁。从技术角度而言，地面混凝土出现质量缺陷的可能性更高。需要采取的措施包括掺合料的用量要低，不能使用细砂，砂率不能过大，石的粒径要大（不超过 40mm 即可），坍落度要小，满足罐车自卸即可，若为泵送浇筑，还要考虑可泵性。后续的保湿措施一定要及时跟进，随浇筑随覆膜，掀开薄膜做多次抹面，掌握抹面时机，要有足够的人手，因为面积较大，混凝土的初终凝时间间隔较短则造成来不及抹面。之后要苫盖和洒水养护，及时锯缝等。

图 8-10　某铁路的物流堆场的混凝土浇筑及开裂（参见彩页）
（a）混凝土浇筑工程中；（b）横向开裂；（c）雨水井的边缘开裂

8.1.2　预制混凝土开裂

预制构件的裂缝，以海港工程所用的栅栏板为例。图 8-11 为栅栏板上沿处的开裂，并非贯穿性，但接近厚度的 1/4。导致这种裂缝的原因，在材料方面的不利因素主要包括砂偏细（细度模数小于 2.5），砂率偏高，坍落度偏大（大于 160mm）；而从养护方面，则缺少脱模之后的苫盖和持续保湿时间。该构件的制作时间为夏秋季，预制场设在码头附近，风力总在4级以上。从图8-11(c)和(d)可见栅栏板预制现场的养护条件是较差的，只有间断性淋水，无苫盖。

图8-11　预制栅栏板开裂及现场养护

(a) 栅栏板开裂（一）；(b) 栅栏板开裂（二）；(c) 预制场栅栏板养护（一）；(d) 预制场栅栏板养护（二）

8.1.3　裂缝修补

当裂缝已经形成之后，为了防止因为开裂而影响结构安全或观感质量，不得不对其进行修补，这里借助两个修补案例来介绍普遍应用的两种方法。实施修补需要用到的主要修补材料和器具有：自动低压灌浆器、AB灌浆树脂、快干封缝胶、其他材料。

自动低压灌浆器，见图8-12，是一种袖珍式可对混凝土微细裂缝进行自动灌浆注入的工具。长度为26cm，质量110g，可在水平、垂直等任何方向安设使用，在一些特殊工作面

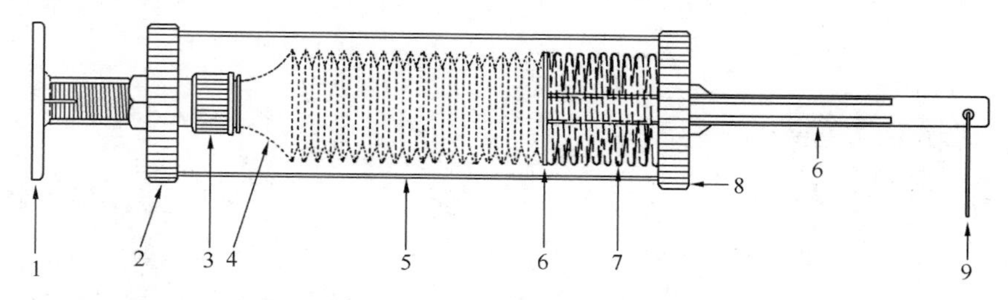

图8-12　自动低压灌浆器示意图

1—底座；2—前盖；3—连接头；4—软管；5—筒体；6—拉杆；7—弹簧；8-后盖；9—拉环

（如无电源、有障碍、高空、野外）均可使用。注浆时根据裂缝长度可数个或数十个同时并用，不断注入树脂。

AB 型树脂为灌浆专用胶，性能见表 8-1，有溶剂型、水乳型两种类型。对于微细裂缝（>0.05mm）、较宽裂缝（>1.0mm）均可进行灌浆处理。

表 8-1　AB 树脂性能

型号	类型	黏度（cps/20℃）	抗压强度（MPa）	拉伸强度（MPa）	粘结强度（MPa）	延伸率（%）
AB	溶剂型	60～100	≥40	>10	>3.0	8

修补步骤如下：

观测裂缝→清洁裂缝→预留并安设底座→封闭裂缝→双方核定裂缝数→安设灌浆器、浆液注入→拆除灌浆器→清除封缝胶及底→结束。

8.1.3.1　修补案例 1

2013 年 8 月，某高档写字楼，现浇混凝土结构外墙，墙体产生竖向间隔规矩的贯通裂缝。裂缝的长度方向由地面到板底，宽度集中在 0.8～1.6mm，深度为墙厚度 350mm。

这个案例中的裂缝大于 0.2mm 且属于独立清晰的裂缝，方案采用自动低压灌浆技术进行灌浆修复，见图 8-13 和图 8-14。

图 8-13　裂缝修补过程中

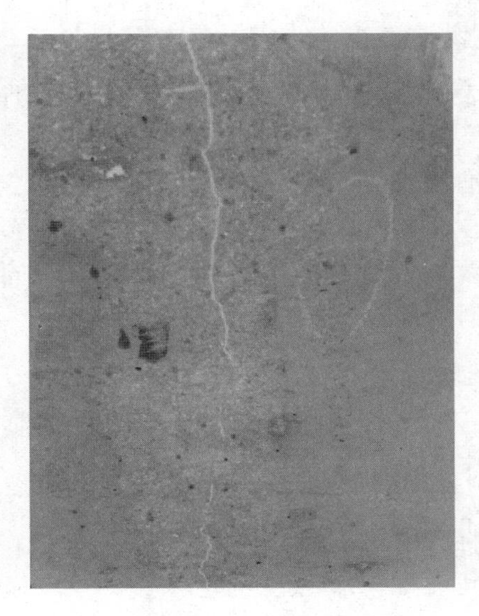

图 8-14　裂缝修补后

8.1.3.2　修补案例 2

2013 年 11 月，某 C40 现浇大体积箱梁底板裂缝，裂缝宽度集中在 0.1～0.3mm，深度在 80～180mm，长度在 1000～2200mm。对大于 0.2mm 且独立清晰的裂缝采取自动低压灌浆技术进行灌浆修复，对小于 0.2mm 的细微裂缝采用封闭膏进行封闭处理。见图 8-15 和图 8-16。

图 8-15　裂缝修补过程中

图 8-16　裂缝修补后

8.2　坍落度/扩展度

坍落度是被从业人员使用最多的一个词，可能是接触混凝土的人最为熟悉又陌生的一个技术参数。说对它“熟悉”，是因为它是表征混凝土性能的主要参数，在混凝土的设计、合同签订、现场检测等环节都有体现，设计、施工、监理、混凝土供应商、监督机构和质检机构人员均会接触到。说对它“陌生”，是指大多数人都只能看到表象，而很少有人能通过这个参数的表征来正确推测混凝土的性能，如保水性、黏聚性、流动性、可泵性，甚至判断胶凝材料种类、水胶比、骨料比例等。坍落度标准的的检测方法在《普通混凝土拌合物性能试验方法标准》（GB/T 50080）中有明确的规定。对于搅拌站来说，最难控制的就是坍落度。因为混凝土的半成品特性，在硬化之前，混凝土能够提供给我们的信息只有坍落度这样唯一的一个参数。任何一个干扰因素的变化，在混凝土的性能方面表现出来的就是坍落度的变化。因为坍落度的复杂性，包括有些原因还不清楚，在此，介绍部分常见的影响因素和对应的控制措施。见表 8-2。

表 8-2　影响坍落度的主要因素和改善措施

坍落度变化	原因主项	原因子项	改善措施
坍落度偏大或变大	用水量高	砂石骨料含水率增大	及时检测骨料含水率，尤其是新进砂和降水后生产用砂石；增加含水率检测频次，按照实际含水率调整生产配料时的用水量。对于堆放一段时间的砂，砂中的部分水囤积在砂堆下部，在铲砂上料时不可托底铲取
		骨料含泥量降低（生产时铲取的料堆上的砂石骨料的含泥量较试验试配时的样品低）	降低生产用水量或外加剂的掺量

续表

坍落度变化	原因主项	原因子项	改善措施
坍落度偏大或变大	用水量高	计量超差	若由于冲量设置值不合适，可进行修改；若由于传感器故障，需更换传感器；人为误操作，则改正
	减水剂掺量高	设定掺量偏高	降低减水剂掺量
		减水率提高	降低减水剂掺量，并调整外加剂配方
		砂变粗（细度模数增大）	提高砂率，降低减水剂掺量
		石粒径大	降低减水剂掺量或补充较小粒径的石料
		骨料含泥量降低	减低减水剂掺量
	与外加剂的适应性不良	保坍组分用量偏高，引起坍落度经时损失减小，出厂时仍按照一定的坍损值考虑预留	首先降低外加剂的掺量，减小出厂坍落度控制值，并尽快调整外加剂的配方，降低保坍组分的用量或者更换保坍组分类型
		水泥组分变化（水泥熟料更换批次或厂家、混合材品种和比例调整、放置时间较长、温度降低、吸潮）	降低外加剂掺量，减少保坍组分或缓凝组分的用量
		矿渣粉用量偏高或在粉磨过程中掺加石膏	减少矿渣粉用量，提高粉煤灰用量
	气温	气温降低，水分挥发量小，水泥水化速度减缓，外加剂中的缓凝组分发挥作用效果更强	降低外加剂掺量，调整外加剂配方
	搅拌时间不足	搅拌时间短，在搅拌机内没有搅拌均匀，外加剂的作用未发挥完全，从电流表及电压表观测、判断混凝土坍落度合适而经过罐车一路搅拌，到达交货现场时增大	延长搅拌时间，尤其是应用聚羧酸系外加剂和高强度等级混凝土及在冬季生产时
坍落度偏小或变小	用水量低	砂石骨料含水率降低	及时检测骨料含水率，尤其是新进砂和露天堆放一段时间后的生产用砂石，表面较内部含水低或夏季高温暴晒及风干；增加含水率检测频次，按照实际含水率调整生产配料时的用水量
		骨料含泥量升高（生产时铲取的料堆上的砂石骨料的含泥量较试验试配时的样品高）	提高生产用水量或外加剂的掺量
		计量超差	若由于冲量设置值不合适，可进行修改；若由于传感器故障，需更换传感器；人为误操作，则改正
		粉煤灰需水高	降低粉煤灰用量

续表

坍落度变化	原因主项	原因子项	改善措施
坍落度偏小或变小	减水剂掺量低	设定掺量偏低	提高减水剂掺量
		减水率降低	提高减水剂掺量并调整外加剂配方
		砂变细（细度模数减小）	降低砂率，提高减水剂掺量
		石粒径小	提高减水剂掺量或补充较大粒径的石料
		骨料含泥量升高	提高减水剂掺量
	与外加剂的适应性不良	保坍组分用量偏低，引起坍落度经时损失增大，出厂时仍按照一定的坍损值考虑预留	首先提高外加剂的掺量，增大出厂坍落度控制值，并尽快调整外加剂的配方，提高保坍组分的用量或者更换保坍组分类型
		水泥组分变化（水泥熟料更换批次或厂家、混合材品种和比例调整、放置时间较短、温度高）	提高外加剂掺量，增加保坍组分或缓凝组分的用量
		矿渣粉用量偏低	增加矿渣粉用量
		掺加了膨胀剂等粉剂类型外加剂	提高减水剂掺量和增大用水量
	气温	气温升高（包括混凝土所能接触到的如材料的存储仓、搅拌车筒体、泵管、模板）导致水分挥发量大，水泥水化速度加剧，尤其是夏季的高温时段，外加剂中的缓凝组分发挥作用效果不显著	提高用水量和外加剂用量，并调整外加剂配方
	水温	冬期生产时掺加的热水温度过高	投入搅拌机的热水温度偏高时应根据热工计算值降低热水温度；修改搅拌机的投料顺序设置，热水不能与水泥相邻投放，一般选择先投放骨料，后投放热水，再投放胶凝材料

笔者曾经在实际工作中遇到混凝土经过固定泵泵压输送之后，混凝土流动性大幅降低的情况，见图5-12在混凝土浇筑楼层泵管出口取样检测坍落扩展度。该工程为某住宅楼，浇筑混凝土时为第5层，高不足20m，混凝土强度等级C35，胶凝材料为P·O 42.5水泥、二级粉煤灰和S95级矿渣粉，外加剂为聚羧酸系，施工时间为8月份，施工现场距搅拌站不足5km，运输时间在半小时以内。该现象持续了2周，原因不明，解决的办法是提高外加剂用量，提高水泥用量，加大入泵时的坍落度（近离析状，该状态若在正常时段一定会使输送泵堵管）。

8.3 亏方

混凝土供应之后，供需双方对发生方量的不认可，往往是供方的数值大于需方的数值的现象，习惯上被称为混凝土的“亏方”。一旦出现亏方的情况，供需矛盾产生，给双方带来不同程度的损失。对于需方，也就是建筑施工单位来说，增加了混凝土用量，超出预算，造成混凝土材料成本的提高，若问题不能及时解决，甚至会影响工程进度。对于供方，也就是混凝土搅拌站，可能承担超出部分的费用，蒙受损失，同时背负“缺斤短两”的名声，从而影响公司的信誉。造成亏方的原因很多，随着市场经济发展，供需双方经营管理方式的转变，影响因素变得更加复杂，为了减少甚至消除亏方纠纷，有必要对形成该问题的原因进行不同角度的分析，并提出解决方案供参考。

8.3.1　基准方量的确定不一致

双方争执的焦点是混凝土的方量，关键在于消耗混凝土基准方量的取值如何确定。现在普遍选用的基准有两个，一是按施工图纸的理论体积计算量为基准，即所谓的按图纸结算。二是按混凝土公司的供货单体积计算量为基准，即所谓的发货小票结算。这两种不同的方量计算方法，各自存在弊端，因此给实际方量数据的确定带来不确定性。

8.3.1.1　按施工图纸的理论体积计算量为基准

该方法对于需方有利，对供方不利。建筑单位拥有专业的技术人员计算构件的体积，而混凝土搅拌站不会配置相应的专业人员来做图纸的核算。另外，图纸的变更部分不一定被计算在内，不排除施工单位有意隐瞒。若按图纸计算方量，也应以竣工图为依据，但竣工图纸远远滞后于混凝土供应，可操作性差。

8.3.1.2　按混凝土搅拌站的供货单记录的体积计算量为基准

该方法对于供方有利，对需方不利。混凝土搅拌站以搅拌运输车为供货单位，每车均带发货单，上面标示方量，而实际上，送货车中是否装载与该数值相符的混凝土，施工单位负责签收的人员无从知晓。如果混凝土搅拌站想故意亏方，则很容易做到。

8.3.2　有关规范或标准关于方量和偏差的规定

（1）《建设工程工程量清单计价规范》（GB 50500—2013）规定，按设计图示尺寸以体积计算，不扣除构件内钢筋、预埋铁件及 0.3m^2 以内的孔洞所占体积。

（2）交通部《沿海港口水工建筑工程定额》（2004 版）规定，每 10m^3 灌注桩混凝土预算耗用 10.20～12.72m^3，即偏差为 2%～27.2%；地下连续墙主体为 12.00m^3，即偏差为 20%；陆上现浇混凝土工程为 10.20～10.30m^3，即偏差为 2%～3%；水上现浇混凝土工程为 10.30～10.40m^3，即偏差为 3%～4%；水上灌注桩为 12.02m^3，即偏差为 20.2%。

（3）《天津市建筑工程预算基价》（2012 版）和《天津市市政工程预算基价》（2012 版）中“桩与地基基础工程”部分规定，每 10m^3 混凝土，钻孔灌注桩预算耗用量为 12.50m^3，即偏差为 25%；其他部位为 10.15m^3（毛石混凝土为 8.63m^3，搅拌站一般不会遇到），即偏差为 1.5%。

（4）《预拌混凝土》（GB/T 14902—2012）规定：预拌混凝土供货量以体积计，计算单位为立方米。预拌混凝土体积应由运输车实际装载的混凝土拌合物质量除以混凝土拌合物的表观密度求得。（一辆运输车实际装载量可由用于该车混凝土中全部材料的质量之和求得，或可由运输车卸料前后的质量差求得。）预拌混凝土供货量应以运输车的发货总量计算。如需要以工程实际量（不扣除混凝土结构中的钢筋所占体积）进行复核时，其误差应不超过 ±2%。

可见，相关标准对混凝土体积的计算方法，包括钢筋和孔洞等的取舍基本一致，但对偏差的取值不统一。不同行业、不同浇筑部位，定额中规定的允许偏差值不同，但基本上对于地下部分来说，偏差超过20%，而地上部分偏差在1.5%以上。再者，供需双方所依据的标准也不同。供方多执行产品标准《预拌混凝土》，而需方则执行预算基价。

8.3.3 影响亏方形成的因素分析及解决办法

8.3.3.1 标准原因——各行业预算基价不统一

标准各不相同，但是供方却都是混凝土搅拌站，面对各种各样的标准依据，将无所适从。建议在编制行业预算基价时，充分征求施工单位和混凝土生产单位的意见，确定一致认可的混凝土体积用量偏差，各标准数据一致。而针对当前标准不一的现状，建议在签订合同时，明确偏差的具体数值或规定引用的标准。

8.3.3.2 供方原因

（1）混凝土表观密度测定有误。混凝土配合比确定的同时，没有测试混凝土的表观密度，测试值有偏差或检测方法不正确，均致使表观密度不准确。江苏铸本混凝土工程有限公司龙宇曾撰文分析混凝土表观密度对供货量结算亏盈方的影响：不论是用假定质量法，还是绝对体积法计算的混凝土配合比，都要实测表观密度，对设计配合比进行校正。对配合比的校正方法参见《普通混凝土配合比设计规程》（JGJ 55—2011），混凝土表观密度的检测方法参见《普通混凝土拌合物性能试验方法标准》（GB/T 50080—2002）。

（2）出厂混凝土资料出具有误。在天津地区，混凝土搅拌站向施工单位按批次提供的资料包括：预拌混凝土出厂质量证明书、配合比通知单和碱含量评估报告以及使用说明书。若未对配合比进行校正，则施工单位可能将配合比通知单中的各种原材料相加得到的数值作为表观密度，搅拌运输车装载净重除以该值，造成计算的方量错误，形成纸面上的亏方。

（3）计量不准确。由于配料系统的计量不准确，引起混凝土亏方。要确保配料计量系统在检定周期内，并且检定合格。保证传感装置在适宜的温度条件下工作，避免撞击和不必要的移动、拆装等。并视设备工作量的大小，每月或每季度进行自检，按照逐步增加砝码后再递减的顺序校核配料秤，若有偏差，应由设备工程师进行维修校准。保证计量偏差在规范允许的范围之内，见表7-1。在日常生产过程中，机操人员和质检人员应密切注视计量的偏差情况，一般自动计量的搅拌楼自带的软件都有超差报警功能，出现警示后，应马上采取补救措施。质检人员组织开盘鉴定后仍要抽查计量情况，便于及时修正。建议混凝土在出厂时整车过磅，通过软件的控制，显示方量和偏差，确认足量后方准许出厂，在保证数量准确的同时也是对搅拌楼配料系统的一次复核。

（4）损耗量。混凝土生产过程中除原材料的计量存在偏差之外，由于搅拌运输车无法卸干净而造成的方量不足也是不可忽视的因素。运输车一直在装运混凝土，罐体内部隔板和罐壁上不断地黏附混凝土，仅靠向车辆罐体内加水冲洗是不能完全洗干净的，而在卸料过程中是不允许向混凝土中加水的。这样，黏附的量会越来越大，因此每隔一段时间，必须对罐体做彻底的清除。受多种因素的影响，黏附的量有所不同，一般来说，气温越高，混凝土坍落度越小，强度等级越高，运距越远，混凝土滞留在罐体内的时间越长，黏附的量就越大。此外，泵送设备——汽车泵或拖式泵作业完毕，泵管和进料斗内都会存留一部分，泵管越长，残留的越多。而且，由于设备故障或混凝土拌合物性能较差时，导致堵泵，在拆装泵管和清理的过程中必然损耗。因此，混凝土搅拌站应考虑这些环节的消耗，否则，即使出厂时数量准确，也难免发生亏方的情况。同时，建议增加冲洗搅拌运输车的频次，尤其是在高温季节、运距远和装运强度等级高的混凝土时，最好每车次都冲洗，并到磅房称量，记录空载的质量，保证出厂过磅时的数据准确。

（5）人为因素：

① 操作工。搅拌机操作工在装料时按盘来计算，有时会由于个人疏忽少装了盘次，致使实际装车量与发货单上的方量不相符。因此，操作工应记录操作的盘数，并且要求出厂的车辆过地磅复核，便于发现后补装。

② 司机偷卖。现在有些搅拌站的搅拌运输车采取租赁的方式，司机也是雇佣的，个人素质差别较大，而且不便管理。有的司机往往由于贪图个人私利，偷偷中途卖掉一部分混凝土，给混凝土的供需双方带来损失和不良的影响。对此，混凝土搅拌站可利用 GPS（全球定位）或 BDS（北斗）系统监控，指定运送路线和完善监督及奖励制度来控制，同时也争取施工单位的协助。

需说明的是，这里只考虑管理和技术方面的影响因素，不讨论供方丧失诚信，故意亏方的情况。

8.3.3.3　需方原因

（1）图纸量计算不准确。由于需方技术人员计算图纸量错误，与混凝土搅拌站实际供应的数量产生偏差，应重新计算并复核，包括设计图纸变更的情况。计算时应按定额基价的要求，不扣除钢筋、支架、螺栓孔、螺栓、预埋铁件及墙、板中 $0.3m^2$ 内的孔洞所占面积，并考虑偏差值。

（2）工程图纸以外的部位耗用。除工程图纸之外，施工现场还有一些使用混凝土的部位，如塔吊基础、临建地坪、停车场和临时路面等。当混凝土被用在这些部位，不论多少，都没有准确的数量，而计量时，按照施工图纸的量来计算，必然产生偏差。建议：混凝土搅拌站的司机、现场派驻的人员或施工单位的人员在使用这些混凝土的发货单上注明大约几方用于相应部位，也就是说明混凝土的去向，施工单位的签收人员签字认可，这样便于追溯。

（3）施工因素。工程实体的墙体、顶板等很多部位在浇筑后往往会出现跑模和涨模现象，这些部位的实际尺寸大于图纸尺寸，造成混凝土实际用量比按图纸计算的理论用量有所增加。施工单位计算方量的人员应了解施工中的详细情况，以实际模板内体积计量。混凝土搅拌站也可在收到亏方的反映后，派技术人员到施工现场实地观察模板或拆模后实体的外观，必要时实地测量，确认方量。这种情况在面积较大的部位反映最为明显。尤其是堆场地面，由于基层处理不平整或者上表面高出模板上沿，尽管相差的尺寸很小，但是由于面积特别大，而致使体积相差较大。对于基础底板部位的混凝土体积，由于实际取土挖方面积往往会超出设计图纸标示量值，而表现出亏方现象。在浇筑之前就应该实地测量，并计算体积。

（4）施工现场损耗。施工单位在签收之后，不一定将全部混凝土都准确地浇筑到合同约定的部位，会有一些撒漏和浪费，造成一些现场损耗，见图 8-17。诸如剪力墙、基础连梁等尺寸窄的部位，在浇筑时很容易撒到模板以外，这些在计算混凝土方量时，也要计算在内。

对于亏方问题，因为结算方法的区别，会产生一定的偏差，但在根本上并不存在明显的差异，而是计算有误。供需双方的管理水平有待提高，管理环节和控制措施应逐步完善，堵塞漏洞。技术人员应加强业务学习，规范操作，避免因为技术性的错误而引起不必要的纠

图 8-17 施工现场损耗

（a）地面混凝土模板的影响；（b）灌注桩施工现场剩余的混凝土倾倒；（c）卸料入泵时撒漏；（d）未浇筑入模板（墙体与底板所用混凝土并非同一强度等级）；（e）用于现场临时道路

纷。供需双方均应增强法律意识，通过合同明确约定。一旦发生亏方情况后，还应尽快解决，避免造成更大的损失。如《天津市预拌混凝土买卖合同》中规定：买受人如认为出卖人供货到现场浇筑的预拌混凝土的数量与交付验收混凝土送货单的数量有差异时，应当在收货后 12 小时内以书面方式向出卖人提出异议，并根据《预拌混凝土》（GB/T 14902）的有关规定协商解决；若双方协商不成，任何一方可书面通知对方解除合同，混凝土货款于 10 日内付清。买受人未在收货后 12 小时内以书面方式向出卖人提出异议，应视为买受人对送货数量无异议。全国各地也都有推荐使用的合同文本，文本中也有相应的规定。

在供需双方合作之前，应充分考虑关于方量的确认问题，本着诚信合作的原则，共同为建设工程服务。一旦发生亏方的情况之后，应各自查找自身的影响因素，并予以消除，亏方问题自然迎刃而解。

8.4　表面硬壳

8.4.1　表面硬壳现象及原因分析

混凝土表面硬壳现象是指在混凝土浇筑之后，表面已经“硬化”，但内部仍然呈未凝结的新鲜混凝土状态，形成“糖芯”，即称为“硬壳”现象。发生硬壳现象时常伴有不同程度的裂缝，此类裂缝很难用抹子抹平，因而被发现。这一现象经常出现在天气炎热、气候干燥的季节，在华北地区的两个季节交替期间——春夏之交和夏秋之交更为普遍。其实这种硬壳现象的混凝土表面并非真正硬化，很大程度上是由于水分过快地蒸发使得混凝土表面失水干燥造成的。表面混凝土干裂，再浇水养护也无济于事。除了气候因素外，外加剂的组分和混凝土掺合料的种类也有一定的关系。外加剂中含有糖类及其类似的缓凝组分是易产生“硬壳”现象的一个重要原因；在掺合料方面，使用矿粉时比使用粉煤灰时更为明显。

8.4.2　解决办法

（1）对外加剂的配方进行调整，缓凝组分宜采用磷酸盐等，避免使用糖、木钙、葡萄糖、葡萄糖酸钠等。

（2）使用粉煤灰做掺合料，降低矿渣粉用量。

（3）如表面产生微细裂缝，可立即苫盖薄膜（膜下要形成密集的水珠），在初凝和终凝前多次抹压。

（4）混凝土经过振捣之后，马上苫盖，抹面时将苫盖物掀开，抹完后立即恢复苫盖。

（5）调整混凝土拌合物状态，使混凝土轻微泌水，目的是通过泌水来补偿表面过快散失的水分。

8.5　起砂

起砂现象在混凝土施工过程中是比较常见的一种质量通病，对表面质量要求较高的部位体现最为明显，见图 8-18～图 8-20。图 8-21 是发生起砂之后，工人简单地将起砂层铲除，用水泥浆和107胶混合后涂刷表面，没过多长时间，修补层脱落，又恢复了起砂状态。可见，一般容易发生起砂的部位是指工业厂房和民用建筑的地面和路面，即对混凝土面层耐磨有质量要求的部位，也是避免混凝土起砂的重点监控部位。在其他的部位也不一定不起砂，但因使用需求的不同，起砂的危害较弱，因而体现的缺陷不显著，往往被忽视。无论起砂的情况发生在任何结构部位，对于混凝土而言都会形成质量缺陷。分析其成因，都可归结为面层混凝土的胶凝材料未足够水化，导致硬度降低所形成。

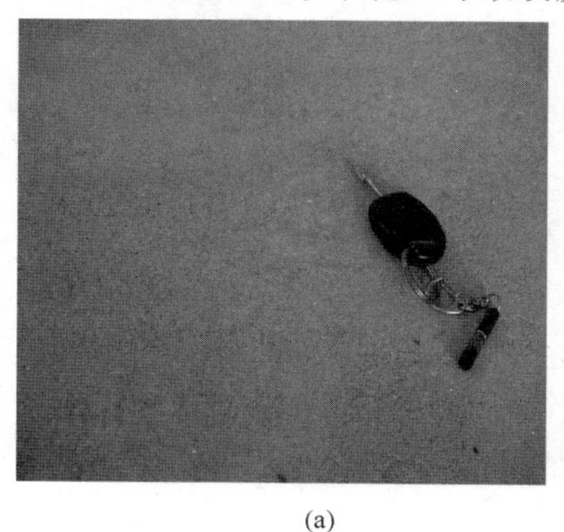

(a)

(b)

图 8-18 工业厂房地面起砂（参见彩页）

(a) 全图；(b) 局部图

图 8-19 堆场地面起砂（参见彩页）

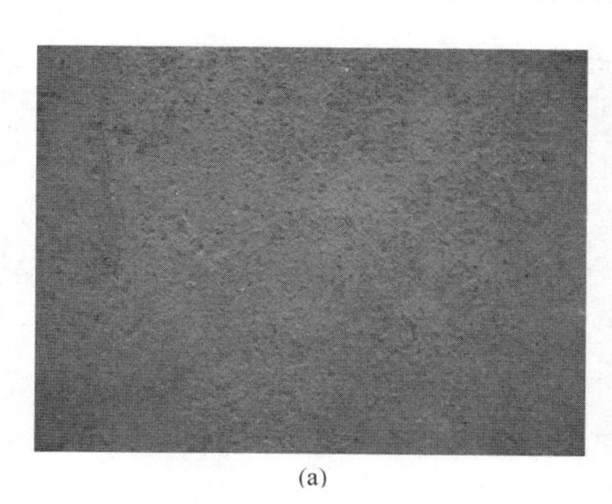

(a)

(b)

图 8-20 住宅楼楼板地采暖铺装层C20细石混凝土起砂（参见彩页）

(a) 起砂表面；(b) 凿除起砂部分之后

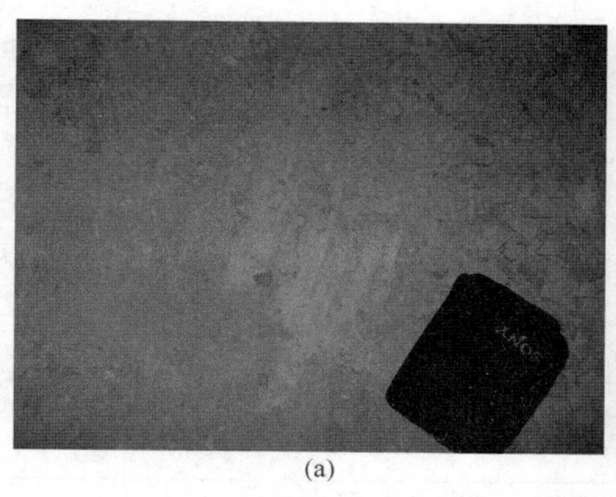

(a)

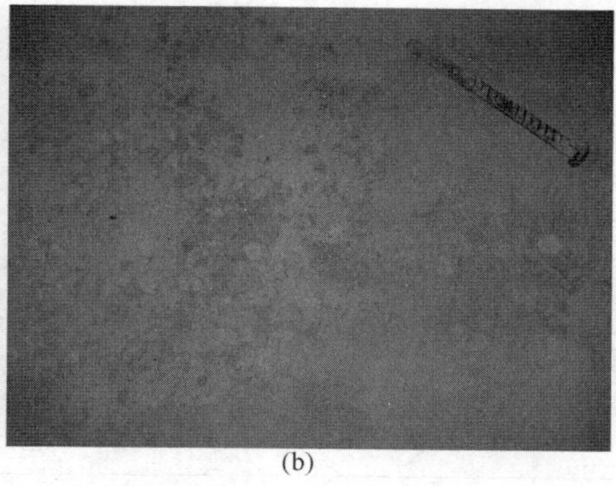

(b)

图 8-21　起砂后用水泥浆修补一段时间之后的状况（参见彩页）

8.5.1　起砂的成因——供方

8.5.1.1　骨料的含泥量过高

主要是砂中的污泥和石中的山皮土、石粉，这部分杂质基本上不会发挥活性，浇筑之后，若上浮至面层，就会直接导致面层的硬度降低，造成起砂。解决的办法就是控制含泥量指标，在相应的标准规范中都有规定，对照执行即可。

8.5.1.2　胶凝材料中的掺合料过多

分两个方面，首先是配合比中掺加较多的掺合料，比如粉煤灰、粒化高炉矿渣粉、石灰石粉等，所有的掺合料都是进行二次水化，时间上滞后，也对养护条件有必要的要求，势必增加起砂的概率。解决的办法就是降低掺合料的掺加量，甚至是不掺加。另外是有选择地使用水泥，应该优先选择硅酸盐水泥和普通硅酸盐水泥。前者最好，若选择后者，则要知晓水泥中的混合材品种和掺加量。现在混合材超掺甚至大量超掺的情况是存在的，熟料在水泥中所占的比例降低，加之混合材的品种和掺量的变化，增大了起砂的可能。解决的办法是尽可能选择大型水泥企业的产品，早强型的水泥更好。

8.5.1.3　配合比设计不当

首先是水泥用量过少。结合前述水泥混合材过多的情况，水泥用量少而胶凝材料多是不能改善起砂现象的。若知晓实际使用的水泥中的混合材品种和掺量的话，配制混凝土时可能就不需再掺加其他掺合料，否则就是雪上加霜，使起砂成为必然。其次是砂率偏大。一般来说，作为耐磨地面，不宜采用泵送施工，混凝土配合比设计时的砂率应尽可能低，因为砂浆的保水性比较差，一旦泌水，起砂必然会发生。当然外加剂与胶凝材料的适应性必须是良好的。

8.5.1.4　坍落度偏大

生产控制过程存在问题，致使混凝土的坍落度偏大，尤其是用水量偏大，导致混凝土有更多的游离水，经过振捣之后富集于上表面，稀释混凝土表层，形成起砂。解决的办法就是减少配合比的用水量，生产时准确检测砂石骨料的含水率，杜绝现场后加水的发生。

8.5.2　起砂的成因——需方

8.5.2.1　坍落度要求过大

为了便于施工，降低劳动强度，增大坍落度的需求值，这和供方的 8.5.1.4 原因是一致的。

8.5.2.2 施工方法不当

对于易起砂的部位不宜采用泵送施工的方法，因为泵送的混凝土砂率一般都较大，坍落度也较大。另外，也不适宜采用翻斗车较长距离倒运。经过一段距离的翻斗车倒运，混凝土容易分层或离析，和过振的情况类似，都会使混凝土表层水分增大，导致起砂。解决的办法是采用罐车自卸、吊斗或者翻斗车短途倒运的方式。

还有一点要提出的是抹面时洒水，边洒水边抹，见图8-22，这样的做法比向罐车中加水还严重。另外，还应避开降雨时浇筑混凝土和抹面。

图8-22 施工现场洒水抹面

8.5.2.3 养护措施不到位

养护措施主要是指保湿养护，大多工地在混凝土抹面完毕之后的养护是很差的，保湿措施无法保证甚至是无从谈起，导致混凝土表面失水过快，胶凝材料无法正常发生水化反应而成为粉状颗粒，稍有外力干扰即脱落。解决的办法是边抹面边苫盖，保持混凝土潮湿，待终凝之后撤除苫盖物，洒水保湿养护至少7天。

8.5.3 起砂缺陷的修补

当混凝土或砂浆出现坑洞、起砂、剥落等墙面、地面的质量缺陷时，可采用砂浆进行修补。

8.5.3.1 修补材料

修补砂浆分为细骨料型和粗骨料型，主要技术指标见表8-3。

表8-3 修补砂浆主要技术指标

修补砂浆	技术指标			
	施工厚度（mm）	粘结强度（MPa）	抗压强度（MPa）	抗折强度（MPa）
细骨料型	2～5	≥1.2	≥25	≥6
粗骨料型	≥5	≥1.5	≥50	≥10

8.5.3.2　修补方法

（1）施工前的准备

① 机械搅拌：手提式搅拌机。

② 水桶、台秤若干。

③ 铁抹刀、开槽器、吸尘器 、喷水壶等。

④ 美纹纸、棉纱、胶带。

（2）修补砂浆的配制

① 拌合时，加水量应按随货提供的产品合格证上的推荐用水量加入，搅拌均匀，即陈放 1～2min 后，再次搅拌后即可使用。拌合用水应采用饮用水，使用其他水源时，应符合现行《混凝土用水标准》（JGJ 63）的规定。

② 修补砂浆的拌合应采用机械搅拌。先加水后加料，视情况留一部分水最后加入，搅拌时间一般为 2～3min。

③ 搅拌地点应靠近修补施工地点，距离不宜过长。

④ 每次搅拌量应视使用量多少而定，以保证 30min 以内将料用完。

⑤ 现场使用时，严禁在砂浆中掺入任何外加剂、外掺料。

（3）施工准备

① 基础表面应进行喷砂处理，以去除疏松物，周围要进行切槽处理。

② 用吸尘器吸干净灰尘，浇筑前 12h，基础表面应充分湿润。

③ 微小裂缝切割成宽度大于 5mm 的斜槽。

④ 灌浆前 1h，清除积水，并涂刷界面剂；用美纹纸或胶带紧贴需要修补处的边缘。

⑤ 所有要修补基面应无尘、无油污、无明水。

（4）基面修补

① 深度大于 5mm 的坑洞，用搅拌好的粗骨料修补砂浆填充密实表面。

② 起砂地面和小裂缝处，用搅拌好的细骨料修补砂浆填充密实。

③ 常温下，大约 3～5h 后修补砂浆终凝，洒水养护并用塑料薄膜覆盖。连续养护 3d 以上。

④ 细骨料修补砂浆修补的地面建议 7 天以后上车，粗骨料修补的地面建议 5 天以后上车。

8.6　凝时异常

混凝土实际的凝结时间与预期的凝结时间不一致，均可视为凝结时间异常。凝结时间异常一般表现为缓凝、速凝和假凝三种。总结其成因，可归纳为原材料、环境条件和工艺三方面的影响所致。当混凝土的凝时突然变短时，施工人员没有足够的时间操作，容易形成“狗洞”。当凝时突然变长，而施工人员还像往常一样或者更早拆模，则造成粘皮或垮塌。

8.6.1　原材料方面

8.6.1.1　外加剂

缓凝剂的类型多种多样，由于缓凝剂的原因致使凝结时间异常不在少数。多聚磷酸钠、木钙、蔗糖应在安全的掺量范围之内。以蔗糖为例，有资料显示，蔗糖掺量占水泥用量的0.1%时，水泥浆体初凝时间14h，终凝24h；占掺量0.25%时，初凝、终凝时间就会变成144h和360h，是相同掺量木钙的30倍左右，夏季与初春温度相差20多度，常温下用量的缓凝剂用在5℃左右的环境下，必然会缓凝。另外，现在在混凝土中使用的各种原材料中都或多或少地添加了不同类型、不同作用的外加剂，外加剂之间的互相作用导致的适应性不良可导致混凝土凝时的异常，在使用前应做适应性的检验和试验室的验证。

8.6.1.2 水泥

水泥中掺加的调凝物质石膏一般为带有结晶水的石膏，若掺入硬石膏，也就是无水石膏，而恰巧外加剂的组分中又含有木钙，则被吸附的木钙起到屏蔽硫酸钙溶解的作用，造成硫酸钙的溶解速度降低，使水泥中的铝酸三钙不能充分地与硫酸钙水化生成钙矾石，而直接与水反应生成水化硫酸钙，导致速凝。

在生产的高峰期，水泥的温度过高，一般来说，100℃左右的水泥直接用于拌制混凝土也是现实存在的事，这么高的温度一定会加速水化进程，导致混凝土凝结时间缩短是必然的。

8.6.1.3 掺合料

掺合料的用量与凝结时间成正比，用量高，凝时延长。但经过试验验证是在可控范围之内的，造成异常的情况一般来说是管理缺陷所致，如计量异常或掺合料品种、等级使用错误，各粉剂仓之间的串通导致材料使用出错等。

8.6.2 环境条件

一般来说，华北地区混凝土的凝结时间调整分为三个时间段：春秋、夏季和冬季，配合比的设计，按照时间段的不同，调整水胶比和配合比中的水泥用量，夏季最少，冬季最多，春秋居中。夏季水泥用量高，凝时会显著缩短，冬季水泥用量少，凝时会显著延长。高温时段和气温的骤降均会明显改变凝时。

8.6.3 工艺

一般来说，搅拌站各种原因引起的计量超差是引起凝结时间异常的主要原因。搅拌站内的计量秤应保持计量精度，定期检定，周期性自校准，减少计量偏差。混凝土出站后，后续的人为添加外加剂调整，必须经专业技术人员确认后添加，添加量应受到控制。任由施工现场的分包队人员或搅拌车司机自行添加是万万不可取的。使用萘系、脂肪族系列因为颜色较重，超掺后可见混凝土泌水并呈浅黄色，而聚羧酸系的产品颜色较浅，甚至无色，以及反应延迟，是不便及时发现的。

施工现场：(1) 操作工人私自加水，增大水胶比，使凝时延长。(2) 不同搅拌站的混凝土混用，因异常的化学反应致使凝时异常。(3) 特殊季节，现场未对浇筑后的混凝土及时苫盖、保温引起凝时延长。

混凝土的凝时异常也可导致混凝土的质量问题甚至是质量事故。见图8-23和图8-24。

图 8-23　箱梁用 C50 混凝土快凝导致侧板内侧和底板多处无混凝土填充
（a）外侧表面正常；（b）内侧形成孔洞 1；（c）内侧形成孔洞 2；
（d）腹板多处无混凝土填充

8.7　表面长白毛

混凝土硬化之后，表面会长出细密短小的白色针状绒毛，俗称长白毛。该白毛无硬度，苫盖或者洒水后消失，这种现象多发生在气温较低时，并且混凝土多未采取表面苫盖，在北方的秋冬季易发生，出现这种现象的混凝土掺加的外加剂多为萘系。分析这种白毛的主要成分为硫酸钠，造成长白毛的原因是硫酸钠析晶。因为硫酸钠在不同的温度时有对应的溶解度，当饱和以后则结晶析出。硫酸钠的来源主要是所用的外加剂大多为萘系外加剂，从本书的第 2 章中可知萘系外加剂的生产工艺和配料，以及解决结晶的较为经济的措施。

混凝土出现长白毛的现象，只是简单的物理现象，不会对混凝土的外观和内在质量造成不利影响，只要进行养护，现象即可消失。

图 8-24　因凝时短且两车混凝土浇筑间隔时间超过 2h 而可见明显接茬处（参见彩页）

8.8　表面绿斑

8.8.1　现象及原因分析

这里所说的“绿斑”，是行业内技术人员的习惯说法，实际上应为蓝色或蓝绿色。当遇到这种情况时，人们往往怀疑混凝土的配合比使用出错，或者采用了劣质的原材料。从经历的几个表面绿斑的实例来看，对于这种现象，大可不必担心。在一段时间内受到影响的只是混凝土的外观颜色，并不会实质性地造成混凝土力学性能指标的变化。产生绿斑现象的图片见图 8-25～图 8-29。图 8-25 为某工程管桩垫层混凝土表面可见全部变色；图 8-26 为同一工程的另一根桩的情况，可见部分变色；图 8-27 为厂区地面，可见在洒水养护期间部分绿斑；图 8-28、图 8-29 为室内砂浆表面可见绿斑。

图 8-25　垫层混凝土表面全部绿斑（参见彩页）

图 8-26　部分表面绿斑（参见彩页）

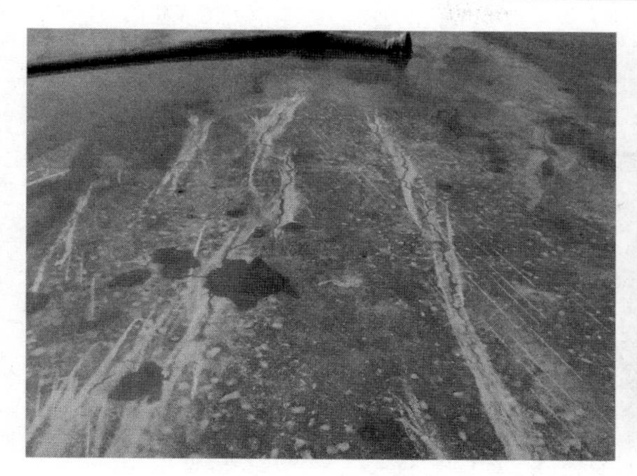

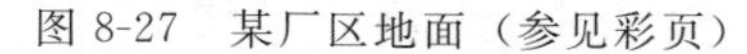

图 8-27　某厂区地面（参见彩页）

图 8-28　室内砂浆绿斑 1（参见彩页）

分析出现蓝绿色案例可见，这些混凝土的配合比中所用的水泥或者掺合料中都有矿渣粉，而矿渣粉来源于炼钢厂的水淬高炉矿渣，矿渣中含有多种金属离子，其中包括铁和铜。查找含有这两种金属的无机化合物得知，其中无水硫酸亚铁是白色粉末，含结晶水的是浅绿色晶体，晶体俗称“绿矾”，溶于水后的溶液为浅绿色，见图 8-30。还有硫酸铜，无水硫酸铜为灰白色粉末，易吸水变蓝绿色的五水合硫酸铜，五水合硫酸铜为蓝色晶体，易溶于水，见图 8-31。另有一种可能，变色是因为矿渣含有硫化物（图 8-32），与水泥的某些元素或化合物发生复杂反应，生成微量 FeS 和 MnS 所导致的，因为含水 FeS 和 MnS 呈蓝色。但是，变色现象会随氧化作用逐步消失，即硬化水泥浆暴露空气中后，FeS 和 MnS 会逐步氧化成为 $FeSO_4$ 和 $MnSO_4$，颜色随之消失。颜色消失的过程可能很短，几个小时，也可能需要更长的时间，一周、一个月甚至几个月，取决于表面氧化条件，如暴露于干燥空气、有阳光照射，氧化进程会快些。越是密实的高强混凝土，颜色褪去需要的时间越长。并不是所有矿渣都有变蓝绿现象，只是某些矿渣会发生。因为这种导致变色的物质的含量并不高，但着色能力强，很少的量即可导致颜色显著变化，而通过物质的检测又不容易检出。另外，矿渣粉的来源是钢厂的水淬高炉矿渣，这是钢厂的废弃物，钢厂不会因为搅拌站使用这种水渣会变色而改变矿石或工艺，搅拌站只能自己做进场检验来确定水泥和矿渣粉的供应商，避免绿斑现象给混凝土工程带来质量缺陷。

图 8-29　室内砂浆绿斑 2（参见彩页）

图 8-30　含有结晶水的硫酸亚铁（参见彩页）

图 8-31　五水合硫酸铜（参见彩页）

图 8-32　硫化物（参见彩页）

8.8.2　预防措施

因为并不是所有的矿渣粉都会变色，所以搅拌站可以选择不变色的矿渣粉使用，如果在用的矿渣粉会导致变色，则立即更换即可。若是商品矿渣粉所致，则更换矿渣粉；若是水泥导致变色，则要求水泥厂更换作为混合材使用的矿渣；若厂家不更换，则搅拌站更换水泥厂家。对于有外观色泽要求的混凝土，当使用的水泥中掺加了矿渣粉或者混凝土拌合物中掺加了矿渣粉时，应在正式供应之前做混凝土是否变色的检验。推荐对水泥和胶凝材料分别进行压蒸快速检验的方法如下。

8.8.2.1　水泥沸煮法

取水泥按照安定性检测方法制成试饼，放入沸煮箱中加热，2h 后取出，观察外观是否有蓝绿色，并断开试饼，观察断面是否有蓝绿色，若试饼有变色现象，则这种水泥慎用。见图 8-33 和图 8-34。

图 8-33 中 C1 样品为不会变色的水泥，C 样品为会变色的水泥。

图 8-33　水泥试饼外观比较（参见彩页）

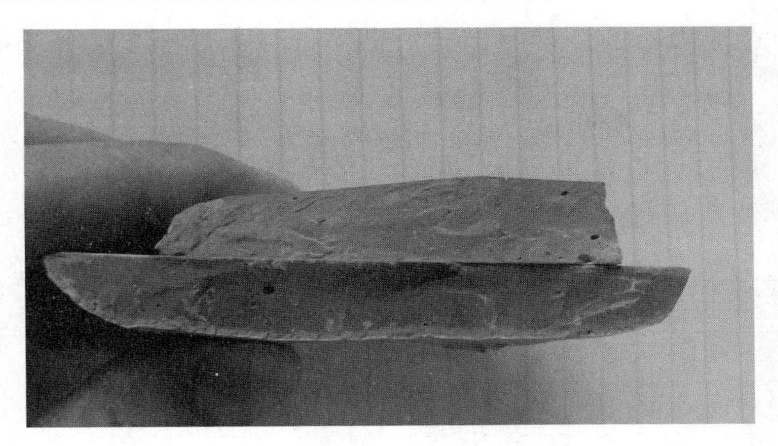

图 8-34　水泥试饼断面比较（参见彩页）

图 8-34 中上部样品为不会变色的水泥，下部样品为会变色的水泥。

8.8.2.2　胶凝材料沸煮法

取水泥、矿渣粉按其在混凝土中的配合比进行混样之后制成试饼，然后同 8.8.2.1 的方法进行检验，若试饼有变色现象，则需对这种水泥先用 8.8.2.1 的方法进行检验，若单检水泥不变色，而掺加矿粉后变色，则可判定为矿粉所致，应慎用。见图 8-35 和图 8-36。

图 8-35　水泥与胶凝材料试饼比较（参见彩页）

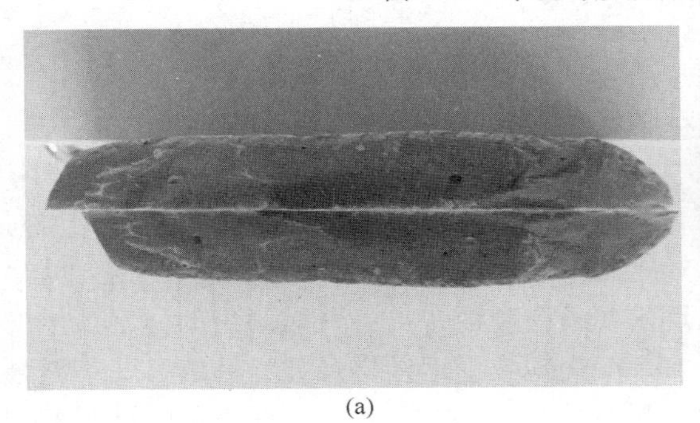

(a)

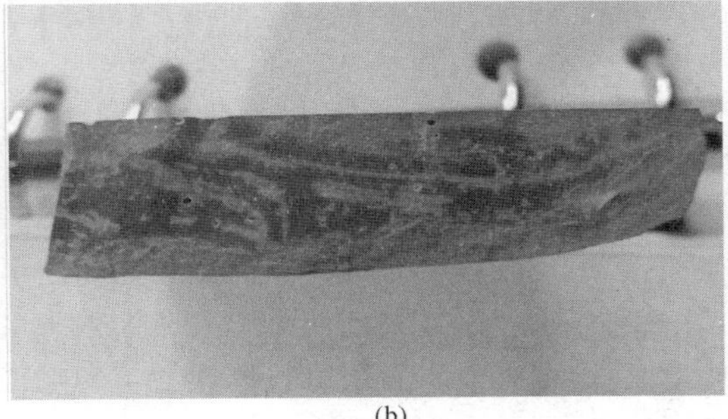

(b)

图 8-36　会变色的胶凝材料试饼断面（矿渣粉掺量 30%）（参见彩页）

图 8-35 中 C1 样品为不会变色的水泥，K1 样品为会变色的胶凝材料（矿渣粉掺量 30%）。

另外，有可能导致绿斑的水泥和胶凝材料制作的胶砂试件断面也可见明显的变色，见图 8-37。对 2013 年某厂家生产的用于混凝土箱梁而造成绿斑的水泥和矿渣粉分别进行化学成分检验，结果见表 8-4 和表 8-5，供参考。

表 8-4　会产生绿斑的水泥样品的化学成分

成分	CaO	SiO_2	Al_2O_3	MgO	SO_3	Fe_2O_3	K_2O	TiO_2	MnO
含量（%）	52.16	23.63	8.37	7.11	3.06	1.87	0.94	0.91	0.37
成分	Na_2O	V_2O_5	P_2O_5	SrO	Cl	ZrO_2	Cr_2O_3	CuO	ZnO
含量（%）	0.24	0.09	0.08	0.07	0.04	0.03	0.02	46ppm	40ppm

表 8-5　会产生绿斑的矿渣粉样品的化学成分

成分	CaO	SiO_2	Al_2O_3	MgO	SO_3	Fe_2O_3	K_2O	TiO_2	MnO
含量（%）	35.06	28.68	15.43	12.08	2.50	0.24	0.48	1.64	0.60
成分	Na_2O	SrO	Cl	ZrO_2	Cr_2O_3	Nb_2O_5			
含量（%）	0.36	0.05	0.06	0.04	0.04	27ppm			

图 8-37　会产生绿斑的胶凝材料胶砂试件断面（参见彩页）

8.9　砂线

造成混凝土形成砂线一定伴随着混凝土拌合物的性能缺陷——泌水，不论是早期泌水还是滞后泌水，砂线都是因为混凝土在振捣之后开始泌水，在混凝土内部形成泌水通道，泌出的清水随泌水通道迁移到混凝土的表面或者就近的模板孔隙而排出，凡是泌出的清水流经的线路就会形成砂线，是清水将砂浆冲洗所形成。一般出现在立面结构，如柱和墙。如果模板拼接严实，则砂线自下而上，直到混凝土上表面，见图 8-38 和图 8-39；如果模板拼接不严实，包括密封胶条粘接不牢或对拉螺杆和模板上的孔有间隙，则从该间隙处泌出，形成砂线，见图 8-40 和图 8-41。

消除砂线缺陷就要解决混凝土的泌水问题。对于搅拌站来说，从混凝土自身方面考虑，一般导致混凝土泌水的原因包括胶凝材料与外加剂的适应性不良、配合比中的原材料颗粒级配组成不连续。所以针对这两个方面的问题，采取的措施包括：不更换水泥的前提下，必须调整外加剂的配方；改变粗细骨料的配合比例，并改变掺合料的掺加比例，若粉煤灰的细度较好，则提高粉煤灰用量并减少矿渣粉的用量。

图 8-38　某桥梁试验墩柱砂线全图(参见彩页)

图 8-39　墩柱侧面砂线局部图(参见彩页)

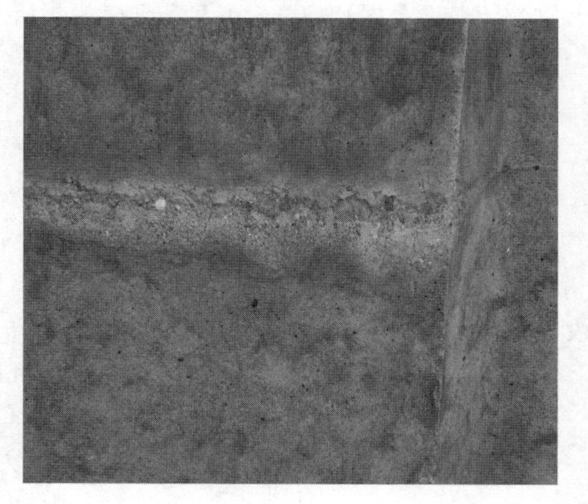

图 8-40　试验墩柱砂线局部图（模板拼缝处）（参见彩页）

图 8-41　住宅楼剪力墙砂线（对拉螺杆附近）(参见彩页)

8.10　气泡多

8.10.1　混凝土中的气泡类型

混凝土中产生的气泡，100nm 以上的称之为大害泡，50～100nm 的称为中害泡，20～50nm 的称为无害泡，20nm 以下的称为有益气泡。混凝土中含气量适当，微小气泡在分布均匀且密闭独立条件下，在混凝土施工过程中有一定的稳定性。从混凝土结构理论上来讲，直径很小的气泡所形成的空隙属于毛细孔范围，它不但不会降低强度，还会大大提高混凝土的耐久性。一般通过破坏的试块断面来观察，气泡间距宜大于5倍气泡直径以上，大气泡不宜过多或集中。气泡分布不能连成直线。

图8-42 某公路桥墩柱表面气泡（参见彩页）

从气泡的引入来源，可以分为主动引入和被动引入两种类型。主动引入是指为了改善混凝土拌合物以及硬化后的混凝土性能而添加引气剂所致混凝土的含气量提高。其中为改善混凝土拌合物性能方面掺入的引气组分是为了改善流动性，抑制泌水和提高混凝土的松软程度，这部分是由外加剂的供货方添加进去的。另外主动引入气泡的目的是为了提高混凝土硬化后的抗冻融性能的。一般在北方港口或者结构物处于潮湿或水环境，随着季节和气温变化遭受结冰和融化反复交替破坏条件下的混凝土均要考虑冻融循环指标，一般从F150～F350不等。常用的技术措施之一就是向混凝土中添加引气剂，这部分材料由混凝土搅拌站添加或者委托外加剂供应商复配在所用的外加剂当中。被动引入是由于混凝土的材料都含有空隙，在搅拌机搅拌生产过程中引入的空气，一般含气量检测均在2%以内，偶尔可见偏高的情况。

8.10.2 气泡对混凝土的危害

（1）大气泡或密集的气泡会降低混凝土表面的光洁程度，尤其是清水混凝土。见图8-42。

（2）降低混凝土的强度。由于大气泡较多存在于混凝土当中，会减少混凝土的断面体积，致使混凝土内部不密实，从而降低混凝土强度。有数据表明，当混凝土含气量每增加1%时，28d抗压强度下降5%。所以一般有抗冻融要求的混凝土浇筑入模时的含气量都控制在3%～7%之间，最好是在4%～5%。含气量低，起不到抗冻融的作用；含气量高，则使抗压强度折减严重。

8.10.3 气泡产生的原因及解决措施

8.10.3.1 气泡与水泥品种密切相关

在水泥生产过程中使用助磨剂（外掺专用助磨剂，厂家很多，质量差异非常大，通常含有较多表面活性剂）的作用下，通常会产生气泡过多的情况，且水泥的碱含量过高，细度太细，含气量也会增加。

不同品牌的水泥产生的气泡量会明显不同，可优先选择规模较大、原材料稳定、低碱、不掺助磨剂、适应性强的水泥厂家供货。因为有些粉磨站的水泥和贴牌没什么两样，熟料厂家、熟料掺加比例、混合材品种和掺量等经常在变化，这种水泥在稳定方面是很难控制的。

8.10.3.2 外加剂类型和掺量对气泡的形成造成影响

如果混凝土中含有较多的大气泡，一般与所用的外加剂中的引气组分有关。通常减水剂（特别是聚羧酸类减水剂和木质素磺酸盐类减水剂）中或泵送剂中可能会掺入一定引气组分，随着外加剂用量的增加，含气量也会增加，导致气泡增多，见图8-43。当出现这种情况时，可要求外加剂供应商取消这种引气组分，若拌合物状态明显变差，可更换引气组分品种。

图8-43　由外加剂引入导致气泡过多的试块断面图（参见彩页）

(a) 断面（一）；(b) 断面（二）；(c) 断面（三）

8.10.3.3　粗细骨料对气泡产生的影响

根据粒料级配密实原理，在生产配合比当中，材料级配不合理，粗骨料偏多，大小不当，碎石中针片状含量过多，以及实际使用的砂率比试验室提供的砂率偏小，这样，细骨料不足以填充粗骨料空隙，导致粒料不密实，形成自由空隙，为气泡的产生提供了条件。

有研究结果表明：砂的粒径范围在0.3～0.6mm时，混凝土含气量最大；而小于0.3mm或大于0.6mm时，混凝土含气量会显著下降。

8.10.3.4　混凝土施工原因

模板、振捣、脱模剂等由于施工方面的因素也会导致混凝土表面气泡偏多，见图8-44。有利的条件包括表面光洁的模板、振捣到位、便于混凝土排除空气、慎重选用脱模剂产品。因为有些水性的脱模剂对混凝土产生的气泡仍然有吸附作用，使混凝土内的气泡无法随

图8-44　某写字楼的梁上未排出的气泡（参见彩页）

振捣棒的振捣而随着模板的接触面逐步上升，从而无法排出混凝土内部所产生的气泡。

8.11 泵送混凝土堵管

泵送混凝土在搅拌站的生产总量中所占的比例是非常大的，因此，一般对混凝土的泵送性能予以关注是必要的。导致混凝土堵管或者堵泵的原因概括起来有三方面：首先是混凝土拌合物状态异常，其次是混凝土输送泵以及管路故障，再者是人为操作错误。这里重点分析混凝土拌合物自身的问题，也就是混凝土拌合物状态不满足泵送要求导致堵管的情况。

8.11.1 混凝土离析

混凝土自身离析是导致混凝土堵管最常见的一个原因。混凝土离析之后，骨料和浆体迅速分离，浆体上浮，骨料下沉，形成明显的不匀质。离析的混凝土进入泵的进料斗，通过叶片的搅拌之后进入输送管路又很快产生浆体与骨料的分离，在连续的泵送作业时，有时可勉强泵送，但一旦暂停，骨料下沉堆积过多，浆体在泵压的作用下，先被泵送出管，而因骨料阻力较大而被留在管内，迅速把泵管堵死，见图 8-45。一般固定泵（俗称地泵）、车载泵比汽车泵更容易堵管。想解决这种混凝土堵管的问题，要先解决离析问题。造成离析的主要原因包括外加剂的用量过高、用水量过高（含现场后加水的情况）、胶凝材料与外加剂的适应性不良等。

图 8-45 混凝土离析导致堵管

8.11.2 骨料影响

骨料级配不连续，导致混凝土流动性差，增大泵送阻力而堵管是另一个原因。粗骨料单粒级而非连续级配会明显增大堵管的风险。这种情况发生时，应立即调整粗骨料的级配，通过增加一种或两种其他规格的粗骨料来改善。细骨料导致堵管是因为砂率偏低或者砂偏粗。泵送混凝土的砂率一般在 40%左右，使用较细的砂一般不会堵管。另外，骨料当中的针片状含量过高也是不利因素，一般不应大于 10%。碎石较卵石更容易堵管。泵送混凝土所用骨料的最大粒径现在有越来越小之势，现在已经见不到采用 30～40mm 规格的碎石拌制泵送混凝土了，更多的是 25mm 以下的。对于砂来说，规范中要求通过 0.315mm 筛孔的砂不应少于 15%，而这个指标也是影响混凝土流动性能的关键指标。

8.11.3　胶凝材料用量不足及比例不当

胶凝材料在泵送混凝土中起到胶结作用和润滑作用，具有良好的裹覆性能，使混凝土在泵送过程中不易泌水。胶凝材料的总量一般不少于 350kg，也不宜高于 550kg。用量过少，泵送阻力增加，混凝土的保水性变差，容易泌水和离析而导致堵管；用量过高，混凝土的黏性提高，使得混凝土流动性差，同样会增加泵送阻力，造成堵管。在胶凝材料中掺合料的种类和所占比例也会影响泵送性能，粉煤灰的应用可以减少堵管的概率，而 S95 级矿渣粉的应用则会使混凝土的黏聚性变差并且保水性不好，容易堵管。因此配合比设计时，掺合料可单选粉煤灰，或者粉煤灰和矿渣粉复合，不宜单选矿渣粉，若只能单选矿渣粉时，要提高水泥用量以提高黏聚性，避免堵管。

8.11.4　混凝土拌合物的坍落度

混凝土在泵送过程中的一定范围内输送阻力随着坍落度的增大而减小。泵送混凝土的入泵坍落度一般控制在 140～220mm。坍落度过小，会增大泵送阻力，加剧设备磨损，并导致堵管；坍落度过大，则混凝土易在泵压之下离析从而堵管。同时也要注意的是坍落度忽大忽小将导致在泵管内的混凝土因流速不一致而堵管。施工中，作业人员往往贪图大的坍落度，结果导致堵管的事情发生较多，应该改变以往贪大求快的错误认识。（参见本书 11.11 大坍落度就便于泵送吗?）

8.11.5　混凝土中的异物

混凝土原材料中夹杂有异物，如石块、树根、路面砖、编织物等，生产过程中的异物，如搅拌叶、衬板、混凝土块等，运输过程中的异物，如罐车中的混凝土块、胶皮等，这些异物顺利通过泵斗的篦子，但不一定能够在管路中正常输送，往往卡在变径或者弯头处，造成堵管。最好的解决途径就是对原材料进行筛分，筛除杂物。定期检修和清理设备，并做到工完场清。

8.11.6　搅拌站的发车间隔

搅拌站控制混凝土的发车间隔与施工现场的泵送速度尽可能一致，防止过快或过慢。发车过快，前后间隔过短，造成后面的混凝土在现场等待时间过长，坍落度损失过大，入泵时的坍落度过小造成堵管。发车间隔时间过长，停泵时间过长，泵车的操作手没有及时反泵循环，将造成混凝土在泵管内部分凝结，失去流动性而堵管。对于固定泵，则现场必须要留一辆罐车的混凝土，过一段时间泵送一部分混凝土，保证泵管内的混凝土更新和流动，避免堵管。混凝土在泵管内停留时间过长，甚至过了初凝时间，则会造成更大的损失，见图 8-46。

图 8-46　初凝的混凝土堵管

8.11.7 管路

管路的布设较长，尤其是水平管布设较长（图 8-47），或者弯头较多，泵管的接口处密封不严并漏浆（图 8-48），在管路中有向下方向的布管（图 8-49），或者管路没有用水润湿等因素都会诱发堵管，在此不做详述。

图 8-47 水平管布设较长

图 8-48 接头漏浆（参见彩页）

图 8-49 垂直向下管路

8.12 胶凝材料与外加剂的适应性

8.12.1 水泥与外加剂的适应性

不同的外加剂具有各自不同的功能，能够对混凝土某一方面或某几方面的性能进行改善。按照混凝土外加剂的应用技术规范，将符合有关标准的某种外加剂掺加到按规定可以使用该品种外加剂的水泥所配制的混凝土中，如能够产生应有的效果，该水泥与这种外加剂就是适应的；相反，如果不能产生应有的效果，则该水泥与这种外加剂之间存在适应性不良的问题。见图 8-50 和图 8-51 萘系外加剂与 P·O 42.5 水泥适应性不良，造成滞后大量泌水的事故。

图 8-50　抹面时开始泌水（参见彩页）

图 8-51　硬化后的墙体外观（参见彩页）

（a）墙体侧面（钻芯前）；（b）墙体侧面（钻芯时侧面）；

（c）墙体整体外观（钻芯时正面）；（d）墙体局部（钻芯时背面）

影响外加剂与水泥适应性的因素很多，如水泥品种、水泥矿物组成、水泥中石膏形态和掺量、水泥碱含量、水泥细度、水泥新鲜程度、掺合料种类及掺量、水胶比等，见表 8-6。产生不相适应的现象和应该采取的措施，见表 8-7。

表 8-6　影响外加剂与水泥之间适应性的因素

外　加　剂	水　　泥
1. 磺化程度和磺化产物 2. 聚合度，分子量大小 3. 中和离子 4. 纯度 5. 状态	1. 矿物熟料成分和石膏掺量 2. 石膏形态和掺量 3. 水泥的碱含量 4. 水泥中的混合材和混凝土掺合料 5. 水泥的细度 6. 水泥的新鲜程度（陈放时间）和水泥的温度

表 8-7　外加剂与水泥不相适应的常见现象及采取的措施

不适应性	可能的原因	相应的解决措施	采取措施的单位
推荐掺量下，萘系减水剂塑化效果不佳	高效减水剂磺化不完全 高效减水剂聚合度不理想	提高磺化度 调整聚合度	减水剂生产厂
	水泥 C_3A 含量较高，或石膏/C_3A 比例太小	适当提高减水剂掺量	混凝土搅拌站
		采用减水剂后掺法	
		适当在混凝土中补充 SO_4^{2-}	
		采用新型减水剂，如聚羧酸系减水剂	
	水泥含碱量过高	适当提高减水剂掺量	混凝土搅拌站
		适当在混凝土中补充 SO_4^{2-}	
		尽量降低水泥碱含量	水泥生产厂
	掺加了品种不佳的粉煤灰	提高减水剂掺量或采用新型减水剂	混凝土搅拌站
	掺加了沸石粉、硅灰等		
	水泥比表面积较大	提高减水剂掺量	混凝土搅拌站
掺加木钙或糖钙出现了不正常凝结	水泥中有硬石膏存在	适当补充 SO_4^{2-}	混凝土搅拌站
		将木钙、糖钙与高效减水剂复合掺加	混凝土搅拌站与减水剂厂共同协作
		采用后掺法	
		采用高效减水剂	
掺加某种泵送剂后不能有效控制坍落度损失	水泥调凝剂石膏部分为硬石膏，而泵送剂中含有木钙或糖钙成分	适当补充 SO_4^{2-}	混凝土搅拌站
		采用后掺法	
		用其他缓凝组分替代木钙或糖钙组分	外加剂生产厂
		彻底更换泵送剂品种	混凝土搅拌站
		避免用硬石膏作调凝剂	水泥生产厂
	水泥碱含量过高	适当补充 SO_4^{2-}	混凝土搅拌站
		增加泵送剂掺量	
		泵送剂后掺法	
		掺加如矿渣粉一类的掺合料	
		增加泵送剂中缓凝组分的比例	外加剂生产厂

续表

不适应性	可能的原因	相应的解决措施	采取措施的单位
掺加某种泵送剂后不能有效控制坍落度损失	水泥中 C_3A 含量过高，或石膏/C_3A 比例不恰当	增加泵送剂掺量	混凝土搅拌站
		适当补充 SO_4^{2-}	
		适当增加缓凝组分的比例	外加剂生产厂
		选择合适的缓凝组分	外加剂生产厂
	水泥比较新鲜	增加泵送剂掺量	混凝土搅拌站
		用活性掺合料替代部分水泥	
	水泥温度过高	避免使用过高温度水泥	混凝土搅拌站
		适当增大泵送剂掺量	
		增加缓凝组分的比例	外加剂生产厂
	使用了低品位的粉煤灰	增加泵送剂的掺量	混凝土搅拌站
		减少这些掺合料的掺量	
	使用了高碱性的膨胀剂	适当增加缓凝组分的比例	外加剂生产厂
		增加泵送剂的掺量	混凝土搅拌站

8.12.2　胶凝材料与外加剂的适应性

一般来说，搅拌站很少仅用水泥作为胶凝材料来拌制混凝土，而大多掺加了粉煤灰、矿渣粉、硅灰、石灰石粉或者是复合掺加，水泥与外加剂的适应性良好并不意味着胶凝材料与外加剂的适应性就好，因为掺合料的添加会改变胶凝材料的整体组成，并且由于掺合料的组分也在不时发生变化，也就增加了可变因素。图 8-52 为外加剂与胶凝材料适应性不良的特例，该案例的胶凝材料由水泥和粉煤灰组成，外加剂为萘系。在实际工作中，检验适应性最好的办法是拌制混凝土，但因为这个工作量相对来说比较大，搅拌站一般不会采用。因此，参照水泥与外加剂的适应性检测方法，利用净浆试验来检验胶凝材料与外加剂的适应性检测方法较为便捷地达到了快速检测适应性的目的。搅拌站可根据在用的有代表性的混凝土配合比（或者有针对性地选择某个配合比）中的胶凝材料中各种组分的比例作为检验不同批次外加剂的标准样品（该样品可一周更换一次），对不同

(a)

(b)

图 8-52　胶凝材料与萘系外加剂适应性不良（参见彩页）

(a) 整体图；(b) 局部图

批次刚进厂的外加剂进行检验，根据所用外加剂拌制混凝土的情况，确定外加剂的掺量（该外加剂样品作为基准样品），该掺量即为净浆试验所用受检外加剂的掺量，该掺量相对胶凝材料而言，用外加剂基准样品做出的净浆流动度为基准值，搅拌站可自定波动范围，作为可接受的区间。推荐检验方法如下：

（1）检测方法适用于检测各类混凝土减水剂及与减水剂复合的各种外加剂对胶凝材料的适应性。

（2）检测所用仪器设备应符合下列规定：

① 水泥净浆搅拌机。

② 截锥形圆模：上口内径36mm，下口内径60mm，高度60mm，内壁光滑无接缝的金属制品。

③ 玻璃板：400mm×400mm×5mm。

④ 钢直尺：300mm。

⑤ 刮刀。

⑥ 秒表、时钟。

⑦ 电子天平：称量1000g，感量0.1g。

（3）胶凝材料适应性检测方法按下列步骤进行：

① 将玻璃板放置在水平位置，用湿布将玻璃板、截锥形圆模、搅拌器及搅拌锅均匀擦过，使其表面湿而不带水滴。

② 将截锥形圆模放在玻璃板中央，并用湿布覆盖待用。

③ 称取水泥420g、粉煤灰120g、矿粉60g（该用量根据搅拌站当时在用的有代表性的C30配合比设定），倒入搅拌锅内。

④ 加入200g水（液体防冻泵送剂掺量按2.8%计，含固量按40%计），搅拌4min。

⑤ 将拌好的净浆迅速注入截锥形圆模内，用刮刀刮平，将截锥形圆模按垂直方向提起，同时，开启秒表计时，至30s，用直尺量取流淌净浆互相垂直的两个方向的最大直径，取平均值作为净浆初始流动度。并观察和记录表面是否有泌水现象，此净浆不再倒入搅拌锅内。

⑥ 已经测定过流动度的水泥净浆应弃去，不再装入搅拌锅中。净浆停放时，应用湿布覆盖搅拌锅。

⑦ 剩留在搅拌锅内的水泥净浆，至加水后30min、60min，开启搅拌机，搅拌4min，按照第5步的方法分别测定相应时间的净浆流动度。

（4）胶凝材料适应性检测结果判定

净浆初始流动度值220～240mm时合格；小于220mm时为不合格；高于240mm时，若无泌水现象，判定为合格。做记录，并通知当班开盘的质检人员，提醒其注意使用当批外加剂的混凝土时出机坍落扩展度可能会增大，酌情考虑降低掺量。30min检测的净浆流动度与初始值相同为合格，60min检测的净浆流动度不小于180mm，判定为合格。期间净浆若出现泌水现象，或者流动度值迅速减小则判定为不合格，该批外加剂拒收。

2014年3月1日实施的《混凝土外加剂应用技术规范》（GB 50119—2013）用砂浆扩展度法取代了水泥净浆流动度法，这种方法采用工程实际使用的外加剂、砂、水泥和矿物掺合料进行试验，也是通过观察初始和一定时间之后的扩展度来判断适应性的，读者可以据此方法来积累经验数据，以利于质量控制。

8.13　空鼓

混凝土的空鼓现象多发生在水平结构，以地面为最多。空鼓现象同时伴有混凝土的开裂，见图 8-53 和图 8-54。沿开裂处掀开可见混凝土表面形成一层空壳，该空壳均为砂浆，其中无粗骨料，见图 8-55。

图 8-53　某工业厂房地面空鼓

图 8-54　空鼓时开裂（参见彩页）

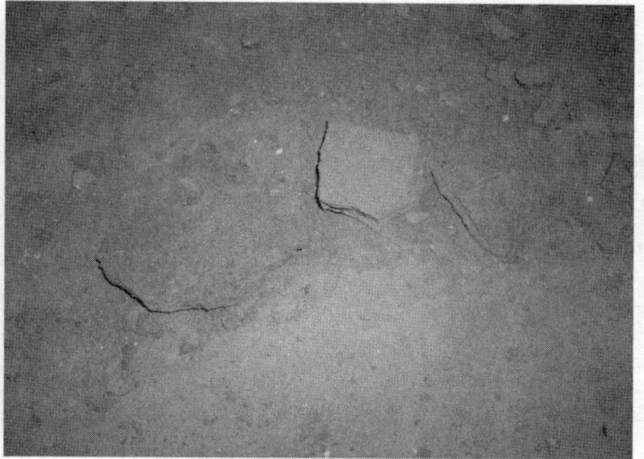

图 8-55　空鼓脱落后的硬壳层（参见彩页）

形成空鼓现象的危害是混凝土的面层无法正常使用，因为混凝土的不匀质，明显分层，并且开裂，若不剔除，则可导致外界的侵蚀介质进入，破坏混凝土内部，影响混凝土的耐久性。

造成空鼓的原因从混凝土材料自身而言，是因为配合比中掺加了粉煤灰或者矿渣粉等掺合料，使用了细砂或超细砂，并且砂率偏高，同时混凝土的含气量偏高，混凝土拌合物流动性差，有泌水发生。施工方面的原因是振捣不足，气泡未被及时排出，抹面时机掌握不好，有强行抹面的现象，且抹面后没有保湿养护。

空鼓的现象在混凝土工程中并不多见，但是一旦发生，都是在混凝土硬化之后，混凝土处于拌合物状态时没有很明显的表征，不容易被提早发现。发生之后没有更好的处理措施，只能凿除空鼓层然后重新浇筑，因此，搅拌站在设计配合比时应格外注意，控制掺合料的种类和掺加量不宜过多，细骨料不能使用细砂，并在出厂检验时检测含气量。

8.14 水波纹

水波纹现象容易在墙体和箱梁腹板表面出现，主要会影响混凝土表观质量，见图 8-56。造成这种质量问题的原因从混凝土自身而言主要是坍落度控制和骨料选择不当，从施工方而言主要是喂料方法不适合。

图 8-56　箱梁腹板水波纹（参见彩页）

8.14.1　骨料粒径选择不合适

由于不了解拟浇筑的混凝土结构内部配筋以及预埋或布设物情况，骨料的最大粒径偏大，导致混凝土无法流经上述这些障碍物，造成不匀质，经振捣之后形成。

例如：某箱梁中部腹板厚度为 180mm，腹板竖向主筋沿腹板厚度方向净宽为 97mm，波纹管直径为 55mm。混凝土通过波纹管一侧的空间只有 21mm，若设计配合比时选用碎石粒径为 5～25mm，当浇筑混凝土通过波纹管位置时，混凝土粗骨料中较大粒径碎石通过时相对困难，并使粒径较大颗粒在该处积聚，引起混凝土粗骨料堆聚且紧贴模板，造成混凝土通过波纹管位置时比较困难，引起水波纹的产生。

为了防止水波纹的产生，改用 5～20mm 碎石，这样混凝土中的粗骨料能较容易地通过波纹管。

8.14.2　混凝土坍落度不适宜

有些结构部位，是设计文件上要求的坍落度或者实际浇筑入模的混凝土坍落度偏小，在施工过程中无法正常操作所致。针对不同的施工部位和施工工艺，应该选择适宜的坍落度指标。

例如：某箱梁设计混凝土坍落度 70mm，根本无法正常施工，后经现场调整，选定在 (180±20) mm，由于原材料、人为等因素影响，实际施工混凝土坍落度有时偏小，不足 160mm，而且混凝土流动性较差，扩展度在 350～450mm，当混凝土通过波纹管较高位置时，就必须延长振捣时间，无形中就会形成过振，形成水波纹现象。

合理选择并控制混凝土坍落度，提高混凝土的流动性是关键。当浇筑箱梁的波纹管以下部位的混凝土时，混凝土坍落度应稍大，约控制在 180～200mm，其余部位控制在 160～180mm。另外，还要考虑天气的情况对坍落度损失的影响，随时调整出厂控制值，以保证混凝土入模时的坍落度和扩展度满足要求。

8.14.3　混凝土喂料方法不合适

还以箱梁为例，箱梁底板混凝土均从腹板进行喂料，大量的底板混凝土需要从波纹管两侧通过，箱梁芯模上未设置用以底板混凝土振捣的预留洞口，为确保底板混凝土密实，振捣棒必须插入波纹管以下进行底板混凝土振捣，致使波纹管位置处混凝土振捣时间过长，造成混凝土中砂浆上浮，明显不匀质而形成水波纹。

改进的措施是在箱梁芯模加工时，芯模上预留混凝土送料口，底板混凝土可采用预留振捣孔进行振捣，以减少箱梁混凝土腹板处的振捣时间，防止水波纹的形成。

第 9 章　混凝土质量教训案例分析

9.1　要点：混凝土分离机分离出的材料应分类存放

【案例 1】 某住宅楼工程十一层的梁、板拆除模板，在做内部装修时发现一段梁和部分楼板强度极低并且有干砂浆块，见图 9-1。

处理：凿除该部分梁和板，重新浇筑。

原因分析：搅拌站内有混凝土分离机，经分离后的砂并未冲洗干净，上面粘有大量的灰浆（主要为粉煤灰和变质的水泥及石粉），经干燥一段时间后结块。生产时后台上料人员将该批砂集中铲入料斗使用。

防止措施：(1) 经混凝土分离机清洗的砂石应确认洗干净后再放入砂石料场。(2) 对后台上料人员加强教育，状态异常的砂石料不得使用。(3) 泵车卸料人员监视混凝土状态，剔除结块。

图 9-1　梁板混凝土中夹杂干砂浆块

【案例 2】 某地面混凝土施工过程中，发现混凝土面层有鼓包现象，抹子压下后仍然上浮，经确认，为黏土陶粒。

处理：振捣后人工捡除陶粒。

原因分析：砂石料场中各种材料均分开堆放，并且有一定距离的分隔带，而且装载机司机在装铲不同的料时都把铲斗清理干净。原因也出在混凝土分离机处，陶粒混凝土与普通混凝土同时生产，所有的混凝土搅拌运输车均在同一个洗车台洗车，分离机按粒径分级，经水洗的陶粒和碎石混在一起，被当作碎石使用。

防止措施：生产陶粒混凝土时，分离机处安排专人清理洗出的砂石料，分类堆放，避免混淆。

9.2　要点：地面混凝土掺加的外加剂中缓凝组分应尽量减少

【案例】 某堆场 C30R4.5 混凝土浇筑时正值夏季，气温在 25～33℃，混凝土经摊铺、振捣、振动滚压之后，表面浆体匮乏，强行抹面，上表面约 5～10mm 形成硬壳，搓抹时出现裂缝，无法抹光，下部混凝土则松软。

处理：铲除表层，重新浇筑新混凝土。

原因分析：(1) 使用与泵送混凝土相同的外加剂，而且未调整掺量。其中的缓凝组分对于地面混凝土来说过高，表面经高温、暴晒迅速失水干裂，与内部混凝土保水情况差异过大。(2) 现场施工人员抹面、苫盖滞后。

防止措施：(1) 单独配制地面混凝土使用的外加剂，若使用与泵送混凝土相同的外加剂则应减小掺量，经试验后确定。(2) 督促施工人员及时抹面，及时苫盖薄膜或无纺布保湿。

9.3　要点：外加剂与胶凝材料适应性试验很重要

【案例】 某工程浇筑梁、板、柱 C35 混凝土，在将柱、梁浇筑完毕后，发现浇筑到板上的混凝土经振捣后骨料下沉，浆体上浮，不断泌出清水。

处理：

方案 A 是自发现时开始对后续供应混凝土的处理：(1) 调整配合比，提高粉煤灰和水泥用量，取消矿粉。(2) 减少外加剂用量。(3) 降低用水量，延长搅拌时间。

方案 B 是对浇筑完毕后混凝土的处理：(1) 延长拆模时间。(2) 进行实体强度检测，局部补强。

原因分析：水泥质量发生较大波动，需水降低，再掺加磨细矿粉、粉煤灰后与该批外加剂适应性不良，产生后期泌水。

防止措施：(1) 以散装运输车为单位，按照实际生产时各种胶凝材料的掺加比例做"混凝土外加剂对水泥的适应性检测方法"[《混凝土外加剂应用技术规范》(GB 50119) 附录 A] 试验，确认出机、0.5h、1h 均无泌水情况发生后方可使用该批材料。(2) 搅拌站在施工现场派驻技术人员，为及时采取纠正措施赢得时间，减少损失。

9.4　要点：混凝土搅拌运输车上严禁携带外加剂

【案例】 某工程基础底板共计浇筑 C35 混凝土 1500m^3，24h 后发现有一车混凝土未凝固，表面浮有一层黄褐色的液体。施工方提出混凝土存在质量问题，要求搅拌站提供处理方案。

处理：经搅拌站技术人员实地查看，判定为外加剂掺加过量所致，建议施工方薄膜覆盖。数日后恢复正常。

原因分析：经调查发现，当日施工时，因其中一台泵车出现故障，导致现场滞留搅拌运输车超过 10 辆，由于等待时间过长，某司机将自己车上的一桶 (10kg) 外加剂加入该车混凝土 (6m^3) 中，经搅拌，觉得坍落度还小，就将另外一辆车上的整桶外加剂全部加入 (超掺 0.5 倍配比用量)，致使混凝土离析，险些将汽车泵堵管。

防止措施：(1) 搅拌运输车上严禁配备外加剂，司机并非技术员，无权对混凝土进行任何调整。(2) 现场调度员协调车辆卸料的先后顺序，等待时间较长的先卸料。

9.5 要点：低温季节，注意提醒施工方对混凝土及时苫盖和保温

【案例】 某厂房地面工程夜间施工，无法抹出光面，而且泛出白霜。

处理：马上苫盖塑料薄膜，待出现结露情况后再行搓压。

原因分析：夜间施工，预报气温－5℃，并且有北风 4～5 级，露天施工，使水分迅速蒸发，温度迅速降低，使得部分 Na_2SO_4 在低温和干燥条件下结晶析出。

防止措施：(1) 提示施工方及时苫盖保温、保湿。(2) 冬期施工尽量提高混凝土的出机温度。(3) 在条件允许的情况下，选用低温无结晶的外加剂。

9.6 要点：磨细矿粉不宜用于地面或面层混凝土中

【案例】 某维修车间地面工程 C25 混凝土，浇筑完毕 21d 时，混凝土表面起砂，轻搓即产生大量白色的粉状物和砂。

处理：人工凿除上表面混凝土，重新浇筑 C30 细石混凝土。

原因分析：(1) 该配合比中采用 P·O 42.5 水泥并掺加了磨细矿粉，由于磨细矿粉的早期强度低，经振捣后矿粉上浮，面层砂浆中水泥相对减少，粘结能力下降。(2) 施工方无保湿养护。

防止措施：(1) 地面或面层混凝土配合比尽量采用 P·O 42.5R 或 P·O 42.5 水泥，可少量掺加二级及以上粉煤灰但不要掺加矿粉，这样可以提高混凝土的早期强度，利于避免起砂情况的发生。(2) 督促施工方保湿养护。

9.7 要点：监测混凝土含气量，随时调整外加剂配方

【案例】 在混凝土生产过程中抽检坍落度时发现，混凝土流动性明显减弱，含气量大，生产用水量稍高出配比用量。

处理：调整外加剂配方，取消引气组分。调整配合比，提高水泥用量。

原因分析：水泥质量发生变化，自身引入混凝土中气体增加，加之引气剂引入的部分，使得混凝土的含气量超标，其危害就是导致混凝土流动性差，强度降低。

防止措施：每天抽取水泥和外加剂样品，试拌混凝土，实测含气量。及时发现、调整外加剂配方。

9.8 要点：操作平台上标志应清晰、明确

【案例】 搅拌机操作工误将粉煤灰当作水泥生产配料。

处理：对已浇筑的混凝土拆除模板，清理干净，重新浇筑。

原因分析：操作平台上水泥和粉煤灰未做明确区分，只按“粉料 1”、“粉料 2”标志，

操作工将“粉料 1”、“粉料 2”颠倒，产生配料错误。

防止措施：(1) 控制室内操作平台上明确标志各种原材料的名称和规格，如“冀东 P·O 42.5 水泥”、“闽江中砂”等。(2) 加强操作工的业务技能培训，养成复核及自我纠错的习惯。

9.9　要点：冬期施工的实体检测应在满足 600℃·d 条件后进行

【案例】 某住宅楼工程在 12 月份浇筑 C30 混凝土，28d 标准养护的试件抗压强度不合格（未达到设计强度的 100%），当地质量监督站出具整改通知单，施工方委托检测中心在浇筑后的第 32d 进行实体回弹法检测，结果仅达到设计强度的 89%。施工方认定混凝土不合格，要求砸掉重新浇筑。

处理：继续对实体进行保温养护，待满足 600℃·d 条件后再进行实体检测。

原因分析：(1) 现场制作的试件在工地的办公室内放置了 5d 后送到检测中心委托标准养护，在这 5d 里，办公室的温度不足 20℃，湿度则无从谈起。（检测中心只要是养护 28d 即出具标准养护条件的报告。）早期试件的养护条件恶劣影响了强度发展。换句话说，该试件的 28d 抗压强度值不是标准养护条件下的值，不具有代表性。(2) 施工方在浇筑后 32d 对实体进行的检测仅能代表当时的混凝土实体强度，不能作为交工验收材料。《混凝土结构工程施工质量验收规范》(GB 50204) 中明确给出了结构实体检验用同条件养护试件龄期的确定原则：“同条件养护试件达到等效养护龄期时，其强度与标准养护条件下 28d 龄期的试件强度相等。”该批混凝土处于冬期施工，气温在 −10～10℃ 区间波动，混凝土实体的强度发展缓慢，32d 的养护龄期未达到等效养护龄期，此时判定混凝土不合格，为时过早。

防止措施：搅拌站技术人员应加强混凝土行业相关规范的学习和讨论，提高自身的业务水平，纠正和抵制施工方错误或不合理的要求和做法。

9.10　要点：外加剂经常成为凝时延长异常的主要因素

【案例 1】 2004 年 8 月某现场搅拌站 150m 主塔引线第 2 标段承台施工，混凝土方量 900m^3，强度等级 C40，混凝土材料为 P·O 42.5 级水泥，Ⅱ级粉煤灰，碎石单级配，中砂，缓凝高效减水剂。粉剂外加剂人工加入提升机输送至搅拌机内，水泥、粉煤灰都是袋装。浇筑时间 12～16h，气温 30～37℃，大部分混凝土 12h 硬化，仅有 12m^2 局部面积长达 3d 没有凝结。

原因分析：因为是局部缓凝，首先排除原材料和配合比使用错误，现场施工技术员在场没有加水现象得到证实。只是发现这部分混凝土有坍落度过大和泌水现象，确认搅拌站操作正常。经查实，搅拌站的工人在投粉料的过程中把撒漏的水泥、粉煤灰，其中有几千克粉剂外加剂掺在一起，分几盘投入料斗。

处理：做好养护，暂时不做拆除。待混凝土硬化后取芯检验 28d 强度，后经检验，28d 芯样的抗压强度达到设计标准值的 117%。

【案例 2】 冬施之前某搅拌站生产混凝土出现超缓凝，混凝土用量 600m^3，长达 7d 不凝结，工程部位为水池底板，强度等级 C25，混凝土材料为普通 P·O 42.5 水泥，Ⅱ级粉煤灰，S95 级矿粉，5～20mm 碎石，江砂。配合比：水泥 175kg、粉煤灰 70kg、矿粉 100kg、碎石 772kg、砂 1068kg、水 190kg、萘系缓凝减水剂 6kg。

原因分析：根据现场状况，搅拌站和施工方及外加剂厂家有关人员对混凝土超缓凝产生的原因，从外加剂、水泥、生产三方面进行分析，外加剂缓凝组分过高是造成此次超缓凝的主要原因。

外加剂方面，由外加剂引起超缓凝一般有 4 种原因，分别为：(1) 生产过程中计量系统出问题，这种情况极少。(2) 在生产过程中因达不到规定的坍落度和流动性，搅拌站质检员提高外加剂掺量和用水量，在提高掺量的同时缓凝成分相应增加，一般这种情况较多。(3) 外加剂在配方设计时，缓凝组分采用木质素、白糖、柠檬酸之类。(4) 在冬施之前气温较低情况下，外加剂厂没有及时调整缓凝成分或搅拌站生产量小，夏季储存的外加剂在低温环境继续使用。

水泥方面，早期强度偏低，推迟水泥水化时间，冬施之前没有再做相应调整。

施工方面，冬施之前施工方没有考虑环境变化及时对现浇混凝土做保温养护处理。

处理：施工方坚持对混凝土做拆除处理，但是在拆除过程中，尚未拆除部分已经凝固且强度快速增长。

防止措施：(1) 在临近施工生产混凝土之前，用现有的各种原材料进行试拌，验证凝时，避免气温变化而引起的凝时异常。(2) 外加剂的供应商提供不同气温条件下的外加剂安全掺量范围，搅拌站的质检员在生产中严格遵照执行，避免超掺。

9.11 要点：温度影响成为混凝土泵损的主要原因

【案例】 7 月某工地浇筑 40m 大跨径 T 型梁，水平输送距离 350m。混凝土强度等级 C45，混凝土出机坍落度 220mm、扩展度 450mm 而入模坍落度 120mm、扩展度 300mm。因 T 型梁钢筋分布较密，混凝土流动性差而导致无法正常施工，浇筑被迫中断。

原因分析：(1) 对现场材料取样做试配，试验室内数据：出机坍落度 220mm、扩展度 500mm，含气量初始 2.6%、1h 后实测值为 2.4%。现场含气量初始 2.4%、1h 后仅为 1.5%。(2) 测温发现，砂、石以及混凝土泵的输送管温度都在 40℃以上。当天气温在 37℃左右。

通过分析判断，造成泵损的主要原因是各种材料温度过高并造成混凝土在输送过程中含气量损失过多。

处理：对砂、石采取洒水降温（采用地下水）措施，输送管道用湿麻袋和草帘覆盖，每隔 20min 洒水一次。通过洒水降温处理后顺利完成 T 型梁浇筑工作。

9.12 要点：混凝土滞后泌水问题产生原因及解决办法

【案例】 2006 年 8 月某工地进行海水淡化池混凝土浇筑，混凝土方量 800m^3。入模混凝土和易性、流动性都很好，有轻微泌水。待抹面后 2h 混凝土出现严重泌水，表面有起砂现象。

原因分析：首先对混凝土配合比及使用材料进行分析，水泥 190kg、矿粉 120kg、粉煤灰 80kg、砂 754kg、石 1086kg、水 180kg、萘系减水剂 8kg。原材料中外加剂减水组分占 80%～85%，缓凝剂采用葡萄糖酸钠、柠檬酸，占 2%～3.5%，引气剂使用十二烷基苯磺酸钠，占 0.2%～0.3%，采用中热 42.5 水泥，Ⅰ级粉煤灰，江砂含泥量 3%～4%。

根据配比使用的材料，结合施工工艺，初步分析造成混凝土滞后泌水的原因：（1）水泥中可能掺入泌水性混合材的量较大，如矿粉、低品质粉煤灰。早期强度偏低、水化慢。（2）砂含泥量大，在混凝土硬化初期需水量大，后期水分释放。（3）矿粉初期水化慢，且极易泌水，粉煤灰使用一级灰需水量小，水胶比偏高。（4）外加剂缓凝剂成分使用葡萄糖酸钠、柠檬酸与水泥中掺合料、砂含泥发生不相容现象。外加剂组分中没有增稠成分，造成外加剂只能改变混凝土的流动性但是不能增加其黏聚性。（5）引气剂使用低品质十二烷基苯磺酸钠，稳定性差、气泡大，引入混凝土中气泡容易破裂。（6）现场二次加入外加剂搅拌不均匀，加入量高于实际需要的量。当浇筑好以后多余的外加剂发挥作用，逐渐释放也是造成泌水的原因之一。

处理：（1）调整混凝土配比：水泥 210kg、矿粉 95kg、粉煤灰 85kg（粉煤灰采用Ⅱ级)、砂 770kg（砂含泥控制在 2%～3%)、石 1065kg、水 170kg、外加剂 7.5kg（外加剂配比调整减水采用萘系和木质素组合，缓凝剂使用糊精、三聚磷酸钠，复合促进水化的早强剂，加入少量的松香热聚物引气剂)。（2）杜绝现场加水、加外加剂，延长搅拌时间。

通过调整后泌水量明显减少，可满足使用要求。

防止措施：原材料进场后和在配合比使用之前做外加剂与胶凝材料的适应性试验，根据项目的运送、浇筑时间，确定流动性经时损失测定的时间。

9.13　要点：外加剂缓凝组分造成混凝土硬壳

【案例】 7 月某工地厂房基础混凝土浇筑混凝土方量 700m^3，强度等级 C25，出站坍落度 200mm，交货坍落度 180mm，当天气温 37℃，施工现场周围环境是海边，风力大。混凝土浇筑完 7h 后，出现上层 5mm 厚已经基本终凝，表面有龟裂现象，而下层较软。

原因分析：浇筑当天气温 37℃、风力 4～5 级，表面失水过快。外加剂缓凝成分掺量高，施工人员没有及时洒水养护。

处理：（1）外加剂缓凝成分调整。（2）混凝土浇筑后及时苫盖，抹面后及时洒水养护。

9.14　要点：材料中的杂物造成混凝土缺陷

【案例】 某工地同一天浇筑 C10 垫层、C25 基础混凝土出现不同程度的膨胀开裂现象（图 9-2)，生产配比掺入胶材量 8%膨胀剂。

原因分析：经过调查发现造成膨胀开裂的主要原因是运送砂、石的车之前装运过石灰，车厢内没有卸净，石灰块混在砂石中。

处理：膨胀开裂处剔除，进行修补。

防止措施：（1）材料进场检验时应目测是否混有杂物。（2）向供货商提出要求，在原材料装运和倒运过程中不得混杂，类似的杂质还有煤块、朽木等（图 9-3)。（3）搅拌站在材料进场时进行预筛分。

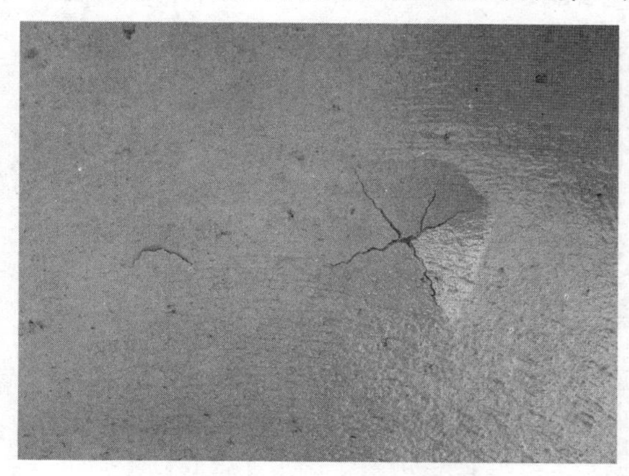

图 9-2　石灰块导致混凝土膨胀开裂

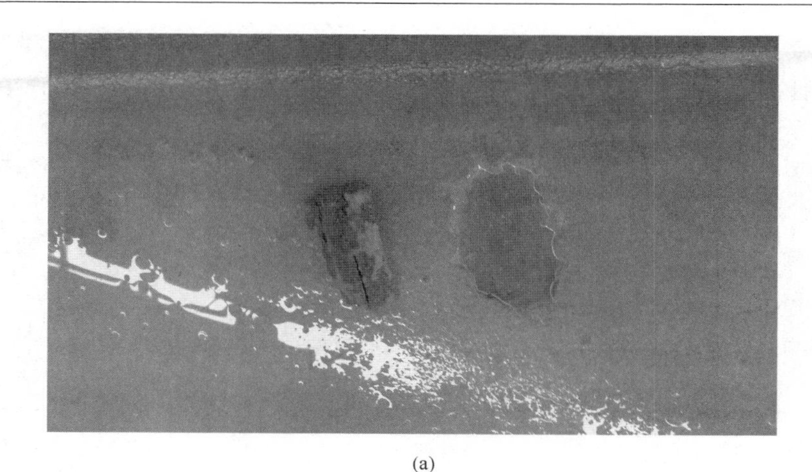

(a)

(b)

图 9-3　朽木块导致混凝土地面面层缺陷

9.15　要点：掺合料成为混凝土质量事故的根源

【案例】 2010 年夏，天津地区某工地，浇筑后的混凝土大量冒出气泡，冒泡的量大，持续时间长。硬化后，混凝土表面形成空鼓，整体体积增大甚至开裂，见图 9-4～图 9-6，搅拌站留置的试块也发生了体积膨胀现象，明显高出试模上沿，见图 9-7，实测混凝土含气量 10%，抗压强度降低 30%。

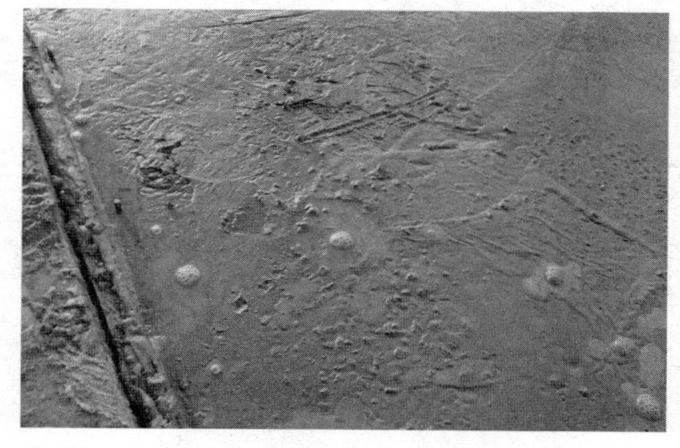

图 9-4　混凝土浇筑后冒泡现象（参见彩页）

原因分析：发现这种异常现象之后，立即从生产该批混凝土的搅拌楼筒仓中和料场上提取各种材料，在试验室内进行试拌，并制作试块，膨胀情况相同。于是锁定样品，进行相应的检测。首先排除砂石骨料，检测对象为水泥、粉煤灰、粒化高炉矿渣粉、外加剂。

图 9-5　抹面时形成空鼓（参见彩页）

图 9-6　硬化后混凝土整体膨胀（参见彩页）
（刮平抹面时混凝土与预埋钢板上沿齐平，
图中低洼处正方形为钢板）

(a)

(b)

图 9-7　混凝土抗压强度试块比对（图中左侧试块为正常试块，右侧试块为发生膨胀的混凝土试块）

采用胶砂试验的方法。试验为：水＋水泥、水＋水泥＋粉煤灰、水＋水泥＋矿粉。结果发现，仅水＋水泥＋粉煤灰的胶砂发生了明显的膨胀，而水＋水泥及水＋水泥＋矿粉的胶砂则未发生明显变化，外加剂对此试验无影响。

因此推断在各种组成材料中，粉煤灰有异常。根据化学反应特性，金属铝与强碱反应生成氢气。

因此，将水泥、粉煤灰、矿粉样品分别投入60～70℃的水中，观察，并未发生释放气体的反应，重复试验后仍未发生。而将样品放入氢氧化钠溶液中则只有粉煤灰发生剧烈的反应，释放出气体，该气体具有强烈的刺鼻气味，说明杂质并不是铝或者不单纯是铝。该气体可使湿润的红色石蕊试纸变蓝，初步推断生成的气体为氨气。

由XRD的分析结果可知：所检的材料中均未检出单质铝，有质量问题的粉煤灰中检出硫酸铵和硫代硫酸铵。

将有质量问题的两个粉煤灰样品送检国家无机盐产品质量监督检验中心，对该粉煤灰与碱反应生成的气体进行成分判定并测定含量。结果为：粉煤灰样品中加入氢氧化钠后释放出的碱性气体为氨气，氨的含量分别为：0.034％和0.024％（检验方法：GB/T 2946—2008）。氨的存在对建筑物的室内空气质量产生危害，在建设工程中是不允许的。

粉煤灰来自于火力发电厂，笔者走访了天津和河北的部分电厂，了解了粉煤灰的生成过程及脱硫工艺。

大多电厂粉煤灰均是收尘所得，其中以电收尘居多。从燃煤炉出来的烟气首先经过电收尘，在不同的电场作用下，收集到不同细度的粉煤灰进入不同的筒仓盛放，这个环节收尘的效率一般超过95％，而剩余的含有很少量粉煤灰的高温烟气在引风机的作用下进入烟囱，在进入烟囱之前实施对烟气的脱硫和脱硝作业。上述过程就是典型的粉煤灰生成过程和脱硫工艺。可见，粉煤灰的生成与脱硫工艺是先后关系，不可能产生混淆。

氨法烟气脱硫技术是近几年在国内开始采用的，适用范围广，不受燃煤含硫量、锅炉容量的限制。氨法烟气脱硫工艺示意图见图9-8，由于吸收剂氨比石灰石或石灰活性大，因而氨法脱硫装置对煤质变化、锅炉负荷变化的适应性强。这在我国能源供应紧张、来什么煤烧什么煤的情况下，更显现出它的优势。氨法烟气脱硫工艺是以氨（废氨水、液氨、碳铵或氨水等）为原料，回收烟气中的SO_2，生产高价值的化肥，脱硫原料成本完全可以从回收产品中得到抵扣，还会产生一定的经济效益。投资低、运行成本低、不产生二次污染、无废水、无废渣，此法符合循环经济规律，可实现脱硫过程的零消耗。氨法脱硫的特点之一是煤中含硫越高，硫酸铵的产量就越大；同时，煤也越便宜，业主所得到的利润就越大。氨法脱硫的工艺在黑龙江、辽宁、天津、山东、江苏、四川、上海都有应用。

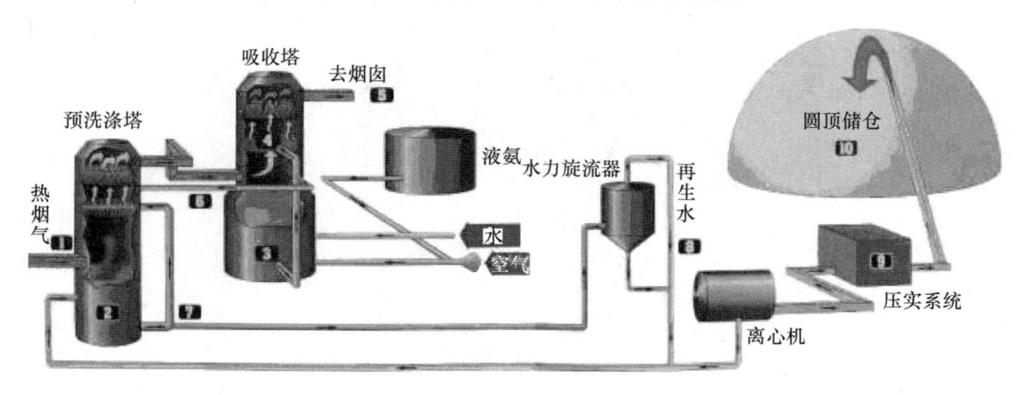

图9-8　氨法烟气脱硫工艺示意图

结合试验检验分析以及对粉煤灰来源的调查情况，分析推测：

（1）导致混凝土发泡膨胀的主要原因是粉煤灰中含有有害杂质，在混凝土加水搅拌和水化过程的强碱性环境下，发生释放大量气体的反应引起的。

（2）粉煤灰中含有氨，主要来源猜测为：①非常规的氨法脱硫残余；②脱硫产物人为混入粉煤灰的运输环节。

（3）在本次质量问题调查中，未在有问题的粉煤灰中检出单质铝的存在，但据专家推断：在碱性环境下，发生剧烈的释放气体的反应很可能是单质铝所致，而受 XRD 检测方法限制（结晶态不良或含量低），未能在衍射图谱中真实反映也是可能的。铝的存在有客观可能的条件，即：电厂为做到零排放，将一部分粉煤灰生产加气混凝土砌块，铝粉是发泡剂，生产中必不可少。

处理：凿除该部分混凝土，重新浇筑。

防止措施：根据有害杂质（铝及铵盐）的化学共性，即在碱性溶液环境下，发生释放气体的反应。因此，模拟新拌混凝土的强碱性环境，主要的检验试剂选用氢氧化钠溶液。为加快反应进程，缩短试验检测的时间，选择试验的化学反应温度为 60～70℃。

以下粉煤灰中有害杂质检验方法可供读者参考使用。

9.15.1　目的

检验粉煤灰中是否含有对混凝土质量造成危害的可疑杂质（铵盐及铝）。

9.15.2　试验方法

9.15.2.1　取样

（1）取样频率：以最小的运输单位（车）为一个取样检验频次。

（2）取样方法：试样应在值班试验人员的监督下，从运输车中抽取。有条件时，应采用取样器从运输车的上口插入距离粉煤灰上表面至少 50cm 以下的位置抽取。取样点位不少于三个，累计取样量不少于 5kg，混合均匀后进行试验。

9.15.2.2　留样

除用于试验检验的样品外，其余样品均作为留样，装于塑料袋内，封口，然后置于留样桶中。塑料袋和留样桶均应有标签，塑料袋内的标签上标明：品名、生产厂家、等级、数量、供货车辆牌照号、供货日期及时间（精确至分）、打入站仓号。

9.15.2.3　检验

（1）试验器具及药品

氢氧化钠（化学纯）、石蕊试纸；

玻璃棒、烧杯、电炉、石棉网、温度计、天平（感量 1g，量程 1kg）。

（2）检验方法

① 称取粉煤灰 50g。

② 烧杯中加入水 100mL，氢氧化钠 5g，置于电炉上加热至 60～70℃。

③ 将称量好的粉煤灰倒入烧杯中，用玻璃棒进行搅拌至粉煤灰全部分散。

④ 观察 5min 内混合物的状态。

9.15.2.4　结果判定

（1）在规定的时间内，若有大量的气泡生成，并伴有刺激性气味，则该批粉煤灰不合格。同时将湿润的红色石蕊试纸置于烧杯口处，观察其是否变色，并做记录。

（2）在规定的时间内，若没有大量的气泡生成，则该批粉煤灰合格。

9.15.2.5　注意事项

（1）本试验使用的药品具有强烈的腐蚀性，需注意规范操作，若遇药品及溶液溅到衣物或皮肤上，立即用大量清水冲洗干净。

（2）本试验过程中生成的气体有刺激性，需保持室内通风。

第10章 实用工具

10.1 计算器

使用计算器可以方便地计算一组数据的平均值和标准偏差，带有函数和统计功能的袖珍式计算器都具有计算样本平均值 $\overline{x}$ 和样本标准偏差 s 的功能。使用计算器不仅能大大减少计算的工作量，较手算还能提高结果的精度。不同型号的计算器按键的位置不同，但其计算程序大同小异。现以 deli 1704 型计算器为例介绍。计算器的面板见图 10-1。

例：20 组混凝土抗压强度值分别为：34.2、35.6、37.8、37.9、40.3、34.5、35.6、38.6、33.3、42.2、34.5、40.5、32.1、37.6、39.5、36.8、39.4、38.9、40.1、34.9，用计算器计算该组强度值的平均值和标准偏差。

图 10-1　计算器面板(参见彩页)

计算步骤如下：

(1) 按“ON/C”键接通计算器电源；如已接通而且进行过其他计算，按“ON/C”键可以清零。

(2) 依次按“2ndF”键和“STAT” (底板上印，即“ON/C”) 键，显示屏上显示“STAT”，计算器进入统计功能状态。

(3) 将第一个强度值输入计算器：“34.2”，按“M+”键(底板上印的是“DATA”)，显示屏上的“34.2”消失，显示“1”，表示第一个数据“34.2”已经输入完毕。依次输入第二个数据“35.6”，按“M+”键，显示“2”，……直至输入完毕。

如有若干个数据相同（设为 m 个），则可在键盘上键入该数据后，按乘号“×”和数字“m”键，再按“M+”键。本例中“34.5”出现两次，键入“34.5”后，依次按乘号键“×”和“2”，再按“M+”，则可将 2 个“34.5”一次输入计算器的统计程序中。这种操作在处理大样本中重复出现若干次的数据时十分方便。

在键入某值时，如出现差错，按“CE”键，即可将刚刚键入的错误数据删去。此时千万不要误按“ON/C”，否则已经输入的正确数据将被全部删除。

(4) 全部数值输入完毕后，按“$x\rightarrow$M”键（底板上印的是 $\overline{x}$），则显示样本平均值 $\overline{x}$，本例的 $\overline{x}=37.2$，按“RM”键（底板上印的是 S)，则显示样本标准偏差 s，本例的 $s=2.76$。

计算完毕后，要退出统计计算功能状态，依次按“2ndF”键和“STAT”（底板上印，即“ON/C”）键，显示屏上“STAT”显示消失即可。

10.2　Excel

10.2.1　计算一组数据的平均值、标准差、求和

还使用10.1例中的数据，利用Excel计算这组数据的平均值，步骤如下：

(1) 打开Microsoft Excel空白文档，使用默认的sheet1。

(2) 在A列中将这组数据从第1位开始向下依次输入完毕，见图10-2。

(3) 将光标移至任一空白栏中，例如C11处。

(4) 将光标移至表的顶部 f_x 处，双击鼠标左键，弹出“插入函数”的对话框，见图10-3。

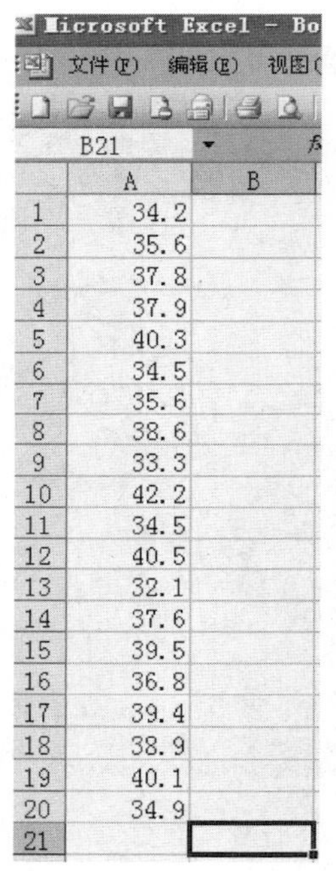

Microsoft Excel - Bo
文件(F)
编辑(E)
视图
B21
A
B
1 34.2
2 35.6
3 37.8
4 37.9
5 40.3
6 34.5
7 35.6
8 38.6
9 33.3
10 42.2
11 34.5
12 40.5
13 32.1
14 37.6
15 39.5
16 36.8
17 39.4
18 38.9
19 40.1
20 34.9
21

图 10-2

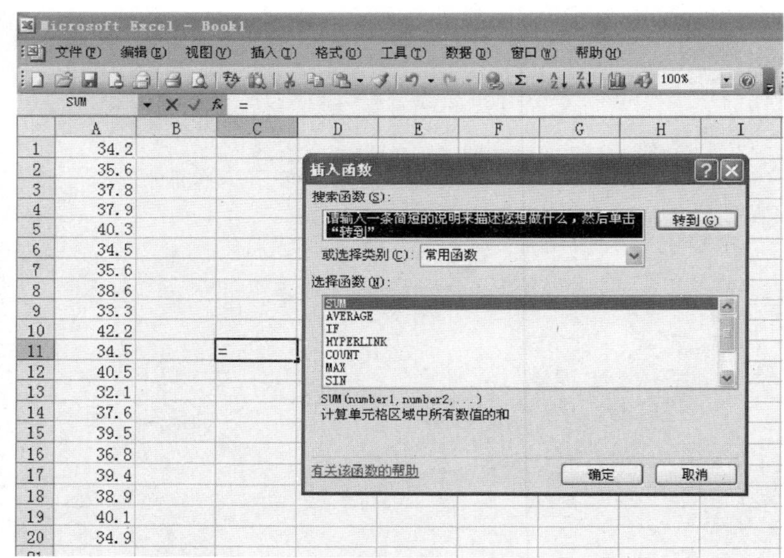

图 10-3

(5) 点击“选择函数”列表中的“AVERAGE”（平均值），点击“确定”按钮。见图10-4。

(6) 显示“函数参数”对话框，在AVERAGE Number1中输入A1：A20（A1：A20为该组数据所在的位置），并点击“确定”。见图10-5。

(7) 光标所在的C11处显示的数值“37.215”即为该组数据的平均值。见图10-6。

同样，若想求得该组数据的其他参数，可在第(5)步选择不同的函数，如：最大值则选择MAX，求和则选择SUM，标准偏差选择STDEV。

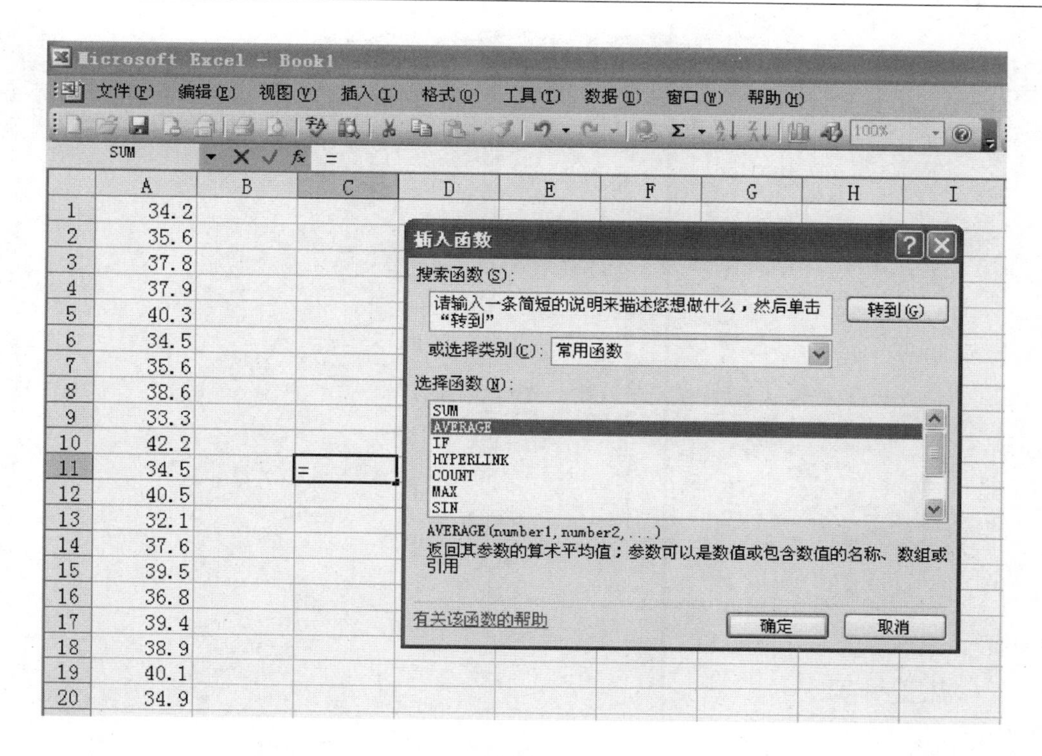
Microsoft Excel - Book1
文件(F) 编辑(E) 视图(V) 插入(I) 格式(O) 工具(T) 数据(D) 窗口(W) 帮助(H)
SUM
=
插入函数
搜索函数(S):
请输入一条简短的说明来描述您想做什么，然后单击“转到”
转到(G)
或选择类别(C): 常用函数
选择函数(N):
SUM
AVERAGE
IF
HYPERLINK
COUNT
MAX
SIN
AVERAGE(number1,number2,...)
返回其参数的算术平均值；参数可以是数值或包含数值的名称、数组或引用
有关该函数的帮助
确定
取消
34.2
35.6
37.8
37.9
40.3
34.5
35.6
38.6
33.3
42.2
34.5
40.5
32.1
37.6
39.5
36.8
39.4
38.9
40.1
34.9

图 10-4

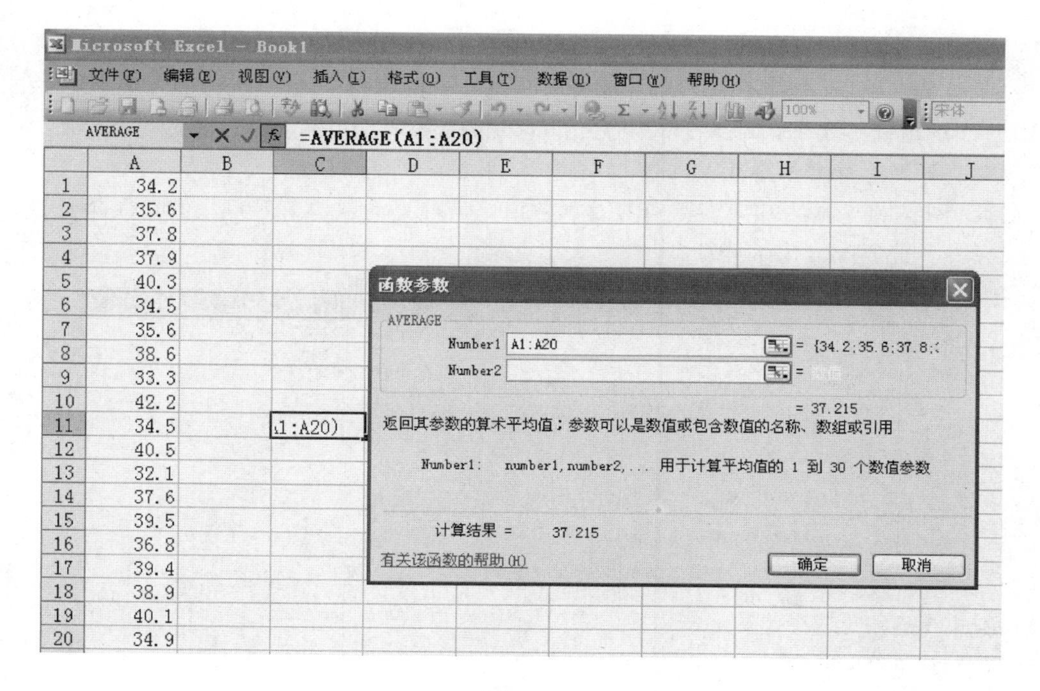
Microsoft Excel - Book1
文件(F) 编辑(E) 视图(V) 插入(I) 格式(O) 工具(T) 数据(D) 窗口(W) 帮助(H)
AVERAGE
=AVERAGE(A1:A20)
函数参数
AVERAGE
Number1 A1:A20
Number2
= {34.2;35.6;37.8;
= 37.215
返回其参数的算术平均值；参数可以是数值或包含数值的名称、数组或引用
Number1: number1,number2,... 用于计算平均值的 1 到 30 个数值参数
计算结果 = 37.215
有关该函数的帮助(H)
确定
取消

图 10-5

Microsoft Excel - Book1

文件(F) 编辑(E) 视图(V) 插入(I) 格式(O) 工具(T)

C11 =AVERAGE(A1:A20)

	A	B	C	D	E
1	34.2				
2	35.6				
3	37.8				
4	37.9				
5	40.3				
6	34.5				
7	35.6				
8	38.6				
9	33.3				
10	42.2				
11	34.5		37.215		
12	40.5				
13	32.1				
14	37.6				
15	39.5				
16	36.8				
17	39.4				
18	38.9				
19	40.1				
20	34.9				

图 10-6

10.2.2 热工计算

在冬季施工期间，混凝土搅拌站除了要做测温以外，还要根据《建筑工程冬期施工规程》（JGJ/T 104—2011）进行热工计算。见到长长的公式和众多的参数，有些技术人员不愿去做繁琐的计算，这里推荐使用 Excel 的功能自动计算，简便而且计算准确。依据是《建筑工程冬期施工规程》第 19 页入模温度要求及该规程的附录 A 计算公式推算浇筑地点混凝土温度 T_2 满足规范要求，即大于入模温度 5℃时的温度计算。

10.2.2.1 混凝土拌合物温度

在 Excel 表格中输入相应参数符号及其数值，需计算的数值符号可用红色字体标注，数值可选择一个普通配合比试计算。

Microsoft Excel - 热工计算书.xls

文件(F) 编辑(E) 视图(V) 插入(I) 格式(O) 工具(T) 数据(D) 窗口(W) 帮助(H)

宋体

J9

	A	B	C	D	E	F	G	H	I	J
1										
2										
3										
4										
5	m_{ce}	m_s	m_{sa}	m_g	m_w	ω_{sa}	c_w	T_p		
6	200	200	732	1098	170	0.04	4.2	5.0		
7	T_{ce}	T_s	T_{sa}	T_g	T_w	ω_g	c_i	T_0		
8	23	25	2	1	40	0	0			
9	ω	d_b	λ_b	t_2	D_w	C_c	ρ_c	D_1		
10	1.8	0.05	1	0.01	0.2	0.97	2400	0.15		
11	α	t_1	n	T_a	T_1	ΔT_y	ΔT_1	ΔT_b	T_2	
12	0.25	0.5	2	2						

输入公式 $T_0=[0.92(m_{ce}T_{ce}+m_sT_s+m_{sa}T_{sa}+m_gT_g)+4.2T_w(m_w-w_{sa}m_{sa}-w_gm_g)+c_w(w_{sa}m_{sa}T_{sa}+w_gm_gT_g)-c_i(w_{sa}m_{sa}+w_gm_g)]/[4.2m_w+0.92(m_{ce}+m_s+m_{sa}+m_g)]$

在代表 T_0 的表格中输入等号后，依次输入其他字母符号所代表数值。

步骤一

Microsoft Excel - 热工计算书.xls

文件(F)　编辑(E)　视图(V)　插入(I)　格式(O)　工具(T)　数据(D)　窗口(W)　帮助(H)

输入公式

IF　=

	A	B	C	D	E	F	G	H	I	J
1										
2										
3										
4										
5	m_{ce}	m_s	m_{sa}	m_g	m_w	ω_{sa}	c_w	T_p		
6	200	200	732	1098	170	0.04	4.2	5.0		
7	T_{ce}	T_s	T_{sa}	T_g	T_w	ω_g	c_i	T_0		
8	23	25	2	1	40	0	0	=		
9	ω	d_b	λ_b	t_2	D_w	C_c	ρ_c	D_1		
10	1.8	0.05	1	0.01	0.2	0.97	2400	0.15		
11	α	t_1	n	T_a	T_1	ΔT_y	ΔT_1	ΔT_b	T_2	
12	0.25	0.5	2	2						

步骤二

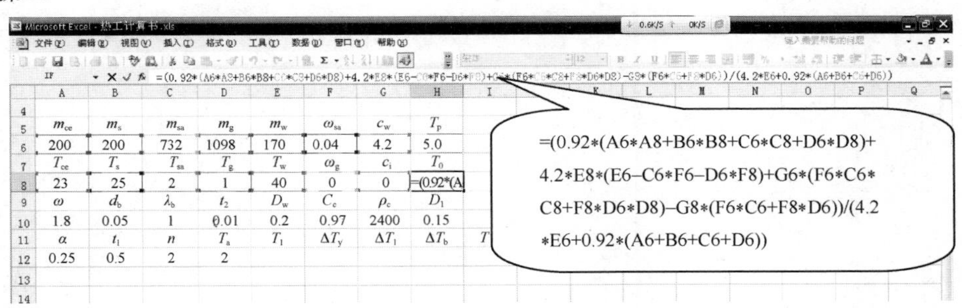

步骤三

Microsoft Excel - 热工计算书.xls

文件(F)　插入(I)　格式(O)　工具(T)　数据(D)　窗口(W)　帮助(H)

点击保存，得出T_0

H8　保存　=(0.92*(A6*A8+B6*B8+C6*C8+D6*D8)+4.2*E8*(E6-C6*F6-D6*F8)+G6*(F

	A	B	C	D	E	F	G	H	I
4									
5	m_{ce}	m_s	m_{sa}	m_g	m_w	ω_{sa}	c_w	T_p	
6	200	200	732	1098	170	0.04	4.2	5.0	
7	T_{ce}	T_s	T_{sa}	T_g	T_w	ω_g	c_i	T_0	
8	23	25	2	1	40	0	0	12.7	
9	ω	d_b	λ_b	t_2	D_w	C_c	ρ_c	D_1	
10	1.8	0.05	1	0.01	0.2	0.97	2400	0.15	
11	α	t_1	n	T_a	T_1	ΔT_y	ΔT_1	ΔT_b	T_2
12	0.25	0.5	2	2					
13									

10.2.2.2 混凝土拌合物出机温度

输入公式 $T_1 = T_0 - 0.16(T_0 - T_P)$

步骤一

Microsoft Excel - 热工计算书.xls

文件(F) 编辑(E) 视图(V) 插入(I) 格式(O) 工具(T) 数据(D) 窗口(W) 帮助(H)

输入公式

IF ▾ ✕ ✓ fx =

	A	B	C	D	E	F	G	H	I	J
4										
5	m_{ce}	m_s	m_{sa}	m_g	m_w	ω_{sa}	c_w	T_p		
6	200	200	732	1098	170	0.04	4.2	5.0		
7	T_{ce}	T_s	T_{sa}	T_g	T_w	ω_g	c_i	T_0		
8	23	25	2	1	40	0	0	12.7		
9	ω	d_b	λ_b	t_2	D_w	C_c	ρ_c	D_1		
10	1.8	0.05	1	0.01	0.2	0.97	2400	0.15		
11	α	t_1	n	T_a	T_1	ΔT_y	ΔT_1	ΔT_b	T_2	
12	0.25	0.5	2	2	=					
13										

步骤二

Microsoft Excel - 热工计算书.xls

文件(F) 编辑(E) 视图(V) 插入(I) 格式(O) 工具(T) 数据(D) 窗口(W) 帮助(H)

IF ▾ ✕ ✓ fx =H8−0.16*(H8−H6)

	A	B	C	D	E	F	G	H	I	J
4										
5	m_{ce}	m_s	m_{sa}	m_g	m_w	ω_{sa}	c_w	T_p		
6	200	200	732	1098	170	0.04	4.2	5.0		
7	T_{ce}	T_s	T_{sa}	T_g	T_w	ω_g	c_i	T_0		
8	23	25	2	1	40	0	0	12.7		
9	ω	d_b	λ_b	t_2	D_w	C_c	ρ_c	D_1		
10	1.8	0.05	1	0.01	0.2	0.97	2400	0.15		
11	α	t_1	n	T_a	T_1	ΔT_y	ΔT_1	ΔT_b	T_2	
12	0.25	0.5	2	2	=H8−0.16*(H8−H6)					
13										

步骤三

Microsoft Excel

文件(F) 编辑 格式(O) 工具(T) 数据(D) 窗口(W) 帮助(H)

点击保存，得出T_1

E12 保存 ▾ fx =H8−0.16*(H8−H6)

	A	B	C	D	E	F	G	H	I	J
4										
5	m_{ce}	m_s	m_{sa}	m_g	m_w	ω_{sa}	c_w	T_p		
6	200	200	732	1098	170	0.04	4.2	5.0		
7	T_{ce}	T_s	T_{sa}	T_g	T_w	ω_g	c_i	T_0		
8	23	25	2	1	40	0	0	12.7		
9	ω	d_b	λ_b	t_2	D_w	C_c	ρ_c	D_1		
10	1.8	0.05	1	0.01	0.2	0.97	2400	0.15		
11	α	t_1	n	T_a	T_1	ΔT_y	ΔT_1	ΔT_b	T_2	
12	0.25	0.5	2	2	11.5					
13										

10.2.2.3 混凝土拌合物运输与输送至浇筑地点时的温度

根据规程要求，入模温度 $T_2 \geqslant 5℃$。结合目前工程主要施工方式，重点计算采用泵送施工的方式。

（1）首先计算 ΔT_y

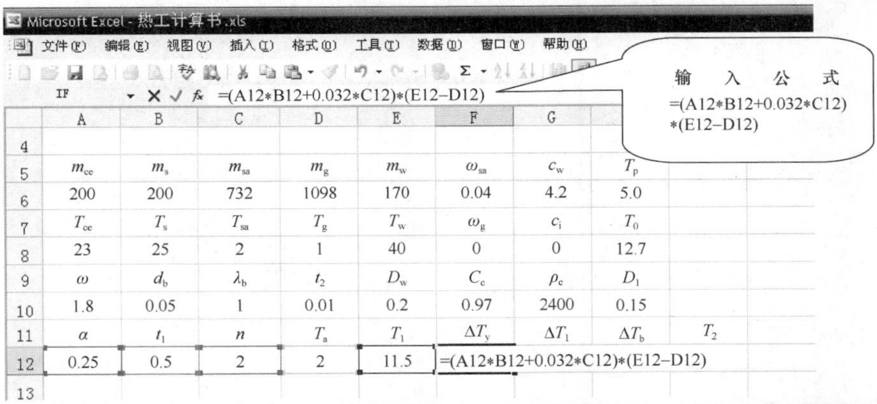

Microsoft Excel - 热工计算书.xls

文件(F) 编辑(E) 视图(V) 插入(I) 格式(O) 工具(T) 数据(D) 窗口(W) 帮助(H)

IF ▾ × ✓ fx =(A12*B12+0.032*C12)*(E12-D12)

输入公式 =(A12*B12+0.032*C12)*(E12-D12)

	A	B	C	D	E	F	G	H		
4										
5	m_{ce}	m_s	m_{sa}	m_g	m_w	ω_{sa}	c_w	T_p		
6	200	200	732	1098	170	0.04	4.2	5.0		
7	T_{ce}	T_s	T_{sa}	T_g	T_w	ω_g	c_i	T_0		
8	23	25	2	1	40	0	0	12.7		
9	ω	d_b	λ_b	t_2	D_w	C_c	ρ_c	D_1		
10	1.8	0.05	1	0.01	0.2	0.97	2400	0.15		
11	α	t_1	n	T_a	T_1	ΔT_y	ΔT_1	ΔT_b	T_2	
12	0.25	0.5	2	2	11.5	=(A12*B12+0.032*C12)*(E12-D12)				
13										

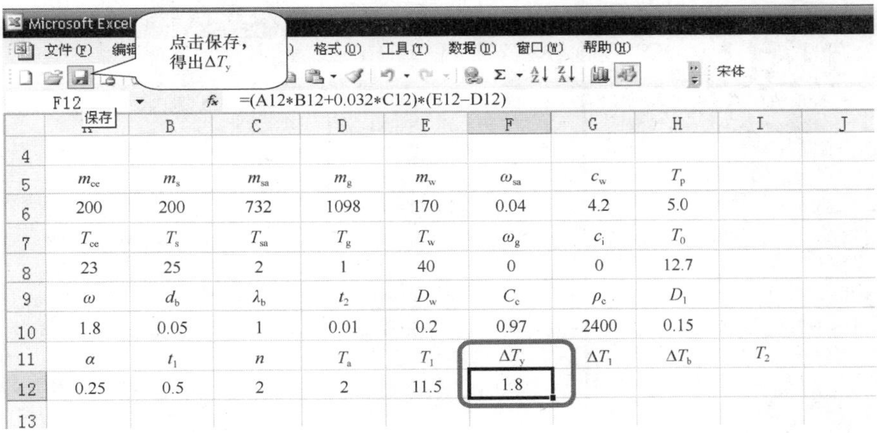

Microsoft Excel

文件(F) 编辑 ... 格式(O) 工具(T) 数据(D) 窗口(W) 帮助(H)

点击保存，得出ΔT_y

保存 宋体

F12 ▾ fx =(A12*B12+0.032*C12)*(E12-D12)

	A	B	C	D	E	F	G	H	I	J
4										
5	m_{ce}	m_s	m_{sa}	m_g	m_w	ω_{sa}	c_w	T_p		
6	200	200	732	1098	170	0.04	4.2	5.0		
7	T_{ce}	T_s	T_{sa}	T_g	T_w	ω_g	c_i	T_0		
8	23	25	2	1	40	0	0	12.7		
9	ω	d_b	λ_b	t_2	D_w	C_c	ρ_c	D_1		
10	1.8	0.05	1	0.01	0.2	0.97	2400	0.15		
11	α	t_1	n	T_a	T_1	ΔT_y	ΔT_1	ΔT_b	T_2	
12	0.25	0.5	2	2	11.5	1.8				
13										

（2）计算 ΔT_1

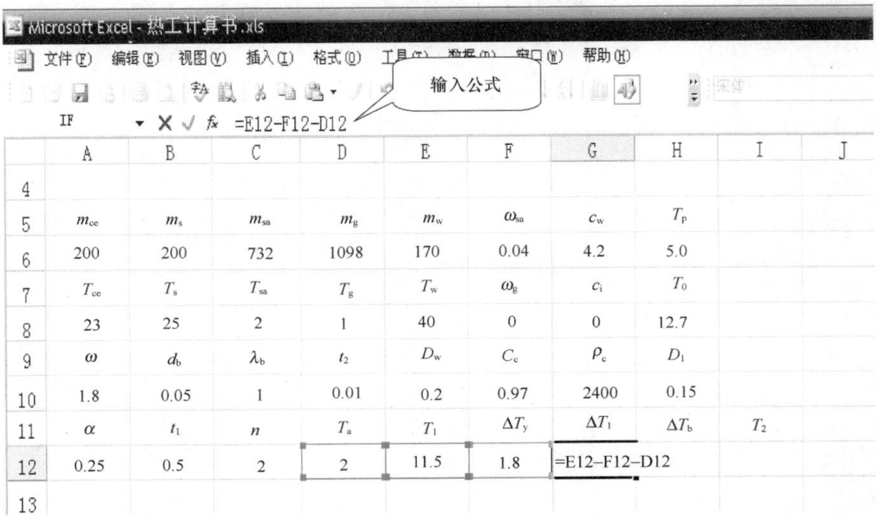

Microsoft Excel - 热工计算书.xls

文件(F) 编辑(E) 视图(V) 插入(I) 格式(O) 工具(T) 数据(D) 窗口(W) 帮助(H)

输入公式

宋体

IF ▾ × ✓ fx =E12-F12-D12

	A	B	C	D	E	F	G	H	I	J
4										
5	m_{ce}	m_s	m_{sa}	m_g	m_w	ω_{sa}	c_w	T_p		
6	200	200	732	1098	170	0.04	4.2	5.0		
7	T_{ce}	T_s	T_{sa}	T_g	T_w	ω_g	c_i	T_0		
8	23	25	2	1	40	0	0	12.7		
9	ω	d_b	λ_b	t_2	D_w	C_c	ρ_c	D_1		
10	1.8	0.05	1	0.01	0.2	0.97	2400	0.15		
11	α	t_1	n	T_a	T_1	ΔT_y	ΔT_1	ΔT_b	T_2	
12	0.25	0.5	2	2	11.5	1.8	=E12-F12-D12			
13										

Microsoft Excel - 热工计算书.xls

点击保存，得出ΔT_1

G12 　 …F12-D12

	A	B	C	D	E	F	G	H	I	J
4										
5	m_{ce}	m_s	m_{sa}	m_g	m_w	ω_{sa}	c_w	T_p		
6	200	200	732	1098	170	0.04	4.2	5.0		
7	T_{ce}	T_s	T_{sa}	T_g	T_w	ω_g	c_i	T_0		
8	23	25	2	1	40	0	0	12.7		
9	ω	d_b	λ_b	t_2	D_w	C_c	ρ_c	D_1		
10	1.8	0.05	1	0.01	0.2	0.97	2400	0.15		
11	α	t_1	n	T_a	T_1	ΔT_y	ΔT_1	ΔT_b	T_2	
12	0.25	0.5	2	2	11.5	1.8	7.7			
13										

(3) 计算 ΔT_b

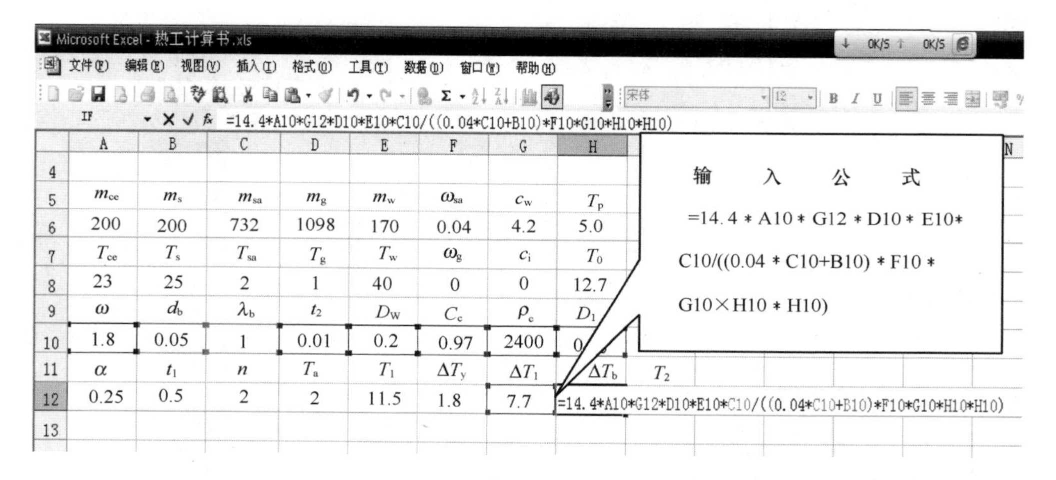

	A	B	C	D	E	F	G	H
4								
5	m_{ce}	m_s	m_{sa}	m_g	m_w	ω_{sa}	c_w	T_p
6	200	200	732	1098	170	0.04	4.2	5.0
7	T_{ce}	T_s	T_{sa}	T_g	T_w	ω_g	c_i	T_0
8	23	25	2	1	40	0	0	12.7
9	ω	d_b	λ_b	t_2	D_W	C_c	ρ_c	D_1
10	1.8	0.05	1	0.01	0.2	0.97	2400	0
11	α	t_1	n	T_a	T_1	ΔT_y	ΔT_1	ΔT_b
12	0.25	0.5	2	2	11.5	1.8	7.7	=14.4*A10*G12*D10*E10*C10/((0.04*C10+B10)*F10*G10*H10*H10)
13								

Microsoft Excel - 热…

点击保存，得出ΔT_b

H12 　 =14.4*A10*G12*D10*E10*C10/((0.04*C10+B10)*F10*G10*H10*H10)

	A	B	C	D	E	F	G	H	I	J
4										
5	m_{ce}	m_s	m_{sa}	m_g	m_w	ω_{sa}	c_w	T_p		
6	200	200	732	1098	170	0.04	4.2	5.0		
7	T_{ce}	T_s	T_{sa}	T_g	T_w	ω_g	c_i	T_0		
8	23	25	2	1	40	0	0	12.7		
9	ω	d_b	λ_b	t_2	D_W	C_c	ρ_c	D_1		
10	1.8	0.05	1	0.01	0.2	0.97	2400	0.15		
11	α	t_1	n	T_a	T_1	ΔT_y	ΔT_1	ΔT_b	T_2	
12	0.25	0.5	2	2	11.5	1.8	7.7	0.1		
13										

(4) 计算 T_2

步骤一

Microsoft Excel - 热工计算书.xls

IF　=E12-F12-H12

	A	B	C	D	E	F	G	H	I	J
4										
5	m_{ce}	m_s	m_{sa}	m_g	m_w	ω_{sa}	C_w	T_p		
6	200	200	732	1098	170	0.04	4.2	5.0		
7	T_{ce}	T_s	T_{sa}	T_g	T_w	ω_g	c_i	T_0		
8	23	25	2	1	40	0	0	12		
9	ω	d_b	λ_b	t_2	D_w	C_C	ρ_c	D_1		
10	1.8	0.05	1	0.01	0.2	0.97	2400	0.15		
11	α	t_1	n	t_a	T_1	ΔT_y	ΔT_1	ΔT_b	T_2	
12	0.25	0.5	2	2	11.5	1.8	7.7	0.1	=E12-F12-H12	
13										

输入公式
=E12－F12－H12

步骤二

Microsoft Excel - 热工计算书

点击保存，
得出 T_2

I12　保存　=E12-F12-H12

	A	B	C	D	E	F	G	H	I
4									
5	m_{ce}	m_s	m_{sa}	m_g	m_w	ω_{sa}	c_w	T_p	
6	200	200	732	1098	170	0.04	4.2	5.0	
7	T_{ce}	T_s	T_{sa}	T_g	T_w	ω_g	c_i	T_0	
8	23	25	2	1	40	0	0	12.7	
9	ω	d_b	λ_b	t_2	D_w	C_C	ρ_c	D_1	
10	1.8	0.05	1	0.01	0.2	0.97	2400	0.15	
11	α	t_1	n	T_a	T_1	ΔT_y	ΔT_1	ΔT_b	T_2
12	0.25	0.5	2	2	11.5	1.8	7.7	0.1	9.6
13									

10.2.2.4　美观优化

Microsoft Excel - 热工计算书.xls

G16

混凝土热工计算书

日期:	11.26	大气温度:	2℃	强度等级:	C35	签定时间	10:30	
m_{ce}	m_s	m_{sa}	m_g	m_w	ω_{sa}	c_w	T_p	工程名称
200	200	732	1098	170	0.04	4.2	5.0	
T_{ce}	T_s	T_{sa}	T_g	T_w	ω_g	c_i	T_0	
23	25	2	1	40	0	0	12.7	施工部位
ω	d_b	λ_b	t_2	D_w	C_c	ρ_c	D_1	
1.8	0.05	1	0.01	0.2	0.97	2400	0.15	
α	t_1	n	T_a	T_1	ΔT_y	ΔT_1	ΔT_b	T_2
0.25	0.5	2	2	11.5	1.8	7.7	0.1	9.6

注：热工计算 Excel 电子表格可在中国建材工业出版社网站“课件专区”下载，网址：www.jccbs.com.cn

10.2.3 混凝土配合比计算

10.2.3.1 符号与参数

(1) 符号

№——配合比编号;注①

σ——混凝土强度标准差 (MPa);

f_b——胶凝材料28d胶砂强度实测值 (MPa);

$f_{cu,o}$——混凝土配制强度 (MPa);

$f_{cu,k}$——混凝土立方体抗压强度标准值 (MPa);

SL——混凝土拌合物坍落度 (mm);注②

W/B——水胶比;

B——每立方米混凝土的胶凝材料用量,标准中符号为 m_b (kg);注③

W_0——每立方米混凝土的原始用水量 (kg),标准中符号为 m_{wo};

C——每立方米混凝土的水泥用量 (kg),标准中符号为 m_c;

K——每立方米混凝土的矿渣粉用量,标准中符号为 m_k (kg);

F——每立方米混凝土的粉煤灰用量,标准中符号为 m_f (kg);

U——每立方米混凝土的膨胀剂用量 (kg);

G——每立方米混凝土的粗骨料用量,标准中符号为 m_g (kg);

S——每立方米混凝土的细骨料用量,标准中符号为 m_s (kg);

W——每立方米混凝土的用水量,标准中符号为 m_w (kg);

A——每立方米混凝土的外加剂用量,标准中符号为 m_a (kg);

P——每立方米混凝土拌合物的假定质量,标准中符号为 m_{cp} (kg);

β_s——砂率 (%);

ρ_c——水泥表观密度 (kg/dm^3);

ρ_k——矿渣粉表观密度 (kg/dm^3);

ρ_f——粉煤灰表观密度 (kg/dm^3);

ρ_u——膨胀剂表观密度 (kg/dm^3);

ρ_s——砂的表观密度 (kg/dm^3);

ρ_g——石的表观密度 (kg/dm^3);

ρ_w——水的相对密度 (kg/dm^3);

ρ_a——外加剂的相对密度 (kg/dm^3);

α——混凝土的含气量百分数;

m_{cp}——每立方米混凝土拌合物的假定质量 (kg);

V_b——混凝土拌合物浆体体积 (L/m^3)。

注:① 配合比编号应由使用者自行编制,笔者习惯采用××××-×的编制规则,其排序为强度等级/坍落度/石子粒径或水泥规格/抗渗等级或抗冻等级-版本号。

② 混凝土坍落度英文为 slump,取其字首。

③ 由于标准中给出的每立方米混凝土材料用量符号在工作表中容易相互混淆,故改用材料的英文或拼音大写字母。

（2）参数

除JGJ 55规定的选用计算参数外，我们尚需测试参与计算的原材料性能参数，即水泥、矿渣粉、粉煤灰的表观密度，砂、石的饱和面干表观密度，水、液体外加剂的相对密度，单位取 kg/m^3。

胶凝材料28d抗压强度（MPa）、胶材中矿物掺合料掺量应预先设计。

建议混凝土搅拌站采用实测值进行设计计算。

10.2.3.2 设计过程

以强度等级C30为例。

（1）定义列名称

表10-1中，第一列为Excel表的行位置；第一行第一格为名称框，即单元格坐标，第一行第二格为函数标示，第一行第三格为该单元格中的值或函数；第二行为Excel表的列位置，第三行为各列符号，其意义参见10.2.3.1；第四行在下面的计算中填写数值或函数；选中的单元格用粗线框显示。使用者可按表10-1的解释查阅使用以下诸表。

表10-1 各列名称代码

A1		f_x	№															
	A	B	C	D	E	F	G	H	I	J	K	L	M	N	O	P	Q	R
1	№	$f_{cu,k}$	σ	f_b	$f_{cu,o}$	SL	W/B	β_s	B	W_o	C	K	F	W	S	G	A	m_{cp}
2																		

（2）参数取值

① σ 取5.0。

② 本配合比的混凝土拌合物浇筑坍落度设计为180mm。在搅拌站，该值为1h经时损失后的坍落度保留值，出机坍落度应以该值加1h经时损失量，一般加20mm。如此可便于在生产任务下达后，根据其浇筑坍落度要求选用适宜的配合比。

③ 砂率选取40%。

④ 石子最大粒径20.0mm，坍落度90mm塑性混凝土用水量 $215kg/m^3$，坍落度增至200mm时用水量增至 $242.5kg/m^3$，掺用外加剂减水后，设计用水量 $W_o=242.5\times(1-25\%)=182kg/m^3$。

⑤ 混凝土拌合物空气含量1.0%，如果考虑到水泥水化时消耗的那部分水的体积减缩，建议不计算空气含量。

（3）参数测试

① 水泥为P·O 42.5，矿渣粉掺量选20%，粉煤灰掺量选18%，其胶凝材料强度为49.0MPa，取48.0MPa。

② 表观密度。各材料表观密度见表10-2。

表10-2 各材料表观密度 kg/cm^3

ρ_c	ρ_k	ρ_f	ρ_u	ρ_s	ρ_g	ρ_w	ρ_a
3.15	2.91	2.20	3.00	2.65	2.85	1.00	1.10

③ 外加剂掺量2.0%，减水率25.0%，含水量90%。

（4）计算

计算过程见表10-3～表10-14。

表10-3 键入参数

A1	f_x	№																
	A	B	C	D	E	F	G	H	I	J	K	L	M	N	O	P	Q	R
1	№	$f_{cu,k}$	σ	f_b	$f_{cu,o}$	SL	W/B	β_s	B	W_o	C	K	F	W	S	G	A	m_{cp}
2		30	5.0	48.0		180		40		182								

表10-4 计算配制强度

E2	f_x	=B2+1.645 * C2																
	A	B	C	D	E	F	G	H	I	J	K	L	M	N	O	P	Q	R
1	№	$f_{cu,k}$	σ	f_b	$f_{cu,o}$	SL	W/B	β_s	B	W_o	C	K	F	W	S	G	A	m_{cp}
2		30	5.0	48.0	38.2	180		40		182								

表10-5 计算水胶比

G2	f_x	=(0.53 * D2)/(E2+0.53 * 0.2 * D2)																
	A	B	C	D	E	F	G	H	I	J	K	L	M	N	O	P	Q	R
1	№	$f_{cu,k}$	σ	f_b	$f_{cu,o}$	SL	W/B	β_s	B	W_o	C	K	F	W	S	G	A	m_{cp}
2		30	5.0	48.0	38.2	180	0.59	40		182								

表10-6 计算胶凝材料总量

I2	f_x	=J2/G2																
	A	B	C	D	E	F	G	H	I	J	K	L	M	N	O	P	Q	R
1	№	$f_{cu,k}$	σ	f_b	$f_{cu,o}$	SL	W/B	β_s	B	W_o	C	K	F	W	S	G	A	m_{cp}
2		30	5.0	48.0	38.2	180	0.59	40	310	182								

表10-7 计算矿渣粉用量

L2	f_x	=I2 * 0.2																
	A	B	C	D	E	F	G	H	I	J	K	L	M	N	O	P	Q	R
1	№	$f_{cu,k}$	σ	f_b	$f_{cu,o}$	SL	W/B	β_s	B	W_o	C	K	F	W	S	G	A	m_{cp}
2		30	5.0	48.0	38.2	180	0.59	40	310	182		62						

表 10-8　计算粉煤灰用量

M2	f_x	=I2 * 0.18

	A	B	C	D	E	F	G	H	I	J	K	L	M	N	O	P	Q	R
1	№	$f_{cu,k}$	σ	f_b	$f_{cu,o}$	SL	W/B	β_s	B	W_o	C	K	F	W	S	G	A	m_{cp}
2		30	5.0	48.0	38.2	180	0.59	40	310	182		62	56					

表 10-9　计算水泥用量

K2	f_x	=I2−L2−M2

	A	B	C	D	E	F	G	H	I	J	K	L	M	N	O	P	Q	R
1	№	$f_{cu,k}$	σ	f_b	$f_{cu,o}$	SL	W/B	β_s	B	W_o	C	K	F	W	S	G	A	m_{cp}
2		30	5.0	48.0	38.2	180	0.59	40	310	182	192	62	56					

表 10-10　计算外加剂用量

Q2	f_x	=I2 * 0.02

	A	B	C	D	E	F	G	H	I	J	K	L	M	N	O	P	Q	R
1	№	$f_{cu,k}$	σ	f_b	$f_{cu,o}$	SL	W/B	β_s	B	W_o	C	K	F	W	S	G	A	m_{cp}
2		30	5.0	48.0	38.2	180	0.59	40	310	182	192	62	56	176			6.20	

表 10-11　计算用水量

N2	f_x	=J2−Q2 * 0.9

	A	B	C	D	E	F	G	H	I	J	K	L	M	N	O	P	Q	R
1	№	$f_{cu,k}$	σ	f_b	$f_{cu,o}$	SL	W/B	β_s	B	W_o	C	K	F	W	S	G	A	m_{cp}
2		30	5.0	48.0	38.2	180	0.59	40	310	182	192	62	56	176				

表 10-12　计算砂用量

O2	f_x	=(990−K2/3.15−L2/2.91−M2/2.2−N2−Q2/1.1)/(1/2.65+(100−H2)/H2/2.85)

	A	B	C	D	E	F	G	H	I	J	K	L	M	N	O	P	Q	R
1	№	$f_{cu,k}$	σ	f_b	$f_{cu,o}$	SL	W/B	β_s	B	W_o	C	K	F	W	S	G	A	m_{cp}
2		30	5.0	48.0	38.2	180	0.59	40	310	182	192	62	56	176	775		6.20	

注：函数前面的990为扣除1.0%空气含量后的混凝土体积。

表 10-13　计算石用量

P2		f_x	=O2*(100−H2)/H2															
	A	B	C	D	E	F	G	H	I	J	K	L	M	N	O	P	Q	R
1	№	$f_{cu,k}$	σ	f_b	$f_{cu,o}$	SL	W/B	β_s	B	W_o	C	K	F	W	S	G	A	m_{cp}
2		30	5.0	48.0	38.2	180	0.59	40	310	182	192	62	56	176	775	1162	6.20	

表 10-14　计算制成量

R2		f_x	=K2+L2+M2+N2+O2+P2+Q2															
	A	B	C	D	E	F	G	H	I	J	K	L	M	N	O	P	Q	R
1	№	$f_{cu,k}$	σ	f_b	$f_{cu,o}$	SL	W/B	β_s	B	W_o	C	K	F	W	S	G	A	m_{cp}
2		30	5.0	48.0	38.2	180	0.59	40	310	182	192	62	56	176	775	1162	6.20	2430

至此，设计计算过程完成了，我们得出了一个用于试配的混凝土配合比。应按 JGJ 55—2011 第 6 章的规定进行试拌、调整、修正。

10.2.3.3　试拌和调整

试拌时可调整的参数有原始用水量、砂率、外加剂掺量，见表 10-15，复制粘贴行，直接在单元格中调整。

表 10-15　试拌时的调整

R2		f_x																
	A	B	C	D	E	F	G	H	I	J	K	L	M	N	O	P	Q	R
1	№	$f_{cu,k}$	σ	f_b	$f_{cu,o}$	SL	W/B	β_s	B	W_o	C	K	F	W	S	G	A	m_{cp}
2		30	5.0	48.0	38.2	180	0.59	40	310	182	192	62	56	176	775	1162	6.20	2430
3		30	5.0	48.0	38.2	180	0.59	40	315	185	195	63	57	179	770	1154	6.93	2425
4		30	5.0	48.0	38.2	180	0.59	42	315	185	195	63	57	179	807	1114	6.93	2422

表 10-15 中行 2 为设计配合比；行 3 为第一次调整，用水量由 182 调整为 185，外加剂掺量由 2.0%调整为 2.2%；行 4 为第二次调整，砂率由 40%调整为 42%。试拌得出符合要求工作性能的配合比后，进行强度试验。

10.2.3.4　强度试验

依据 JGJ 55—2011 标准 6.1.5 条规定，表 10-16 行 2 为试拌配合比；行 3 为水胶比增加 0.05，砂率增加 1%；行 4 为水胶比减少 0.05，砂率减少 1%。水胶比可直接在单元格中修改。

表 10-16　强度试验

A2		f_x																
	A	B	C	D	E	F	G	H	I	J	K	L	M	N	O	P	Q	R
1	№	$f_{cu,k}$	σ	f_b	$f_{cu,o}$	SL	W/B	β_s	B	W_o	C	K	F	W	S	G	A	m_{cp}
2		30	5.0	48.0	38.2	180	0.59	42	315	185	195	63	57	179	807	1114	6.93	2422
3		30	5.0	48.0	38.2	180	0.64	43	289	185	179	58	52	179	836	1109	6.36	2419
4		30	5.0	48.0	38.2	180	0.54	41	343	185	212	69	62	178	777	1119	7.54	2425

10.2.3.5 试配分析

三个配合比的28d标准养护强度与水胶比在Excel表上绘制趋势线，从其上可找出所需强度对应的水胶比。例如，图10-7表现了水胶比0.54、0.59、0.64对应的强度为46.7MPa、39.6MPa、30.6MPa的趋势线。理想的强度为37.5MPa，其对应的水胶比为0.599，应重新试配以确认此水胶比。确认后的水胶比如与试拌配合比的水胶比不一致，可在试拌配合比行中试调标准差或胶砂强度使其达到一致。

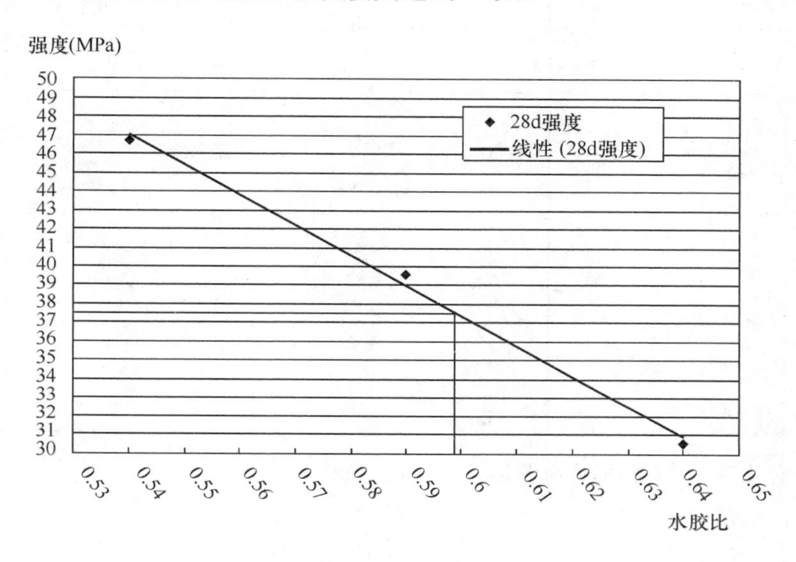

图10-7 水胶比-强度趋势线

10.2.3.6 批量设计配合比

方法：在设计好的配合比（如表10-17行4，编号为6900-1的行）行前（或行后）插入行，复制行4全行，粘贴至插入的空白行，修改编号、坍落度、砂率、原始用水量等数值，凡函数无需改动，工作表会自动计算。

表10-17 各种坍落度要求的配合比

A_1		f_x	№															
	A	B	C	D	E	F	G	H	I	J	K	L	M	N	O	P	Q	R
1	№	$f_{cu,k}$	σ	f_b	$f_{cu,o}$	SL	W/B	β_s	B	W_o	C	K	F	W	S	G	A	m_{cp}
2	6700-1	30	5.0	48.8	38.2	120	0.60	37	290	173	180	58	52	167	735	1251	6.39	2449
3	6800-1	30	5.0	48.8	38.2	150	0.60	39	302	180	187	60	54	174	761	1191	6.64	2435
4	6900-1	30	5.0	48.8	38.2	180	0.60	41	310	185	192	62	56	179	790	1137	6.83	2423

合并参数相同的单元格（表10-18），经过试配确认后的配合比工作表见表10-19，K列至Q列便是可应用于生产的配合比。

表 10-18　合并参数相同的单元格

A1	f_x	№																
	A	B	C	D	E	F	G	H	I	J	K	L	M	N	O	P	Q	R
1	№	$f_{cu,k}$	σ	f_b	$f_{cu,o}$	SL	W/B	β_s	B	W_o	C	K	F	W	S	G	A	m_{cp}
2	6700-1					120		37	290	173	180	58	52	167	735	1251	6.39	2449
3	6800-1	30	5.0	48.8	38.2	150	0.60	39	302	180	187	60	54	174	761	1191	6.64	2435
4	6900-1					180		41	310	185	192	62	56	179	790	1137	6.83	2423

表 10-19　设计其他强度等级的配合比

A1	f_x	№																
	A	B	C	D	E	F	G	H	I	J	K	L	M	N	O	P	Q	R
1	№	$f_{cu,k}$	σ	f_b	$f_{cu,o}$	SL	W/B	β_s	B	W_o	C	K	F	W	S	G	A	m_{cp}
2	5700-1					120		39	270	173	168	54	49	168	781	1221	5.41	2446
3	5800-1	25	5.0	46.0	33.2	150	0.64	41	281	180	174	56	51	175	807	1162	5.63	2431
4	5900-1					180		43	289	185	179	58	52	180	836	1109	5.78	2419
5	6700-1					120		37	290	173	180	58	52	167	735	1251	6.39	2449
6	6800-1	30	5.0	48.8	38.2	150	0.60	39	302	180	187	60	54	174	761	1191	6.64	2435
7	6900-1					180		41	310	185	192	62	56	179	790	1137	6.83	2423

10.2.3.7　配合比在应用过程中的调整

Excel 工作表中的配合比可在应用过程中根据结果进行单独调整，也可进行批量调整。工作表单元格分为三种类型：一是文本，二是数值，三是函数。文本可以修改，例如在配合比换版时，可将配合比编号 6900-1 改为 6900-2；可以根据需要调整数值单元格中的数值，例如标准差、胶砂强度、原始用水量；而对于函数，可以调整函数中的常数，例如矿物掺合料掺量、各原材料表观密度、液体外加剂含水率、外加剂掺量，要注意如非必要勿改变函数（公式）本身，以免发生计算错误。

（1）批量调整配合比。见表 10-20，当材料表观密度发生变化时，可在 O2 单元格的公式里进行修改，回车，重新选中 O2，移动鼠标至 O2 右下角的小方块上，鼠标变成实心的加号，按住左键向下拖拉直至配合比最末行，修改完成。实际用水量（液体外加剂含水率变化）、浆体体积、材料成本中的参数变化均可如此调整，其他列不可。

表 10-20　参数变化的调整

O2	f_x	=(990−K2/3.12−L2/2.91−M2/2.2−N2−Q2/1.1)/(1/2.62+(100−H2)/H2/2.83)																
	A	B	C	D	E	F	G	H	I	J	K	L	M	N	O	P	Q	R
1	№	$f_{cu,k}$	σ	f_b	$f_{cu,o}$	SL	W/B	β_s	B	W_o	C	K	F	W	S	G	A	m_{cp}
2	5700-1					120		39	270	173	168	54	49	168	773	1209	5.41	2427
3	5800-1	25	5.0	46.0	33.2	150	0.64	41	281	180	174	56	51	175	800	1151	5.63	2412
4	5900-1					180		43	289	185	179	58	52	180	828	1098	5.78	2401
5	6700-1					120		37	290	173	180	58	52	167	728	1239	6.39	2431
6	6800-1	30	5.0	48.8	38.2	150	0.60	39	302	180	187	60	54	174	754	1179	6.64	2416
7	6900-1					180		41	310	185	192	62	56	179	782	1126	6.83	2405

表 10-21 将材料表观密度集中在表头，公式中的参数引用固定位置的单元格，亦可实现

表10-20的刷列方法，数据直观，调整更加简便。浆体体积、材料单价同理操作。

表 10-21 参数集中

O3	f_x	=(990-K3/$K$1－L3/$L$1－M3/$M$1－N3－Q3/$Q$1)/(1/$O$1+(100-H3)/H3/$P$1)

	A	B	C	D	E	F	G	H	I	J	K	L	M	N	O	P	Q	R
1	表观密度										3.12	2.91	2.2	1	2.62	2.83	1.1	
2	№	$f_{cu,k}$	σ	f_b	$f_{cu,o}$	SL	W/B	β_s	B	W_o	C	K	F	W	S	G	A	m_{cp}
3	6700-1					120		37	290	173	180	58	52	167	728	1239	6.39	2431
4	6700-1	30	5.0	48.8	38.2	150	0.60	39	302	180	187	60	54	174	754	1179	6.64	2416
5	6700-1					180		41	310	185	192	62	56	179	782	1126	6.83	2405

（2）当需要掺加其他材料时，可按如下方式设计配合比：

① 直接掺加对制成量有较大影响的，如膨胀剂，应参与函数计算。

表10-22中膨胀剂为外掺，故砂率调整为39%，其余参数未做调整。

表 10-22 抗渗混凝土配合比

S2	f_x	=K2+L2+M2+N2+O2+P2+Q2+R2

	A	B	C	D	E	F	G	H	I	J	K	L	M	N	O	P	Q	R	S
1	№	$f_{cu,k}$	σ	f_b	$f_{cu,o}$	SL	W/B	β_s	B	W_o	C	K	F	U	W	S	G	A	m_{cp}
2		30	5.0	48.8	38.2	180	0.60	39	310	185	192	62	56	37.2	179	739	1156	6.83	2429

修改和增加的函数为：

单元格N2为插入列，f_x=I2*0.12；

单元格P2，f_x=(990-K2/3.15－L2/2.91－M2/2.2－N2/3－O2－R2/1.1)/(1/2.65+(100－H2)/H2/2.85)；

单元格S2，f_x=K2+L2+M2+N2+O2+P2+Q2+R2。

② 直接掺加对制成量无影响的，如早强剂、缓凝剂、引气剂等，可插入列，在新建材料名称下面的单元格中键入函数 f_x=胶凝材料总量*掺量。

③ 在进行配合比设计与调整时，可关注拌合物浆体体积，以保证配合比稳定性，获得最佳施工性能。注意调整胶凝材料表观密度时应同时调整该公式里的表观密度参数，并用本节介绍的方法刷新列，见表10-23。

表 10-23 浆体体积

S2	f_x	=K2/3.15+L2/2.91+M2/2.2+J2

	A	B	C	D	E	F	G	H	I	J	K	L	M	N	O	P	Q	R	S
1	№	$f_{cu,k}$	σ	f_b	$f_{cu,o}$	SL	W/B	β_s	B	W_o	C	K	F	W	S	G	A	m_{cp}	V_b
2		30	5.0	48.8	38.2	180	0.60	41	310	185	192	62	56	179	790	1137	6.83	2423	293

④ 材料成本。设定材料单价：水泥 300 元/吨，矿渣粉 200 元/吨，粉煤灰 100 元/吨，水 10 元/吨，砂 60 元/吨，石 50 元/吨，外加剂 2400 元/吨，见表 10-24。

表 10-24 材料成本计算

T2			f_x	=K2*0.3+L2*0.2+M2*0.1+N2*0.01+O2*0.06+P2*0.05+Q2*2.4						
	K	L	M	N	O	P	Q	R	S	T
1	C	K	F	W	S	G	A	m_{cp}	V_b	材料成本
2	192	62	56	179	790	1137	6.83	2423	293	198.18

建议：当配合比换版时，将当前版本文档另存为新版名称，然后再在其中修改，这样可以完整保留旧版本，以备检索。当需要增加其他性能系列配合比（如抗渗性能、防冻性能）时，可在当前版本中插入新工作表，将常温普通配合比复制粘贴进来，再行修改。可将同版本中各工作表按其性能重命名，见图 10-8。

常温 / 常温P8 / 常温P10 / 常温P12 / 冬施
就绪

图 10-8 工作表标签

注：配合比设计 Excel 电子表格可在中国建材工业出版社网站“课件专区”下载，网址：www.jccbs.com.cn

10.3 ERP

ERP（enterprise resource planning）企业资源计划系统，是指建立在信息技术基础上，以系统化的管理思想为企业决策层及员工提供决策运行手段的管理平台。ERP 系统集信息技术与管理思想于一身，成为现代企业的运行模式，是整合了企业管理理念、业务流程、基础数据、人力物力、计算机硬件和软件于一体的企业资源管理系统。人们更习惯称之为管理软件。

厂房、生产线、加工设备、检测设备、运输工具等都是企业的硬件资源，人力、管理、信誉、融资能力、组织结构、员工的劳动热情等就是企业的软件资源。企业运行发展中，这些资源相互作用，形成企业进行生产活动、完成客户订单、创造社会财富、实现企业价值的基础，反映企业在竞争发展中的地位。

以 ERP 为代表的计算机自动控制生产系统是一个大型模块化、集成性的流程导向系统，它集成财务会计、原材料进场和使用、混凝土生产、混凝土销售等信息流，能快速提供决策信息，提升混凝土生产企业的生产效率与快速反应能力。使用 ERP 可获得实时、完整和正确的各种信息，为管理者的管理决策提供支持，成为企业进行生产管理及决策的平台工具。当前市面上做该软件的较多，各有特色，鱼龙混杂。建议结合本企业的实际情况和管理要求来编制真正适用的 ERP 才是最好的管理工具。

ERP 系统大多采用客户端与服务器端的 C/S 结构，后台采用 SQL 数据库，各部门的工作联系紧密。下面举例说明具体流程，供参考。

ERP 主要包括的功能见图 10-9、图 10-10 和表 10-25。

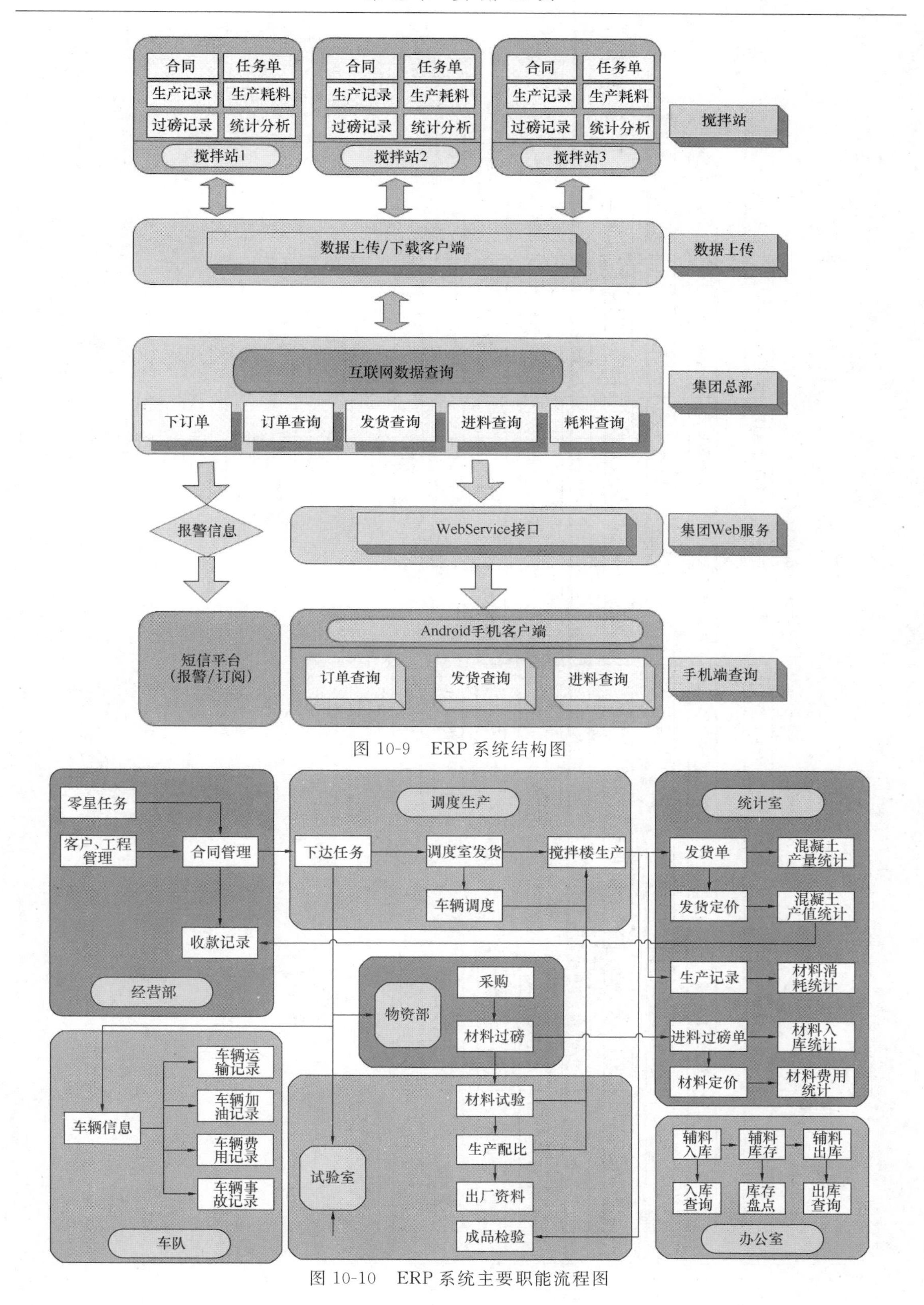

图 10-9　ERP 系统结构图

图 10-10　ERP 系统主要职能流程图

表 10-25 ERP 系统所属模块主要功能列表

经营管理	发货管理	配比管理	材料管理	辅料管理	车辆设备管理	统计管理	系统管理
客户信息管理	生产发货管理	配比库管理	过磅管理	物品信息管理	设备采购	混凝土产量统计	用户组管理
工程信息管理	车辆排队调度	配合比上传	采购计划	物品入库管理	设备使用	混凝土产值统计	用户管理
合同管理	剩灰记录管理	含水含石记录	供应商信息	物品出库管理	车辆信息管理	混凝土耗料统计	数据库连接配置
任务单管理	生产数据查询		库存管理	物品库存信息	车辆加油记录	混凝土产值产量统计	料仓信息配置
收款记录	发货数据查询		过磅数据查询	物品入库查询	车辆维护保养	混凝土等级耗料统计	系统登录日志
任务单查询	车辆排队日志		过磅数据统计	物品出库查询	车辆事故记录	剩灰记录查询	数据备份
收款记录查询	发货单修改日志		备料查询		车辆出行记录	罐车运输统计	登录口令修改
电话录音	运输车辆信息管理		数据修改日志		设备采购查询	磅房进料统计	
电话录音查询			库存修改日志		车辆信息查询		
			地磅通讯设置		车辆出行查询		
					车辆事故查询		
					车辆加油查询		
					车辆维护查询		

10.3.1 经营管理

经营管理模块可维护合同资料、工程资料，根据客户需求下任务，根据混凝土信息价格的变化灵活地维护各工程的单价，还可记录客户回款，以便根据工程进度等情况控制生产量。

10.3.2 发货管理

发货管理是ERP系统的核心模块，主要包括生产发货管理、车辆调度管理、退剩灰管理、发货查询统计、生产数据查询、操作日志浏览等。

本模块可帮助生产管理者完成生产任务实施、进度（状态）控制；实时监控每天的生产进度，监控车辆排队、实际派车情况；监控各原材料投料计量误差情况。

其中车辆排队可由司机刷IC卡自动排队，排队信息可在局域网内任意一台安装了ERP系统的电脑上查看，还可以实时显示在LED大屏幕上供司机查看。

可查看任意时间段的生产记录及投料误差情况，其中生产记录及送货单均由系统自动采集，高效且准确，用户可选择自动或手动打印送货单，并提供多种退剩灰处理方式。

10.3.3 材料管理

材料管理提供了材料入库（过磅）管理、材料入库（过磅）数据查询统计、材料消耗统计、库存查询盘点、材料供应商信息维护等功能。

材料入库数据由系统从地磅设备采集而来，也可手工输入；材料消耗由系统从生产线自动采集，实时且准确，可按时间段统计生产线各仓位材料消耗量。

过磅时可对材料的信息价格进行录入，并根据入库量自动生成材料应付款。

根据入库及材料消耗，可查询各种材料及各料仓的库存量；可在任意时间进行盘点，由系统自动生成盘点表。

10.3.4 辅料管理

系统提供辅料管理功能，可以对物品的出入库全面管理：可处理有关物品（包括零配件、劳保用品，办公用品等）的入库、领用等业务。

可维护各种物品的价格、单位等信息，进行库存盘点、出入库统计，并提供了查询数据导出到Excel功能，以便进行数据二次加工处理。

10.3.5 配比管理

本模块主要包括生产配比库维护和生产配比数据上传两部分，另外包括“原材料试验管理”、“成品试验管理”、“出厂材质管理”、“混凝土质量统计评定管理”等功能。

生产配比库维护：可以很方便快捷地录入、修改试验室试配定型的生产配合比，在录入、修改界面中可实时自动计算出配比的表观密度、砂率、水胶比等信息，方便对配比的调整。

生产配比上传：系统会实时刷新任务数据，可以实时接收经营部下达的任务，同时有弹窗消息提示有新任务，并且任务列表中未上传生产配比的任务会以黄色背景色显示，提示试验室相关人员及时上传生产配比。上传配比时系统会根据任务信息中的混凝土强度信息自动从生产配比库中筛选出相关强度等级的生产配比，以便试验室人员快速下达生产配比。

10.3.6 车辆、设备管理

本模块主要包括设备采购、设备使用、车辆信息管理、车辆维修保养、车辆加油记录、车辆事故记录、车辆出行记录、相关数据查询等。

10.3.7 统计管理

本模块提供了对由系统录入、采集的数据进行汇总、统计、查询的功能集合。主要包括混凝土产量统计、混凝土耗料统计、磅房进料统计、罐车运输日报、剩灰记录统计等。

每项统计均可设置时间段条件查询，另外系统根据不同统计项，统计结果还可进行进一步细分分组，如：混凝土产量统计结果会按明细、综合、等级、生产线、合同进行细分显示结果。

所有统计查询结果均可通过数据导出功能导出到Excel进行二次处理加工，以满足用户多样化、个性化的报表需求。

10.3.8 系统管理

本模块主要是对用户访问权限及数据编辑权限设置，可对某操作项设置用户可访问，但设置编辑权限为不可编辑，可实现对该项的只读效果，从而保证数据的安全性和保密性。

主要功能有：用户组管理、用户（权限）管理、系统日志、数据备份等。

10.4 BDS或GPS车辆定位系统

我国正在建设的北斗卫星导航系统（BDS）由5颗静止轨道卫星和30颗非静止轨道卫星组成，提供两种服务方式，即开放服务和授权服务（属于第二代系统）。开放服务是在服务区免费提供定位、测速和授时服务，定位精度为10m，授时精度为50ns，测速精度0.2m/s。授权服务是向授权用户提供更安全的定位、测速、授时和通信服务以及系统完好性信息。目前“北斗”终端价格已经趋于GPS终端价格。采用BDS或GPS可避免交通拥挤，降低运输成本。

10.4.1 基本功能与拓展功能

常见的基本功能，如定位跟踪、越界/超速/紧急报警、监听、断油断电（遥控熄火）、ACC状态检测、原车防盗器报警检测、里程统计、轨迹回放等，外设接口可接很多外部设备，最多可以同时接四个外部设备，具体包括黑白调度屏幕、彩色调度屏幕、语音提示喇叭、摄像头、油量采集器，甚至LED广告屏幕。

10.4.2 特色功能

支持手机短信查车、手机上网查车，和原车防盗器相连，异常报警时直接通过短消息通知车主，车主可以用手机遥控车辆熄火；其中一种油量型GPS可以实时采集油箱油量，同时支持多个油箱；采用信号智能平抑技术，可有效避免因刹车、车辆颠簸、爬坡带来的误差；实时报警，对偷油、漏油实时报警，并报告偷油/漏油量；采用高精度A/D转换器，定制9～16mm的高分辨率油量传感器，将采集误差降到最低。常见的产品类型见图10-11。

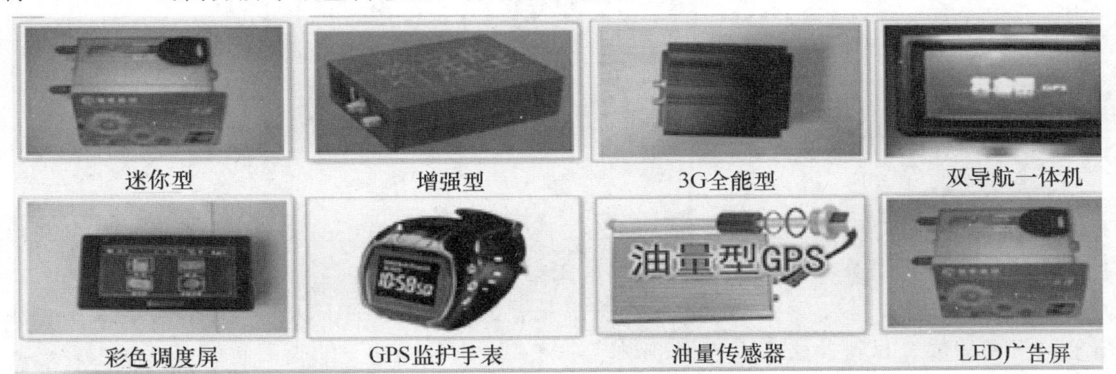

图10-11　常见的车辆定位系统产品

第11章　有必要探讨的几个问题

11.1　水泥用量该怎么定？

谈到水泥用量，会牵扯到多方面的问题。其实矛盾的产生，主要是由于有新的掺合料出现，到底掺合料算不算“水泥用量”中的水泥的讨论。关于这个问题，王振铎等曾撰文阐述。我国颁布的第一本《钢筋混凝土工程施工及验收规范》（GBJ 10—65）就规定最小水泥用量包括外掺混合材料。之后由于标准规范修订，引用和表述不清晰而致使说法不一，因此有人机械地认为“水泥用量”中的水泥就是搅拌站配合比通知单中的“水泥”一栏中的数值，也就是狭义上的水泥，而不包括掺合料，这是明显的认识误区。由于人为理解的错误，在全国各地出现了很多不应该出现的关于水泥用量的文件规定，建设工程上有关人员的理解也是五花八门。近几年随着规范和标准的修订和陆续发布，说法逐渐得到了统一。混凝土是为建设工程服务的，能够满足工程使用功能的混凝土才是满足要求的，而不是满足水泥用量的混凝土才是工程需要的。因此，笔者认为，工程技术人员应该多下一些功夫去深层次地理解规范和标准的内涵，而不是刻意追究纸面上的文字。每种新材料和新工艺问世时，都不可能有标准或者规范，只要使用很可能就是不符合标准要求的，但我们不能因此就不使用了。同时也建议标准的编写单位不要为了编写一本标准而编标准，大量的试验数据验证、施工一线的经验和教训积累、地域的差异以及广泛地征求意见都很重要，这样的标准才更有实际的指导价值。另外，我国的标准修订周期偏长，施工工艺和建筑材料都在不断地创新和发展，而标准不随之修订，势必将制约新工艺和新材料的应用，实质上，此时的标准已经“作废”了，才导致在应用中阴阳配合比的出现。

这里对常用的几本规范中水泥用量规定做摘录，供读者在工作中参考。

(1)《建筑工程冬期施工规程》(JGJ/T 104—2011)，2011年4月22日发布，2011年12月1日实施。该规范中第6.1.3条规定，混凝土的配制宜选用硅酸盐水泥或普通硅酸盐水泥，并应符合下列规定：2 混凝土最小水泥用量不宜低于280kg/m^3，水胶比不应大于0.55；3 大体积混凝土的最小水泥用量，可根据实际情况决定；4 强度等级不大于C15的混凝土，其水胶比和最小水泥用量可不受以上限制。该条款的条文说明中如下表述：现行国家标准《通用硅酸盐水泥》(GB 175—2007) 中将普通硅酸盐水泥和硅酸盐水泥最低强度等级确定为42.5，取消普通硅酸盐水泥32.5等级，故本次修订中，参考现行国家标准《通用硅酸盐水泥》(GB 175—2007) 的修订情况和现行行业标准《普通混凝土配合比设计规程》(JGJ 55—2000)（当时为2000版）中的有关最小水泥用量的规定，将冬期施工混凝土最小水泥用量在JGJ 55—2000的基础上增加20kg/m^3，主要是考虑在低温或负温条件下保证早期强度增长率。同时，考虑现代混凝土配制和生产技术的发展，在有能力确保混凝土早期强度增长速率不下降，混凝土能尽快达到受冻临界强度的条件下，混凝土最小水泥用量也可小于 280kg/m^3，体现节能、节材的绿色施工宗旨，故本条最小水泥用量由“应”改为“宜”。

(2)《普通混凝土配合比设计规程》(JGJ 55—2011)，2011 年 4 月 22 日发布，2011 年 12 月 1 日实施。该规程中没有直接给出水泥用量，但是给出了最小胶凝材料用量和最大的矿物掺合料用量，技术人员可以根据所属类别进行计算即可。

该规程规定混凝土的最小胶凝材料用量应符合表 11-1 的规定，配制 C15 及其以下强度等级的混凝土，可不受表 11-1 的限制。

表 11-1　混凝土的最小胶凝材料用量

最大水胶比	最小胶凝材料用量（kg/m^3）		
	素混凝土	钢筋混凝土	预应力混凝土
0.60	250	280	300
0.55	280	300	300
0.50	320		
≤0.45	330		

该规程规定矿物掺合料在混凝土中的掺量应通过试验确定。钢筋混凝土中矿物掺合料最大掺量宜符合表 3-2 的规定；预应力钢筋混凝土中矿物掺合料最大掺量宜符合表 11-2 的规定。抗冻混凝土的最大水胶比和最小胶凝材料用量见表 11-3；抗冻混凝土中复合矿物掺合料最大掺量见表 11-4。

表 11-2　预应力钢筋混凝土中矿物掺合料最大掺量

矿物掺合料种类	水胶比	最大掺量（%）	
		采用硅酸盐水泥时	采用普通硅酸盐水泥时
粉煤灰	≤0.40	35	30
	>0.40	25	20
粒化高炉矿渣粉	≤0.40	55	45
	>0.40	45	35
钢渣粉	—	20	10
磷渣粉	—	20	10
硅灰	—	10	10
复合掺合料	≤0.40	55	45
	>0.40	45	35

注：1. 采用其他通用硅酸盐水泥时，宜将水泥混合材掺量 20%以上的混合材量计入矿物掺合料。

2. 复合掺合料各组分的掺量不宜超过单掺时的最大掺量。

3. 在混合使用两种或两种以上矿物掺合料时，矿物掺合料总掺量应符合表中复合掺合料的规定。

表 11-3 抗冻混凝土的最大水胶比和最小胶凝材料用量

设计抗冻等级	最大水胶比		最小胶凝材料用量（kg/m³）
	无引气剂时	掺引气剂时	
F50	0.55	0.60	300
F100	0.50	0.55	320
不低于 F150	—	0.50	350

表 11-4 抗冻混凝土中复合矿物掺合料最大掺量

水胶比	最大掺量（%）	
	采用硅酸盐水泥时	采用普通硅酸盐水泥时
≤0.40	60	50
>0.40	50	40

注：1. 采用其他通用硅酸盐水泥时，可将水泥混合材掺量20%以上的混合材量计入矿物掺合料。
2. 复合矿物掺合料中各矿物掺合料组分的掺量不宜超过表 3-2 中单掺时的限量。

（3）《地下工程防水技术规范》（GB 50108—2008），2008 年 11 月 27 日发布，2009 年 4 月 1 日实施。该规范第 4.1.16 条防水混凝土的配合比，应符合下列规定：1 胶凝材料用量应根据混凝土的抗渗等级和强度等级选用，其总用量不宜小于 320kg/m³；当强度要求较高或地下水有腐蚀性时，胶凝材料用量可通过试验调整；2 在满足混凝土抗渗等级、强度等级和耐久性条件下，水泥用量不宜小于 260kg/m³。条文说明中解释：4. 1. 16 本条有较大修改，在混凝土配制的理念及材料组成上均与原规范有较大不同，引用了当前普遍采用的胶凝材料的概念。混凝土的配制一直是以 28d 抗压强度作为衡量其质量的主要指标，并片面认为只有极具活性的水泥才能赋予混凝土足够的强度，常常以增加水泥用量或提高水泥强度等级作为获得理想强度的手段，却忽略了由于水泥产生大量的水化热使混凝土开裂、耐久性降低的弊病。随着混凝土技术的发展，现代混凝土的设计理念也在更新，尽可能减少硅酸盐水泥用量而掺入一定量且具有活性的粉煤灰、粒化高炉矿渣、硅灰等矿物掺合料，使混凝土在获得所需抗压强度的同时，能获得良好的耐久性、抗渗性、抗化学侵蚀性、抗裂性等技术性能，并可降低成本，获得明显的经济效益。但水泥用量也不能过低，经大量试验研究和工程实践，配制防水混凝土时水泥用量不应小于 260 kg/m³ 和胶凝材料的总用量不宜小于 320 kg/m³，当地下水有侵蚀性介质和对耐久性有较高要求时，水泥和胶凝材料用量可适当调整。随着混凝土技术的发展，为了适应混凝土性能的要求，包括防水混凝土在内的混凝土原材料组成也在发生变化。作为胶凝材料的主角——水泥固然仍占主导地位，但其他胶凝材料（粉煤灰、矿渣粉、硅灰等）的用量正在大幅提升，其用量约占混凝土全部胶凝材料的 25%～35%，甚至更多。水泥以外的其他胶凝材料，它们均具有不同程度的活性，对改善混凝土性能起着重要作用。胶凝材料活性的激发，同样要依赖其与水的结合反应，因此必须有足够的水分才能使混凝土充分水化。基于以上原因，修编后的规范条文中，以胶凝材料的用量取代传统的水泥用量，并以水胶比（即水与胶凝材料之比）取代传统的水灰比，并提出水胶比不得大于 0.5 的要求。

(4)《大体积混凝土施工规范》(GB 50496—2009)，2009 年 5 月 13 日发布，2009 年 10 月 1 日实施。第 4.3.1 条规定：粉煤灰掺量不宜超过胶凝材料用量的 40%；矿渣粉的掺量不宜超过胶凝材料用量的 50%；粉煤灰和矿渣粉掺合料的总量不宜大于混凝土中胶凝材料用量的 50%。

(5)《铁路混凝土与砌体工程施工规范》(TB 10210—2001)，2001 年 6 月 7 日发布，2001 年 9 月 1 日实施。混凝土最大水灰比和最小水泥用量见表 11-5。

表 11-5　混凝土最大水灰比和最小水泥用量

混凝土所处的环境条件	所在地区最冷月平均气温					
	低于－15℃		－15～－5℃		高于－5℃	
	最大水灰比	最小水泥用量（kg/m³）	最大水灰比	最小水泥用量（kg/m³）	最大水灰比	最小水泥用量（kg/m³）
受水流冲刷、冰冻作用的混凝土	0.55	300	0.60	275	0.65	250
最低冲刷线以下的地下部分，不受水流作用的地上部分及不致遭受冰冻作用的混凝土	0.6	275	0.65	250	0.70	230

注：本表中最小水泥用量（含掺合料）是指混凝土而言。钢筋混凝土的最小水泥用量应增加 25kg/m³。预应力混凝土的最小水泥用量应为 300kg/m³。人工捣实混凝土时，最小水泥用量应增加 25kg/m³。

《铁路混凝土结构耐久性设计暂行规定》(铁建设［2005］157 号)，2005 年 9 月 13 日发布，2005 年 10 月 1 日实施。第 5.1.1 条规定：C30 及以下混凝土的胶凝材料总量不宜高于 400kg/m³，C35～C40 混凝土不宜高于 450kg/m³，C50 及以上混凝土不宜高于 500kg/m³。第 5.1.2 条规定：混凝土中宜适量掺加符合技术要求的粉煤灰、矿渣粉或硅灰等矿物掺合料。不同矿物掺合料的掺量应根据混凝土的施工环境条件特点、拌合物性能、力学性能以及耐久性要求通过试验确定。一般情况下，矿物掺合料不宜小于胶凝材料总量的 20%。当混凝土中粉煤灰掺量大于 30%时，混凝土的水胶比不宜大于 0.45。预应力混凝土以及处于冻融环境中的混凝土中粉煤灰的掺量不宜大于 30%。第 5.2.1 条规定：不同环境条件下钢筋混凝土和预应力钢筋混凝土结构的混凝土最大水胶比、最小胶凝材料用量应满足表 11-6 的要求。

表 11-6　钢筋混凝土及预应力混凝土最低强度等级、最大水胶比和最小胶凝材料用量　kg/m³

环境类别	环境作用等级	设计使用年限级别		
		一（100 年以上）	二（60 年以上）	三（30 年以上）
碳化环境	T1	C30，0.55，280	C25，0.60，260	C25，0.65，260
	T2	C35，0.50，300	C30，0.55，280	C25，0.60，260
	T3	C40，0.45，320	C35，0.50，300	C35，0.50，300
氯盐环境	L1	C40，0.45，320	C35，0.50，300	C35，0.50，300
	L2	C45，0.40，340	C40，0.45，320	C40，0.45，320
	L3	C50，0.36，360	C45，0.40，340	C45，0.40，340

续表

环境类别	环境作用等级	设计使用年限级别		
		一（100年以上）	二（60年以上）	三（30年以上）
化学侵蚀环境	H1	C35，0.50，300	C30，0.55，280	C30，0.60，260
	H2	C40，0.45，320	C35，0.50，300	C35，0.50，300
	H3	C45，0.40，340	C40，0.45，320	C40，0.45，320
	H4	C50，0.36，360	C45，0.40，340	C45，0.40，340
冻融破坏环境	D1	C35，0.50，300	C30，0.55，280	C30，0.60，260
	D2	C40，0.45，320	C35，0.50，300	C35，0.50，300
	D3	C45，0.40，340	C40，0.45，320	C40，0.45，320
	D4	C50，0.36，360	C45，0.40，340	C45，0.40，340
磨蚀环境	M1	C35，0.50，300	C30，0.55，280	C30，0.60，260
	M2	C40，0.45，320	C35，0.50，300	C35，0.50，300
	M3	C45，0.40，340	C40，0.45，320	C40，0.45，320

（6）《海港工程混凝土结构防腐蚀技术规范》（JTJ 275—2000），2000年12月8日发布，2001年5月1日实施。该规范第5.2.5条规定，不同暴露部位混凝土拌合物的最低水泥用量应符合表11-7的要求。

表11-7　海水环境混凝土的最低水泥用量　　kg/m³

环境条件		钢筋混凝土、预应力混凝土	
		北　方	南　方
大气区		300	360
浪溅区		360	400
水变动位区	F350	395	360
	F300	360	
	F250	330	
	F200	300	
水下区		300	300

注：1. 有耐久性要求的大体积混凝土，水泥用量应按混凝土的耐久性和降低水泥水化热要求综合考虑。

2. 掺加掺合料时，水泥用量可相应减少，但应符合本规范中第5.1.5条和第5.2.2条的规定。

3. 掺外加剂时，南方地区水泥用量可适当减少，但不得降低混凝土密实性，可采用混凝土抗渗性或渗水高度检验。

4. 有抗冻要求的混凝土，浪溅区范围内下部1m应随同水位变动区按抗冻性要求确定其水泥用量。

（7）《公路工程混凝土结构防腐蚀技术规范》（JTG/T B07-01—2006），2006年9月1日实施。该规范第4.2.1条规定：配有钢筋的混凝土，其最低强度等级、最大水胶比和单方混凝土中的胶凝材料最小用量应满足表11-8的规定，且所采用的胶凝材料（水泥与矿物掺合料）种类与用量应根据不同的环境类别满足第4.2.2～4.2.7条的有关规定。不同强度等级混凝土的胶凝材料总量要求如下：C40以下不宜大于400kg/m³，C40～C50不宜大于450kg/m³，C60及以上不宜大于500kg/m³（非泵送混凝土）和530kg/m³（泵送混凝土）。

表11-8　耐久性设计要求混凝土的最低强度等级、最大水胶比和胶凝材料最小用量　kg/m³

环境作用等级 \ 设计基准期	100年			50年		
	最低强度等级	最大水胶比	最小胶凝材料用量	最低强度等级	最大水胶比	最小胶凝材料用量
A	C30	0.55	280	C25	0.60	260
B	C35	0.50	300	C30	0.55	280
C	C40	0.45	320	C35	0.50	300
D	C45	0.40	340	C40	0.45	320
E	C50	0.36	360	C45	0.40	340
F	C50	0.32	380	C50	0.36	360

从上述列举的不同的标准和规范的规定可见，不同的行业、不同的使用需要，对水泥用量或者胶凝材料的用量都有明确的要求。因此，当我们在面对具体工程用混凝土时，首先要从混凝土的需方那里获取明确的技术要求，其中包括该混凝土执行的规范，根据该规范的要求设计配合比，并通过试验和检验。用数据来说话，选取的水泥用量或者胶凝材料的用量才可靠。

11.2　海砂不能用于混凝土吗？

2013年3月，媒体曝光深圳“海砂楼”事件，一时间，公众将目光集中在了海砂身上。“海砂”一时声名鹊起。海砂的主要危害就是因为海水中的氯离子腐蚀钢筋，进而使混凝土膨胀开裂而引发结构破坏。

海砂被定义为：出产于海洋和入海口附近的砂，包括滩砂、海底砂和入海口附近的砂。海砂混凝土是指细骨料全部或部分采用海砂的混凝土。

海砂混凝土在日本、英国、我国台湾地区已有数十年的应用历史，20世纪80至90年代，日本的海砂用量占整个建筑用砂的比例高达30%左右。20世纪90年代以来，我国海砂混凝土的应用有了较大发展。海砂混凝土的应用，国内外均走过弯路，在混凝土结构耐久性方面付出过沉重的代价。海砂的净化处理，需要使用专用设备，只采用淡水淘洗。净化过程包括去除氯离子等有害离子、泥、泥块，以及粗大的砾石和贝壳等杂质。海砂因含有较高的氯离子、贝壳等物质，直接用于配制混凝土会严重影响结构的耐久性，造成严重的工程质量问题甚至酿成事故。海砂的淡化需要使用专用设备，只采用简易的人工清洗，含盐量和杂质不易去除干净，且均匀性差，质量难以控制。海砂用于配制混凝土，应特别考虑影响建设工程的安全性和耐久性的因素，确保工程质量，确保海砂应用的安全性。

行业标准《普通混凝土用砂、石质量及检验方法标准》（JGJ 52—2006）自2007年6月1日起实施，发布和使用较早，其中对海砂的使用规定如下。

（1）海砂中氯离子含量应符合下列规定：

①对于钢筋混凝土用砂，其氯离子含量不得大于0.06%（以干砂的质量百分率计）；

②对于预应力混凝土用砂，其氯离子含量不得大于0.02%（以干砂的质量百分率计）。

（2）海砂中贝壳含量应符合表11-9的规定。

表11-9　海砂中贝壳含量（JGJ 52—2006）

混凝土强度等级	≥C40	C35～C30	C25～C15
贝壳含量（按质量计,%）	≤3	≤5	≤8

行业标准《海砂混凝土应用技术规范》（JGJ 206—2010）于2010年12月1日起实施，规定得更为严细，见表11-10。

表11-10　海砂的质量要求

项　　目	指　　标
水溶性氯离子含量（按质量计,%）	≤0.03
含泥量（按质量计,%）	≤1.0
泥块含量（按质量计,%）	≤0.5
坚固性指标（%）	≤8

海砂中贝壳的最大尺寸不应超过4.75mm。贝壳含量应符合表11-11的要求。对于有抗冻、抗渗或其他特殊要求的强度等级不大于C25的混凝土用砂，贝壳含量不应大于8%。

表11-11　海砂中贝壳含量（JGJ 206—2010）

混凝土强度等级	≥C60	C40～C55	C35～C30	C25～C15
贝壳含量（按质量计,%）	≤3	≤5	≤8	≤10

《海砂混凝土应用技术规范》对于氯离子的限值规定更为严格，主要出于两个方面的考虑，首先是参考了日本和我国台湾地区的标准；其次是目前采用《普通混凝土用砂、石质量及检验方法标准》测定氯离子含量的制样方法与实际工程应用时的做法不相符，由于系统误差而导致低估海砂中氯离子的含量。因此，在不改变干砂制样方法的前提下，通过降低氯离子含量的限值来弥补对砂样氯离子含量的低估。

国内外有关标准规范中，对预应力混凝土结构的氯离子总量限制最为严格。《海砂混凝土应用技术规范》规定预应力混凝土结构不得使用海砂混凝土。

在生产应用过程中，全部应用海砂是一定要经过淡化处理的。另外，人工砂包括机制砂、河砂、尾矿砂等与海砂混合使用，既可降低混凝土的氯离子含量，又可以节约天然砂资源，在资源变得越来越紧张的情势下不失为一种比较好的方法。

11.3　外加剂的减水率越高越好，掺量越低越好吗？

外加剂在搅拌站的应用是很普遍的，概括来说，外加剂用好了，将发挥很好的作用，改善混凝土的拌合性能，提高强度和耐久性能等。但是，若使用不当，也会给混凝土的质量带来诸多的不利之处。随着外加剂技术的不断发展，品种较多，功能不一。在市场竞争中争得一席之地，通过技术挖掘潜力、降低成本，是每个搅拌站技术人员重要的工作。对于外加剂来说，是不是单方掺加量越低越好呢？所用外加剂的减水率是不是越高越好呢？不是的。这是一种考虑不周全的做法。控制成本或降低成本的途径很多，但归根结底是使单方混凝土的原材料成本最低为目的，同时也应考虑生产环节的影响，也就是配合比的生产执行是否便利与合理。以液体减水剂为例，若保持减水率不变，降低掺量，为保证减水性能，就必须提高固含量。每种物质都有自己的溶解度，在温度和浓度一定时，部分有效成分可能无法溶解，即使能够溶解，浓度很高，液体就会变得很黏稠，在输送管道中的流动速度也会很慢，影响工作效率，低温时也可能结晶析出而堵塞管道。另外，生产配料秤的量程和计量精度是一定的，一般使用量程的 20%～80%最为准确。保证相同的有效成分为前提，用量较大时的计量偏差会比用量较小时小一些。比如：同样是计量超差 0.1kg，计量 10kg 和计量 5kg，计量偏差分别为 1%和 2%，相差一倍，对混凝土的性能影响程度前者较小。而对于减水率的问题，单纯追求高的减水率就会出现上述情况，而且极易造成混凝土泌水、离析。高减水率仅适合高强度等级的混凝土使用，对于中低强度等级的混凝土来说，高减水率的外加剂应用后，新鲜混凝土拌合物的状态较差，而且对外加剂的掺量和骨料级配均敏感，不便于质量控制和生产上使用。

11.4　聚羧酸系外加剂的性能一定优于萘系吗？

从国内外已经发表的研究论文和公开的专利来看，根据其不同的主链结构可以将聚羧酸系高效减水剂产品分为两大类：一类是以丙烯酸或甲基丙烯酸为主链，接枝不同侧链长度的聚醚；一类是以马来酸酐为主链，接枝不同侧链长度的聚醚。目前，国内外市场上聚羧酸类产品的主要区别也就在于：①主链的化学结构及长度；②侧链的种类、长度及接枝密度；③离子基团的含量；④分子量的大小及分布等几个方面。由此可见，聚羧酸分子结构上自由度大，制造技术上可控制的参数多，高性能化的潜力非常大。据报道，日本聚羧酸系减水剂使用量已占所有高性能外加剂产品总量的 80%以上，北美和欧洲也占了 50%以上。在我国，聚羧酸系减水剂已成功应用在三峡大坝、苏通大桥、岭澳核电站、央视大楼、京沪高铁等国家大型水利、桥梁、核电、市政、铁路工程，并取得了显著的成果。这里需要着重提出的是，随着国家大规模建设高速铁路，聚羧酸系减水剂得到了前所未有的全面推广，由此极大地推动了聚羧酸系减水剂的性能改进与提升，同时行业内人士也积累了大量聚羧酸系减水剂的应用经验。此外，近几年国内许多技术力量较强的混凝土搅拌站也开始了聚羧酸系减水剂的应用尝试，并且取得了较好的经济及技术效益。

出于混凝土单方成本方面考虑，采用聚羧酸保持或降低成本的方向及思路是降低水胶比，减少水泥用量，适当增加掺合料用量，保证强度及满足混凝土拌合物性能。经过试验，聚羧酸系减水剂针对较高强度等级混凝土（水胶比≤0.45、总胶材量≥400kg/m^3）的成本及混凝土状态优势较为明显，C25 及以下强度等级无优势。

聚羧酸系外加剂在应用之初就打着高于萘系一族的旗号，从宣传方面也过多地强调了其优点而弱化甚至只字不提其缺点，让使用者对其寄予过高的期望。其实每种材料都是有优缺点的，两个方面的性能是同时存在的。聚羧酸系外加剂与胶凝材料的适应性以及与骨料的适应性和其他系列的外加剂相比，没有非常明显的优势。首先，与胶凝材料的适应性，与不同品种、不同品牌水泥的适应性也是千差万别，并不是适应性很好，往往在混凝土拌合物的黏聚性方面、保水方面还要差。对掺合料，如粉煤灰的品质要求还比较高，符合二级或者三级品质的粉煤灰，部分指标比较高的时候，混凝土拌合物的性能明显变差，包括流动性、坍落度、含气量、坍落度损失等。与骨料的适应性也是比较敏感的，砂中的含泥量和石中的石粉或者含泥甚至粒径的大小，都明显地影响拌合物状态。实际应用表明：在固定外加剂掺量时，如石粉的含量在1%，仅坍落度指标便可减小50～60mm，砂的含泥相差2%时，为达到相同的坍落度，用水量至少增加30kg，而骨料粒径的变化就可以致使整盘混凝土离析，可见其敏感程度。所以，对待聚羧酸系外加剂的应用，应根据使用的原材料变化情况，适时调整生产用配合比，外加剂自身的减水率不宜过高，保坍的时间不宜过长，否则，将事与愿违。建议一般的混凝土采用中低减水率，配合比设计时的用水量不少于165kg，监控掺合料的品质，检测指标有明显变化时，尤其是变差时，应及时减少这种材料的使用量，以保证拌合物性能。定期抽取原材料，进行试验室内的混凝土试拌，检测指标有明显变化时，应重新设计配合比以指导生产。

11.4.1 聚羧酸系与萘系减水剂的对比试验研究情况

11.4.1.1 拌合物性能对比

与国内外同类聚羧酸系减水剂产品PC1和PC2，以及传统萘系减水剂，主要从新拌混凝土性能、力学性能等方面进行比较。见表11-12。

表11-12 外加剂一览表

型　　号	化学成分	生产厂家
PCA（I）	羧酸类接枝共聚物	国内某公司
PC1	羧酸类接枝共聚物	国外某公司
PC2	羧酸类混凝土外加剂	国外某公司
FDN	萘磺酸盐甲醛缩合物	国外某公司

采用《混凝土泵送剂》（JC 473）标准，以素混凝土坍落度（180±10）mm为基准，加水量则以控制坍落度为（180±10）mm为准。减水率测试结果和其他新拌混凝土性能见表11-13，坍落度损失见表11-14，其中萘系减水剂测坍落度损失时，加入水泥用量0.05%的葡萄糖酸钠。

表11-13 JC 473方法测定的减水率及其他新拌混凝土性能（外加剂以有效固体分计量）

外加剂	掺量（%）	水灰比	坍落度/扩展度（mm）	含气量（%）	减水率（%）	泌水率（%）	凝结时间	
							初凝	终凝
基准	—	0.55	185	1.8	—	5.0	15∶15	17∶05
PCA（I）	0.2	0.395	210/350	2.5	28.2	0.65	15∶36	17∶01
PC1	0.2	0.41	210/370	3.1	25.5	0.58	15∶30	18∶50
PC2	0.2	0.39	215/420	5.7	29.0	0.42	15∶45	19∶05
FDN	0.5	0.41	210/370	3.5	25.5	5.8	18∶05	20：40

表 11-14　JC 473 方法测定坍落度经时变化（外加剂以有效固体分计量）

外加剂	坍落度（扩展度）保持性（mm）		
	0h	1h	1.5h
PCA（I）	210（350）	225（430）	220（420）
PC1	210（370）	215（400）	220（450）
PC2	215（420）	215（470）	215（450）
FDN	210（370）	110（—）	—

由表 11-13、表 11-14 可以知道，PCA（I）表现出较高的减水率，1.5h 后没有坍落度经时损失。而混凝土的凝结时间几乎没有变化，该优点能够保证混凝土按时脱模，缩短施工工期。

11.4.1.2　抗压强度对比

采用 JC 473 方法测定抗压强度及其抗压强度比与国外同类产品相比较是比较高的，PCA（I）高效减水剂增强效果比较明显，掺加了该外加剂后，混凝土无论早期强度增长或中后期强度增长都比较明显，这对配制高强高性能混凝土是十分有利的。见表 11-15。

表 11-15　JC 473 方法测定抗压强度及其抗压强度比（外加剂以有效固体分计量）

外加剂	掺量（%）	水灰比	减水率（%）	抗压强度/抗压强度比			
				R_3	R_7	R_{28}	R_{90}
基准	—	0.553	—	12.7/100	23.0/100	40.9/100	52.9/100
PCA（I）	0.2	0.395	28.2	30.7/196	49.3/214	71.7/175	78.5/148
PC1	0.2	0.41	25.5	25.0/159	44.5/193	67.1/164	70.4/133
PC2	0.2	0.39	29.0	26.7/170	43.6/190	64.2/157	68.5/129
FDN	0.5	0.41	25.5	23.4/149	42.0/183	56.1/137	62.1/117

11.4.1.3　体积稳定性-干燥收缩对比

图 11-1 为 PCA（I）与国外同类产品和萘系高效减水剂的干燥收缩性能对比，从试验数据来看，掺 PCA（I）的混凝土的收缩率比基准混凝土的收缩率还低，在降低混凝土干缩方面比传统的萘系减水剂要强很多，与萘系同比降低干缩 30%左右，仅相当于基准混凝土收缩的 90%左右，这对提高混凝土抗裂能力是非常有利的。与国外同类产品对比，其规律相似，混凝土的早期收缩率发展较快，而后期收缩率发展趋于稳定。

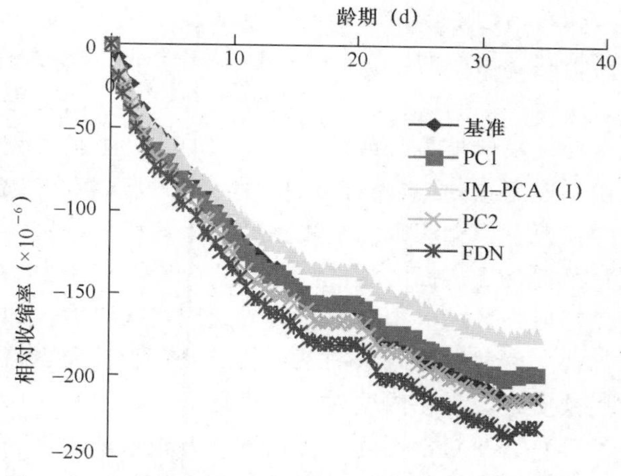

图 11-1　PCA（I）与国外同类产品和萘系高效减水剂的收缩性能对比

11.4.2　搅拌站应用聚羧酸的优势

（1）聚羧酸系减水剂折固后有效掺量低，加之目前市场价位已经降低，能有效降低混凝土中外加剂所占的成本。

（2）对水泥浆体的分散性强，混凝

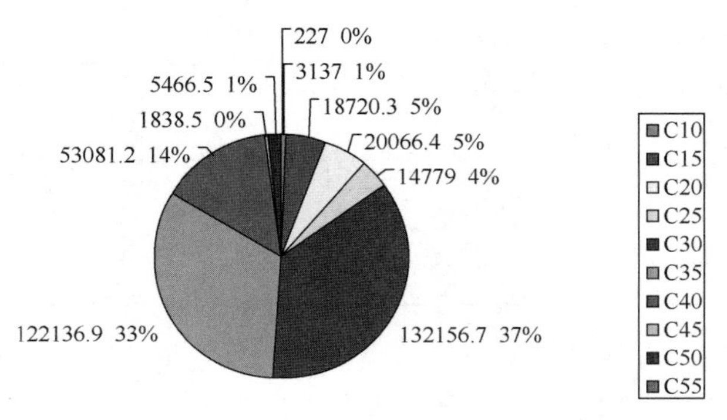

图 11-2 某混凝土搅拌站年生产混凝土强度等级比例图

土坍落度损失小，一般可保证混凝土坍落度 1～2h 内不损失；并且在保证混凝土坍落度损失的前提下，不影响混凝土的凝结时间。

(3) 强度改善效果明显。因此在商品混凝土的生产过程中，可适当加大掺合料的掺入比例，从而降低混凝土的单方成本。

(4) 适用范围广。可应用于 C30 及以上强度等级，以及特种混凝土（自密实混凝土和高强混凝土等）的生产。从图 11-2 可见，对于混凝土搅拌站来说，绝大部分混凝土的强度等级都在 C30 及以上，低于该等级的数量很少，不影响搅拌站的总体效益。

(5) 分子结构自由度大，分子量可变范围广，在合成技术上可控参数多，进一步改善和高性能化的潜力巨大。

(6) 在合成中不使用甲醛等有害物质，属于环境友好型产品。

(7) 聚羧酸系减水剂碱含量很低，对控制混凝土的碱含量十分有利。

11.4.3 缺陷与潜在风险及应对措施

(1) 温度敏感性较强，常规类聚羧酸系减水剂在不同季节施工，混凝土保坍性有较大差别。因此在夏季高温施工时，需复合保塑型聚羧酸类外加剂，必要时可复合坍落度后增长型聚羧酸类外加剂。此外由于胶凝材料相容性和环境温度降低的原因（尤其在 12℃ 以下），混凝土可能出现坍落度延时增长，通常采取适当延长搅拌时间和适当降低掺量的办法解决。

(2) 在高掺合料、低水胶比混凝土配制中，混凝土黏度高，不利于施工。

(3) 聚羧酸系减水剂对骨料的含泥敏感程度高，主要表现在随含泥变化的掺量变化大，因此，应避免含泥量大、过细砂、石粉含量过高引起需水量骤增的骨料使用。

(4) 聚羧酸系减水剂的高减水特性和高分散特性，对用水量变化敏感，混凝土拌合时应加强骨料含水率的监测，尤其在雨季要更加注意含水率的波动，准确测量，并要求计量精确、误差小。同时也可以采取降低含固量、增大掺量的方法来减小相对误差。

(5) 虽然聚羧酸系减水剂拌制的混凝土具有较低干燥收缩特性，但由于聚羧酸系减水剂应用于混凝土的低常压泌水特性，因此，如空气相对湿度较低、环境风速较大、太阳辐射较强的情况下，无法平衡混凝土的泌水速率和蒸发速度，应采取措施加强保湿养护。通常，为了杜绝混凝土表面的塑性收缩裂缝，应在浇筑振捣完成后即用塑料薄膜紧贴混凝土表面，如阳光辐射强，还应覆盖湿草袋或遮阳，终凝后再加强湿养护，以防开裂。

(6) 聚羧酸系减水剂不宜长期储存于铁质容器中，适宜塑料、不锈钢、搪瓷等材质，若使用铁质罐，需在内壁做防腐处理。

(7) 需要对常用的配合比进行调整，适当提高掺合料的掺量，掺合料的品质控制更为严格，否则容易发生质量缺陷甚至不合格。

11.4.4　关于应用聚羧酸外加剂生产和运输混凝土的技术交底

为了方便技术人员应用聚羧酸系外加剂，这里附应用聚羧酸系外加剂的技术交底作为参考。

11.4.4.1　思想意识

（1）不要简单地认为聚羧酸系外加剂适应性强于萘系减水剂，事实上，聚羧酸系外加剂对劣质材料的适应性可能不如萘系，而且表现形式也更复杂。

（2）切忌想当然、简单地将萘系减水剂的应用经验照搬照用。

（3）要保持适度的谨慎，对结果无法预知时，一定要进行试验，要相信试验结果而不是产品介绍或主观感觉。

11.4.4.2　混凝土生产

（1）聚羧酸系外加剂严禁与萘系减水剂混溶使用，共用搅拌、运输设备时，要彻底清洗与减水剂或混凝土有接触的所有设备环节，如搅拌机、罐车、泵车、上料管、试验工具等，建议使用独立的搅拌及运输设备。

（2）若聚羧酸系外加剂与氨基、脂肪族、三聚氰胺、木质素等减水剂同时交替使用，要咨询外加剂供应商的技术人员，事先进行相容性试验。

（3）混凝土状态对聚羧酸系外加剂掺量较敏感，单位体积混凝土中聚羧酸系外加剂绝对用量较低，所以减水剂计量设备精度要高，冲量误差控制准确。

（4）若共用聚羧酸系外加剂与萘系两种减水剂，不可利用回收循环水搅拌混凝土。

（5）采用聚羧酸系外加剂，混凝土搅拌时间要适当延长。

11.4.4.3　质量控制

（1）砂子含泥量高，聚羧酸系外加剂掺量会大幅上升，砂含泥最好控制在 3%以下，最高不得超过 5%。

（2）聚羧酸系外加剂的作用效果受粉煤灰品质影响较大，品质较差（颗粒粗、需水大）的粉煤灰用量不宜过大，建议不超过胶材总量的 20%。

（3）使用缓释保塑型聚羧酸系外加剂产品，要根据混凝土坍落度变化规律控制掺量及初始状态，低温季节要特别注意坍落度倒增长现象。

（4）掺加聚羧酸系外加剂的混凝土经泵送后，含气量会提高，所以混凝土试配的设计含气量要适当降低。

（5）夏季高温季节，聚羧酸系外加剂混凝土经 1.5h 左右流动性丧失后，会变得黏硬，难于施工与调整，所以浇注应控制在 2h 内完成；若进行小坍落度混凝土吊斗施工，由于施工速度慢，应根据施工速度选择合理的罐车装载量。

（6）夏季高温季节，若需二次掺加减水剂调整混凝土状态，需提前做出判断，在混凝土尚未完全失去流动性前调整，同时添加少量水（保证强度为前提）并强力搅拌均匀。

（7）春秋、初冬低温季节，选用标准型聚羧酸系外加剂产品即可保证混凝土凝结时间及拆模要求，一般不需掺加早强剂。

（8）冬季施工，应选择防冻型聚羧酸系外加剂产品，未经试验，不得在常温聚羧酸系外加剂产品中复配防冻剂使用。

11.4.4.4　混凝土配合比

（1）高强度等级混凝土，强度发展要求相同的前提下，使用聚羧酸系外加剂可以降低水泥用量，提高掺合料量，也可适当降低胶凝材料总量。

（2）中低强度等级混凝土，不宜充分发挥聚羧酸系外加剂高减水作用，即用水量不宜过低，建议比萘系降低5kg左右，否则混凝土对掺量敏感，和易性也不好。

（3）夏季高温季节施工，混凝土配合比应大幅度提高矿物掺合料用量。

11.4.4.5 储存及安全事项

（1）聚羧酸系外加剂不宜长期储存于铁质容器中，适宜塑料、不锈钢、搪瓷等材质，若使用铁质罐，需在内壁做防腐处理。

（2）夏季高温季节，聚羧酸系外加剂应置于阴凉处，避免太阳直晒，否则会变臭并伴随颜色变深，但不影响使用效果。

（3）低温季节，应存放在不低于＋5℃的环境，防止减水剂液黏度加大、受冻、分层等现象，一旦受冻分层，充分搅拌均匀后，一般不影响使用效果。

（4）若不慎入眼，用大量清水冲洗即可。

11.5 掺加防冻剂的混凝土一定不会受冻吗？

某些施工单位一直这样认为，掺加防冻剂的混凝土一定不会受冻。这实际上是一种错误认识。混凝土的冬季施工是不可避免的，我国幅员辽阔，从气候区划上涉及冬季施工的主要分为严寒地区和寒冷地区。规定要求：当室外日平均气温低于5℃时即进入冬季施工。而低温或负温对混凝土是十分不利的。环境温度低，水泥的水化反应慢，妨碍混凝土强度的增长。新拌混凝土对温度非常敏感，试验研究表明：温度每降低1℃，水泥的水化速率约降低5%～7%。如果温度降到4℃以下，水开始膨胀。在0～1℃范围内水泥的活性剧烈地降低，水化速率缓慢。一般当温度低于0℃的某个范围时，游离水将开始结冰，温度达到－15℃左右时，游离水几乎全部冻结成冰，致使水泥的水化和硬化完全停止。当水转化为固态的冰晶体时，其体积约增大9%，使混凝土产生内应力，造成骨料和水泥颗粒的相对位移及内部水分向负温表面迁移，在混凝土体内形成冰聚体并形成水分的多种扩散压力而引起局部结构破坏。水在4℃时的密度最大，当温度降至4℃以下时，实际上水的体积已开始膨胀，这对于新拌混凝土新形成的水泥水化物结构会造成损坏。

有资料显示：新浇筑的混凝土过早遭受冻结将大大降低极限强度，强度损失率可能达到设计强度等级的50%，甚至引起整体结构破坏；但当混凝土达到临界强度后遭受冻结，混凝土的极限强度损失较小，也不会发生整体结构破坏，这是混凝土受冻破坏的机理。为了防止水结冰，可以采用化学外加剂来降低冰点。这类化学外加剂一般指的是防冻剂，防冻剂的作用在于降低拌合物冰点，细化冰晶，使混凝土在负温下保持一定数量的液相水，使水泥缓慢水化，改善混凝土的微观结构，从而使混凝土达到一个最小临界强度，待来年温度升高时强度持续增长并达到设计强度。对于掺防冻剂的混凝土，仍然需要必要的养护。在低温或负温下硬化，强度增长比常温下慢得多。对这类混凝土养护的基本要求是，在浇筑以后，立即按蓄热法的要求，用保温材料覆盖暴露面，围护模板并应在暴露表面紧贴一层塑料薄膜，防止水分蒸发。新浇混凝土中水分蒸发是十分有害的，可使混凝土表面干缩而出现微裂，水泥水化得不到足够的水分而表面起砂；同时，水分蒸发带走大量的热量，降低混凝土的温度。保温期限至少应使混凝土达到允许受冻强度以上。混凝土过早暴露于负温，会引起表面脱皮和强度严重损失。如果用围护和苫盖的方法还不足以保护混凝土时，就应考虑其他热养护措施。

需要指出的是，防冻剂和防冻组分不是同一概念。防冻剂是复合外加剂的一种，由减水组分、防冻组分、引气组分，有时还掺有早强组分等所组成，执行的标准为《混凝土防冻剂》（JC 475—2004）；而防冻组分是指一种使混凝土拌合物在负温度下免受冻害的化学物质。对搅拌站来说，一般不单独掺用防冻剂，而是使用复合型的产品，属于防冻泵送剂的居多，其中包括防冻组分。由于《混凝土防冻泵送剂》（JG/T 377—2012）实施时间比较短，有些搅拌站还没有采用，检测机构由于没有做这个项目的认证，还无法进行检测和开具检验报告。但该标准兼顾了防冻和泵送的性能，与现实情况更为接近。

国内外许多学者对冬季施工的混凝土进行了大量的试验，结果表明：在受冻混凝土中水泥发生水化作用停止之前，使混凝土达到一个最小临界强度（我国规定为不低于设计强度的 30 %），可以使混凝土不遭受冻害，最终强度不受到损失。所以延长混凝土中水的液体形态，使之有充裕的时间与水泥发生水化反应，达到混凝土的最小临界强度及减少混凝土中自由水的含量是防止混凝土冻害的关键。在实际的混凝土工程中，针对具体情况，一般采用蓄热法和掺加防冻泵送剂两种方法来保证水的液态。但如果仅添加防冻剂，而忽略了蓄热措施（也就是必要的保温养护或者加热养护），则无法保证受冻临界强度尽早达到。尤其是薄壁结构，比如剪力墙和楼板，混凝土中的热量在低温环境下很快散失，水泥无法正常水化，即便是很高的水泥用量也会产生冻害。（关于水泥用量的问题在 11.1 节有单独阐述。）

这里要提到标准规范的检测指标与搅拌站、施工现场的实际情况的差异。按照现行检验防冻剂的方法对所用的防冻剂进行检验的结果并不能指导搅拌站的实际生产，因为配合比相差很远。标准中的方法是纯水泥，而实际应用是水泥加掺合料，施工现场的温度条件是有正有负，而检验方法是恒负温。建议搅拌站按照冬施期间执行的生产配合比，根据当地往年的气象资料确定负温值，制作同批试块同时检测不同条件下的强度发展，包括成型后室内养护待脱模后置于室外的、成型后带模直接置于室外的、恒负温的以及标准养护的几种类型。这样的试验结果更能代表混凝土的防冻性能。笔者做了部分在天津滨海地区冬施期间的混凝土强度发展情况试验，所用的混凝土均为搅拌站生产供应过程中取样，所用的外加剂为复合型的防冻泵送剂。冬施期间试验方案为：

（1）标准养护试件与同条件养护试件对比，数量 1∶1；以及试验条件下的－7、－7＋28、－7＋56d 强度。

（2）强度等级 C20～C60，以搅拌站的冬季生产实际采用的配合比为准。有生产任务时大机取样，无任务时，试验室小机搅拌。

（3）龄期包括：3d、7d、14d、28d、56d、90d，每个因素和水平的试件不少于 2 组。

（4）试件尺寸：100mm×100mm×100mm。

（5）记录实测日最高和最低气温以及试件成型时间、脱模时间。试件表面苫盖一层薄膜和一层草帘或棉被。

（6）3 月 15 日之前所有龄期满足条件。

（7）附对应批次混凝土的胶凝材料检测数据。部分试验数据见表 11-16。

表 11-16　不同温度条件下抗压强度随龄期的发展

编号	成型日期	置于户外日期	置于户外时温度(℃)	养护条件	龄期抗压强度（MPa）											
					3d		7d		14d		28d		56d		90d	
					破型日期	强度	破型日期	强度	破型日期	强度	破型日期	强度	破型日期	强度	破型日期	强度
1	12.21	12.23	−7.5	标养	12.24	18.7	12.28	35.0	1.4	45.9	1.18	47.2	2.15	56.2	3.21	53.8
						18.8		35.5		45.8		47.3		51.9		54.1
				同条件		11.6		13.8		17.6		22.5		32.1		40.4
						11.6		13.8		17.7		22.5		34.7		41.4
2	12.22	12.24	−4.8	标养	12.25	21.8	12.29	41.2	1.5	48.5	1.19	52.2	2.16	58.7	3.22	54.3
						21.9		41.5		48.8		52.4		56.5		54.7
				同条件		16.4		19.1		20.9		26.0		38.6		48.1
						16.3		18.7		20.6		26.1		34.9		47.9
3	12.05	12.07	−2	标养	12.08	12.3	12.12	30.3	12.19	39.6	1.2	40.5	1.3	43.7	3.5	46.3
						16.0		30.1		38.9		40.7		44.2		47.1
				同条件		11.5		13.4		16.6		21.0		29.0		36.8
						11.4		13.8		16.8		20.6		28.6		37.0
4	12.05	12.07	−2	标养	12.08	17.3	12.12	31.2	12.19	42.4	1.2	42.2	1.3	48.1	3.5	51.7
						17.4		31.2		41.9		44.9		47.3		50.9
				同条件		12.0		14.1		18.3		23.0		28.3		38.9
						11.9		13.9		18.5		22.9		28.6		39.2
5	12.11	12.13	−1	标养	12.14	25.0	12.18	34.5	12.25	47.2	1.8	51.2	2.5	47.8	3.11	57.0
						25.1		35.0		47.4		51.2		51.2		55.8
				同条件		20.1		24.9		30.6		34.8		42.3		48.4
						20.2		24.5		30.3		34.7		43.3		49.3
6	12.07	12.09	−1	标养	12.10	35.3	12.14	43.9	12.21	52.3	1.4	61.3	2.1	58.0	3.7	69.6
						35.3		44.7		53.2		61.1		61.3		68.5
				同条件		26.1		30.4		35.6		43.3		48.6		54.6
						26.0		30.6		35.6		43.6		46.1		54.6

从试验数据分析可见：在低温条件下，混凝土试块的抗压强度较标准养护条件下大幅下降，尤其是早期处于低温状态下，对强度的发展更为不利。28d 龄期时降幅最大可达 50%，56d 龄期时最大降幅可达 40%，可见冬季施工期间对混凝土采取养护措施的重要性。

11.6　普遍采用后掺外加剂的方法来流化混凝土，正常吗？

这种做法在高温季节比较广泛地被搅拌站所采用。这是一种应急解决坍落度损失（因水泥温度过高或水泥与外加剂适应性不良，即坍落度迅速损失的情况）的有效办法，而不宜在正常生产过程中广泛采用。因为后掺的时间和数量都不便控制，当混凝土中的水泥已经部分水化，混凝土呈松软奶油状时，即使进行流化也无济于事。运输车到达工地或等待时间较短即发现混凝土流动性较差时，可以掺加，但是由谁来加，加多少，怎么控制呢？可能比较普遍的做法就是运输车上随车携带桶装的外加剂，由司机来添加。这是最不可取的做法，也是危险程度最高的做法。司机是非专业混凝土技术人员，无法保证正确的判断和操作。再者，所掺加的外加剂是否与搅拌车内的水泥相适应呢？一般的，搅拌站都使用两种或两种以上的水泥，外加剂的配方不尽相同，不可通用。多数情况下这种做法的结果就是掺加量过多，造成堵塞混凝土泵，更为糟糕的是造成混凝土多日或长期不凝结，给工程进度和质量带来损失，而且后果严重。

11.7　膨胀剂到底有没有用？

膨胀剂在我国已经应用多年，但是，应用的技术水平并不高，应该说是不成熟。可能比较多的搅拌站技术人员一直对膨胀剂怀有抵触心理，一方面是掺了没用，白花钱；另一方面是掺了还不如不掺，因为往往不掺的时候可能混凝土不会开裂，而掺加了膨胀剂之后反而裂了，甚至开裂的时间提前了。一直以来，对于膨胀剂的检验包括进厂检验没有便捷的方法，只能做筛分试验，检测细度之后就是漫长的限制膨胀率检测，大家都知道，搅拌站是不会提前一个多月存储膨胀剂的。检验结果滞后，一旦膨胀剂本身不合格甚至混凝土的膨胀值不足，则无法补救。而且出于商业利益的考虑，以次充好，以假乱真，运作建设方、设计单位或者监理单位和施工单位，形成一定意义上的甲供或者变相指定某个厂家的产品，包括指定某种型号或者某个稀奇古怪的名称，让搅拌站找来找去，符合条件的只有某一家，而这些和膨胀剂本身的品质还没有必然的联系，更糟糕的是实际供应的膨胀剂产品与其产品介绍材料大相径庭。目前一些混凝土搅拌站对设计图纸明确标注的补偿收缩混凝土也不掺膨胀剂，不是为了省钱、节约成本，而是觉得即便掺加了也没有用，还不如不掺。膨胀混凝土兴起于20 世纪 40 年代，是一种性能优良的抗裂混凝土，国内外众多学者投入研究，有着坚实的理论基础。导致目前我国现状的根本原因，一是搅拌站无法把控膨胀剂的质量，二是应用技术没有跟上时代的要求，特别是缺乏膨胀剂和膨胀混凝土的现场检测技术。本书附录 2 和附录 3 是中国建筑材料科学研究总院赵顺增教授提供的快速检验膨胀剂和膨胀混凝土的方法以及现场检测补偿收缩混凝土限制膨胀率的方法和仪器，供参考。另外，由于生产厂家的技术服务缺失，加之使用者“一掺就灵”的观点没有转变，不能正确使用，使得膨胀剂在工程上的应用效果不佳。

目前我国生产的膨胀剂，其膨胀源大都是水化硫铝酸钙（钙矾石）。从水化机理来看，在水泥石中，由各种 CaO、Al_2O_3、SO_3 来源所形成的钙矾石都可能引起膨胀。我国大多数的膨胀剂采取的是固定 CaO 和 SO_3 来源、变换 Al_2O_3 来源的技术路线，即 CaO 由硅酸盐水泥水化提供，SO_3 由硬石膏提供，通过改变 Al_2O_3 来源，如铝酸钙（高铝水泥熟料）、硫铝酸钙（硫铝水泥熟料）、明矾石、含铝矿渣、煅烧矾土、高铝煤矸石、高铝粉煤灰、煅烧高岭土、地开石等，各生产厂据此制定不同的生产配方，形成不同的膨胀剂（表 11-17），所以我们所用的膨胀剂一般是用硬石膏和含可溶 Al_2O_3 的矿物配制而成，且很多企业基于成本考虑，大多采用价格较低的含 Al_2O_3 矿物原料，因此膨胀剂的膨胀能较小。

表 11-17　我国主要膨胀剂的组成情况

膨胀剂品种	品牌	基本组成	标准掺量（%）	碱含量（%）	膨胀水化产物
明矾石膨胀剂	EA-L	明矾石、石膏	15	1.8～2.0	钙矾石
U-Ⅰ型膨胀剂	UEA-Ⅰ	硫铝酸盐熟料、明矾石、石膏	12	1.0～1.5	钙矾石
U-Ⅱ型膨胀剂	UEA-Ⅱ	硫酸铝盐熟料、明矾石、石膏	12	0.8～1.2	钙矾石
U-Ⅲ型膨胀剂	UEA-Ⅲ	硅铝酸盐熟料、明矾石、石膏	12	0.5～0.75	钙矾石
ZY 型膨胀剂	ZY	硫酸钙-硫铝酸钙熟料、石膏	8	0.3～0.5	钙矾石
铝酸钙膨胀剂	AEA	铝酸盐水泥、明矾石、石膏	8	0.5～0.7	钙矾石
分散性膨胀剂	FEA	铝酸盐-硫铝酸盐熟料、石膏、分散剂	8	0.5～0.7	钙矾石
复合膨胀剂	CEA	石灰系熟料、明矾石石膏	8	0.5～0.7	氢氧化钙、钙矾石
HCSA 膨胀剂	HCSA	氧化钙-硫铝酸钙、石膏	6	0.3～0.5	氢氧化钙、钙矾石

涉及膨胀剂和补偿收缩混凝土技术的两项标准：一是产品国家标准《混凝土膨胀剂》(GB 23439—2009)，二是住房和城乡建设部行业标准《补偿收缩混凝土应用技术规程》(JGJ/T 178—2009)。根据国家标准，膨胀剂检验掺量统一为 10%，按限制膨胀率的大小，将其分为两种类型，Ⅰ型的限制膨胀率为 0.025%，是目前市场用量最广的普通膨胀剂；Ⅱ型限制膨胀率为 0.050%，是高品质膨胀剂。标准既鼓励高膨胀能膨胀剂的发展，又顾及低端产品，允许用工业废渣制造膨胀剂，体现了节能减排的主旨思想，并增加了快速检验膨胀性能的参考试验方法，是一部实用的标准。

《补偿收缩混凝土应用技术规程》从结构设计、原材料、混凝土设计和制造以及施工等方面对补偿收缩混凝土应用技术进行了详细的规定，弥补了《混凝土外加剂应用技术规范》(GB 50119) 涉及膨胀剂使用部分的不足，新增了无缝设计和结构自防水等新内容，具有更强的实用性和可操作性，是指导补偿收缩混凝土应用的重要技术文件。补偿收缩混凝土在混凝土结构中发挥的作用体现在以下三个方面。

(1) 混凝土结构自防水。补偿收缩混凝土抗渗能力强，又称为不透水混凝土。这是由于水泥水化过程中形成了膨胀结晶体水化硫铝酸钙或氢氧化钙，具有填充、堵塞毛细孔缝的作用，使混凝土中的大孔减少，总孔隙率下降，改善孔结构。另外由于限制膨胀的作用，改善了混凝土的应力状态，提高了混凝土的抗裂能力。补偿收缩混凝土与一般掺氯化铁、三乙醇胺、减水剂等防水剂的混凝土有本质区别，尽管两者都可提高抗渗性，但一般防水混凝土没有补偿收缩能力，亦即不能产生 0.2～0.7MPa 的自应力值，抗裂性差。我们认为抗渗的前提是抗裂，补偿收缩混凝土同时具有抗裂和防渗之功能，这是它适合作为结构自防水材料的主要原因。

(2) 减免后浇带，延长伸缩间距。这是补偿收缩混凝土对结构设计、施工的另一贡献。从应力角度看，由于补偿收缩混凝土在养护期间产生 0.2～0.7MPa 的自应力值，可大致抵抗由于干缩、冷缩等引起的拉应力，并由于在膨胀过程中推迟了混凝土收缩发生的时间，混凝土抗拉强度得以进一步增强。当混凝土开始收缩时，其抗拉强度已可以或基本可以抵抗收缩应力，从而使混凝土不裂，达到延长伸缩间距、连续施工的目的。

从变形角度讲，结构中混凝土变形主要有：冷缩、干缩和受拉徐变，采用补偿收缩混凝土后，引入限制膨胀变形，这些变形中收缩是有害变形，它是导致混凝土开裂的因素，而徐变和限制膨胀是有益变形，它们是抵抗混凝土开裂的因素。若采用普通混凝土，则总收缩量值比较大，规范要求约 30m 设伸缩缝或后浇带，采用补偿收缩混凝土后，一般可延长至 60m。

(3) 补偿大体积混凝土的降温冷缩。由于混凝土硬化升温阶段产生的有效膨胀能够补偿降温阶段产生的收缩应力，特别是在降温阶段产生的膨胀，对冷缩的补偿效果更有效，每 0.01%的限制膨胀变形约能够补偿 10℃的温差变形。

实施的《地下防水工程质量验收规范》(GB 50208—2011) 明确规定，地下工程的后浇带必须采用掺膨胀剂的补偿收缩混凝土，其抗压强度、抗渗性和限制膨胀率必须符合设计要求，并且是作为强制性条文实施。也就是说，对于混凝土搅拌站，膨胀剂往往是必须要使用的，但如何使用和使用什么样的膨胀剂才能发挥它的效果呢？

目前，在混凝土搅拌站中，掺加 30%～50%矿物掺合料渐成趋势，掺合料在水化过程中要吸收水泥中的 $Ca(OH)_2$，才能形成次生 C-S-H，一些水泥生产企业往往在水泥生产过程中就掺加了大量的混合材，因此赵顺增认为混凝土可能存在“贫钙”的潜在问题，会加剧混凝土碳化。基于这种状况，他认为以 CaO 为主要膨胀源的膨胀剂应该是今后膨胀剂的发展方向，不仅可以减轻高掺量掺合料混凝土碳化，而且能够激发掺合料活性。但是必须指出，不是用一般生石灰做原料，而是用特殊配料的、经过高温煅烧的含 CaO 较多的专用膨胀熟料做原料。笔者赞成这种观点。膨胀剂是一种中间产品，在解决实际工程的裂渗问题时，尚需混凝土材料、工程设计和施工等专业相互配合，才能取得理想的使用效果。不少的案例都是因为掺加膨胀剂之后的混凝土现场无人养护而造成了加剧开裂的发生，这让搅拌站和施工单位都误以为膨胀剂有问题。同时，膨胀剂也绝非“一掺就灵”的万能产品，因此未来一段时间必须加大相关标准规范的贯彻力度，加快应用技术普及。另外，膨胀剂生产企业的技术支持非常重要，不仅销售产品，更要销售服务。好东西，由于使用不当也会事与愿违，服务跟得上，效果才会好。

11.8　在外加剂的应用方面，搅拌站与供货商存在哪些认识误区？

有些搅拌站的技术人员认为外加剂是万能的，混凝土一旦有问题就找外加剂厂，其实外加剂与水泥的适应是双向的。没有哪一种水泥能够适应所有外加剂的，当然也没有哪一种外加剂适应各种水泥的。再加上混凝土的原材料复杂多变，水泥、矿粉、粉煤灰、粗细骨料和水等多种材料难说是哪种材料导致的。搅拌站的采购员认为采购材料越便宜越好，能够降低整个混凝土成本，便宜的混凝土材料有什么缺陷都可以通过外加剂调整。这是搅拌站人员对外加剂认识的误区。外加剂在混凝土中的所谓的高价格导致它在混凝土中也一定是高性能的。但是外加剂在混凝土中价格最贵是指它的单价，并不是指它引入混凝土中的总成本，如果用它的用量乘以单价，在混凝土的综合成本中仅占 5%～10%，石子单价便宜但用量大，约占混凝土综合成本的 20%～30%。外加剂是否达标，检验时用基准水泥，检验的结果是外加剂符合标准。但是搅拌站使用的水泥含有各种掺合料，与基准水泥差别很大，所以符合国标的外加剂有可能不符合站里水泥，这也是两方人员进入误区的地方。外加剂厂技术员有些只懂外加剂使用，对混凝土配比设计、现场施工知识缺乏。搅拌站有些技术员对外加剂性能了解不够，比如因为掺量过高造成的泌水、气泡多、超缓凝、含气量高、强度低等，不能及时调整外加剂用量，出问题就误认为外加剂有质量问题。搅拌站为设计经济配比采用低用水量减少水泥为目的，外加剂厂为设计经济配比用低减水。那么一方说用水低，另一方说减水低。外加剂厂认为同价格外加剂希望掺高些，搅拌站希望掺低些。外加剂厂提供的掺量是推荐掺量，搅拌站在使用过程中则根据材料来确定，如果按厂家掺量去做有可能混凝土状态异常，搅拌站就误认为是外加剂质量有问题。搅拌站认为外加剂必须根据站里材料波动来调整，外加剂厂则认为只要外加剂与水泥适应就可以。外加剂厂有时根据站里材料刚调好配方，在使用过程中站里材料又有变化，导致混凝土坍落度损失大、泌水等情况发生，搅拌站则认为是外加剂不稳定。

以上诸多误区是客观存在的，要想解决，需要双方都站在对方的立场去考虑问题，经常沟通，把解决实际问题放在首位，各自把自己的产品做好。在市场条件下更需要用技术手段解决质量问题。

11.9 什么是高性能混凝土？

在20世纪80年代末，美国首次提出高性能混凝土这一名称，而后世界各国迅速开始研究和应用。在20世纪90年代以前，由于人们的认识不够统一，高性能混凝土没有一个确切的定义。1990年5月，在美国马里兰州Gaithersburg城，由美国国家标准与工艺研究院（NIST）和美国混凝土学会（ACI）主办的讨论会上，高性能混凝土（high performance concrete，简称HPC）定义为：具有所要求的性能和匀质性的混凝土。这些性能主要包括：易于浇筑、捣实而不产生离析；高超的、能长期保持其力学性能；早期强度高、韧性高和体积稳定性好；在恶劣的使用条件下，使用寿命长。这种混凝土特别适用于高层建筑、桥梁以及暴露在严酷环境中的建筑物。以后不少学者根据不同工程的要求，提出了不尽相同的高性能混凝土的涵义。大多数认为HPC的强度指标应不低于50～60MPa。日本学者更重视其工作性和耐久性，认为HPC应具有高耐久性、高流动性和高体积稳定性。美国Steven H. Kosmatka，Beatrix Kerkhoff，William C. Panarese原著，重庆大学钱觉时等翻译的《混凝土设计与控制》一书中第17章也对高性能混凝土做了详细阐述，读者可参考。不同学派对高性能混凝土的看法也不同。

我国混凝土专家冯乃谦认为：高性能混凝土首先必须是高强度；高性能混凝土必须是流动性好的、可泵性好的混凝土，以保证施工的密实性，确保混凝土质量；高性能混凝土一般需要控制坍落度的损失，以保证施工要求的工作度；耐久性是高性能混凝土的最重要技术指标。

清华大学陈肇元则认为高性能混凝土，意为这种混凝土的主要特性切合工程应用对象所需；性能化设计，意为这种设计是以工程的功能所需为基础，是一种“量体裁衣”式的设计。凡性能切合工程所需的混凝土都可称为高性能混凝土；混凝土是人造材料，所以高性能混凝土是以所需性能作为目标生产出来的。所有工程的混凝土并非都需高强，因而高性能混凝土也不必都有很高的强度。所以高性能混凝土不可能成为混凝土的一个单独品种，如果脱离它的应用对象需求去定义其强度、耐久性、工作性的量化指标，就背离了高性能混凝土的基本理念。作为人造材料，混凝土的生产供应，理应服务于不同工程对象的不同需求，只有这样才能做到物尽其用，取得最大工程效益和社会、经济效益。

山东农业大学李继业将现代高性能混凝土的定义概括为：HPC是一种新型高技术混凝

土，是在大幅度提高普通混凝土性能的基础上，采用现代混凝土技术，选用优质的原材料，在严格的质量管理条件下制成的高质量混凝土。它是除了必须满足普通混凝土的一些常规性能外，还必须达到高强度、高流动性、高体积稳定性、高环保性和优异耐久性的混凝土。

不论学术界对高性能混凝土如何定义，不论各自侧重哪些方面，对于搅拌站而言，现在大有滥用高性能之嫌。所谓“高性能”中的“高”，和谁来比算高？哪些性能体现“高”？作为一个定性而非定量的表述，在实际应用中的价值不高。混凝土用的材料，不管是天然的还是二次加工的，都属于不可再生的资源，用一吨少一吨，总量越来越少，品质也越来越差，距现行的标准规范的指标要求越来越远。在这样的情势之下，如何实现高性能？如果必须要称为高性能混凝土的话，笔者认为：利用现有的原材料以较低的能耗生产出的满足工程使用需求的混凝土可以称之为高性能混凝土。这里提到的较低的能耗是为了体现节能减排的需要，企业履行社会责任，而落脚点是满足工程使用需求。在多年混凝土工程总包模式由分包队伍说了算的使用条件下，搅拌站不得不“投其所好”——大坍落度（≥220mm），大流动性（扩展度≥500mm），小粒径骨料（≤25mm），一泵到顶（＞300m），坍损小（2h 内≤30mm），凝时短（5h 内可拆模），少养护或免养护（想起来就洒水，想不起来就不洒水），并且有良好的体积稳定性、耐久性指标（抗渗、抗冻融、抗氯离子、抗硫酸盐、碳化等）。这才是真正意义上的客户所需，其实就是工程所需。如果搅拌站做不到，结果只能是双方产生分歧甚至解除供需合约。而这种性能要求对于混凝土的施工队伍来说根本不算是高性能，而是正常的要求。

2014 年 2 月，为落实《国务院关于化解产能过剩矛盾的指导意见》（国发［2013］41 号）、《国务院办公厅关于转发发展改革委住房城乡建设部绿色建筑行动方案的通知》（国办发［2013］1 号）的要求，住房和城乡建设部办公厅、工业和信息化部办公厅联合发布《关于征求〈关于推广应用高性能混凝土的若干意见（征求意见稿）〉意见的函》，在征求意见稿中提到：“高性能混凝土包括高强高性能混凝土和普通强度混凝土的高性能化”，主要目标是“到十三五末，高性能混凝土得到普遍应用”。由于对高性能混凝土认识不足、基础研究滞后，尚未统一基本概念和评价体系。主要工作包括五方面：(1) 加强高性能混凝土应用基础研究；(2) 制修订高性能混凝土相关标准；(3) 推动混凝土产业转型升级；(4) 推广混凝土生产和应用先进技术；(5) 加强混凝土质量监督管理。可见，政府相关的主管部门已经将高性能混凝土的推广和应用作为一项重要工作来做。而对于搅拌站来说，紧跟市场需求，能够做到满足客户需求，减少质量纠纷和客户投诉就是高性能，就是混凝土生产技术的进步。

11.10　混凝土的凝结时间该怎么理解？

搅拌站提供的混凝土凝结时间即是该批混凝土在浇筑现场的实际凝结时间吗？当然不是。

由于各混凝土搅拌站所使用的原材料不相同，配合比不相同，因此成品混凝土的凝结时间也有较大的差异。对于施工单位来说，由于结构部位不同，工期要求不同，浇筑持续时间不同，而对混凝土的凝结时间也会提出不同的要求。由于较多的不确定因素，在供需双方签订合同的时候，不可能将所有的指标都明确，这就要求双方在交易之前进行必要的沟通，确定具体指标。而一般的情况，搅拌站都会按照标准的要求，以筛分出的砂浆，在标准的养护条件下，通过混凝土贯入阻力仪来测定混凝土的初、终凝时间。该时间往往被施工单位错误认为是该批混凝土在施工现场的凝结时间。凝结时间试验都是按照标准规定的方法，在标准的温度和湿度条件下做的，而施工现场的条件千差万别，不同的季节、不同的天气、不同的模板、不同的保温材料、不同的养护方式都会影响实际的凝结时间。因此，混凝土搅拌站提供的混凝土的凝结时间，包括初凝时间和终凝时间仅供施工单位参考。依据该数据，施工单位可以根据具体的施工条件以及经验的积累来确定浇筑的持续时间和拆模时间。

11.11 大坍落度就便于泵送吗？

当前建设工程使用的混凝土，大多为泵送混凝土，而且泵送的高度也是越来越高。泵送混凝土的坍落度到底如何确定？问混凝土的使用单位，多数是越大越好，再问分包队伍操作的工人，则认为站在一旁，看着混凝土能够自己流淌进入结构模板里的混凝土坍落度最好。这是目前施工的现状。包括很多混凝土泵的操作手都这样认为：坍落度越大，混凝土泵送起来越容易。事实表明：他们的观点是错误的，较大的坍落度正是他们不断地拆装泵管（因为堵管）的主要原因，而不是因为混凝土的性能不良。

混凝土在泵送过程中堵塞泵管是常见的事，多数情况下，都把原因归结为混凝土拌合物的性能问题，也就是坍落度偏小，泵送速度慢，甚至也有泵手为了减少对设备的维护和保养以及对泵管的更换，而对混凝土提出较高的性能要求，却忽视了混凝土泵的性能对泵送效果的影响。实际上，满足泵送的混凝土坍落度在150～200mm之间是适合的。也就是说，在泵送高度较低的时候，150～180mm适宜；较高的，在180～200mm也足够满足泵送要求，并且取值应就低不就高。之所以高层泵送的坍落度偏大一些，是因为高度增加，混凝土的自重增大，为了将更重的混凝土推到一定的高度，混凝土的泵送压力将增大，在较高的压力下，混凝土拌合物的流动性能变差，也就是坍落扩展度会有明显的损失，为了保证泵送到作业面后的施工性能，才在入泵前保留一定的富余量。较大的坍落度，在很大程度上意味着混凝土拌合物的黏聚性会变差，极易离析，再加之工地上的管理不善，后加水的情况屡见不鲜，无疑是雪上加霜，原本是处在接近极限状态下的混凝土坍落度，加水后便发生了质的变化。总结关于大坍落度的情况，除便于工人操作之外，再没有一项好处。易堵泵而影响后续混凝土的浇筑，可能引起混凝土报废，拆卸泵管影响施工进度，离析、泌水，上层浮浆增厚，因混凝土不均匀而引起强度降低和表面开裂，进一步导致墙体竖向裂缝，因水分增加而整体收缩增大，易增加干缩裂缝发生的可能性等众多的质量问题或隐患。适宜或偏小的坍落度，混凝土大多黏聚性好，抗离析性能优良，混凝土匀质性好，有经验的泵手通过泵送时的声音便可判断混凝土坍落度和有关性能的情况。单纯追求大坍落度是没有科学依据的，只会方便了个人，而给工程质量带来损失。

11.12 不合格品如何处理？

在搅拌站里，一段时间内接连出现所供项目的混凝土试件未达到设计强度标准值的情况。当这种情况发生后，应该马上对相应批次混凝土的生产进行追溯，看在这段时间是否更换了水泥的厂家，水泥的强度指标较之前使用厂家的是否明显偏低，甚至是否有个别批次自检的指标没有达到规范要求；使用的碎石的品质变化，含泥量是否目测即超标，颗粒级配是否有明显的混掺迹象；质量控制部门是否有相应的记录等。

质量管理体系（GB/T 19001）认证在我国已经实行了很长的时间，众多搅拌站都已通过认证，有的还通过了环境管理体系（GB/T 24001）认证和职业健康安全管理体系（GB/T 28001）认证，质量管理体系中所称不合格品控制，在后两者中称为不符合。多数搅拌站往往不愿明示企业发生的质量事故，因为这影响企业形象。其实，这是一种自欺欺人的做法，存在着认识上的误区。混凝土作为建筑工程重要的材料之一，其质量的优劣将直接影响建设项目的结构安全。但混凝土区别于其他建筑材料的特点是品质的等级水平不能在交货检验时（交货时仍为半成品）判定，而是抽取的代表性样品被制作成标准试件，再在标准温度和湿度条件下养护 28 天之后，依据经过破损试验的数据来判定合格与否。可见，混凝土存在着质量确认严重的滞后性。而原材料的质量检测是在使用之前，部分指标在很短的时间内就可以检验完毕，供技术人员判断。按照不合格品的控制程序，包括原材料、过程控制和混凝土产品的指标只要是偏离了标准、规范和公司管控标准的，都视为不合格，应执行公司编制的不合格品控制程序。这些偏离标准的信息都应做真实和详细的记录，并采取相应的措施，而不是掩盖或视而不见。

围绕混凝土质量确认滞后性这一个核心关键点而展开的质量控制要素都是以预控为目的，也就是过程的监视和测量，可追溯性则被弱化，因为当 28 天后确认混凝土产品不合格时，事故和损失已经发生，再溯源，查找原因，意义则不大。因此除了 28 天之后的检验结果证实混凝土不合格之外，在混凝土硬化之前凡是不符合质量控制要求的指标都应视为不合格，即混凝土所用原材料的不合格、生产过程操作的不合格可归结为过程产品不合格品，交付给客户的硬化混凝土未达到指标要求的为成品的不合格品。搅拌站应按照这样的思路来建立和执行不合格品控制程序，在程序文件中列举出所用的记录（记录控制程序中做相应的规定），并在过程中使用。

11.13　试件不合格是否代表混凝土质量不合格？

混凝土试件，大多是指混凝土抗压强度试块、抗折强度试块、抗渗试块和抗冻融试块。试件的不合格是指达到养护龄期的试件指标值没有达到设计值的 100%的情况。这样的不合格包括混凝土供应商自留的试件不合格和混凝土使用方留置的试件不合格两个方面。一旦发生试件的不合格，不能马上判定是混凝土不合格，应全面地排查，找到根源。分析可能的影响因素，逐一排除。主要应考虑如下几个方面的因素：

（1）取样是否正确。在一个搅拌站或一个工地，不同强度等级的混凝土同时生产和浇筑是很平常的事，在取样前确定混凝土的质量证明资料和发货单上的标记是否与所取的样品相符，取样是否具有代表性，对于搅拌站来说，一般前 1～3 车是做开盘鉴定的，使用的配合比不是很准确，不宜取样。在正常供应的车次中取样，对于每辆搅拌运输车，应按照《普通混凝土力学性能试验方法标准》的要求，取该车装车量的 1/4～3/4 之间的混凝土为样品，即中段的混凝土。

（2）制作试件是否正确和规范。包括拌合物的拌合，试模是否合格，装模、插捣、排气、抹面等。图 11-3～图 11-7 为变形的试模制作出的变形的试块。需要注意的是，应根据骨料粒径的大小选择试模，不要图省工而全部采用 100mm 的抗压试模，那样极易造成强度值超差。

图 11-3 缺边掉角的同条件试块

图 11-4 变形的同条件试块

图 11-5 看不清编号的试块

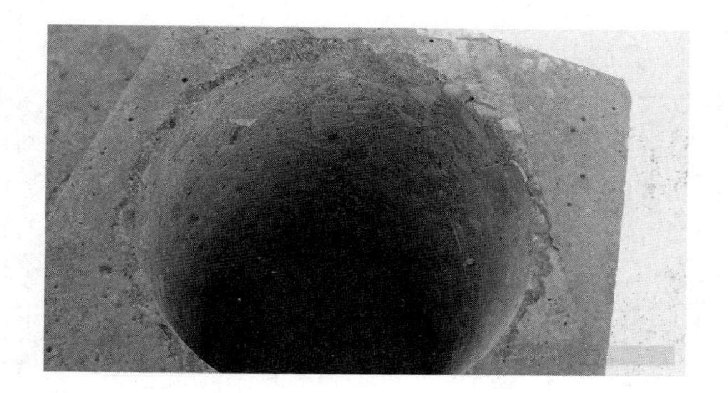

图 11-6 正常装模的试块截面（参见彩页）

图 11-7 近一半无粗骨料的非匀质装模的试块截面（参见彩页）

（3）养护。见图 11-8～图 11-10。试件的养护条件比较严格，要看带模养护的时间长短、养护室的温湿度条件保持等是否满足规范的要求。但比较普遍的现象是试验室只重视养护龄期而忽视养护条件。试件在施工现场裸露放置 28 天之后才被送往试验室做抗压或抗折强度试验，而出具的报告上仍显示标准养护，严格来说，这样的报告是不真实的，这也是试

(a)

(b)

图 11-8　施工现场制作的散落在地的标准养护抗压强度试块
（a）现场整体图；（b）现场局部图

件不合格的一个影响因素。这种情况在冬季施工期间较多，表现最为突出。同时，600℃·d 的同条件养护问题也不容忽视。结构实体检验用同条件养护试件龄期的确定原则是：同条件养护试件达到等效养护龄期时，其强度与标准养护条件下 28 天龄期的试件强度相等。当气温为 0℃及以下时，不考虑混凝土强度的增长，与此对应的养护时间不计入等效养护龄期。这个龄期的确定，是需要对当地的气温做详细的记录的。

图 11-9　施工现场制作的散落在地的标准养护抗渗试块

图 11-10　搅拌站内留置的出厂检验试块

（4）试验机影响。以抗压强度试验的试件为例，经过养护至龄期的试件，最终经过破损试验得到的数值来判定混凝土的强度。按照压力机的操作规程进行试验，得到的数值不一定是准确的。汪洋和韩素芳撰文对此事进行了说明，希望从事该岗位的人员参考此文。不要过分地相信设备给出的数据，不要认为经过检定合格，获得检定合格证书的试验机所出的试验结果就应该合格。影响因素包括上下承压板中心位置不同轴、平面平行度差、球座自由度差等。而当试验机处于故障状态时，读出的数据不能作为试验数据，不具有参考价值。当生产稳定时，因试验机故障而引起试验数据异常（过高或过低）的试件组数较多，若未及时发现，持续时间还较长。检验其他技术指标的试验设备与此类似。

5）人为因素。包括职业道德和技术水平两个方面的影响。职业道德方面的问题在此不做讨论，针对技术水平来说，对数据的处理是关键，数据保留有效数字位数、平均值和中间值的混淆等，在脱离软件辅助的情况下，采用手工计算，处理原始数据时，比较容易出现错误，应引起注意。

概括试件不合格的情况：凡是发生混凝土试件不合格，必然存在中间环节工作的不合格，而不一定是混凝土自身不合格。

11.14 混凝土评定合格代表什么？

不论是搅拌站还是施工单位，都采用《混凝土强度检验评定标准》（GB/T 50107—2010）对试块的抗压强度进行评定。由于采用预拌混凝土，这里提到的质量控制主要指搅拌站。一般搅拌站都是以月为统计周期，按强度等级进行统计，由于试块的组数比较多，经评定后合格不是难事。关键是很多的技术管理人员，不懂得评定后的结果是做什么用的，也就是不知道为什么要对混凝土的强度进行评定。借质量管理体系（GB/T 19001）的术语来表述，也就是数据分析当中的数据输入环节，既然是输入，那么就应该有输出。经过统计得出的平均值和方差是作为调整配合比设计的重要参考依据，输出就是调整后的满足设计要求的更为经济合理的生产配合比。平均值的大小表明富余强度的多少，方差的大小代表了生产过程控制波动性的幅度。例如：若设计C30的混凝土，28d抗压强度值统计后平均值为45MPa，方差为1，评定结果为合格。而这组数据表明生产的波动很小，但是强度值却存在较大的浪费。

11.15 回弹法引起质疑的原因是什么？

1945年瑞士的史密特发明了回弹仪并获得专利，它是借助于获得一定能量的弹击拉簧所连接的弹击锤冲击弹击杆，弹击锤连同弹击杆一同冲击混凝土表面后，弹击锤向后反弹，带动指针在回弹仪机壳的刻度尺上显示出回弹值。借助于回弹值，人们通过一定的经验公式计算，就可以获得被弹击的混凝土的抗压强度。

混凝土的回弹值和混凝土的强度之间到底有没有关系呢？几十年来，全国各地的许多专家和学者针对不同地区、不同的原材料、不同的配合比、不同的气候养护条件、不同的生产工艺条件下混凝土回弹值与强度之间的关系进行了系统的研究，利用数理统计的基本方法得出的关系式有：幂函数关系式、指数关系式、抛物线式、直线式等，分别用混凝土试块或混凝土构件的芯样进行了试验验证和误差分析；制定的地区和专用测强曲线有：泵送混凝土测强曲线，高强混凝土测强曲线，特细砂混凝土测强曲线，山砂混凝土测强曲线，水工混凝土测强曲线，港口工程、公路路面工程测强曲线等。当检测条件与测强曲线的适用条件有较大差异时，还可采用同条件试件或钻取混凝土芯样进行修正，在这里要指出的是，从结构中钻取的芯样能够代表实体结构中的硬化混凝土的实际情况，但不能代表搅拌站所供该批次混凝土的质量情况，因为搅拌站在交货之后产品受到施工方的影响因素也包含在其中，如漏振、过振以及养护缺失都会造成芯样不具有代表性。了解了这种检测方法之后，就应该从责任划分上明确，其实在行业内引起争议的关键不是技术本身，而是责任归属有误。

我国幅员辽阔，各地的气候、砂、石、水泥、外加剂、掺合料等混凝土原材料及施工技术都有很大的差别，为了提高检测精度，《回弹法检测混凝土抗压强度技术规程》（JGJ/T 23—2011）规定：有条件的地区和部门，应制定本地区的测强曲线或专用测强曲线，经上级主管部门组织审定和批准后实施。各检测单位应按照专用测强曲线、地区测强曲线、全国统一测强曲线顺序选用测强曲线。

随着建筑技术的快速发展，泵送混凝土在我国得到了广泛的使用，泵送混凝土的特点是：流动性好、坍落度大，浆体含量高、砂率大，粗骨料少、粒径小，一般均添加泵送剂和矿物掺合料，早期强度高，大多数搅拌站生产的混凝土都属于这一类。因此，全国许多地方相继编制了泵送混凝土地方测强曲线和专用测强曲线，从而提高了检测精度。几十年来，已成为我国混凝土工程现场原位检测应用最广泛、最方便的检测方法。但遗憾的是，仍有包括天津在内的许多城市还未建立本地区的地方测强曲线和专用测强曲线。

现行 2011 版《回弹法检测混凝土抗压强度技术规程》测定碳化深度的主要方法是：“在混凝土表面的测区采用适当工具形成直径 15mm 的孔洞，其深度应大于混凝土碳化深度，清除孔洞中粉末和碎屑（不得用水冲洗），同时采用浓度为 1%的酚酞酒精溶液滴在孔洞边缘处，再用测深工具测已碳化与未碳化交界面（变红色与未变红色的交界面）到混凝土表面的垂直距离，测量不少于三次，取其平均值。”测定混凝土碳化深度的方法利用的原理是：混凝土中的水泥水化时，除生成硅酸盐、铝酸盐、铁铝酸盐等胶结材料外，还生成氢氧化钙；混凝土表面在与空气接触后，空气中的二氧化碳会通过混凝土表面孔隙渗入混凝土中与氢氧化钙反应生成碳酸钙，这就是所谓的“碳化”。氢氧化钙是碱性的，遇酚酞会变红；而碳酸钙是中性的，遇酚酞不变色。在混凝土表面的测区凿出孔洞，滴入酚酞后，就可根据混凝土变色情况测出碳化深度。

在使用水泥一种胶凝材料时，现行回弹规范是没有问题的，没有任何干扰因素。但是在使用大掺量矿物掺合料的混凝土中，胶凝材料就不止水泥一种，还有粉煤灰、磨细矿渣粉、硅灰等其他胶凝材料，这些矿物掺合料的共同特点是，它们会在二次、三次水化时，消耗掉混凝土中绝大部分氢氧化钙。由于矿物掺合料消耗掉了水泥水化大量的氢氧化钙，就造成碳化深度测不准；或由于混凝土中氢氧化钙被消耗殆尽，混凝土滴酚酞后根本不变色，造成混凝土已完全碳化的假象。

天津的黄振兴撰文记录了利用全国曲线和规范中测量碳化深度的方法误判混凝土强度的情况。该案例为某住宅楼工程，混凝土设计强度等级 C30，生产配合比见表 11-18，龄期 50～60d，施工单位请当地质监部门用回弹法做结构验收，混凝土为泵送混凝土，具体数据见表 11-19。（因天津无地方曲线，只能采用全国的测强曲线。）

表 11-18　混凝土配合比

材料名称及单方用量（kg/m^3）	水	水泥	粉煤灰	矿粉	砂子	石子	聚羧酸外加剂	试配强度（MPa）	
								7d	28d
配合比	180	193	101	86	809	1030	6.1	25.5	39.6

表 11-19　回弹法测得的混凝土强度　　MPa

序号	1	2	3	4	5	6	7	8	9	10
构件	墙	柱	墙	墙	柱	墙	墙	柱	柱	墙
回弹值 R	29	30	34	33	34	32	33	34	28	36
	32	32	36	28	36	33	33	33	34	35
	35	36	26	32	35	33	34	33	33	30
	32	34	26	35	33	32	32	31	33	29
	32	40	31	35	30	30	35	32	33	34
	31	38	33	34	33	34	34	33	33	34
	34	32	32	31	31	33	36	32	35	33
	32	30	35	38	29	37	34	32	32	32
	29	38	26	33	31	32	34	32	32	33
	28	32	32	38	32	31	32	33	32	33
	33	32	31	33	36	34	31	31	30	33
	33	30	33	32	35	32	32	30	27	32
	32	34	31	35	39	32	31	30	33	29
	34	34	33	31	33	31	29	30	32	33
	35	34	32	32	31	32	33	36	31	34
	34	36	34	30	36	34	32	34	33	34
平均回弹值	32.5	33.6	32.4	33.0	32.5	32.5	32.9	32.3	32.4	33.1
碳化深度	4mm	4mm	4mm	4mm	4mm	4mm	4mm	4mm	4mm	4mm
换算值	20.3	21.7	20.1	20.9	20.3	20.3	20.8	20.0	20.1	21.1
修正值	3	3	3	3	3	3	3	3	3	3
强度推定值	23.3	24.7	23.1	23.9	23.3	23.3	23.8	23	23.1	24.1

通过回弹与钻芯取样获得的混凝土实际强度对比，我们可以发现，回弹法测得的混凝土强度出现严重偏差和失真。造成混凝土回弹强度偏低的原因除了在前文论述中提及的碳化深度测定时出现严重偏差和失真之外，还有两个原因：首先，在墙、柱等结构施工时，由于钢筋比较密集，施工人员为了将混凝土振捣密实，往往振捣时间过长，甚至过振，在这一过程中，由于矿粉、粉煤灰比较轻，它们会随着振捣过程迁移到墙、柱等结构表面，使混凝土表面 1cm 左右相对其他部分矿物掺合料较多，这样表面混凝土强度的发展就会慢于且低于混凝土内部的强度。其次，在全国绝大部分工地，墙柱等结构的混凝土养护都很差，甚至不养护，这就造成墙柱等结构的混凝土表面强度偏低。上述案例就是这种情况。各地应尽早建立本地区甚至不同类型的混凝土回弹曲线，以提高采用这种检测方法测得数据的准确性。回弹法是一种比较好的无损检测方法，回弹仪也有各种规格适用于不同类型混凝土的检测可供选择使用。

11.16　预拌混凝土质量责任如何划分？

混凝土集中搅拌生产形成一个行业，作为一种产品，执行的标准是《预拌混凝土》

(GB/T 14902—2012)，该标准“范围”中明确指出：本标准适用于搅拌站（楼）生产的预拌混凝土，不包括交货后的混凝土的浇筑、振捣和养护。这里要补充的是，如果搅拌站与施工方有约定，由搅拌站提供泵送服务，那么交货节点应该是在泵送完毕。多数搅拌站都按照《中华人民共和国标准化法》的要求，建立标准化证书，并在当地的技术监督局备案，这就是这个行业执行的产品标准，而且是国家标准。对于搅拌站来说，责任仅到交货验收，之后的责任不应由搅拌站来承担，而是混凝土的买方。但情况往往是，发生与混凝土有关的问题，买方都会在第一时间想到搅拌站，并要求搅拌站来承担或解决存在的问题。其实，搅拌站只是生产混凝土的单位，而不是一定意义上的混凝土工程公司。该产品的特殊性就在于此，在产品的中间过程存在责任主体的转移。但这并不影响责任的划分和明确，只是市场的买卖双方在地位上的差异影响了责任的归属。混凝土的购买方应该站在法律的角度上来正确看待问题。

另外，当前有些书籍或资料提出搅拌站向施工单位交底的说法。这种做法是不正确的，是做颠倒了。预拌混凝土作为一种商品，无外乎有两种签订订单的方式，一种是按照客户需求生产，另一种是按照产品标准生产。若按前一种，在搅拌站生产供应之前，施工单位应该向搅拌站提出书面的技术要求，即向搅拌站交底，搅拌站按照该要求生产即可。采用后者，则供需双方共同遵守《预拌混凝土》标准。不论按照哪种方式约定，都不应该是搅拌站向施工单位进行交底。搅拌站作为生产厂家，生产出来的产品就应该满足客户的需求。

11.17　异常数据不应被忽视

由于混凝土具有区别于一般商品的特殊性，对混凝土质量的过程控制尤为关键。中间过程的任何参数异常都意味着混凝土可能存在质量隐患，而不能单纯地看作是一般生产过程中的特殊情况。因为环节较多，在此不做详细阐述，举例作以说明。搅拌机在搅拌生产过程中突然电流表指针指示值减小，不能简单地认为电压不稳，这很可能表示该盘混凝土坍落度偏大，可能是用水量偏大或设定的配合比中用水量较配合比值大，骨料中含水高于检测的含水率值或者是尚未搅拌均匀。再如，试块的抗压强度值突然变大，不能简单地判定为配合比设计的富余强度较大，而可能是试件编号错误，即高强度等级的试块编为低等级试块，也可能是试验机故障或人为加载速率过大甚至可能是制作试件的人员取样错误或弄虚作假等原因。异常数据不一定是偶然事件，而每一个异常数据都可能导致混凝土不合格甚至报废。

附录1　搅拌站采用标准、规范一览表

混凝土搅拌站采用标准、规范一览表（以标准名称为序）

序号	标　准　名　称	标准代号	现行版本
1	《补偿收缩混凝土应用技术规程》	JGJ/T 178	2009
2	《大体积混凝土施工规范》	GB 50496	2009
3	《道路硅酸盐水泥》	GB 13693	2005
4	《地下防水工程质量验收规范》	GB 50208	2011
5	《粉煤灰混凝土应用技术规范》	GB/T 50146	2014
6	《钢铁渣粉混凝土应用技术规范》	GB/T 50912	2013
7	《高抛免振捣混凝土应用技术规程》	JGJ/T 296	2013
8	《钢纤维混凝土》	JG/T 3064	1999
9	《高强高性能混凝土用矿物外加剂》	GB/T 18736	2002
10	《高强混凝土应用技术规程》	JGJ/T 281	2012
11	《海砂混凝土应用技术规范》	JGJ 206	2010
12	《环境标志产品技术要求　预拌混凝土》	HJ/T 412	2007
13	《混凝土泵送施工技术规程》	JGJ/T 10	2011
14	《混凝土防冻泵送剂》	JG/T 377	2012
15	《混凝土防冻剂》	JC 475	2004
16	《混凝土含气量测定仪》	JG/T 246	2009
17	《混凝土和砂浆用再生细骨料》	GB/T 25176	2010
18	《混凝土搅拌机》	GB/T 9142	2000
19	《混凝土搅拌运输车》	JG/T 5094	1997
20	《混凝土结构工程施工质量验收规范》	GB 50204	2011
21	《混凝土抗冻试验设备》	JG/T 243	2009
22	《混凝土抗硫酸盐类侵蚀防腐剂》	JC/T 1011	2006
23	《混凝土抗渗仪》	JG/T 249	2009
24	《混凝土氯离子电通量测定仪》	JG/T 261	2009
25	《混凝土氯离子扩散系数测定仪》	JG/T 262	2009
26	《混凝土耐久性检验评定标准》	JGJ/T 193	2009
27	《混凝土膨胀剂》	GB 23439	2009
28	《混凝土强度检验评定标准》	GB/T 50107	2010
29	《混凝土试模》	JG 237	2008
30	《混凝土试验用搅拌机》	JG 244	2009

续表

序号	标　准　名　称	标准代号	现行版本
31	《混凝土试验用振动台》	JG/T 245	2009
32	《混凝土坍落度仪》	JG/T 248	2009
33	《混凝土碳化试验箱》	JG/T 247	2009
34	《混凝土外加剂》	GB 8076	2008
35	《混凝土外加剂应用技术规范》	GB 50119	2013
36	《混凝土外加剂匀质性试验方法》	GB/T 8077	2012
37	《混凝土用粒化电炉磷渣粉》	JG/T 317	2011
38	《混凝土用水标准》	JGJ 63	2006
39	《混凝土用再生粗骨料》	GB/T 25177	2010
40	《混凝土质量控制标准》	GB 50164	2011
41	《混凝土中氯离子含量检测技术规程》	JGJ/T 322	2013
42	《建设用卵石、碎石》	GB/T 14685	2011
43	《建设用砂》	GB/T 14684	2011
44	《建筑材料放射性核素限量》	GB 6566	2010
45	《建筑材料术语标准》	JGJ/T 191	2009
46	《建筑工程冬期施工规程》	JGJ/T 104	2011
47	《聚羧酸系高性能减水剂》	JG/T 223	2007
48	《矿物掺合料应用技术规范》	GB/T 51003	2014
49	《磷渣混凝土应用技术规程》	JGJ/T 308	2013
50	《普通混凝土拌合物性能试验方法标准》	GB/T 50080	2002
51	《普通混凝土力学性能试验方法标准》	GB/T 50081	2002
52	《普通混凝土配合比设计规程》	JGJ 55	2011
53	《普通混凝土用砂、石质量及检验方法标准》	JGJ 52	2006
54	《普通混凝土长期性能和耐久性能试验方法标准》	GB/T 50082	2009
55	《轻骨料混凝土技术规程》	JGJ 51	2002
56	《轻集料及其试验方法 第1部分：轻集料》	GB/T 17431.1	2010
57	《清水混凝土应用技术规程》	JGJ 169	2009
58	《砂浆和混凝土用硅灰》	GB/T 27690	2011
59	《水泥比表面积测定方法（勃氏法）》	GB/T 8074	2008
60	《水泥标准稠度用水量、凝结时间、安定性检验方法》	GB/T 1346	2011
61	《水泥化学分析方法》	GB/T 176	2008
62	《水泥胶砂流动度测定方法》	GB/T 2419	2005
63	《水泥胶砂强度检验方法（ISO法）》	GB/T 17671	1999
64	《水泥取样方法》	GB/T 12573	2008
65	《水泥砂浆和混凝土用天然火山灰质材料》	JG/T 315	2011
66	《水泥细度检验方法 筛析法》	GB 1345	2005

续表

序号	标　准　名　称	标准代号	现行版本
67	《水运工程混凝土试验规程》	JTJ 270	1998
68	《通用硅酸盐水泥》	GB 175	2007
69	《透水水泥混凝土路面技术规程》	CJJ/T 135	2009
70	《维勃稠度仪》	JG/T 250	2009
71	《纤维混凝土应用技术规程》	JGJ/T 221	2010
72	《用于水泥和混凝土中的粉煤灰》	GB/T 1596	2005
73	《用于水泥和混凝土中的钢渣粉》	GB/T 20491	2006
74	《用于水泥和混凝土中的粒化高炉矿渣粉》	GB/T 18046	2008
75	《预拌混凝土》	GB/T 14902	2012
76	《预拌混凝土绿色生产及管理技术规程》	JGJ/T 328	2014
77	《预防混凝土碱骨料反应技术规范》	GB/T 50733	2011
78	《再生骨料应用技术规程》	JGJ/T 240	2011
79	《中热硅酸盐水泥 低热硅酸盐水泥 低热矿渣硅酸盐水泥》	GB 200	2003
80	《重晶石防辐射混凝土应用技术规范》	GB/T 50557	2010
81	《自密实混凝土应用技术规程》	JGJ/T 283	2012

附录 2　混凝土膨胀剂和掺膨胀剂的混凝土膨胀性能快速试验方法

（引自《混凝土膨胀剂》（GB 23439—2009）附录 C，图片来源：中国建筑材料科学研究总院赵顺增教授提供）

2.1　快速识别膨胀剂的方法

称取强度等级为 42.5MPa 的普通硅酸盐水泥（1345±5）g、受检混凝土膨胀剂（150±1）g、水（675±1）g，手工搅拌均匀。将搅拌好的水泥浆体用漏斗注满容积为 600mL 的玻璃啤酒瓶，并盖好瓶口，观察玻璃瓶出现裂缝的时间。

玻璃瓶开裂越早，膨胀剂的性能越好，伪劣的膨胀剂不会胀裂玻璃瓶。见附图 2-1。

2.2　快速识别补偿收缩混凝土的方法

在现场取搅拌好的掺膨胀剂的混凝土，将约 400mL 的混凝土装入容积为 500mL 的玻璃烧杯中，用竹筷轻轻插捣密实，并用塑料薄膜封好烧杯口。待混凝土终凝后，揭开塑料薄膜，向烧杯中注满清水，再用塑料薄膜密封烧杯，观察玻璃烧杯出现裂缝的时间。

掺加足量合格膨胀剂的混凝土，一定会将玻璃烧杯胀裂。一般烧杯开裂时间越早，混凝土的膨胀率越大，胀不裂烧杯的混凝土不合格。见附图 2-2。

附图 2-1　膨胀剂胀裂玻璃瓶

附图 2-2　掺膨胀剂的混凝土胀裂烧杯

附录3　图解说明现场检测补偿收缩混凝土限制膨胀率的方法和仪器

（引自《膨胀剂与膨胀混凝土》2012年第3期第28页～第30页，本文由中国建筑材料科学研究总院赵顺增教授供稿）

这种方法操作便捷，并且分步骤以图片的形式进行介绍，清晰明了，便于在搅拌站内和浇筑现场取样制作和检测，是一种值得推广使用的方法。

《补偿收缩混凝土应用技术规程》（JGJ/T 178—2009）、《地下防水工程质量验收规范》（GB 50208—2011）、《混凝土外加剂应用技术规范》（GB 50119）等多部标准规定，使用补偿收缩混凝土，必须进行限制膨胀率指标检验，中国建筑材料科学研究总院经过多年的试验，提出一种在混凝土搅拌站和施工现场检测混凝土限制膨胀率的新方法。每组3个试件，现取1个试件，图示介绍测量如下：

1. 纵向限制器见附图3-1。

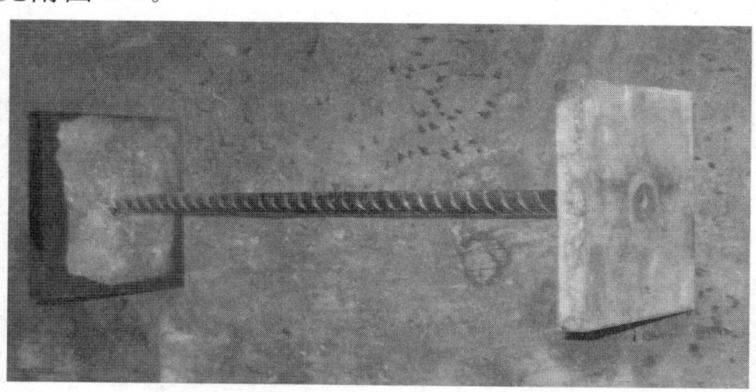

附图3-1

2. 把测量杆支架用螺丝钉固定在纵向限制器两侧端板上（附图3-2）。

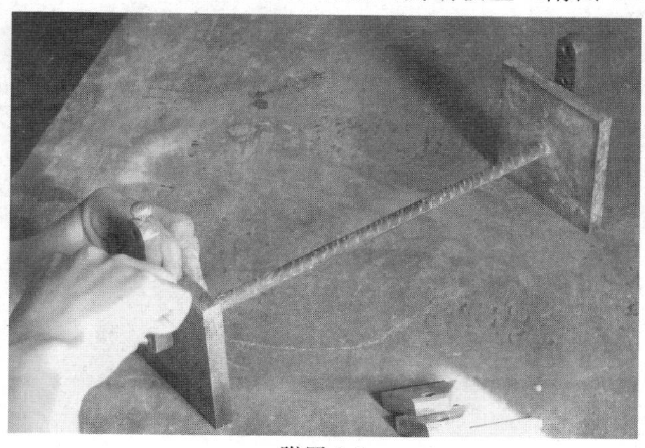

附图3-2

3. 把装配好的纵向限制器小心放入试模中（附图 3-3）。

4. 向试模中装混凝土（附图 3-4）。

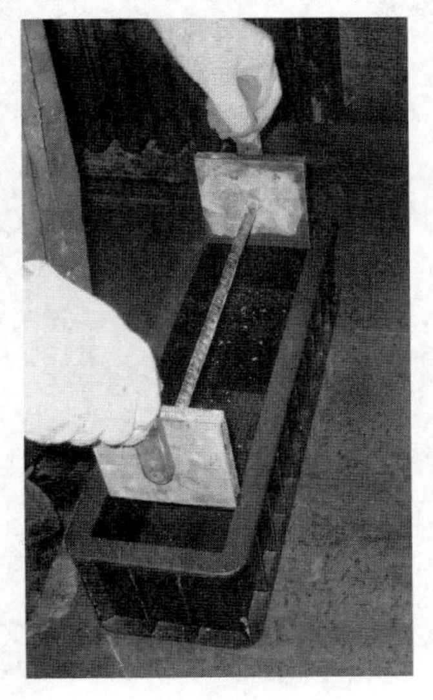

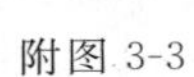

附图 3-3

附图 3-4

5. 振捣密实混凝土（附图 3-5）。

6. 试件抹面（附图 3-6）。

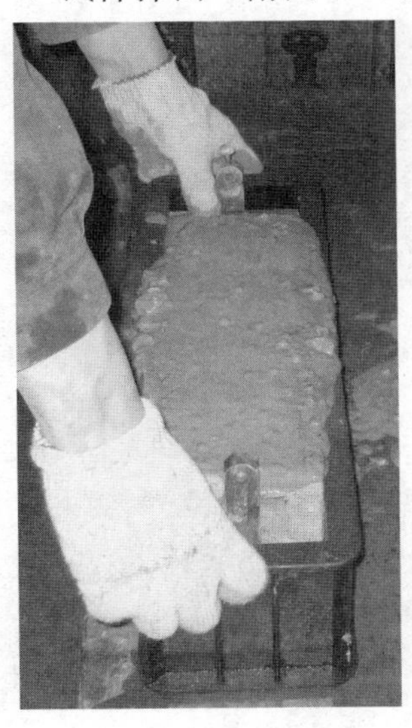

附图 3-5

附图 3-6

7. 试件表面覆盖塑料薄膜（附图 3-7）。

8. 安装测量杆（附图 3-8），将测量杆紧固在纵向限制器一端的测量支架上。

9. 安装测量表（附图 3-9），将千分表安装在纵向限制器另一端的测量支架上，并用螺栓紧固千分表。

10. 安装测量杆托架（附图 3-10）。

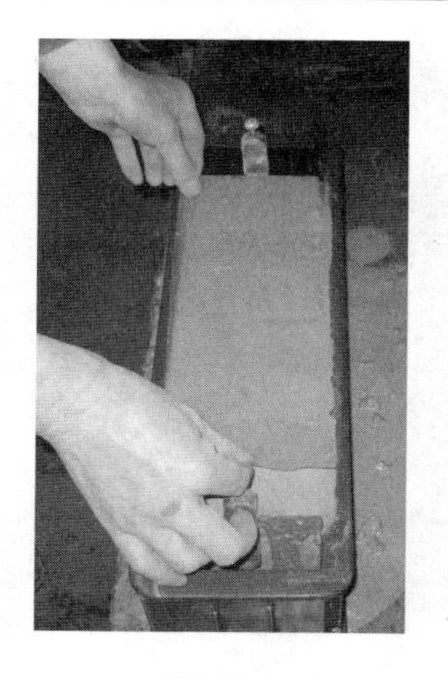

附图 3-7

附图 3-8

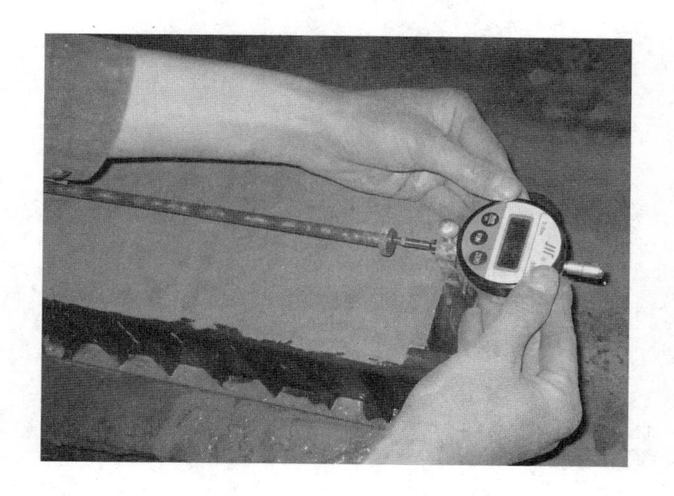

附图 3-9

附图 3-10

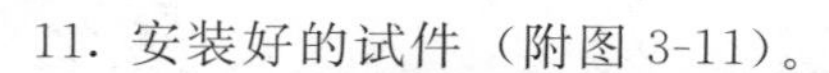

11. 安装好的试件（附图 3-11）。

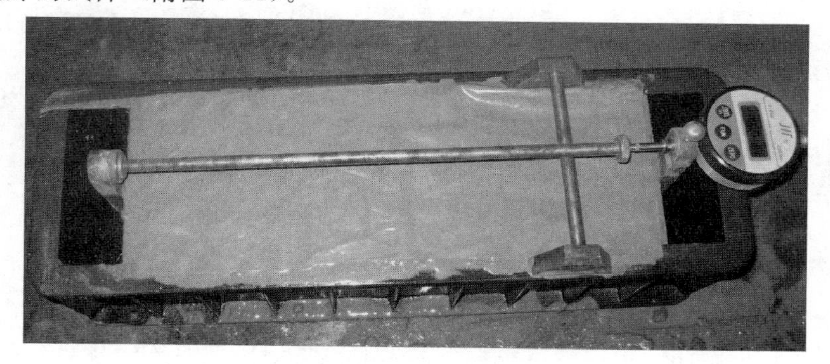

附图 3-11

12. 将安装好的试件移至养护室（附图 3-12），并连接数据转接器。如果人工读数，可以不连接数据转接器。

13. 将数字千分表读数归零，并记录初始读数 L。如果采用机械千分表，记录初始长度数值（附图 3-13）。

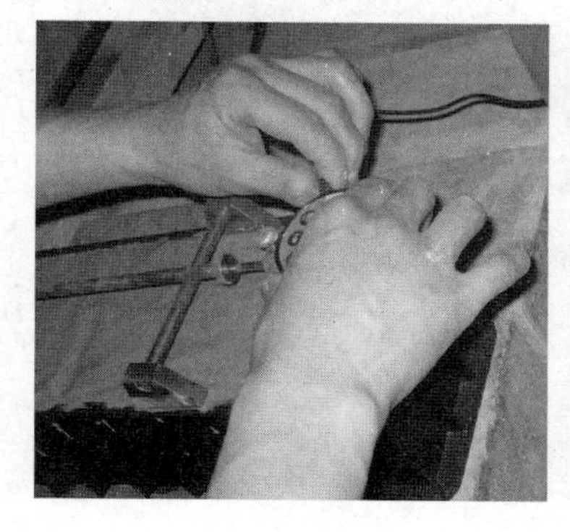

附图 3-12

附图 3-13

14. 混凝土终凝之后，小心揭去表面的塑料薄膜，覆盖多层厚毛巾（附图 3-14）。

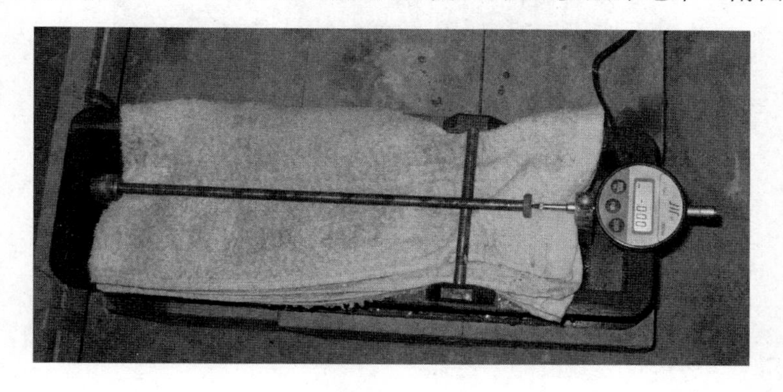

附图 3-14

15. 往模具两端的空隙和覆盖毛巾上浇水养护试件（附图 3-15）。

附图 3-15

16. 在规定龄期如 14d，读取千分表的读数 L_1，并计算混凝土限制膨胀率。计算方法如下：

$$\varepsilon = \frac{L_1 - L}{L_0}$$

式中　ε——所测龄期的限制膨胀率（%）；

L_1——所测龄期的试体长度测量值，单位为毫米（mm）；

L——初始长度测量值，单位为毫米（mm）；

L_0——试体的基准长度，300mm。

取相近的 2 个试件测定值的平均值作为长度变化率的测量结果，计算值精确至 0.001%

17. 如果有条件，建议采用数据转接器（附图 3-16）和计算机直接测量和计算限制膨胀率。

18. 接通中国建筑材料科学研究总院研制的水泥砂浆混凝土单通道变形应力测量专用程

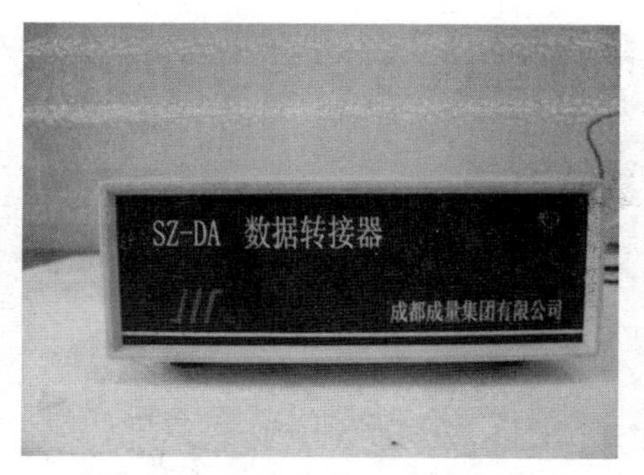

正面图

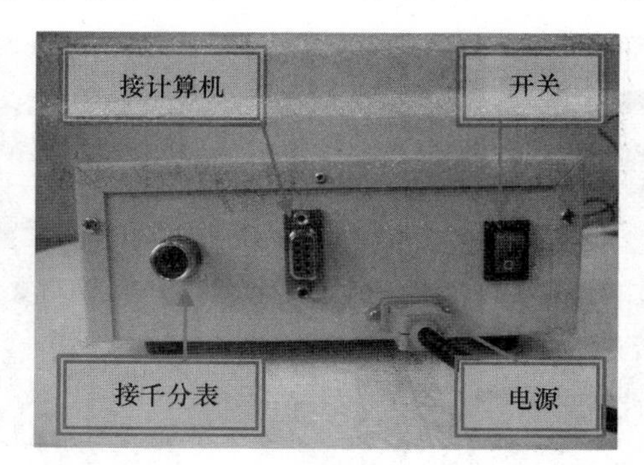

背面图

附图 3-16　数据转接器正面和背面图

序，直接记录试验数据（附图 3-17）。

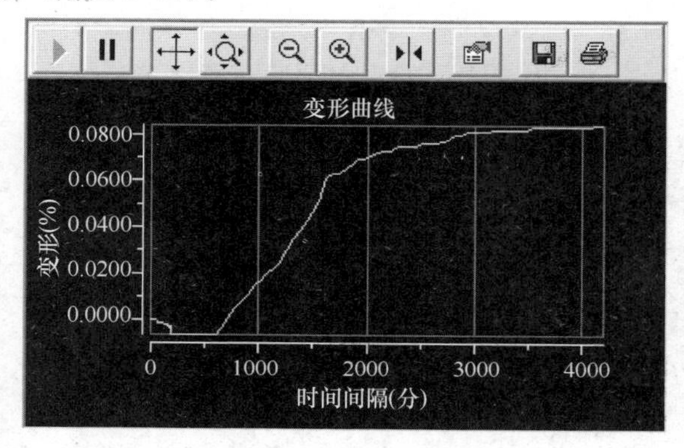

附图 3-17

附录4　天津航保混凝土公司碎卵石混凝土系列配合比试验数据

附表4-1　碎卵石混凝土原始配合比（搅拌20L）（聚羧酸＋P·O 42.5系列）

序号	设计水胶比	实际水胶比	砂率（%）	试验用水（kg/m³）	胶材用量（kg/m³）	粉煤灰取代率（%）	矿粉取代率（%）	外加剂掺量（%）	水泥（kg/m³）	粉煤灰（kg/m³）	矿粉（kg/m³）	砂（kg/m³）	实际砂（kg/m³）	石（kg/m³）	实际石子（kg/m³）	水（kg/m³）	外加剂用量（kg/m³）	实际外加剂量（%）
W001	0.64	0.639	45	192	300	0	0	0.8	300	0	0	859	881	1049	1049	192	2.18	1.65
W002	0.64	0.637	45	191	300	10	0	0.8	270	30	0	859	881	1049	1049	192	2.18	1.10
W003	0.64	0.637	45	191	300	20	0	0.8	240	60	0	859	881	1049	1049	192	2.18	1.10
W004	0.64	0.637	45	191	300	30	0	0.8	210	90	0	859	881	1049	1049	192	2.18	1.10
W005	0.64	0.636	45	191	300	40	0	0.8	180	120	0	859	881	1049	1049	192	2.18	0.75
W006	0.64	0.637	45	191	300	15	15	0.8	210	45	45	859	881	1049	1049	192	2.18	1.15
W007	0.64	0.638	45	191	300	20	20	0.8	180	60	60	859	881	1049	1049	192	2.18	1.30
W008	0.6	0.600	44	180	300	0	0	0.8	300	0	0	845	867	1075	1075	180	2.34	2.34
W009	0.6	0.600	44	180	300	10	0	0.8	270	30	0	845	867	1075	1075	180	2.34	2.34
W010	0.6	0.598	44	180	300	20	0	0.8	240	60	0	845	867	1075	1075	180	2.34	1.75
W011	0.6	0.598	44	179	300	30	0	0.8	210	90	0	845	867	1075	1075	180	2.34	1.60
W012	0.6	0.598	44	180	300	40	0	0.8	180	120	0	845	867	1075	1075	180	2.34	1.75
W013	0.6	0.600	44	180	300	15	15	0.8	210	45	45	845	867	1075	1075	180	2.34	2.34
W014	0.6	0.603	44	181	300	20	20	0.8	180	60	60	845	867	1075	1075	180	2.34	3.50
W015	0.56	0.559	43	175	313	0	0	0.8	313	0	0	822	844	1089	1089	175	2.50	2.50
W016	0.56	0.559	43	175	313	10	0	0.8	282	31	0	822	843	1090	1090	175	2.50	2.50
W017	0.56	0.559	43	175	313	20	0	0.8	250	63	0	822	843	1090	1090	175	2.50	2.50
W018	0.56	0.558	43	175	313	30	0	0.8	219	94	0	822	843	1090	1090	175	2.50	2.20

续表

序号	设计水胶比	实际水胶比	砂率（%）	试验用水（kg/m³）	胶材用量（kg/m³）	粉煤灰取代率（%）	矿粉取代率（%）	外加剂掺量（%）	水泥（kg/m³）	粉煤灰（kg/m³）	矿粉（kg/m³）	砂（kg/m³）	实际砂（kg/m³）	石（kg/m³）	实际石子（kg/m³）	水（kg/m³）	外加剂用量（kg/m³）	实际外加剂量（%）
W019	0.56	0.559	43	175	313	40	0	0.8	188	125	0	822	843	1090	1090	175	2.50	2.50
W020	0.56	0.557	43	174	313	15	15	0.8	219	47	47	822	843	1090	1090	175	2.50	1.80
W021	0.56	0.558	43	175	313	20	20	0.8	188	63	63	822	843	1090	1090	175	2.50	2.00
W022	0.52	0.519	42	175	337	0	0	0.8	337	0	0	797	818	1101	1101	175	2.70	2.70
W023	0.52	0.516	42	174	337	10	0	0.8	303	34	0	797	818	1101	1101	175	2.70	1.55
W024	0.52	0.515	42	174	337	20	0	0.8	270	67	0	797	818	1101	1101	175	2.70	1.05
W025	0.52	0.516	42	174	337	30	0	0.8	236	101	0	797	818	1101	1101	175	2.70	1.40
W026	0.52	0.515	42	174	337	40	0	0.8	202	135	0	797	818	1101	1101	175	2.70	1.00
W027	0.52	0.519	42	175	337	15	15	0.8	236	51	51	797	818	1101	1101	175	2.70	2.70
W028	0.52	0.516	42	174	337	20	20	0.8	202	67	67	797	818	1101	1101	175	2.70	1.40
W029	0.48	0.477	41	174	365	15	15	0.8	256	55	55	766	786	1103	1103	175	2.92	2.05
W030	0.48	0.476	41	174	365	20	20	0.8	219	73	73	766	786	1103	1103	175	2.92	1.30
W031	0.48	0.479	41	175	365	0	0	0.8	365	0	0	766	790	1103	1115	175	2.92	2.92
W032	0.48	0.479	41	175	365	10	0	0.8	329	37	0	766	790	1103	1115	175	2.92	2.92
W033	0.48	0.479	41	175	365	20	0	0.8	292	73	0	766	790	1103	1115	175	2.92	2.92
W034	0.48	0.479	41	175	365	30	0	0.8	256	110	0	766	790	1103	1115	175	2.92	2.92
W035	0.48	0.479	41	175	365	40	0	0.8	219	146	0	766	790	1103	1115	175	2.92	2.92
W036	0.44	0.440	40	175	398	0	0	0.8	398	0	0	739	761	1108	1120	175	3.18	3.18
W037	0.44	0.440	40	175	398	10	0	0.8	358	40	0	739	761	1108	1120	175	3.18	3.18
W038	0.44	0.440	40	175	398	20	0	0.8	318	80	0	739	761	1108	1120	175	3.18	3.18
W039	0.44	0.439	40	175	398	30	0	0.8	279	119	0	739	761	1108	1120	175	3.18	2.70
W040	0.44	0.438	40	174	398	40	0	0.8	239	159	0	739	761	1108	1120	175	3.18	2.55
W041	0.44	0.438	40	175	398	15	15	0.8	279	60	60	739	761	1108	1120	175	3.18	2.60

续表

序号	设计水胶比	实际水胶比	砂率(%)	试验用水(kg/m³)	胶材用量(kg/m³)	粉煤灰取代率(%)	矿粉取代率(%)	外加剂掺量(%)	水泥(kg/m³)	粉煤灰(kg/m³)	矿粉(kg/m³)	砂(kg/m³)	实际砂(kg/m³)	石(kg/m³)	实际石子(kg/m³)	水(kg/m³)	外加剂用量(kg/m³)	实际外加剂量(%)
W042	0.44	0.440	40	175	398	20	20	0.8	239	80	80	739	761	1108	1120	175	3.18	3.18
W043	0.4	0.400	39	175	438	0	0	0.8	438	0	0	704	726	1102	1114	175	3.50	3.50
W044	0.4	0.400	39	175	438	10	0	0.8	394	44	0	704	726	1102	1114	175	3.50	3.50
W045	0.4	0.400	39	175	438	20	0	0.8	350	88	0	704	726	1102	1114	175	3.50	3.50
W046	0.4	0.400	39	175	438	30	0	0.8	307	131	0	704	726	1102	1114	175	3.50	3.50
W047	0.4	0.399	39	175	438	40	0	0.8	263	175	0	704	726	1102	1114	175	3.50	3.10
W048	0.4	0.399	39	175	438	15	15	0.8	307	66	66	704	726	1102	1114	175	3.50	3.05
W049	0.4	0.399	39	175	438	20	20	0.8	263	88	88	704	726	1102	1114	175	3.50	3.20
W050	0.36	0.360	38	175	486	0	0	0.8	486	0	0	672	693	1096	1108	175	3.89	3.89
W051	0.36	0.361	38	175	486	10	0	0.8	437	49	0	672	693	1096	1108	175	3.89	4.40
W052	0.36	0.360	38	175	486	20	0	0.8	389	97	0	672	693	1096	1108	175	3.89	3.89
W053	0.36	0.360	38	175	486	30	0	0.8	340	146	0	672	693	1096	1108	175	3.89	3.89
W054	0.36	0.360	38	175	486	40	0	0.8	292	194	0	672	693	1096	1108	175	3.89	3.89
W055	0.36	0.360	38	175	486	15	15	0.8	340	73	73	672	693	1096	1108	175	3.89	3.89
W056	0.36	0.360	38	175	486	20	20	0.8	292	97	97	672	693	1096	1108	175	3.89	3.89
W057	0.32	0.321	37	176	547	0	0	0.8	547	0	0	632	651	1076	1087	175	4.38	5.25
W058	0.32	0.321	37	176	547	10	0	0.8	492	55	0	632	651	1076	1087	175	4.38	5.25
W059	0.32	0.321	37	176	547	20	0	0.8	438	109	0	632	651	1076	1087	175	4.38	5.25
W060	0.32	0.321	37	176	547	30	0	0.8	383	164	0	632	651	1076	1087	175	4.38	5.25
W061	0.32	0.321	37	176	547	40	0	0.8	328	219	0	632	651	1076	1087	175	4.38	5.25
W062	0.32	0.321	37	176	547	15	15	0.8	383	82	82	632	651	1076	1087	175	4.38	5.00
W063	0.32	0.321	37	176	547	20	20	0.8	328	109	109	632	651	1076	1087	175	4.38	5.00

续表

序号	计算实际水(kg/m³)	假定表观密度(kg/m³)	搅拌量(m³)	砂含水(%)	石子含水(%)	水泥(kg/m³)	粉煤灰(kg/m³)	矿粉(kg/m³)	砂(kg/m³)	石(kg/m³)	水(kg/m³)	外加剂(kg/m³)	坍落度(mm)	扩展度(mm)	备注	实测表观密度(kg/m³)	强度(MPa)		
																	3d	7d	28d
W001	191	2400	0.02	2.6	0	6.00	0.00	0.00	17.62	20.99	3.37	0.033	130				20.7	26.9	38.4
W002	191	2400	0.02	2.6	0	5.40	0.60	0.00	17.62	20.99	3.37	0.022	130				16.8	24.4	34.5
W003	191	2400	0.02	2.6	0	4.80	1.20	0.00	17.62	20.99	3.37	0.022	135	350/360			16.7	24.2	32.3
W004	191	2400	0.02	2.6	0	4.20	1.80	0.00	17.62	20.99	3.37	0.022	170	370/370			14	20.5	32.5
W005	191	2400	0.02	2.6	0	3.60	2.40	0.00	17.62	20.99	3.37	0.015	175	370/400			12.7	18	28.5
W006	191	2400	0.02	2.6	0	4.20	0.90	0.90	17.62	20.99	3.37	0.023	175	360/340			14.7	21	33.1
W007	191	2400	0.02	2.6	0	3.60	1.20	1.20	17.62	20.99	3.37	0.026	170	370/380			13.5	19.2	32.3
W008	179	2400	0.02	2.6	0	6.00	0.00	0.00	17.34	21.50	3.13	0.047	115	330/340	泌水		20.1	26.9	35.5
W009	179	2400	0.02	2.6	0	5.40	0.60	0.00	17.34	21.50	3.13	0.047	110				22.4	30.4	38.2
W010	179	2400	0.02	2.6	0	4.80	1.20	0.00	17.34	21.50	3.13	0.035	170	360/390			19.6	27.7	35.2
W011	179	2400	0.02	2.6	0	4.20	1.80	0.00	17.34	21.50	3.13	0.032	175	390/390			16.9	23.7	34.1
W012	179	2400	0.02	2.6	0	3.60	2.40	0.00	17.34	21.50	3.13	0.035	170	420/390			14.4	21.1	34.2
W013	179	2400	0.02	2.6	0	4.20	0.90	0.90	17.34	21.50	3.13	0.047	145	370/400			17.3	24.8	35
W014	179	2400	0.02	2.6	0	3.60	1.20	1.20	17.34	21.50	3.13	0.070	130				16.5	22.7	29.4
W015	173	2400	0.02	2.6	0	6.26	0.00	0.00	16.87	21.79	3.03	0.050	145	390/370			21.3	27.7	38.1
W016	173	2400	0.02	2.6	0	5.63	0.63	0.00	16.87	21.79	3.03	0.050	130	380/360			22.7	29.9	38.4
W017	173	2400	0.02	2.6	0	5.01	1.25	0.00	16.87	21.79	3.03	0.050	155	420/390			19	26.5	36.6
W018	173	2400	0.02	2.6	0	4.38	1.88	0.00	16.87	21.79	3.03	0.044	150	400/440			17.9	23.6	37.4
W019	173	2400	0.02	2.6	0	3.76	2.50	0.00	16.87	21.79	3.03	0.050	170	380/380			16	22.7	33.6
W020	173	2400	0.02	2.6	0	4.38	0.94	0.94	16.87	21.79	3.03	0.036	185	390/400			19	23.8	36.2

续表

序号	计算实际水（kg/m³）	假定表观密度（kg/m³）	搅拌量（m³）	砂含水（%）	石子含水（%）	水泥（kg/m³）	粉煤灰（kg/m³）	矿粉（kg/m³）	砂（kg/m³）	石（kg/m³）	水（kg/m³）	外加剂（kg/m³）	坍落度（mm）	扩展度（mm）	备注	实测表观密度（kg/m³）	强度（MPa）		
																	3d	7d	28d
W021	173	2400	0.02	2.6	0	3.76	1.25	1.25	16.87	21.79	3.03	0.040	165	380/400			14.7	23	35.5
W022	173	2410	0.02	2.6	0	6.74	0.00	0.00	16.35	22.01	3.04	0.054	145	360/380			26.3	33.3	43.6
W023	173	2410	0.02	2.6	0	6.07	0.67	0.00	16.35	22.01	3.04	0.031	165	410/390			24.3	33.6	41.4
W024	173	2410	0.02	2.6	0	5.39	1.35	0.00	16.35	22.01	3.04	0.021	155	390/360			22.4	30.3	42.3
W025	173	2410	0.02	2.6	0	4.72	2.02	0.00	16.35	22.01	3.04	0.028	165	330/360			23.1	27.6	40.9
W026	173	2410	0.02	2.6	0	4.04	2.70	0.00	16.35	22.01	3.04	0.020	160	320/350			17.2	25.1	37.7
W027	173	2410	0.02	2.6	0	4.72	1.01	1.01	16.35	22.01	3.04	0.054	180	460/450			20.9	29	39.4
W028	173	2410	0.02	2.6	0	4.04	1.35	1.35	16.35	22.01	3.04	0.028	195	370/390			17.6	28.1	36.8
W029	173	2410	0.02	2.6	0	5.11	1.10	1.10	15.73	22.06	3.05	0.041	190	420/420			24.7	31.8	43.2
W030	173	2410	0.02	2.6	0	4.38	1.46	1.46	15.73	22.06	3.05	0.026	155	290/300			21	31.4	41.8
W031	173	2410	0.02	3.1	1.1	7.30	0.00	0.00	15.81	22.30	2.73	0.058	180	350/350			32.3	43.2	48.7
W032	173	2410	0.02	3.1	1.1	6.57	0.73	0.00	15.81	22.30	2.73	0.058	175	400/400			33.7	37.9	48.3
W033	173	2410	0.02	3.1	1.1	5.84	1.46	0.00	15.81	22.30	2.73	0.058	185	390/390			30.2	39	49.1
W034	173	2410	0.02	3.1	1.1	5.11	2.19	0.00	15.81	22.30	2.73	0.058	210	430/460			24.5	34.3	48.8
W035	173	2410	0.02	3.1	1.1	4.38	2.92	0.00	15.81	22.30	2.73	0.058	200	460/480			21.4	28.6	40.9
W036	172	2420	0.02	3.1	1.1	7.96	0.00	0.00	15.23	22.40	2.75	0.064	200	480/460			38.3	50.7	58
W037	172	2420	0.02	3.1	1.1	7.16	0.80	0.00	15.23	22.40	2.75	0.064	210	480/500			38.6	46.8	55.2
W038	172	2420	0.02	3.1	1.1	6.37	1.59	0.00	15.23	22.40	2.75	0.064	200	500/500			33.6	41	51.5
W039	172	2420	0.02	3.1	1.1	5.57	2.39	0.00	15.23	22.40	2.75	0.054	205	480/480			31.5	39.2	53.8
W040	172	2420	0.02	3.1	1.1	4.78	3.18	0.00	15.23	22.40	2.75	0.051	215	500/520			24.9	33.9	50
W041	172	2420	0.02	3.1	1.1	5.57	1.19	1.19	15.23	22.40	2.75	0.052	210	450/460			30	39.8	52.5

续表

序号	计算实际水 (kg/m³)	假定表观密度 (kg/m³)	搅拌量 (m³)	砂含水 (%)	石子含水 (%)	水泥 (kg/m³)	粉煤灰 (kg/m³)	矿粉 (kg/m³)	砂 (kg/m³)	石 (kg/m³)	水 (kg/m³)	外加剂 (kg/m³)	坍落度 (mm)	扩展度 (mm)	备注	实测表观密度 (kg/m³)	强度（MPa）		
																	3d	7d	28d
W042	172	2420	0.02	3.1	1.1	4.78	1.59	1.59	15.23	22.40	2.75	0.064	210	520/530			28.7	39.9	56.2
W043	172	2420	0.02	3.1	1.1	8.76	0.00	0.00	14.53	22.28	2.76	0.070	220	470/480			43.8	53.2	58.7
W044	172	2420	0.02	3.1	1.1	7.88	0.88	0.00	14.53	22.28	2.76	0.070	215	460/460			41.4	46.1	62.7
W045	172	2420	0.02	3.1	1.1	7.01	1.75	0.00	14.53	22.28	2.76	0.070	230	530/540			43.1	53.8	55.6
W046	172	2420	0.02	3.1	1.1	6.13	2.63	0.00	14.53	22.28	2.76	0.070	230	520/540			34.9	40.5	52.7
W047	172	2420	0.02	3.1	1.1	5.26	3.50	0.00	14.53	22.28	2.76	0.062	225	540/540			28.7	36.3	53.5
W048	172	2420	0.02	3.1	1.1	6.13	1.31	1.31	14.53	22.28	2.76	0.061	230	480/500			34.1	43.4	56.4
W049	172	2420	0.02	3.1	1.1	5.26	1.75	1.75	14.53	22.28	2.76	0.064	215	500/520			35	46.8	59.6
W050	172	2430	0.02	3.1	1.1	9.72	0.00	0.00	13.86	22.17	2.78	0.078	210	450/460		2430	49.7	60.7	60.7
W051	172	2430	0.02	3.1	1.1	8.75	0.97	0.00	13.86	22.17	2.78	0.088	235	500/500		2430	48.1	68.9	64.5
W052	172	2430	0.02	3.1	1.1	7.78	1.94	0.00	13.86	22.17	2.78	0.078	245	500/530		2430	49.5	60.8	65.6
W053	172	2430	0.02	3.1	1.1	6.80	2.92	0.00	13.86	22.17	2.78	0.078	235	510/560		2430	41.5	56.7	62.7
W054	172	2430	0.02	3.1	1.1	5.83	3.89	0.00	13.86	22.17	2.78	0.078	245	540/550		2430	35.2	46.1	59.4
W055	172	2430	0.02	3.1	1.1	6.80	1.46	1.46	13.86	22.17	2.78	0.078	235	540/550		2430	40.4	52.9	60.3
W056	172	2430	0.02	3.1	1.1	5.83	1.94	1.94	13.86	22.17	2.78	0.078	230	500/510		2430	37.2	52.6	60.4
W057	171	2430	0.02	3.1	1.1	10.94	0.00	0.00	13.03	21.75	2.80	0.105	220	450/480		2440	59.5	65.9	75.8
W058	171	2430	0.02	3.1	1.1	9.85	1.09	0.00	13.03	21.75	2.80	0.105	235	490/470		2440	56.9	68.6	65.9
W059	171	2430	0.02	3.1	1.1	8.75	2.19	0.00	13.03	21.75	2.80	0.105	245	510/550		2440	52	60.1	75
W060	171	2430	0.02	3.1	1.1	7.66	3.28	0.00	13.03	21.75	2.80	0.105	240	530/550		2440	47.2	57.6	57.1
W061	171	2430	0.02	3.1	1.1	6.56	4.38	0.00	13.03	21.75	2.80	0.105	240	600/610		2440	44.8	51.5	56.5
W062	171	2430	0.02	3.1	1.1	7.66	1.64	1.64	13.03	21.75	2.80	0.100	250	560/550		2440	44.2	56.6	67.7
W063	171	2430	0.02	3.1	1.1	6.56	2.19	2.19	13.03	21.75	2.80	0.100	250	560/570		2440	46.1	58.1	70.3

附表 4-2　碎卵石混凝土原始配合比（搅拌 20L）（萘系＋P·O 42.5 系列）

序号	设计水胶比	实际水胶比	砂率（%）	试验用水（kg/m³）	胶材用量（kg/m³）	粉煤灰取代率（%）	矿粉取代率（%）	外加剂掺量（%）	水泥（kg/m³）	粉煤灰（kg/m³）	矿粉（kg/m³）	砂（kg/m³）	实际砂（kg/m³）	石（kg/m³）	实际石子（kg/m³）	水（kg/m³）	外加剂用量（kg/m³）	实际外加剂量（%）
W064	0.64	0.630	45	189	300	20	0	2	240	60	0	859	881	1049	1049	192	6.00	1.10
W065	0.64	0.632	45	190	300	30	0	2	210	90	0	859	881	1049	1049	192	6.00	2.35
W066	0.64	0.632	45	190	300	15	15	2	210	45	45	859	881	1049	1049	192	6.00	2.20
W067	0.56	0.553	43	173	313	20	0	2	250	63	0	821	843	1089	1089	175	6.26	3.35
W068	0.56	0.554	43	173	313	30	0	2	219	94	0	821	843	1089	1089	175	6.26	3.65
W069	0.56	0.557	43	174	313	15	15	2	219	47	47	821	843	1089	1089	175	6.26	5.45
W070	0.48	0.473	41	173	365	20	0	2	292	73	0	766	784	1102	1102	175	7.30	3.35
W071	0.48	0.473	41	173	365	30	0	2	256	110	0	766	784	1102	1102	175	7.30	3.55
W072	0.48	0.473	41	173	365	15	15	2	256	55	55	766	786	1102	1102	175	7.30	3.55
W073	0.4	0.396	39	173	438	20	0	2	350	88	0	703	720	1100	1100	175	8.76	6.00
W074	0.4	0.393	39	172	438	30	0	2	307	131	0	703	720	1100	1100	175	8.76	4.10
W075	0.4	0.394	39	173	438	15	15	2	307	66	66	703	720	1100	1100	175	8.76	5.05
W076	0.32	0.320	37	175	547	20	0	2	438	109	0	630	646	1073	1073	175	10.94	10.94
W077	0.32	0.320	37	175	547	30	0	2	383	164	0	630	646	1073	1073	175	10.94	10.94
W078	0.32	0.318	37	174	547	15	15	2	383	82	82	630	646	1073	1073	175	10.94	9.55
W079	0.64	0.633	45	190	300	0	0	2	300	0	0	859	879	1049	1049	192	6.00	2.80
W080	0.64	0.634	45	190	300	10	0	2	270	30	0	859	879	1049	1049	192	6.00	3.00
W081	0.64	0.634	45	190	300	20	0	2	240	60	0	859	879	1049	1049	192	6.00	3.15
W082	0.64	0.634	45	190	300	30	0	2	210	90	0	859	879	1049	1049	192	6.00	2.95

续表

序号	实际水 (kg/m³)	假定表观密度 (kg/m³)	搅拌量 (m³)	砂含水 (%)	石子含水 (%)	水泥 (kg/m³)	粉煤灰 (kg/m³)	矿粉 (kg/m³)	砂 (kg/m³)	石 (kg/m³)	水 (kg/m³)	外加剂 (kg/m³)	坍落度 (mm)	扩展度 (mm)	备注	强度 (MPa)		
																3d	7d	28d
W064	188	2400	0.02	2.6	0	4.80	1.20	0.00	17.62	20.99	3.32	0.022	125			13.7	20.3	30.8
W065	188	2400	0.02	2.6	0	4.20	1.80	0.00	17.62	20.99	3.32	0.047	160	460/430		12.5	19.5	31.9
W066	188	2400	0.02	2.6	0	4.20	0.90	0.90	17.62	20.99	3.32	0.044	135	350/310		12.4	20.2	32.5
W067	171	2400	0.02	2.6	0	5.01	1.25	0.00	16.87	21.77	2.98	0.067	170	380/400		20	28.5	39.8
W068	171	2400	0.02	2.6	0	4.38	1.88	0.00	16.87	21.77	2.98	0.073	155	390/380		18.6	23.5	35.9
W069	171	2400	0.02	2.4	0	4.38	0.94	0.94	16.87	21.77	2.98	0.109	150	450/400		21.8	25.9	40.5
W070	170	2410	0.02	2.4	0	5.84	1.46	0.00	15.68	22.03	3.04	0.067	170	410/370		27.6	37.9	46.9
W071	170	2410	0.02	2.4	0	5.11	2.19	0.00	15.68	22.03	3.04	0.071	210	500/470		30.4	33.7	50.3
W072	170	2410	0.02	2.4	0	5.11	1.10	1.10	15.73	22.03	2.99	0.071	190	410/430		27.8	39.8	52.7
W073	169	2420	0.02	2.4	0	7.01	1.75	0.00	14.41	22.01	3.05	0.120	210	550/580		42	46.8	58.5
W074	169	2420	0.02	2.4	0	6.13	2.63	0.00	14.41	22.01	3.05	0.082	195	440/400		36.2	46.9	59.4
W075	169	2420	0.02	2.4	0	6.13	1.31	1.31	14.41	22.01	3.05	0.101	215	470/470		37.1	48.2	61.1
W076	168	2430	0.02	2.4	0	8.75	2.19	0.00	12.91	21.47	3.06	0.219	225	550/530		41.6	55.6	63.1
W077	168	2430	0.02	2.4	0	7.66	3.28	0.00	12.91	21.47	3.06	0.219	225	580/560		44.2	56.4	67.7
W078	168	2430	0.02	2.4	0	7.66	1.64	1.64	12.91	21.47	3.06	0.191	235	600/610		49.6	60.3	72.3
W079	188	2400	0.02	2.4	0	6.00	0.00	0.00	17.58	20.99	3.35	0.056	180	400/370		23.9	33.9	42.9
W080	188	2400	0.02	2.4	0	5.40	0.60	0.00	17.58	20.99	3.35	0.060	165	390/380		19.3	28.6	34.2
W081	188	2400	0.02	2.4	0	4.80	1.20	0.00	17.58	20.99	3.35	0.063	180	400/410		24	28	37.3
W082	188	2400	0.02	2.4	0	4.20	1.80	0.00	17.58	20.99	3.35	0.059	160	400/380		19.1	26.9	36.9

附表 4-3　碎卵石混凝土原始配合比（萘系+P·C 32.5 系列）

序号	设计水胶比	实际水胶比	砂率（%）	试验用水（kg/m³）	胶材用量（kg/m³）	粉煤灰取代率（%）	矿粉取代率（%）	外加剂掺量（%）	水泥（kg/m³）	粉煤灰（kg/m³）	矿粉（kg/m³）	砂（kg/m³）	实际砂（kg/m³）	石（kg/m³）	实际石子（kg/m³）	水（kg/m³）	外加剂用量（kg/m³）	实际外加剂量（%）
W083	0.6	0.593	44	178	300	0	0	2	300	0	0	845	865	1075	1075	180	6.00	2.60
W084	0.6	0.594	44	178	300	10	0	2	270	30	0	845	865	1075	1075	180	6.00	3.00
W085	0.6	0.594	44	178	300	20	0	2	240	60	0	845	865	1075	1075	180	6.00	3.00
W086	0.6	0.594	44	178	300	30	0	2	210	90	0	845	865	1075	1075	180	6.00	3.25
W087	0.56	0.554	43	173	313	0	0	2	313	0	0	822	841	1089	1089	175	6.26	3.50
W088	0.56	0.554	43	173	313	10	0	2	282	31	0	822	841	1089	1089	175	6.26	3.50
W089	0.56	0.554	43	173	313	20	0	2	250	63	0	822	841	1089	1089	175	6.26	3.50
W090	0.56	0.554	43	173	313	30	0	2	219	94	0	822	841	1089	1089	175	6.26	3.50
W091	0.52	0.516	42	174	337	0	0	2	337	0	0	797	816	1100	1100	175	6.74	4.95
W092	0.52	0.515	42	174	337	10	0	2	303	34	0	797	816	1100	1100	175	6.74	4.45
W093	0.52	0.515	42	174	337	20	0	2	270	67	0	797	816	1100	1100	175	6.74	4.45
W094	0.52	0.515	42	174	337	30	0	2	236	101	0	797	816	1100	1100	175	6.74	4.60
W095	0.48	0.474	41	173	365	0	0	2	365	0	0	766	785	1103	1103	175	7.30	4.10
W096	0.48	0.473	41	173	365	10	0	2	329	37	0	766	785	1103	1103	175	7.30	3.60
W097	0.48	0.473	41	173	365	20	0	2	292	73	0	766	785	1103	1103	175	7.30	3.60
W098	0.48	0.473	41	173	365	30	0	2	256	110	0	766	785	1103	1103	175	7.30	3.60
W099	0.44	0.440	40	175	398	0	0	2	398	0	0	738	756	1107	1107	175	7.96	7.95
W100	0.44	0.437	40	174	398	10	0	2	358	40	0	738	756	1107	1107	175	7.96	6.50
W101	0.44	0.438	40	174	398	20	0	2	318	80	0	738	756	1107	1107	175	7.96	6.90
W102	0.44	0.438	40	175	398	30	0	2	279	119	0	738	756	1107	1107	175	7.96	7.20
W103	0.4	0.394	39	173	438	0	0	2	438	0	0	704	721	1101	1101	175	8.76	4.90
W104	0.4	0.394	39	172	438	10	0	2	394	44	0	704	721	1101	1101	175	8.76	4.65
W105	0.4	0.394	39	172	438	20	0	2	350	88	0	704	721	1101	1101	175	8.76	4.65
W106	0.4	0.394	39	172	438	30	0	2	307	131	0	704	721	1101	1101	175	8.76	4.75
W107	0.64	0.634	45	190	300	0	0	2	300	0	0	859	879	1049	1049	192	6.00	3.00
W108	0.64	0.634	45	190	300	10	0	2	270	30	0	859	879	1049	1049	192	6.00	3.00
W109	0.64	0.634	45	190	300	20	0	2	240	60	0	859	879	1049	1049	192	6.00	3.00
W110	0.64	0.634	45	190	300	30	0	2	210	90	0	859	879	1049	1049	192	6.00	3.00

续表

序号	实际水（kg/m³）	假定表观密度（kg/m³）	搅拌量（m³）	砂含水（%）	石子含水（%）	水泥（kg/m³）	粉煤灰（kg/m³）	矿粉（kg/m³）	砂（kg/m³）	石（kg/m³）	水（kg/m³）	外加剂（kg/m³）	坍落度（mm）	扩展度（mm）	备注	强度（MPa）		
																3d	7d	28d
W083	176	2400	0.02	2.4	0	6.00	0.00	0.00	17.30	21.50	3.12	0.052	180	370/350		12.5	18.1	26.4
W084	176	2400	0.02	2.4	0	5.40	0.60	0.00	17.30	21.50	3.12	0.060	185	350/330		13.3	17.7	28.8
W085	176	2400	0.02	2.4	0	4.80	1.20	0.00	17.30	21.50	3.12	0.060	175	340/330		11.7	18.6	28.2
W086	176	2400	0.02	2.4	0	4.20	1.80	0.00	17.30	21.50	3.12	0.065	190	340/350		9.8	16.3	28.7
W087	170	2400	0.02	2.4	0	6.26	0.00	0.00	16.83	21.78	3.00	0.070	180	390/350		12.3	21	31.5
W088	170	2400	0.02	2.4	0	5.63	0.63	0.00	16.83	21.78	3.00	0.070	195	390/350		12.6	20.1	31.9
W089	170	2400	0.02	2.4	0	5.01	1.25	0.00	16.83	21.78	3.00	0.070	195	390/390		10.4	19.8	32.2
W090	170	2400	0.02	2.4	0	4.38	1.88	0.00	16.83	21.78	3.00	0.070	190	400/360		9.5	16.3	33.4
W091	169	2410	0.02	2.4	0	6.74	0.00	0.00	16.32	22.00	3.01	0.099	190	460/440		14	23.5	34.2
W092	169	2410	0.02	2.4	0	6.07	0.67	0.00	16.32	22.00	3.01	0.089	175	380/370		14.2	22.6	34.3
W093	169	2410	0.02	2.4	0	5.39	1.35	0.00	16.32	22.00	3.01	0.089	185	380/350		12.8	22	35
W094	169	2410	0.02	2.4	0	4.72	2.02	0.00	16.32	22.00	3.01	0.092	190	390/360		10.9	18.3	34.7
W095	169	2410	0.02	2.4	0	7.30	0.00	0.00	15.69	22.05	3.01	0.082	200	420/390		16.3	25.4	38.9
W096	169	2410	0.02	2.4	0	6.57	0.73	0.00	15.69	22.05	3.01	0.072	190	400/380		17.3	26.4	36.3
W097	169	2410	0.02	2.4	0	5.84	1.46	0.00	15.69	22.05	3.01	0.072	200	380/380		14.8	25.5	38.7
W098	169	2410	0.02	2.4	0	5.11	2.19	0.00	15.69	22.05	3.01	0.072	175	360/320		13.4	23.5	37.6
W099	168	2420	0.02	2.4	0	7.96	0.00	0.00	15.12	22.15	3.01	0.159	210	440/420		20.9	29.2	40.6
W100	168	2420	0.02	2.4	0	7.16	0.80	0.00	15.12	22.15	3.01	0.130	180	360/340		20.5	29.8	47.9
W101	168	2420	0.02	2.4	0	6.37	1.59	0.00	15.12	22.15	3.01	0.138	190	380/340		12.3	26.6	48.6
W102	168	2420	0.02	2.4	0	5.57	2.39	0.00	15.12	22.15	3.01	0.144	210	430/400		14.4	27.3	48
W103	168	2420	0.02	2.4	0	8.76	0.00	0.00	14.42	22.03	3.02	0.098	200	410/370		21.5	33.7	47.6
W104	168	2420	0.02	2.4	0	7.88	0.88	0.00	14.42	22.03	3.02	0.093	190	380/350		22.4	38	51.8
W105	168	2420	0.02	2.4	0	7.01	1.75	0.00	14.42	22.03	3.02	0.093	200	380/340		21.1	34.8	53
W106	168	2420	0.02	2.4	0	6.13	2.63	0.00	14.42	22.03	3.02	0.095	200	380/390		21.1	30.7	53.4
W107	188	2400	0.02	2.4	0	6.00	0.00	0.00	17.58	20.99	3.35	0.060	170	370/360		17.3	19	28.7
W108	188	2400	0.02	2.4	0	5.40	0.60	0.00	17.58	20.99	3.35	0.060	185	390/370		11.6	16.9	28.5
W109	188	2400	0.02	2.4	0	4.80	1.20	0.00	17.58	20.99	3.35	0.060	195	360/360		8.7	16.1	28.3
W110	188	2400	0.02	2.4	0	4.20	1.80	0.00	17.58	20.99	3.35	0.060	185	370/390		8.7	16.4	25.9

附录5　搅拌站试验器具自检规程

5.1　混凝土坍落度筒自检规程

1　目的

对混凝土坍落度筒进行校定，保证该仪器使用正常。

2　适用范围

本方法适用于新购和使用中以及检修后的混凝土坍落度筒及维勃稠度仪用的坍落度筒的校验。

3　技术要求

3.1　坍落度筒应为薄钢板或其他金属制成的圆台形筒。内壁光滑，无凹凸部位。底面和顶面应互相平行并与锥体的轴线垂直。

3.2　坍落度筒筒外上端三分之一高处应焊两个手把，下端应焊脚踏板。

3.3　坍落度筒的内部尺寸为：

底部内径 d：(200±1) mm；

顶部内径 D：(100±1) mm；

高度 h：(300±1) mm；

筒壁厚度：采用整体铸造加工时，筒壁厚度不应小于4mm；采用整体冲压加工时，筒壁厚度不应小于1.5mm。

3.4　钢制捣棒直径为（16±0.2）mm，长度为（600±5）mm，表面光滑平直，端头应磨圆。

4　校验项目及条件

4.1　校验项目

4.1.1　外观检查。

4.1.2　筒各部位尺寸检查。

4.2　校验用器具

4.2.1　游标卡尺：量程300mm，分度值0.02mm。

4.2.2　钢直尺或钢卷尺：量程500mm，分度值1mm。

4.2.3　直角尺。

5　校验方法

5.1　目测检查内壁是否光滑，有无凹凸部位。

5.2　用钢直尺测量两个把手是否在筒外上端三分之一高度处。底面和顶面应互相平行并与锥体的轴线垂直，测量捣棒长度。

5.3　用游标卡尺测量筒壁厚度及捣棒直径，测量筒底及顶部内径和高度尺寸，各部位应测量两点，取算术平均值，准确至1mm。

5.4　用直角尺测量底面、顶面是否与筒轴线垂直。

6　校验结果评定

全部校验项目符合技术要求为合格。

7　校验周期

半年一次。

8　质量记录

混凝土坍落度筒校验记录

<table>
<tr><td>仪器编号</td><td colspan="2"></td><td>校验日期</td><td colspan="2"></td></tr>
<tr><td>校定仪具</td><td colspan="2"></td><td>校定仪具编号</td><td colspan="2"></td></tr>
<tr><td>校验项目</td><td colspan="3">技术要求</td><td>检定数据</td><td>结果</td></tr>
<tr><td rowspan="5">外观质量</td><td rowspan="4">坍落度筒</td><td colspan="2">内壁应光滑、平整，无凹凸</td><td></td><td></td></tr>
<tr><td colspan="2">顶面与底面是否平行</td><td></td><td></td></tr>
<tr><td colspan="2">顶面、底面与锥体轴线是否垂直</td><td></td><td></td></tr>
<tr><td colspan="2">手把、脚踏板位置是否正确</td><td></td><td></td></tr>
<tr><td>捣棒</td><td colspan="2">表面应光滑，端部半球形</td><td></td><td></td></tr>
<tr><td rowspan="6">技术参数</td><td rowspan="4">坍落度筒尺寸</td><td colspan="2">顶部内径 d：(100±1) mm</td><td></td><td></td></tr>
<tr><td colspan="2">底部内径 D：(200±1) mm</td><td></td><td></td></tr>
<tr><td colspan="2">高度 h：(300±1) mm</td><td></td><td></td></tr>
<tr><td colspan="2">筒壁厚度：不小于1.5mm</td><td></td><td></td></tr>
<tr><td rowspan="2">捣棒</td><td colspan="2">直径：(16±0.2) mm</td><td></td><td></td></tr>
<tr><td colspan="2">长度：(600±5) mm</td><td></td><td></td></tr>
<tr><td>结论</td><td colspan="5"></td></tr>
<tr><td>备注</td><td colspan="5">有效期至：　　年　　月　　日</td></tr>
</table>

负责人：　　　　　　　　复核：　　　　　　　　校验：

5.2　混凝土及砂浆试模自检规程

1　目的

对混凝土及砂浆试模进行校定，保证该仪器使用正常。

2　适用范围

本方法适用于新购和使用中的各种铁制混凝土、砂浆试模的校验/检验。

3　技术要求

3.1　组成模腔的各平面应抛光，其不平度应不大于 0.05mm。

3.2　承压面与相邻面的不垂直度不应超过±0.5 度。

3.3　模型的内部尺寸

试模尺寸（mm）	边长（mm）
100×100×100	100±0.2
150×150×150	150±0.2
200×200×200	200±0.4
100×100×300	100±0.2
	300±0.4
100×100×400	100±0.2
	400±0.4
150×150×550	150±0.2
	550±0.4
150×150×515	150±0.2
	515±0.4
ϕ150×150	ϕ150±0.2
	150±0.2
70.7×70.7×70.7	70.7±0.2

4　校验/检验项目及条件

4.1　校验/检验项目

4.1.1　不平整度。

4.1.2　相邻面不垂直度。

4.1.3　模腔各部尺寸。

4.2　校验/检验用器具

4.2.1　钢直尺：量程 300mm，分度值 1mm。

4.2.2　游标卡尺：量程 300mm，分度值 0.02mm。

4.2.3　万能角度尺。

4.2.4　塞尺。

5　校验/检验方法

5.1　新购试模按下述方法进行校验。

5.1.1　用钢直尺和塞尺在各模型的两个垂直的方向上选择两个不同部位测量模型内部表面的不平度，取算术平均值；准确至 0.01mm。

5.1.2　用万能角度尺测量各种模型内部各相邻的不垂直度。各相邻面选择不同部位测量两点，取算术平均值；准确至 0.1 度。

5.1.3　用游标卡尺测量各种模型内部的尺寸，在每个方向上选择两个测点，取算术平均值；准确至 0.1mm。

5.2　使用中的试模检验，用肉眼观测试模有无明显变形、锈蚀，组合是否密贴。

6 校验/检验结果评定

全部校验/检验项目符合技术要求为合格。

7 校验周期

校验/检验周期为 12 个月。

8 质量记录

混凝土及砂浆试模校验记录

<table>
<tr><td colspan="2">仪器编号</td><td colspan="4"></td><td colspan="3">校验日期</td><td colspan="2"></td></tr>
<tr><td colspan="2">校定仪具</td><td colspan="4"></td><td colspan="3">校定仪具编号</td><td colspan="2"></td></tr>
<tr><td>项目</td><td colspan="9">校验数据</td><td>结果</td></tr>
<tr><td>不平整度</td><td colspan="9">1. A 面（1）________mm（2）________mm 平均________mm
2. B 面（1）________mm（2）________mm 平均________mm
3. C 面（1）________mm（2）________mm 平均________mm
4. D 面（1）________mm（2）________mm 平均________mm
5. E 面（1）________mm（2）________mm 平均________mm</td><td></td></tr>
<tr><td>相邻面不垂直度</td><td colspan="9">1. AB 面（1）________度（2）________度平均________度
2. AD 面（1）________度（2）________度平均________度
3. CD 面（1）________度（2）________度平均________度
4. CB 面（1）________度（2）________度平均________度
5. AE 面（1）________度（2）________度平均________度
6. BE 面（1）________度（2）________度平均________度
7. CE 面（1）________度（2）________度平均________度
8. DE 面（1）________度（2）________度平均________度</td><td></td></tr>
<tr><td rowspan="3">模腔各部尺寸</td><td colspan="3">长（mm）</td><td colspan="3">宽（mm）</td><td colspan="3">高（mm）</td><td rowspan="3"></td></tr>
<tr><td>（1）</td><td>（2）</td><td>平均</td><td>（1）</td><td>（2）</td><td>平均</td><td>（1）</td><td>（2）</td><td>平均</td></tr>
<tr><td></td><td></td><td></td><td></td><td></td><td></td><td></td><td></td><td></td></tr>
<tr><td>校验结论</td><td colspan="10"></td></tr>
<tr><td>备注</td><td colspan="10">有效期至：　　年　　月　　日</td></tr>
</table>

负责人：　　　　复核：　　　　校验：

5.3 容量筒自检规程

1 目的

对容量筒进行校定，保证该仪器使用正常。

2 适用范围

适用于新购和使用中以及检修后的容量筒的校验，包括砂、石、混凝土、砂浆等容量筒。

3 技术要求

3.1 钢制有底圆筒，有一定刚度，且不漏水。

3.2 容量筒上缘及内壁应光滑、平整，顶面与底面应平行并与圆柱体的轴线垂直。

3.3 壁厚：≥3mm。

4 检验仪具（要求用经过计量检定合格的器具）

4.1 游标卡尺：分度值0.02mm，量程300mm。

4.2 台秤、案秤。

4.3 直角尺。

4.4 水：(20±5)℃。

5 校验方法

5.1 目测和手摸是否光滑、平直，并检查刚性。

5.2 用游标卡尺测量筒壁厚。

5.3 用直角尺测量筒顶面与底是否平行、与圆柱体的轴线是否垂直。

5.4 装水检查是否渗漏。

5.5 将水注满容量筒，称量水的质量，计算容量筒的容积。

6 校验结果评定

容量筒符合技术要求即为合格。

7 校验周期

半年一次。

8 质量记录

容量筒校验记录

仪器编号		校验日期		
检定仪具		检定仪具编号		
校验项目	技术要求		检定数据	结果
外观质量	内壁平整，无残损			
	顶面与底面应平行			
	顶面与圆柱体的轴线应垂直			
容积	L			
筒壁厚度	≥3mm			
筒底厚度	≥3mm			
校验结论				
备注	有效期至： 年 月 日			

负责人： 复核： 校验：

5.4 量筒自检规程

1 目的

校验量筒的实际体积与标示体积的误差是否符合相关标准要求。

2 适用范围

本规程适用于新购和使用中的量筒的校验。

3 技术要求

3.1 欲校验的量筒必须完整，无破损。

3.2 欲校验的量筒必须充分洗涤干净、干燥并编号。

3.3 量筒的容许误差见下表：

量筒容积（mL）	量 筒 级 别	
	一级	二级
50	±0.05	±0.10
100	±0.10	±0.20
250	±0.10	±0.20
500	±0.15	±0.30
1000	±0.30	±0.60
2000	±0.60	±1.20

3.4 校验项目及条件：测定量筒在一定温度下的容积。

4 校验仪具（要求用经过计量检定合格的器具）

4.1 天平：量程200g，精度0.1mg；量程2000g，精度0.01g。

4.2 温度计：0～50℃，分度值0.1℃。

5 校验方法

5.1 按量筒的容量称量，其称量精度见下表：

量筒容积（mL）	50	100	250	500	1000	2000
称量准确至（g）	0.015	0.015	0.01	0.02	0.05	0.05

5.2 加入蒸馏水至量筒，准确至标线，同时记录水温，切勿将水弄到量筒外壁。

5.3 将加水后的量筒放置约10min，检查量筒中的水是否准确至标线，若高于标线，应用干净的吸管将多余的水吸出。

5.4 在同一天平上称量后，记录、计算量筒的实际容积。

6 校验结果评定

经校验符合技术要求者准予使用，不合格者报废。

7 校验周期

一般每年进行一次校验，使用频率较少的可三年自校一次。

8　质量记录

量筒校验记录

仪器名称				仪器编号			
容积（mL）				校验编号			
水温（℃）				水的密度（ρ，g/cm^3）			
校验日期				校验方法			
室温（℃）				校验设备编号			
量筒编号	体积读数 V_0（mL）	量筒质量 m_1（g）	量筒加水的质量 m_2（g）	水的质量 $m=m_2-m_1$（g）	实际容积 $V=m/\rho$（mL）	校正值（mL）	总校正值（mL）
校验结论							
核验员				校验员			

5.5　水泥胶砂试模自检规程

1　目的

校验水泥胶砂强度试验方法成型试件用试模的结构尺寸是否符合相关的标准要求。

2　适用范围

本规程适用于新进或使用中的《水泥胶砂强度检验方法（ISO法）》（GB/T 17671—1999）中规定水泥胶砂强度成型试件用试模。

3　参照标准

《水泥胶砂试模》（JC/T 726—2005）。

4　技术要求

4.1　试模尺寸：长(160±0.8)mm；宽 $40^{+0.05}_{-0.10}$mm；高(40＋0.10)mm。

4.2　试模内壁应无残损、砂眼、生锈等缺陷。

5　校验仪具（要求用经过计量检定合格的器具）

5.1　游标卡尺：量程300mm，分度值0.02mm。

5.2　直尺：量程300mm，分度值1mm。

6　校验方法

6.1　外观用目测检验。

6.2　用直尺测量隔板与端板是否垂直。

6.3　试模的长、宽、高用游标卡尺测量。长在宽度方向的两端检查2点取平均值；宽在长度方向两端及中间检查3点取平均值；高在长度方向的两端及中间检查3点取平均值。

7　校验结果评定

试模经检验符合技术要求的准予使用，不合格者报废。

8　校验周期

校验周期为12个月。

9　质量记录

水泥胶砂试模校验记录

<table>
<tr><td colspan="2">仪器编号</td><td colspan="1"></td><td>规　格</td><td colspan="2"></td></tr>
<tr><td colspan="2">参照标准</td><td colspan="1"></td><td>校验日期</td><td colspan="2"></td></tr>
<tr><td rowspan="3">试模
编号</td><td colspan="3">校验项目及技术要求</td><td rowspan="3">校验
结果</td><td rowspan="3">备注</td></tr>
<tr><td>外观质量</td><td>试模质量</td><td>试模尺寸</td></tr>
<tr><td>试模内壁应无残损、砂眼、生锈等缺陷</td><td>6.0～6.5kg</td><td>长（160±0.8）mm
宽（40－0.10）～（40＋0.05）mm
高（40＋0.10）mm</td></tr>
<tr><td></td><td></td><td></td><td></td><td></td><td></td></tr>
<tr><td></td><td></td><td></td><td></td><td></td><td></td></tr>
<tr><td></td><td></td><td></td><td></td><td></td><td></td></tr>
<tr><td></td><td></td><td></td><td></td><td></td><td></td></tr>
<tr><td></td><td></td><td></td><td></td><td></td><td></td></tr>
<tr><td></td><td></td><td></td><td></td><td></td><td></td></tr>
<tr><td></td><td></td><td></td><td></td><td></td><td></td></tr>
<tr><td></td><td></td><td></td><td></td><td></td><td></td></tr>
<tr><td></td><td></td><td></td><td></td><td></td><td></td></tr>
<tr><td></td><td></td><td></td><td></td><td></td><td></td></tr>
<tr><td colspan="6">有效期至：　　　年　　　月　　　日</td></tr>
</table>

负责人：　　　　　　　　　　复核：　　　　　　　　　　校验：

5.6　水泥凝结时间测定仪自检规程

1　目的

检查水泥凝结时间测定仪是否正常使用。

2　适用范围

适用于新购和使用中以及检修后的水泥凝结时间测定仪。代用法的维卡仪可参照执行。

3　参照标准

《水泥标准稠度用水量、凝结时间、安定性检验方法》(GB/T 1346—2011)。

4　技术要求

4.1　滑动杆表面光滑，能靠重力自由下落，不得有紧涩和旷动。

4.2　试杆：长(50±1)mm，直径(10±0.5)mm。

4.3　初凝针：长(50±1)mm，直径(1.13±0.05)mm；

终凝针：长(30±1)mm，直径(1.13±0.05)mm。

4.4　环型附件：顶部外径(3.3±0.1)mm，底部外径(5±0.1)mm，高度(6.4±0.1)mm，终凝端部露出环型附件长度(0.5±0.1)mm。

4.5　滑动杆＋试杆重(300±1)g；

滑动杆＋初凝针重(300±1)g；

滑动杆＋终凝针重(300±1)g。

4.6　试模高(40±0.2)mm，顶内径(65±0.5)mm，底内径(75±0.5)mm。

5　校验仪具(要求用经过计量检定合格的器具)

5.1　游标卡尺：量程300mm，分度值0.02mm。

5.2　电子天平：称量500g，感量0.1g。

6　校验方法

6.1　外观检查：滑动杆表面是否光滑，能靠重力自由下落，不得有紧涩和晃动。

6.2　试杆、试针及环型附件的尺寸，用游标卡尺测量。

6.3　滑动杆与试杆、滑动杆与试针的总质量用天平称量。

6.4　截顶圆锥体试模尺寸用游标卡尺测量试模深度，试模上、下口内径用游标卡尺在互相垂直的方向上分别测量，取平均值。

7　校验结果评定

全部校验项目均符合技术要求即为合格。

8　校验周期

校验周期为一年。

9　质量记录

水泥凝结时间测定仪校验记录

仪器编号		规格型号				
参照标准		校验日期				
外观检查	滑动杆表面光滑，能靠重力自由下落，不得有紧涩和旷动					
校验项目	技术要求	实测值				
		1	2	3	平均	结果
试杆	长（50±1）mm					
	直径（10±0.5）mm					
初凝针	长（50±1）mm					
	直径（1.13±0.05）mm					
终凝针	长（30±1）mm					
	直径（1.13±0.05）mm					
环型附件	顶部外径（3.3±0.1）mm					
	底部外径（5±0.1）mm					
	高度（6.4±0.1）mm					
	终凝端部露出环型附件长度（0.5±0.1）mm					
滑动部分总质量	滑动杆＋试杆（300±1）g					
	滑动杆＋初凝针（300±1）g					
	滑动杆＋终凝针（300±1）g					
试模	高（40±0.2）mm					
	顶内径（65±0.5）mm					
	底内径（75±0.5）mm					
结论						
备注	有效期至：　　年　　月　　日					

负责人：　　　　　　　　复核：　　　　　　　　校验：

5.7 砂子试验筛自检规程

1　目的

对砂子试验筛进行校定，保证该仪器使用正常。

2　适用范围

适用于新的和使用中的砂子试验筛的自校。

3　参照标准

《混凝土试验员手册》。

4　技术要求

4.1　允许偏差：筛孔孔数≥5孔/100mm。

4.2　外观要求：筛面平整光滑，无变形、折痕、锈蚀。

5　校验仪具（要求用经过计量检定合格的器具）

5.1　钢直尺：量程300mm，精度1mm。

5.2　放大镜。

6　校验方法

6.1　手感筛面的平整光滑度。目测筛面有无变形、折痕、锈蚀等明显缺陷。

6.2　筛孔孔数的检测，用钢板尺取规定长度沿直线方向观测其孔数，检查3处，取平均值。

7　校验结果评定

试验筛检测符合技术要求中全部规定即认为合格。

8　校验周期

12个月。

9　质量记录

砂子试验筛校验记录

<table>
<tr><td>仪器编号</td><td colspan="2"></td><td colspan="4">规　　格</td><td></td></tr>
<tr><td>校定仪具</td><td colspan="2"></td><td colspan="4">校定仪具编号</td><td></td></tr>
<tr><td>参照标准</td><td colspan="2"></td><td colspan="4">校验日期</td><td></td></tr>
<tr><td>校验项目</td><td colspan="2">技术要求</td><td colspan="4">检验数据</td><td>校验结果</td></tr>
<tr><td>外观质量</td><td colspan="2">筛面平整光滑，无变形、折痕、锈蚀</td><td colspan="4"></td><td></td></tr>
<tr><td rowspan="8">技术参数</td><td>基本尺寸
（mm）</td><td>允许偏差
（孔）</td><td colspan="3">实测值</td><td>平均值</td><td>结果</td></tr>
<tr><td></td><td rowspan="7">≥5/100mm</td><td></td><td></td><td></td><td></td><td></td></tr>
<tr><td></td><td></td><td></td><td></td><td></td><td></td></tr>
<tr><td></td><td></td><td></td><td></td><td></td><td></td></tr>
<tr><td></td><td></td><td></td><td></td><td></td><td></td></tr>
<tr><td></td><td></td><td></td><td></td><td></td><td></td></tr>
<tr><td></td><td></td><td></td><td></td><td></td><td></td></tr>
<tr><td></td><td></td><td></td><td></td><td></td><td></td></tr>
<tr><td>结论</td><td colspan="7"></td></tr>
<tr><td>备注</td><td colspan="7">有效期至：　　　年　　　月　　　日</td></tr>
</table>

负责人：　　　　　　　　　　　　复核：　　　　　　　　　　　　校验：

5.8 石子试验筛自检规程

1 目的

对石子试验筛进行校定，保证该仪器使用正常。

2 适用范围

适用于新的和使用中的石子试验筛的自校。

3 参照标准

《工程试验专用仪器校验检验方法》（TGX 012—2001）。

4 技术要求

4.1 外观整洁，有型号、规格、制造厂。

4.2 筛框平整光滑，并且能方便地与筛框基本尺寸相同的其他筛、盖、接料盘等套叠在一起。筛网与筛框间的连接能防止待筛物料的泄漏。

4.3 筛框内径为（300±5）mm或（200±5）mm。

4.4 建筑用卵石、碎石方孔筛筛孔尺寸及偏差应符合下表要求：

筛孔尺寸（mm）	允许偏差（mm）	筛孔尺寸（mm）	允许偏差（mm）
90	±0.80	26.5	±0.35
75	±0.70	19.5	±0.30
63	±0.60	16	±0.27
53	±0.55	9.5	±0.21
37.5	±0.45	4.75	±0.14
31.5	±0.40	2.36	±0.11

5 校验仪具（要求用经过计量检定合格的器具）

5.1 游标卡尺：量程300mm，精度0.02mm。

5.2 钢直尺：量程300mm，精度1mm。

6 校验方法

6.1 按4.1、4.2、4.3条技术要求对标准筛进行外观和资料检查。

6.2 用游标卡尺测量筛框内径。

6.3 建筑用卵石、碎石方孔筛4.75mm以上筛孔用游标卡尺测量筛孔尺寸，测孔数应不少于总数的20%。4.75mm及以下筛孔用放大镜检测，测孔数应不小于40个。以各种孔径中的最大值和最小值表示相应孔径的偏差范围。

7 校验结果评定

试验筛检测符合技术要求中全部规定即认为合格。

8 校验周期

12个月。

9 质量记录

石子试验筛校验记录

仪器编号		规　　格	
校定仪具		校定仪具编号	
参照标准		校验日期	
校验项目	检验数据		校验结果
外观质量	1. 表面光洁，有铭牌、合格证 2. 筛框与筛网连接 3. 筛框内径　　mm		
筛孔尺寸	基本尺寸（mm）	实测值	
	75.0	～	
	63.0	～	
	53.0	～	
	37.5	～	
	31.5	～	
	26.5	～	
	19.0	～	
	16.0	～	
	9.50	～	
	4.75	～	
	2.36	～	
结论			
备注	有效期至：　　　年　　　月　　日		

负责人：　　　　　　　　　　复核：　　　　　　　　　　校验：

5.9　水泥负压筛析仪自检规程

1　目的

对水泥负压筛析仪进行校定，保证该仪器使用正常。

2　适用范围

本方法适用于新购和使用中以及检修后的水泥负压筛析仪的校验。

3　技术要求

3.1　数显时间控制器误差 2min±5s。

3.2　筛析仪性能，要求密封良好，负压可调范围为 4000～6000Pa。

3.3　水泥细度筛，筛网不得有堵塞、破洞现象，其校正系数应在 0.80～1.20 范围内。

4　校验项目及器具

4.1　校验项目

4.1.1　数显时间控制器误差。

4.1.2　筛析仪性能。

4.1.3　水泥细度筛。

4.2　校验用器具

4.2.1　电子计时表。

4.2.2　天平：称量 100g，分度值 0.05g。

4.2.3　水泥细度标准粉。

5　校验方法

5.1　采用电子计时表测试数显时间控制器是否准确。

5.2　用目测检查橡胶密封圈是否老化、损坏，确定筛析仪的密封程度。

5.3　按动电源开关，旋转调压风门，使仪器空运转是否能达到负压 4000～6000Pa。若达不到，说明抽气效率不够，应打开吸尘器，抖动布袋，将吸附在布袋上的水泥抖下，使布孔畅通，至负压正常为止。

5.4　将水泥细度筛筛网对着光照看，观察筛网是否有堵塞破洞现象。

5.5　水泥细度筛修正细数测定方法

5.5.1　用一种已知 80μm 标准筛筛余百分数的水泥细度标准粉（该试样受环境影响筛余百分数不发生变化）作为标准样。按负压筛析法操作程序测定标准样在水泥细度筛上的筛余百分数。

5.5.2　试验筛修正系数按下式计算：

$$C=F_n/F_t$$

式中　C——试验筛修正系数；

F_n——标准样给定的筛余百分数（%）；

F_t——标准样在试验筛上的筛余百分数（%）。

修正系数计算至 0.01。

5.5.3　水泥试样筛余百分数结果修正按下式计算：

$$F_c=C\cdot F$$

式中　F_c——水泥试样修正后的筛余百分数（%）。

C——试验筛修正系数；

F——水泥试样修正前的筛余百分数（%）。

6　校验结果评定

全部校验项目均符合技术要求为合格。

7　校验周期

校验周期为 6 个月。

8　质量记录

水泥负压筛析仪校验记录

仪器编号		校验日期			
校定仪具		校定仪具编号			
校验项目	技术要求		校验数据		结果
			1	2	
数显时间控制器	2min±5s				
筛析仪	密封程度				
负压可调范围	4000～6000Pa				
水泥细度筛	外观	无堵塞或破洞			
	修正系数 0.80～1.20	标准样质量（g）			
		筛余百分比（%）			
		修正系数 C			
		平均值			
校验结论					
备注	有效期至：　　年　　月　　日				

负责人：　　　　　　　　　　复核：　　　　　　　　　　校验：

5.10　雷氏膨胀测定仪自检规程

1　目的

对雷氏膨胀测定仪进行校定，保证该仪器使用正常。

2　适用范围

本方法适用于新购和使用中以及检修后的雷氏膨胀测定仪的校验。

3　技术要求

3.1　模子座半径 20^{+2}_{0}mm。

3.2　模子座至膨胀值标尺 179^{+2}_{0}mm，悬丝至弹性标尺 149^{+2}_{0}mm。

3.3　标尺最小刻度 0.5mm，刻度线清晰，无变形。

3.4　立柱与底座垂直，悬臂与立柱垂直。

4　校验项目及条件

4.1　校验项目

4.1.1　检查外观和标尺最小刻度。

4.1.2　雷氏膨胀测定仪尺寸。

4.2　校验用器具

4.2.1　游标卡尺：量程 300mm，分度值 0.02mm。

4.2.2　直角尺。

4.2.3　弧度板。

5　校验方法

5.1　外观检查。

5.2　用直角尺测量立柱与底座是否垂直、悬臂与立柱是否垂直。

5.3　用弧度板测量模子座半径。

5.4　用游标卡尺测量模子座至膨胀值标尺距离，悬丝至弹性标尺距离。

6　校验结果评定

全部校验项目符合技术要求为合格。

7　校验周期

校验周期为 12 个月。

8　质量记录

雷氏膨胀测定仪校验记录

仪器编号		校验日期	
校定仪具		校定仪具编号	
项目	技术要求	校验数据	结果
外观	标尺最小刻度 0.5mm		
	刻度线清晰，无变形		
	立柱与底座垂直		
	悬臂与立柱垂直		
尺寸	模子座至膨胀值标尺：(179～181mm)		
	悬丝至弹性标尺：(149～151mm)		
	模子座半径：(20～22mm)		
校验结论			
备注	有效期至：　　年　　月　　日		

负责人：　　　　　　复核：　　　　　　校验：

5.11　雷氏夹自检规程

1　目的

对雷氏夹进行校定，保证该仪器使用正常。

2　适用范围

本方法适用于新购和使用中以及检修后的雷氏夹校验。

3　技术要求

3.1　雷氏夹应由铜制材料制成，外表光滑，无变形。

3.2　环模直径30mm，高30mm，模厚0.5mm，切口1.0mm。

3.3　指针长150mm，间距10mm，针直径2.0mm。

3.4　校验时两指针针尖距离增加范围为（17.5±2.5）mm。且能恢复至原来状态。

4　校验项目及条件

4.1　校验项目

4.1.1　外观。

4.1.2　雷氏夹尺寸。

4.1.3　针距及状态。

4.2　校验用器具

4.2.1　游标卡尺：量程300mm，分度值0.02mm。

4.2.2　钢直尺：量程500mm，分度值1mm。

4.2.3　砝码：300g。

5　校验方法

5.1　外观检查：雷氏夹应由铜制材料制成，外表光滑，无变形。

5.2　用游标卡尺测量环模尺寸及指针的直径。

5.3　用钢直尺测量指针长度和环模的高度。

5.4　将雷氏夹一根指针的根部悬挂在一根金属丝或尼龙绳上，另一根指针的根部挂上300g质量的砝码，测量两根指针针尖的距离；去掉砝码后，针尖的距离能否恢复至挂砝码前的状态。

6　校验结果评定

全部校验项目符合技术要求为合格。

7　校验周期

校验周期为12个月。

8　质量记录

雷氏夹校验记录

仪器编号		校验日期	
校定仪具		校定仪具编号	
项目	校验数据		结果
外观	材料 状态		
环模尺寸	直径 模厚 高度 切口		
指针尺寸	长度 直径 间距 挂砝码后针尖距离 取砝码后针尖距离		
校验结论			
备注	有效期至：　　年　　月　　日		

负责人：　　　　复核：　　　　校验：

5.12　水泥抗压夹具自检规程

1　目的

对水泥抗压夹具进行校定，保证该仪器使用正常。

2　适用范围

本方法适用于新购和使用中以及检修后的40mm×40mm水泥抗压夹具的校验。

3　技术要求

3.1　抗压夹具应保持清洁，不得有碰伤划痕；应有牢固的铭牌，内容包括：仪器名称、规格型号、制造厂名、出厂编号、出厂日期。

3.2　上、下压板应为硬质钢材制成，其长度为（40±0.1）mm，宽度为40mm，厚度>10mm。

3.3　上、下压板与试件整个接触面的平面公差为0.01mm。上、下压板自由距离>45mm。

3.4　上压板上的球座中心应在夹具中心轴线与上压板下表面的交点上，公差为±1mm，上压板随着与试件的接触而自动找平。

3.5　下压板的表面对夹具的轴线应是垂直的，并且在加荷过程中应保持垂直。

3.6　定位销高度不高于下压板表面5mm，间距41～55mm。

4　校验项目及条件

4.1　校验项目

4.1.1　目测检查本规程3.1条技术要求内容。

4.1.2　上、下压板长度、宽度、厚度及自由距离。

4.1.3　上、下压板的平面公差。

4.1.4　球座中心位置。

4.2　校验用器具

4.2.1　钢直尺：量程300mm，分度值1mm。

4.2.2　游标卡尺：量程300mm，分度值0.02mm。

5　校验方法

5.1　目测检查外观。

5.2　用钢直尺测量上、下压板自由距离。

5.3　用游标卡尺测量上、下压板的长、宽、厚及球座中心位置。

6　校验结果评定

全部校验项目符合技术要求为合格。

7　校验周期

校验周期为12个月。

8　质量记录

水泥抗压夹具校验记录

仪器编号			校验日期		
校定仪具			校定仪具编号		
项目		技术要求	校验数据		结果
外观		清洁，无碰伤、划痕			
		有铭牌、内容完全			
压板	上	长（40±0.1）mm 宽>40mm	长（mm）	宽（mm）	
	下				
	上				
	下				
自由距离		>45mm			
加压至工作位置		显示负荷0kN			
校验结论					
备注		有效期至：　　年　　月　　日			

负责人：　　　　　　　　复核：　　　　　　　　校验：

5.13 压碎指标值测定仪自检规程

1 目的

对压碎指标值测定仪进行校定，保证该仪器使用正常。

2 适用范围

本方法适用于新购和使用中以及检修后的压碎指标值测定仪的校验。

3 技术要求

3.1 钢制圆筒：外径 172mm、内径 152mm、高 125mm。外壁光滑镀铬，内壁光洁度为≥△4。顶面与底面平行且垂直筒轴线。

3.2 铜制底盘：外径 182mm、内径 172mm、高 20mm、底深 10mm。底外壁光滑镀铬、底内壁光洁度为≥△4。底内外壁平行，底壁与底面垂直。底外周相对两侧安有直径为 8mm 的钢制提手。

3.4 钢制加压头：压头底部直径 150mm、高 50mm，压头上部直径 60mm、高 50mm，并在相对两侧安有直径为 8mm 的钢制手把，其总长≤150mm，顶面与底面平行、光滑、平整，并与压头轴线垂直，表面镀铬。

3.4 圆筒、底盘、加压头、提手及手把焊缝均应打磨光滑、平整。

4 校验项目及条件

4.1 校验项目

4.1.1 外观检查。

4.1.2 几何尺寸。

4.1.3 光洁度。

4.2 校验用器具

4.2.1 钢直尺：量程 300mm，分度值 1mm。

4.2.2 游标卡尺：量程 300mm，分度值 0.02mm。

4.2.3 直角尺。

5 校验方法

5.1 目测和手摸各表面及焊缝是否光滑、平整，外表是否镀铬。

5.2 用钢直尺测量各部分的高度、深度，各侧两次，取算术平均值。

5.3 用游标卡尺测量各部分的外径、内径、厚度，各测两次，取算术平均值。

5.4 用直角尺测量需要平行的各面是否平行及与轴线是否垂直。

6 校验结果评定

全部校验项目符合技术要求为合格。

7 校验周期

校验周期为 12 个月。

8 质量记录

压碎指标值测定仪校验记录

<table>
<tr><td>仪器编号</td><td></td><td colspan="3">校验日期</td><td></td></tr>
<tr><td>校定仪具</td><td></td><td colspan="3">校定仪具编号</td><td></td></tr>
<tr><td rowspan="2">项目</td><td rowspan="2">技术要求</td><td colspan="3">校验数据</td><td rowspan="2">结果</td></tr>
<tr><td>1</td><td>2</td><td>平均</td></tr>
<tr><td rowspan="4">外观</td><td>圆筒内表面光滑、平整</td><td colspan="3"></td><td></td></tr>
<tr><td>顶面与底面平行</td><td colspan="3"></td><td></td></tr>
<tr><td>顶面及底面与轴线垂直</td><td colspan="3"></td><td></td></tr>
<tr><td>焊缝光滑、平整</td><td colspan="3"></td><td></td></tr>
<tr><td rowspan="6">尺寸</td><td>圆筒内径（152±1）mm</td><td colspan="3"></td><td></td></tr>
<tr><td>圆筒外径（172±1）mm</td><td colspan="3"></td><td></td></tr>
<tr><td>圆筒高（125±1）mm</td><td colspan="3"></td><td></td></tr>
<tr><td>底盘内径（172±1）mm</td><td colspan="3"></td><td></td></tr>
<tr><td>底盘外径（182±1）mm</td><td colspan="3"></td><td></td></tr>
<tr><td>底盘高（50±1）mm</td><td colspan="3"></td><td></td></tr>
<tr><td>校验结论</td><td colspan="5"></td></tr>
<tr><td>备注</td><td colspan="5">有效期至：　　年　　月　　日</td></tr>
</table>

负责人：　　　　复核：　　　　校验：

5.14 碎石或卵石片状规准仪自检规程

1 目的

对碎石或卵石片状规准仪进行校定，保证该仪器使用正常。

2 适用范围

本方法适用于新购和使用中以及检修后的碎石或卵石片状规准仪的校验。

3 技术要求

3.1 普通混凝土用碎石或卵石片状规准仪

3.1.1 片状规准仪长190mm、宽115mm、厚3mm、高100mm。

3.1.2 片状规准仪规准孔为条孔，长×宽分别为85.8mm×14.3mm、67.8mm×11.3mm、54mm×9mm、43.2mm×7.2mm、31.2mm×5.2mm、18.mm×3mm。条孔均匀分布在规准板上。

3.2 建筑用卵石、碎石片状规准仪

3.2.1 片状规准仪长240mm、宽120mm、厚3mm、高100mm。

3.2.2 片状规准仪规准孔为条孔，长×宽分别为82.8mm×13.8mm、69.6mm×11.6mm、54.6mm×9.1mm、42.0mm×7.0mm、30.6mm×5.1mm、17.1mm×2.8mm。条孔均匀分布在规准板上。

3.3 规准孔两端为圆弧形，其弧径分别为各孔宽度。

3.4 规准板支腿为8mm直径的光圆钢筋制成。

3.5 规准板及支腿平直、光滑，表面镀铬，孔壁平直。

4 校验项目及条件

4.1 校验项目

4.1.1 外观。

4.1.2 尺寸。

4.2 校验用器具

4.2.1 钢直尺：量程300mm，分度值1.0mm。

4.2.2 游标卡尺：量程300mm，分度值0.02mm。

4.2.3 弧度尺。

5 校验方法

5.1 目测和手摸是否光滑、平直，是否镀铬。

5.2 用钢直尺测量片状规准仪长、宽、厚及高。

5.3 用钢直尺测量孔宽及孔长。

5.4 用游标卡尺测量支腿直径。

5.5 用弧度板测量条孔端部的弧径。

6 校验结果评定

全部校验项目符合技术要求为合格。

7 校验周期

校验周期为12个月。

8　质量记录

碎石或卵石片状规准仪校验记录

仪器编号		校验日期	
校定仪具		校定仪具编号	
项目	技术要求	校验数据	结果
外观	规准板及支腿表面应光滑、镀铬		
	规准板及支腿、孔壁应平直		
	支腿与规准板之间焊接应牢固		
尺寸	长 190mm、宽 115mm、厚 3mm、高 100mm		
	长×宽分别为 82.8mm×13.8mm、69.6mm×11.6mm、54.6mm×9.1mm、42.0mm×7.0mm、30.6mm×5.1mm、17.1mm×2.8mm。条孔均匀分布在规准板上		
校验结论			
备注	有效期至：　　　年　　　月　　　日		

负责人：　　　　　　　　　　　　复核：　　　　　　　　　　　　校验：

5.15　碎石或卵石针状规准仪自检规程

1　目的

对碎石或卵石针状规准仪进行校定，保证该仪器使用正常。

2　适用范围

本方法适用于新购和使用中以及检修后的碎石或卵石针状规准仪的校验。

3　技术要求

3.1　普通混凝土用碎石或卵石针状规准仪

3.1.1　针状规准仪底板长 360mm、宽 20mm、厚 5mm。

3.1.2　针状规准仪规准柱直径 6mm，高（距底板上表面）分别为 45mm、40mm、35mm、30mm、25mm、20mm、15mm。

3.1.3　规准柱柱心距分别为 92mm、74mm、60mm、46mm、37mm、24mm。

3.2　建筑用卵石、碎石针状规准仪

3.2.1　针状规准仪底板长 348.7mm、宽 20mm、厚 5mm。

3.2.2 针状规准仪规准柱直径6mm，高（距底板上表面）分别为37.5mm、31.5mm、26.5mm、19.0mm、16.0mm、9.50mm、4.75mm。

3.2.3 规准柱柱心距分别为88.8mm、75.6mm、60.6mm、48mm、36.6mm、23.1mm。

3.5 底板及规准柱应平直、光滑，表面镀铬。每根柱垂直底板，焊接牢固且无焊接痕。

4 校验项目及条件

4.1 校验项目

4.1.1 外观。

4.1.2 各部位尺寸。

4.2 校验用器具

4.2.1 钢直尺：量程300mm，分度值1.0mm。

4.2.2 游标卡尺：量程300mm，分度值0.02mm。

4.2.3 直角尺。

5 校验方法

5.1 目测和手摸是否光滑、平直，是否镀铬，有无锈蚀及焊接疤，焊接是否牢固。

5.2 用钢直尺测量针状规准仪底板长、宽、厚和规准柱高与柱心距。

5.3 用游标卡尺测量规准柱直径（精确至0.1mm）。

5.4 用直角尺测量规准柱是否垂直底板。

6 校验结果评定

全部校验项目符合技术要求为合格。

7 校验周期

一次性校验。

8 质量记录

碎石或卵石针状规准仪校验记录

<table>
<tr><td>仪器编号</td><td colspan="2"></td><td>校验日期</td><td></td></tr>
<tr><td>校定仪具</td><td colspan="2"></td><td>校定仪具编号</td><td></td></tr>
<tr><td>项目</td><td>技术要求</td><td colspan="2">校验数据</td><td>结果</td></tr>
<tr><td rowspan="3">外观</td><td>目测和手摸光滑</td><td colspan="2"></td><td></td></tr>
<tr><td>底板和规准柱平直</td><td colspan="2"></td><td></td></tr>
<tr><td>规准柱与底板垂直</td><td colspan="2"></td><td></td></tr>
<tr><td rowspan="3">尺寸</td><td>底板长360mm、宽20mm、厚5mm</td><td colspan="2"></td><td></td></tr>
<tr><td>规准柱直径6mm，高（距底板上表面）分别为45mm、40mm、35mm、30mm、25mm、20mm、15mm</td><td colspan="2"></td><td></td></tr>
<tr><td>柱心距分别为88.8mm、75.6mm、60.6mm、48mm、36.6mm、23.1mm</td><td colspan="2"></td><td></td></tr>
<tr><td>校验结论</td><td colspan="4"></td></tr>
<tr><td>备注</td><td colspan="4">一次性校验</td></tr>
</table>

负责人： 复核： 校验：

5.16 砂浆分层度仪自检规程

1 目的

对砂浆分层度仪进行校定，保证该仪器使用正常。

2 适用范围

本方法适用于新购和使用中以及检修后的砂浆分层度仪的校验。

3 技术要求

3.1 砂浆分层度仪应有出厂合格证。

3.2 砂浆分层度仪是用金属板制成的圆筒，内壁应光滑，上、下层连接处需加宽 3～5mm，并设有橡胶垫圈，两侧用螺栓连接。

3.6 筒的内径为（150±1）mm，上节高（200±1）mm，下节高（100±1）mm。

3.7 筒的顶、底面应与筒轴线垂直。

4 校验项目及条件

4.1 校验项目

4.1.1 外观检查。

4.1.2 各部尺寸检查。

4.2 校验用器具

4.2.1 钢直尺：量程 300mm，分度值 1.0mm。

4.2.2 游标卡尺：量程 300mm，分度值 0.02mm。

4.2.3 直角尺。

5 校验方法

5.1 检查有无出厂合格证，检查内壁是否光滑。

5.2 用钢直尺测量圆筒各部位高度。

5.3 用游标卡尺测量圆筒内径。

5.4 用直角尺测量顶面、底面是否与筒轴线垂直。

6 校验结果评定

全部校验项目符合技术要求为合格。

7 校验周期

校验周期为 24 个月。

8 质量记录

砂浆分层度仪校验记录

仪器编号		校验日期			
校定仪具		校定仪具编号			
项目	技术要求	校验数据			结果
		1	2	平均	
外观	完好				
筒内径	（150±1）mm				

续表

上节高度	(200±1) mm				
下节高度	(100±1) mm				
筒顶、底面是否与筒轴线	垂直				
校验结论					
备注	有效期至：　　年　　月　　日				

负责人：　　　　复核：　　　　校验：

5.17 比重瓶自检规程

1 目的

对比重瓶进行校定，保证该仪器使用正常。

2 适用范围

本方法适用于新购和使用中的比重瓶的校验。

3 技术要求

3.1 外观无裂纹或其他明显变形。

3.2 有瓶水总质量与温度关系曲线。

4 校验项目及条件

4.1 校验项目

4.1.1 外观检查。

4.1.2 绘制瓶水总质量与温度关系曲线。

4.2 校验用器具

4.2.1 天平：称量200g，感量0.001g。

4.2.2 温度计：刻度范围0～50℃，分度值0.5℃。

5 校验方法

5.1 外观：目测。

5.2 瓶水总质量与温度关系曲线标定、绘制。

将比重瓶洗净、烘干、编号，冷却至室温下称量，准确至0.001g。反复恒温至两次称量差值不大于0.002g时取平均值。将事先煮沸并冷却至室温的纯水注入比重瓶，擦干外表水滴，称其水、瓶总质量。

5.3 按下列公式计算m_2：

$$m_2 = m_0 + (m_1 - m_0)\rho_{W_2}/\rho_{W_1}[1 + \omega_v(T_2 - T_1)]$$

式中　T_1——比重瓶内纯水温度（℃）；

T_2——比重瓶内纯水任意温度（℃）；

m_1——温度为 T_1 时的瓶水总质量（g）；

m_2——温度为 T_2 时的瓶水总质量（g）；

m_0——比重瓶的质量（g）；

ρ_{W_1}——温度 T_1 时水的密度（g/cm^3）；

ρ_{W_2}——温度 T_2 时水的密度（g/cm^3）；

ω_v——玻璃的膨胀系数，国产瓶可取 2.4×10^{-5}/℃。

将计算结果列表，以温度为纵坐标，瓶水总质量为横坐标，绘制曲线。

6　校验结果评定

全部校验项目符合技术要求为合格。

7　校验周期

校验周期为12个月或使用前校验。

8　质量记录

比重瓶校验记录

<table>
<tr><td>仪器编号</td><td colspan="3"></td><td colspan="3">校验日期</td><td></td></tr>
<tr><td>校定仪具</td><td colspan="3"></td><td colspan="3">校定仪具编号</td><td></td></tr>
<tr><td>项目</td><td colspan="6">校验数据</td><td>结果</td></tr>
<tr><td>外观</td><td colspan="6">1. 有无裂纹＿＿＿＿＿
2. 有无变形＿＿＿＿＿</td><td></td></tr>
<tr><td rowspan="6">测试比重瓶内水温、比重瓶质量及瓶水总质量，并计算 m_2</td><td>序号
项目</td><td>1</td><td>2</td><td>3</td><td>4</td><td>5</td><td rowspan="6"></td></tr>
<tr><td>T_1（℃）</td><td></td><td></td><td></td><td></td><td></td></tr>
<tr><td>m_0（g）</td><td></td><td></td><td></td><td></td><td></td></tr>
<tr><td>m_1（g）</td><td></td><td></td><td></td><td></td><td></td></tr>
<tr><td>T_2（℃）</td><td></td><td></td><td></td><td></td><td></td></tr>
<tr><td>m_2（g）</td><td></td><td></td><td></td><td></td><td></td></tr>
<tr><td>绘制瓶水总质量与温度关系曲线</td><td colspan="7">T(℃)
m_2(g)</td></tr>
<tr><td>校验结论</td><td colspan="7"></td></tr>
<tr><td>备注</td><td colspan="7">有效期至：　　年　　月　　日</td></tr>
</table>

负责人：　　　　　　　　　　复核：　　　　　　　　　　校验：

5.18 砂浆稠度仪自检规程

1 目的

对砂浆稠度仪进行校定，保证该仪器使用正常。

2 适用范围

本方法适用于新购和使用中以及检修后的砂浆稠度仪的校验。

3 技术要求

3.1 带动刻度盘的齿条应清洁、无变形。

3.2 刻度盘位置固定，刻度线应清晰、无变形。

3.8 滑杆及试锥表面应平直光滑，依靠自重自由下落，不得有紧涩和旷动。

3.9 试锥与滑杆总质量（300±2）g。

3.10 试锥尺寸：高度（145±1）mm，锥底直径（75±1）mm，锥角（30±1）°。

3.11 在试锥与底座平面接触的情况下，试锥的最大偏离度不超过1.5mm。

3.12 圆锥形金属筒尺寸：高度（180±2）mm，锥底直径（150±2）mm。

4 校验项目及条件

4.1 校验项目

4.1.1 外观检查。

4.1.2 检查试锥和滑杆总质量。

4.1.3 测量试锥及圆锥形金属筒的尺寸。

4.2 校验用器具

4.2.1 天平：称量1000g，感量1g。

4.2.2 游标卡尺：量程300mm，分度值0.02mm。

4.2.3 万能角度尺。

5 校验方法

5.1 外观检查：技术要求中3.1、3.2、3.3条通过目测和手动的方法检查。

5.2 用天平称量试锥和滑杆的总质量。

5.3 用游标卡尺测量试锥尺寸及圆锥形金属筒的尺寸。

5.4 用万能角度尺测量试锥偏离度。

6 校验结果评定

全部校验项目符合技术要求为合格。

7 校验周期

校验周期为24个月。

8 质量记录

砂浆稠度仪校验记录

仪器编号		校验日期			
校定仪具		校定仪具编号			
项目	技术要求	校验数据			结果
		1	2	平均	
外观	齿条清洁、无变形				
	刻度盘固定，清晰、无变形				
	滑杆及试锥平行、光滑、无下落				
试锥垂直度	最大偏离度不大于 1.5mm				
	锥尖画圆直径（175±1）mm				
试锥尺寸	高度（145±1）mm				
	直径（75±1）mm				
	锥角 30°±1°				
试锥与滑杆	总质量（300±2）g				
金属筒尺寸	高度（180±2）mm				
	锥底直径（150±2）mm				
校验结论					
备注	有效期至：　　年　　月　　日				

负责人：　　　　　　　　　　复核：　　　　　　　　　　校验：

5.19　混凝土塑料试模自检规程

1　目的

对混凝土塑料试模进行校定，保证该仪器使用正常。

2　适用范围

本方法适用于新购和使用中的各种混凝土塑料试模的校验/检验。

3　技术要求

3.1　试模内表面口和上口面粗糙度 R_a 不应大于 3.2μm。

3.2　试模内部尺寸误差不应大于公称尺寸的 0.2%，且不大于 1mm。

3.3　立方体和棱柱体试模各相邻侧面之间的夹角为直角，其误差不应大于 0.2°。圆柱体试模底板与圆柱体轴线之间的夹角应为直角，其误差不应大于 0.2°。

3.4　立方体和棱柱体试模内表面的平面度、定位面的平面度误差，每 100mm 不应大于0.04mm。

3.5　耐用性试验后，试模不应有变形或破坏。试模内表面不应有明显的刻痕，并且不渗水。

3.6　模型的内部尺寸

试模尺寸（mm）	边长（mm）
100×100×100	100±0.2
150×150×150	150±0.2
200×200×200	200±0.4
100×100×300	100±0.2，300±0.4
100×100×400	100±0.2，400±0.4
150×150×550	150±0.2，550±0.4
150×150×515	150±0.2，515±0.4
ϕ150×150	ϕ150±0.2，150±0.2

4　校验/检验项目及条件

4.1　校验/检验项目

4.1.1　内表面和上口粗糙度测量。

4.1.2　内部尺寸测量。

4.1.3　夹角测量。

4.1.4　平面度测量。

4.1.5　耐用性试验。

4.1.6　表观检验。

4.2　校验/检验用器具

4.2.1　钢直尺：量程300mm，分度值1mm。

4.2.2　游标卡尺：量程300mm，分度值0.02mm。

4.2.3　万能角度尺。

4.2.4　塞尺。

5　校验/检验方法

5.1　新购试模按下述方法进行校验。

5.1.1　内表面和上口面粗糙度测量：采用表面粗糙度仪或工艺样板进行测量。

5.1.2　内部尺寸：分别在（20±2）℃和（60±2）℃的环境温度条件下，保持1h后，用分度值不大于0.02mm的游标卡尺和深度尺进行测量。

5.1.3　夹角测量：用精度为0级刀口直角尺和塞尺测量立方体和棱柱体试模各相邻侧面之间的夹角、圆柱体试模底板与圆柱体母线的夹角。

5.1.4　平面度测量：采用精度为0级的刀口平尺和塞尺进行测量。

5.1.5　表观检验：用目测方法检验。

5.2　使用中的试模检验，用肉眼观测试模有无明显变形。

6　校验/检验结果评定

全部校验/检验项目符合技术要求为合格。

7　校验周期

校验/检验周期为 12 个月。

8　质量记录

混凝土塑料试模校验记录

仪器编号					校验日期			
试模规格					检定周期			
校定仪具					校定仪具编号			
编号	技术要求	试模边长（mm）			相邻面夹角（°）	试模侧面平面度（mm）	内表面和上口面粗糙度	检定结论
		长	宽	高				
	例： 长：(100±0.2)mm 宽：(100±0.2)mm 高：(100±0.2)mm 夹角(90°±0.2°) 平面度≤0.04mm							
备注	有效期至：　　年　　月　　日							

负责人：　　　　复核：　　　　校验：

附录 6 搅拌站冬期生产方案

6.1 编制依据

6.1.1 《混凝土结构工程施工质量验收规范》(GB 50204—2011)

6.1.2 《建筑工程冬期施工规程》(JGJ/T 104—2011)

6.1.3 《关于颁发实施＜预拌混凝土冬期施工十项禁令＞的通知》(建质混凝土〔2007〕51号)

6.1.4 《关于进一步明确防水和冬施混凝土水泥最小用量的通知》(建质混凝土〔2007〕49号)

6.1.5 《普通混凝土配合比设计规程》(JGJ 55—2011)

6.2 冬季施工期

当室外日平均气温连续5天稳定低于5℃时，混凝土生产即进入冬期施工。当室外日平均气温连续5天高于5℃时，解除冬期施工。冬期施工时间段基本控制为11月15日至次年3月15日。

6.3 冬期生产的准备工作

6.3.1 各部门和班组组织有关人员学习和贯彻执行冬期施工的技术措施和操作规程及注意事项。落实岗位责任制，在布置生产任务和进行技术交底的同时，要针对本公司的特点，明确冬期施工生产的具体要求，并进行面对面的交底。

6.3.2 物资部×××负责在冬期生产前备足期间所用的设施、材料、燃料、备用件、劳保用品及工具等，禁止采购高硫煤。

6.3.3 安全部×××做好消防器材的清点、购置和重新布置以及锅炉安全使用的必要手续。在进入冬期生产前，对锅炉工专门组织技术业务培训，明确职责，并对管路进行测试，对锅炉进行试火试压，对各种加热材料、设备要检查其安全可靠性。

6.4 冬期生产技术措施

6.4.1 原材料

6.4.1.1 混凝土原材料的加热采用加热水的方法。外购热水，水温应达到规定的使用温度要求。供生产时使用的热水的温度应满足热工计算的需要，参见本方案6.4.4.7条款。

根据每日生产任务量，确定送水的时间和吨位，尽量缩短热水的存放时间。存储热水的容器采取保温措施，以延长保温时间。(责任人：×××)

6.4.1.2　物资部人员在收料时应剔除骨料中的杂物，如冰、冻团及其他易冻裂物质。根据气温情况，准备相应的负号燃油，以保证生产车辆在低温条件下的正常使用。(责任人：×××)

6.4.1.3　水泥选用普通硅酸盐水泥，强度等级不低于42.5级，应注意其中掺合材料对混凝土抗冻、抗渗等性能的影响。配合比中最小水泥用量根据气温情况和试验数据确定，确保混凝土早期强度增长速率不下降，混凝土能尽快达到受冻临界强度。大体积混凝土的最小水泥用量根据实际情况另行确定。水胶比不应大于0.55(C10和C15等级除外)，掺用防冻剂的混凝土应根据施工方法，合理选用各种外加剂，不选用含有氯盐的防冻剂。各外加剂罐应有明显标志，不得混淆。(责任人：×××)

6.4.1.4　外加剂罐均装保温套，对破损的进行修补或更换，维修或更换罐体的加热装置，以提高液体防冻剂的温度，防止防冻剂过于黏稠影响上料速度。(责任人：×××)

6.4.1.5　每一工作班测定外加剂溶液温度不少于4次。由试验室负责指定专人测温，并根据温度变化用密度计测定溶液的浓度，予以记录。且应严格按批次进行检验，合格后方准使用。(责任人：×××)

6.4.1.6　当发现外加剂的浓度有变化时，应加强搅拌，并根据气温的变化适时启用加热装置，直至浓度保持均匀为止。外加剂罐每15天清理一次，每天至少2次循环搅拌，由搅拌楼操作人员每班生产前进行外加剂搅拌，保证外加剂的匀质性，避免因温度降低引发的外加剂黏稠或冻结。(责任人：×××)

6.4.1.7　水、水泥、砂、石等原材料的测温次数为每一工作班不少于4次，试验室设专人负责，形成冬季测温记录。(责任人：×××)

6.4.2　搅拌系统

6.4.2.1　搅拌楼系统内，外露水管、气管应加装电伴热。工作完毕应将水计量筒、外加剂筒及管道内的余水、余气放尽。搅拌机用热水冲洗干净，并按操作规程做好保养工作。下班前，将骨料斗内的剩余砂、石倒干净，同时将上料斗底坑内的撒料、混凝土搅拌机放料口底下撒漏的混凝土随时清理干净，停止转动前必须排尽污物，用清水洗干净，不得有积水，必需时可用空气排除。放尽空压机储气筒内的水、气。(责任班组：后台班　责任人：值班操作工)

6.4.2.2　冬季生产，搅拌机开机前须用热水冲刷预热，生产中严格按混凝土配料单配料，试验室人员在做开盘鉴定时必须复核配料单。(责任人：值班操作工　质检员)

6.4.2.3　规定材料的合理投放顺序，使混凝土获得良好的和易性和均匀的温度，以利于强度发展。避免热水直接与水泥先接触，并应适当延长搅拌时间。上料斗下面设置的篦板应每日清理，停止生产时应将料仓中存留的砂移除，防止冻结。(责任人：操作工)

6.4.2.4　装载机司机上料时，应铲除冰雪，剔除冻团和异物，在开盘生产前，装载机司机应提前对冻结的料团进行碾压破碎或剔除。(责任人：×××)

6.4.2.5　粉剂外加剂按不同品种分开码放。当天使用完毕后应将多余料退回仓库或用苫布覆盖，以免受潮失效。(责任人：×××)

6.4.2.6　搅拌混凝土用热水。根据气温和原材料的温度变化，对水温进行控制和调整，保证混凝土出机温度不低于10℃，依据为热工计算书（另附）。水温的下限确定由试验室负责收集相关数据后计算，监控热水温度及使用时的热水温度。（责任人：×××）

6.4.2.7　搅拌楼使用暖气保证计量传感器、气阀、气路的环境温度，确保计量设备的精度和稳定性。（责任人：×××）

6.4.2.8　混凝土拌制好后，应及时运送到浇筑地点，在运输过程中，要注意防止混凝土热量散失、表面冻结、离析、水泥砂浆流失、坍落度明显变化等现象，入模温度不低于5℃，实测到达浇筑地点的温度，并做记录。（责任人：×××）

6.4.3　施工生产机械（责任人：×××）

6.4.3.1　做好施工设备、车辆冬季施工前的准备工作。凡参加冬季施工的各类施工机械、车辆，在11月15日前应做好冬季施工前机械设备和车辆过冬技术保养工作。要求换燃油料，检测防冻液与电瓶，以适应机械冬季施工要求。

6.4.3.2　做好冬季使用机械和车辆的燃料、润滑油、防冻液和保温套、罩等材料的选购、供应工作，11月15日之前罐车保温套安装完毕。

6.4.3.3　根据施工机械、车辆、其他设备的具体情况，准备启动加热用热水炉、电炉、测温器具、发动机启动电源、备用电源、备用电瓶、防滑链条等，所有驾驶室门窗玻璃及挡风装置应配齐全。

6.4.4　技术质量控制措施（责任人：×××）

6.4.4.1　依据冬期施工的有关试验检测规程，做好冬期生产中使用的外加剂的进场检验。

6.4.4.2　提前准备掺加防冻剂的施工配合比。检测掺加防冻剂的混凝土临界受冻抗压强度值。在使用过程中，根据材料和气温的变化予以适当调整。根据天津滨海地区的历年气象资料，我公司选用的防冻剂规定温度为－5℃和－10℃，即适用于日最低气温－5℃～－15℃的气温条件。

6.4.4.3　冬季施工期间使用的配合比应在11月10日之前准备完毕。冬季施工期间做标准养护与同条件养护试块的同龄期对比试验，分别收集、整理不同龄期的强度，绘制不同温度条件下的强度发展曲线，以保证产品质量，满足客户冬期混凝土施工的需求。

6.4.4.4　负责冬期施工中的温度数据采集，包括气温、原材料和混凝土的温度。

6.4.5.5　混凝土冬期生产测温项目和次数。

测温项目	测温记录
室外气温	测最高、最低气温
环境温度	每昼夜不少于4次
搅拌机棚温度	每一工作班4次
水、水泥、砂、碎石、矿物掺合料及外加剂溶液温度	每一工作班4次
混凝土出机、入模温度	每一工作班不少于4次

6.4.4.6　采集天气预报数据，指导本公司混凝土生产和现场施工。

6.4.4.7　对采集到的温度和相关数据，依据《建筑工程冬期施工规程》（JGJ/T 104—

2011）“附录A.1混凝土搅拌、运输、浇筑温度计算”进行热工计算。无特殊要求时，按照混凝土入模温度不低于5℃确定混凝土在搅拌站内的拌合物温度，进而确定加热水的温度。

6.4.4.8　做好出厂检验试块的制作、保温和养护。

6.4.4.9　整理上一年度冬期施工生产采集的温度数据，形成热工计算书，供本年度参考。

6.5　冬期生产期间生产服务工作要点（责任人：×××）

6.5.1　现场服务

6.5.1.1　提醒和指导顾客对所使用混凝土采取必要的、有效的保温防冻措施。编制和发放《冬季施工混凝土使用温馨提示》给客户并保留发放记录，随时收集图片信息，避免因浇筑、脱模、养护不当而引发的纠纷和损失。

6.5.1.2　监督和指导施工现场混凝土试块的制作、拆模和养护，并收集现场标准养护及同条件养护试块的强度值，供公司试验室参考。

6.5.1.3　与施工现场的有关人员沟通，以减少滞留车辆数量并尽量缩短滞留等待时间，减少混凝土的热量损失，以保证入模温度。遇有状态异常的混凝土，应予退回，不得浇筑。

6.5.1.4　在每日供应混凝土之前，对施工现场的道路、照明等条件进行了解，确认具备条件后方可允许供应，避免安全事件的发生。

6.5.1.5　针对每个供应混凝土的工地，均绘制行车路线图，张贴于调度室的显著位置，供司机识别、记忆。并作为附件粘贴于每日生产会记录本中该项目首次供应日的会议记录处，以便查询。

6.5.2　生产组织协调

6.5.2.1　在雾、雪、风等恶劣天气条件时，提醒司机安全驾驶，并根据天气的情况安排生产任务。遇有六级以上强风时，停止生产和泵送作业。

6.5.2.2　积极协调生产供应，在最短的时间内将混凝土浇筑入模，避免混凝土长时间暴露在外而引起热量散失。当不能满足入模温度要求时，应禁止浇筑。一般情况下，混凝土在现场停留时间不得大于1h。

6.5.2.3　废弃混凝土和洗车、洗机的污水应排放在指定地点，根据气温情况适时启用分离机，不得随意乱倒。并且污水必须由罐车或装载机盛装，不允许直接排放，以免污染场地，使场地结冰影响安全并容易使冻结物混入骨料之中。

6.6　冬期生产安全管理措施（责任人：×××）

冬季天气干燥、多风多雪多雾天气，不利于混凝土冬季生产和运输。针对这些实际情况，我公司认真做好防人身事故、防火灾、防爆炸、防冻、防中毒和防交通事故的“六防”工作，加强对场内机械、高空作业、临时用电及宿舍等重点部位和重点环节的监控，做好作业人员的冬季生产安全技术措施交底，预防各类事故的发生，确保安全。

6.6.1　防人身伤害事故（责任部门、班组：×××）

6.6.1.1　要在搅拌楼及附属设施周边设置醒目的预防高空坠落的安全警示牌。

6.6.1.2　登高作业人员必须佩戴防滑鞋、防护手套等防滑、防冻措施，并按要求正确戴好安全帽、系好安全带。

6.6.1.3　遇到雨雪等恶劣天气时，要及时清除院内的积水、积雪，严禁雨雪和大风天气强行进行混凝土的搅拌运输作业。

6.6.2　防火灾、防爆炸事故

6.6.2.1　加强防火安全教育，尤其是存在易燃易爆物品的区域，应对作业人员加强禁止烟火的教育，各部门、班组要加强明火管理。加油站是冬季防火防爆重点部位，物资部要做好加油站冬季生产前准备工作，组织有关人员进行检查，发现隐患立即整改，确保冬季生产安全无事故。(责任人：×××)

6.6.2.2　消防设施及器材应做到齐全、完好和有效。在入冬前进行一次全面检查。(责任人：×××)

6.6.2.3　严防电器火灾发生。宿舍严禁使用电炉子、电热管和电褥子等违规电器，严禁宿舍内自行生火取暖和做饭。(责任人：×××)

6.6.3　防冻、防滑（责任人：×××）

6.6.3.1　防止公司场地、道路积水和结冰，造成安全隐患；搅拌楼及爬梯等部位有冰雪积留时，应及时清除干净。

6.6.3.2　设备设施水箱存水，下班前应放尽。

6.6.3.3　应由专业电工负责安装、维护和管理用电设备，严禁其他人员随意拆、改装电气线路。

6.6.3.4　严禁使用裸线，电缆线轻微破皮三处以上（100m 以内电缆）不得投入使用，电缆线破皮处必须用防水绝缘胶布处理，电缆线铺设要防砸、防碾压，防止电线冻结在冰雪之中，防止电缆线断线和破损造成触电事故。

6.6.3.5　霜、雪过后要及时清扫作业面，对使用的操作架、爬梯和防护设施必须由部门（班组）负责人检查合格后才能继续使用，防止因霜、雪和场地太滑而引起高处坠落事故。(责任人：×××)

6.6.4　防中毒

6.6.4.1　经常对锅炉房和取暖炉进行检查。对取暖用的煤炉，应注意通风换气，防止煤气中毒，并对使用者进行相关安全防火、防煤气中毒安全技术交底。用煤取暖设施指定专人负责看护，并经常检查火炉使用情况，是否有发生火灾、煤气中毒的危险。

6.6.4.2　试验室应做好防冻剂等外加剂使用和管理工作，预防亚硝酸盐（防冻剂）等化学药品的中毒事故发生。(责任人：×××)

6.6.5　防交通事故（责任人：×××）

6.6.5.1　开展冬季行车安全教育，进一步提高驾驶员的冬季行车安全意识，做好司驾人员交底工作，频次为不少于每周一次，需有被交底人签认，车队长协助安排和组织有关人员参加。

6.6.5.2　加强车辆的维护、保养，杜绝由于车辆故障而引发事故。按照规定及时安排对车辆进行维修和保养，做到定期检查、计划维修、合理使用，使车辆始终保持良好的状况。

6.6.5.3　做好车辆的换季保养工作，要采用符合冬季使用的防冻液、润滑油和制动液，尤其是刹车系统、转向系统、灯光系统必须完好可靠，确保车辆处于良好的技术状况。

6.6.5.4　教育司机遵守交通规则和职业道德，严禁酒后开车、无照驾驶、疲劳驾驶、不强超，做到礼让行车，确保行车安全。

6.6.5.5　汽车必须通过结冰的河流、沟渠时，应下车仔细检查冰层的厚度和强度，在确认绝对安全的情况下方可通行。

6.6.5.6　遇严重冰雪路面，车辆行进中应保持安全行车距离，并适当拉长车距，降低车速，防止追尾事故的发生。

附：混凝土热工计算样例

日期	12月24日	大气温度	−3℃	强度等级	C30	签定时间	8:55	工程名称
m_{ce}	m_s	m_{sa}	m_g	m_w	ω_{sa}	c_w	T_p	津滨开（挂）2011-18地块
210	172	767	1103	168	0.04	2.1	12.0	
T_{ce}	T_s	T_{sa}	T_g	T_w	ω_g	c_i	T_0	施工部位
39	39	0	−3	51	0	335	10.7	活动中心支护灌注桩
ω	d_b	λ_b	t_2	D_w	C_c	ρ_c	D_1	
1.8	0.05	1	0.01	0.2	0.97	2400	0.15	
α	t_1	n	T_a	T_1	ΔT_y	ΔT_1	ΔT_b	T_2
0.25	0.5	2	2	10.9	1.7	7.2	0.1	9.2
日期	12月24日	大气温度	−2℃	强度等级	C40	签定时间	10:45	工程名称
m_{ce}	m_s	m_{sa}	m_g	m_w	ω_{sa}	c_w	T_p	津滨开（挂）2011-18地块
294	126	703	1099	168	0.04	2.1	12.0	
T_{ce}	T_s	T_{sa}	T_g	T_w	ω_g	c_i	T_0	施工部位
39	39	1	−2	50	0	335	12.3	活动中心桩基础
ω	d_b	λ_b	t_2	D_w	C_c	ρ_c	D_1	
1.8	0.05	1	0.01	0.2	0.97	2400	0.15	
α	t_1	n	T_a	T_1	ΔT_y	ΔT_1	ΔT_b	T_2
0.25	0.5	2	2	12.2	1.9	8.3	0.1	10.2

附录7　天津市混凝土生产企业综合评价标准（节选）

为了规范和指导混凝土生产企业科学、健康地发展，实现对混凝土生产企业生产、技术、服务评价的科学化、规范化、标准化，提高企业生产、技术和服务的管理水平，保证产品质量，提供性能满足工程需求的混凝土产品，天津市混凝土行业协会开展混凝土企业评价工作，将评价结论记入《天津市混凝土行业诚信手册》、纳入信用档案，为企业年检和评优工作提供依据，并向建设工程择优推荐混凝土生产企业，特制定该标准。评价内容包括基础管理、生产经营、技术管理、质量管理、机械设备管理、环保与安全管理六部分，以评分的方式进行，评价表见附表7-1～附表7-3。本附录摘录其中的技术管理、质量管理、机械设备管理三部分内容，供参考。

7.1　技术管理（160分）

7.1.1　技术文件（45分）

7.1.1.1　以企业产品执行标准为核心的系列技术管理标准、规范完备，涵盖生产全过程，收集齐全，满足生产需要并及时更新，执行当前有效版本。

标准清单内容完备，标准文本齐全（满足使用需要）。每少一个或版本无效，扣2分。

7.1.1.2　生产工艺流程图应包括工艺全过程，指明工序流向，工序衔接合理。工艺流程应体现原材料进场、材料检验、生产工序流程、出厂检验、交付使用等必备环节。各工序之间建立制约关系，鼓励采用管理软件的形式，以提高工作效率并规范化。

生产工艺流程图涵盖完整，工序合理。无生产工艺流程图不得分。每缺少一个环节，扣2分。每出现一个工序错位，扣1分。

7.1.1.3　工艺操作规程具体规定了生产全过程的操作程序和标准。规程内容应包括生产前的准备（材料、设备、工作环境），生产全过程至出厂交付使用的操作程序和技术、质量标准及检验评定方法。规程应经过审批。

无工艺操作规程不得分。工艺操作规程每缺少一个环节，扣2分直至不得分。

投产前技术部门应向相关部门发出书面技术交底；有特殊要求工程，人员、季节、材料等有变化，可能对产品质量带来影响时，技术部门应及时向相关部门发出补充书面技术交底。

根据生产任务列表随机抽取6份生产任务单，查看对应的技术交底资料。凡属以上情况，每缺少一个扣2分。

7.1.2　技术资料（40分）

7.1.2.1　应按规范进行配合比设计，试配记录的数据真实、准确，审批手续齐全。有文件规定配合比选用原则及调整权限，配合比下达手续齐全。

1. 系列配合比设计书内容齐全、审批手续完整。缺少一个扣1分。

2. 有配合比管理制度，规定配合比选用原则及调整权限。缺少制度不得分，缺少内容扣5分。

7.1.2.2　有混凝土出厂质量证明书，根据生产任务列表随机抽取6份生产任务单，查看对应的质量证明书及其内容。

有混凝土出厂质量证明书，内容应完整。缺少一份，扣2分直至不得分。内容缺少项目，每项扣2分直至不得分。

7.1.3　试验室管理（75分）

7.1.3.1　试验室应具备相应级别资质，并在有效期内，得10分。无资质或资质过期不得分。

7.1.3.2　试验人员数量必须符合资质要求，满足试验、检验和生产的需要，岗位证书齐全，岗位证书应与在岗人员相符。每工作班至少4人持证在岗，每缺少一个扣1.5分。

7.1.3.3　建立试验仪器设备台账，仪器设备配备的数量应与检测项目对应，精度等性能满足使用要求，保养情况良好，使用与维修记录齐全。操作规程及使用注意事项应张贴于相应仪器设备的显著位置。每台（件）仪器设备均应设独立档案，包括出厂合格证、使用说明书、维修保养记录、历年的检定证书（测试证书或校准证书）和操作规程及使用注意事项备份等，完整、齐全。

凡列入《中华人民共和国强制检定的工作计量器具明细目录》的计量器具均属于强制检定仪器设备。强制检定应按规定检定周期委托有资格的计量部门或法定授权的单位进行，测试证书或校准证书应有合格结论。除强制检定仪器设备以外，对质量、尺寸、角度、平面度、外观等有具体要求的仪器设备，企业必须编制自校规程进行自校并记录。

1. 建立台账并内容齐全，无仪器设备台账不得分，每缺少一件主要设备扣1分。

2. 仪器设备操作规程齐全，每缺少一件主要设备或未张贴于仪器设备旁扣1分。

3. 仪器设备定期检定，检定证书等档案资料完备并在有效期内使用。每缺少一个扣1分直至不得分。测试证书或校准证书无合格结论，每缺少一件扣1分。

4. 有自校规程及记录。每缺少一个自校规程扣1分直至不得分。每缺少一个自校记录扣1分直至不得分。

7.1.3.4　试验室环境条件满足资质条件要求。各职能检测室布局设置应合理，应具有标养室、混凝土制备间、物理力学试验室、水泥试验室、砂石原材料试验室、混凝土性能室、天平室、样品间。面积、温度、湿度、震动、环境卫生等条件均不应对设备的正常工作造成不利影响。各工作间温度、湿度满足规范要求。

试验室环境温度、湿度不满足规范要求，每出现一个扣3分。

7.1.4　加分项：自主知识产权是指本企业为发明人及注册人的专利（实用新型专利或发明专利）和注册商标，以取得证书的为准。承担天津市或区县的科技项目的予以加分，标准为第一承担单位加3分，第二或第三承担单位加2分。参与混凝土行业相关标准的编制（国家标准、行业标准、地方标准），每项加5分，在正式出版物上公开发表管理及专业技术论文的，每篇加1分（仅限第一作者单位）。本加分项目累计加分不超过16分。

7.2　质量管理（210分）

7.2.1　原材料管理（90分）

7.2.1.1 原材料进厂（总分50分，每项10分）

1. 建立原材料采购的管理制度并经过审批。内容应包括原材料采购前评估、质量验收、储存、保管、交付使用和不合格品处置的控制程序及材料验收依据、标准和方法。无制度扣10分。

2. 主要原材料（包括水泥、砂、石、矿物掺合料、外加剂等）供应商应有营业执照（资质或许可证）、有效型式检验报告、认证证书等，水泥、矿粉、外加剂生产厂家应在天津市建材业协会发布的名录上。每缺少一项，扣1分，不在名录上的，扣5分。

3. 按供货批次，原材料出厂检验报告和合格证齐全，按时收集汇编，随机抽查评价年度任意两个月的资料，每缺少一项，扣0.5分直至不得分。

4. 建立原材料进厂及消耗台账，包括材料名称、规格、数量等。台账清晰明了，随机抽查评价年度任意两个月的资料，每缺少一个品种，扣1分直至不得分。

5. 原材料的储存应分类存放，标识清晰，不混堆。粉剂物料的存储仓罐防水、防潮，有避免错入仓的措施。未达要求的每项扣1分。砂、石堆场地面未硬化扣1分，每一处混杂扣1分；每缺少一个标识扣1分直至不得分。

7.2.1.2 原材料检验（30分）

1. 企业应制定原材料进厂检验控制程序，内容全面、程序明确。应包括：按规定频次取样、报验、试验、报告或检验结果反馈。缺一项扣2分。

2. 按照实际进厂的原材料批次和数量由进料责任部门向试验室报验，有报验单。

试验室负责按批取样检验，并及时将检验结果反馈至进料责任部门。

随机抽查评价年度任意两个月的资料，每缺少一项，扣1分直至不得分。

3. 按批检验记录完整、真实可靠，分类整理，保存完善，便于检索。记录、报告与出厂资料对应性良好。

本试验室没有能力自行完成而需外检的项目（如骨料碱活性等），应委托国家法定专业检测机构进行检验，应有在规定周期内的有效检验报告。

随机抽查评价年度任意两个月的资料，每缺少一项，扣1分直至不得分。

7.2.1.3 不合格原材料管理（10分）

对不合格原材料的确认及记录的内容应包括：材料名称、进厂日期、数量、检验报告、隔离存放并准确及时标识、退货或降低等级使用的处置记录。

有不合格原材料处置记录，现场不合格原材料隔离存放、标识清晰。未建立者不得分，混堆者扣5分，无标识者扣5分。

7.2.2 生产过程管理（90分）

7.2.2.1 计量管理（30分）

生产计量系统显示的数据应真实，显示每车误差率，可查询历史数据。发现虚假数据扣20分，不能显示每车误差率扣10分，不能查询历史数据扣10分。

应有计量偏差处置记录，内容包括发生时间、盘次、计量秤名称、偏差量、处置方式、处置结果、处置人、责任人等。每缺一项扣2分。

7.2.2.2 开盘鉴定（10分）

有开盘鉴定记录，内容包括出机坍落度、和易性等。每缺一个记录扣1分直至不得分。

7.2.2.3 出厂检验（10分）

检查方法：抽查评价年度任意两个月的记录资料。

1. 有出厂拌合物检验记录，内容包括出机坍落度、和易性。每缺少一个记录扣1分直至不得分。

2. 应有试件成型记录，每缺少一个记录扣1分直至不得分。

7.2.4　配合比调整记录（10分）

有配合比调整记录，内容包括基准配合比、调整后的配合比、调整时间、调整原因，有调整人、责任人签字。

随机抽查评价年度任意两个月的记录资料。缺项扣2分，每缺少一个记录扣1分直至不得分。

7.2.2.5　混凝土试件留置记录（10分）

对应任务单留置试件数量符合规范要求。随机抽查上月至少3份生产任务单。每漏取一组试件扣2分直至不得分。

7.2.2.6　强度检验评定（10分）

应根据GB/T 50107标准的要求，每月进行一次强度评定。

随机抽查评价年度任意两个月的记录资料。每缺少一个评定扣1分直至不得分。评定内容不真实酌情扣分。

7.2.2.7　制定质量形势分析制度并进行有效的数据收集和处理，依据强度统计评定分析的结果，调整配合比或采取其他改进措施。(10分)

查看质量形势分析制度和随机抽查评价年度任意两个月的质量分析报告。

1. 有质量形势分析制度，得满分10分，缺少者不得分。

2. 有质量分析报告、改进措施，得满分10分，缺少者不得分。

7.2.3　混凝土不合格品管理（20分）

7.2.3.1　有混凝土不合格品管理制度，规定不合格品处置程序、方法。缺少者不得分。

7.2.3.2　有混凝土不合格品处置记录。缺少者不得分。

7.2.4　质量事故（10分）

检查方法：根据市级执法部门的质量通报确认。

★否决项　重大质量事故为否决项，由市级质量监督执法部门认定发生重大质量事故并被通报的单位，本次评价全部得分为零，企业评价结论为不合格。

被市级质量监督执法部门进行质量通报批评的扣5分。

无以上问题者，得满分10分。

7.3　机械设备管理（130分）

7.3.1　设备档案（20分）

企业应分别对自有设备和外租设备进行科学管理。查看设备台账、档案、计量秤检定证书。

7.3.1.1　有设备台账且收录齐全、分类清晰。不全者少一台（件）扣2分。

7.3.1.2　建立主要设备档案，资料收集完整，包括出厂合格证、使用说明书、操作规程和使用注意事项备份、维修保养记录等，计量设备还应有历年的检定证书。不全者少一台（件）扣2分。

7.3.2　设备运行（70分）

7.3.2.1　设备管理制度

明确设备管理的职责范围、管理程序，对设备购置、验收、使用、保管、保养、维修、报废的实施和监督措施，保证设备正常运转的手段及设备事故处理办法、应急方案。每缺一项内容扣2分。

7.3.2.2　人员培训、持证上岗

对于主要设备如混凝土搅拌机、混凝土泵等的操作和维修人员应进行行业岗位培训，并取得岗位证书。

有行业岗位培训证书，得满分10分。每缺少一个，扣2分。

7.3.2.3　维修保养计划

每年应制定设备维修保养计划，按计划对设备及时进行维修保养。

有维修保养计划，切实可行，得满分10分。无计划不得分。

7.3.2.4　维修保养记录

应按设备维修保养计划对设备及时进行维修保养并记录。

检查方法：查看维修保养记录。

按计划对设备进行维修保养，有维修保养记录，内容及手续齐全得满分10分。无记录不得分。

7.3.2.5　运行记录及统计分析

应对主要设备（搅拌机、混凝土泵车、混凝土运输车）运行情况做记录，内容包括油耗、电耗、运行时间、公里、故障等。有设备运行记录，全面完整，得满分10分。缺少主要设备的，扣5分。

有统计分析记录，评价设备的运行状况，得满分10分。缺少主要设备的分析记录，扣5分。

7.3.3　计量与检定（20分）

7.3.3.1　检定计划

应制定年度检定计划，计划中应标明设备的检定机构（计量溯源）、待检定日期等。按计划提前向外检机构报检。

强制检定的设备除按规定检定，因使用频繁，企业应进行自校，并至少每季度做一次自校（进行外检的当季度可免做），应包含静态校准和动态校准。

有检定计划，不漏项，得满分10分。每缺少一台（件）设备，扣2分直至不得分。

7.3.3.2　检定证书有效

所有设备的检定证书均在有效期内，得满分10分。每过期一台（件）设备，扣2分直至不得分。

7.3.4　外租设备管理（20分）

7.3.4.1　外租运营车辆必须严格遵守《中华人民共和国道路交通安全法》及实施条例和驾驶员所在地各项从业人员有关规定。本项得4分。

7.3.4.2　对于所要求驾驶的车辆车型，具有有效证件（如驾驶证、行驶证、营运证等）。本项得4分。

7.3.4.3　严格遵守生产企业制定外租设备操作人员管理规定。本项得3分。

7.3.4.4　外租车必须有完整的设备档案、设备台账、设备管理制度、运营记录、设备维修和设备保养记录。缺一项，扣 3 分。

7.3.4.5　运营车辆无重大责任事故记录和个人不良记录。有重大责任记录和个人不良记录一项，扣 3 分。

7.3.4.6　对外租设备操作人员进行必要培训并保持记录。缺一项扣 3 分。

附表 7-1　技术管理评价表

评价项目	评价要求		得分
技术文件（45 分）	技术标准（10 分）	标准、规范的配备满足要求，版本有效（10 分）	
	生产工艺流程（10 分）	包括工艺全过程，工序合理（10 分）	
	工艺操作规程（10 分）	规程编制合理（5 分）	
		规程经审核、批准、发布（5 分）	
	技术交底（15 分）	生产前应有书面技术交底（10 分）	
		有特殊要求和重大变化时，应及时补充技术交底（5 分）	
技术资料（40 分）	配合比管理（30 分）	按规范进行配合比设计并审批手续齐全（15 分）	
		有文件规定配合比选用原则及调整权限（15 分）	
	混凝土产品出厂证明资料（10 分）	有混凝土出厂质量证明书（5 分）	
		混凝土出厂质量证明书内容齐全（5 分）	
试验室管理（75 分）	试验室资质（10 分）	有试验室资质（5 分）	
		证书在有效期内使用（5 分）	
	试验人员（10 分）	试验管理和专业操作人员数量满足要求（4 分）	
		持证、在岗（6 分）	
	试验仪器与设备（25 分）	建立台账并内容齐全（5 分）	
		操作规程齐全（5 分）	
		计量检定证书完整有效，测试报告有结论（10 分）	
		有自检规程及记录（5 分）	
	试验室环境条件（30 分）	试验室布局合理，满足资质条件（15 分）	
		温、湿度满足规范要求，数据真实一致（15 分）	
科技创新	加分项	专利，每项 5 分	
		商标，每项 3 分	
		科技创新，每项 2 分	
		论文，一篇 1 分	
		标准编制，每个 5 分	
本表总分	160	得分合计	
得分率			
检查人签字			

附表 7-2　质量管理评价表

评价项目	评　价　要　求		得分
原材管理（90分）	原材料进厂（50分）	原材料采购管理制度及程序合理（10分）	
		主要原材料供应厂家应有营业执照（资质、许可证）、有效型式检验报告、认证证书名录等（10分）	
		原材料出厂检验报告和合格证齐全（10分）	
		原材料进厂及消耗台账（10分）	
		原材料储存规范（10分）	
	原材料检验（30分）	规定检验程序（10分）	
		按规定取样、送试（10分）	
		按批检验的记录齐全、批次符合规范要求（10分）	
	不合格原材料管理（10分）	进厂及处置记录（10分）	
生产过程管理（90分）	计量管理（30分）	计量监测（20分）	
		计量偏差及处置（10分）	
	开盘鉴定（10分）		
	出厂检验（10分）		
	配合比调整记录（10分）		
	试件留置记录（10分）		
	强度检验评定（10分）		
	质量形势分析（10分）		
混凝土不合格品管理（20分）	建立不合格混凝土的控制程序（10分）		
	不合格混凝土记录及处置（10分）		
质量事故（10分）	★重大质量事故		
	市级执法部门通报批评（10分）		
本表总分	210	得分合计	
得分率			
检查人签字			

★　代表否决项。

附表 7-3　机械设备管理评价表

<table>
<tr><td rowspan="2">设备档案（20 分）</td><td colspan="2">设备台账（10 分）</td><td></td></tr>
<tr><td colspan="2">设备档案（10 分）</td><td></td></tr>
<tr><td rowspan="5">设备运行（70 分）</td><td colspan="2">设备管理制度（10 分）</td><td></td></tr>
<tr><td colspan="2">人员培训、持证上岗（20 分）</td><td></td></tr>
<tr><td colspan="2">维修保养计划（10 分）</td><td></td></tr>
<tr><td colspan="2">维修保养记录（10 分）</td><td></td></tr>
<tr><td colspan="2">运行记录及统计分析（20 分）</td><td></td></tr>
<tr><td rowspan="2">计量与检定（20 分）</td><td colspan="2">检定计划（10 分）</td><td></td></tr>
<tr><td colspan="2">检定证书在有效期（10 分）</td><td></td></tr>
<tr><td rowspan="6">外租设备（20 分）</td><td colspan="2">法规及规定（4 分）</td><td></td></tr>
<tr><td colspan="2">有效证件（4 分）</td><td></td></tr>
<tr><td colspan="2">外租设备操作人员管理规定（3 分）</td><td></td></tr>
<tr><td colspan="2">外租设备管理记录（3 分）</td><td></td></tr>
<tr><td colspan="2">不良记录（3 分）</td><td></td></tr>
<tr><td colspan="2">人员培训（3 分）</td><td></td></tr>
<tr><td>本表总分</td><td>130</td><td>得分合计</td><td></td></tr>
<tr><td>得分率</td><td colspan="3"></td></tr>
<tr><td>检查人签字</td><td colspan="3"></td></tr>
</table>

参 考 文 献

[1] 钱觉时. 建筑材料学[M]. 武汉：武汉理工大学出版社，2007.
[2] 朱效荣，李迁，孙辉. 现代多组分混凝土理论[M]. 沈阳：辽宁大学出版社，2007.
[3] 汪洋，韩素芳. 混凝土抗压强度试验结果失准原因分析[J]. 混凝土，2008(05)：1-2.
[4] 汪洋. 混凝土抗压强度试验结果失准探析[J]. 工程质量，2009(04)：78.
[5] 蔡琪瑛. 影响混凝土抗压强度试验数据失准原因的分析[J]. 四川建材，2011(04)：106-107.
[6] 赵顺增. 2011年膨胀混凝土行业的运行情况与发展前景[J]. 膨胀剂与膨胀混凝土，2012，(3)：1-3.
[7] 游宝坤，赵顺增. 我国混凝土膨胀剂发展的回顾和展望[J]. 膨胀剂与膨胀混凝土，2012，(2)：1-5.
[8] 黄荣辉. 预拌混凝土实用技术[M]. 北京：机械工业出版社，2008.
[9] 龙宇. 混凝土表观密度对供货量结算亏盈方的影响分析[J]. 混凝土，2007，(6)：80-83.
[10] 王晓锋，韩素芳，刘刚，等. 混凝土结构实体强度检验的注意事项[J]. 混凝土，2005，(3)：13-15.
[11] 程志军，韩素芳，刘刚，等. 混凝土结构实体强度应用问题的讨论[J]. 混凝土，2005，(3)：24-28.
[12] 王振铎等. 关于混凝土最小水泥用量的讨论[J]. 混凝土，2005，(2)：24-28.
[13] 冯建国. 现代混凝土的生产管理和实践[J]. 商品混凝土. 2009(7)：16-17.
[14] 傅沛兴. 现代混凝土特点与配合比设计方法[J]. 建筑材料学报，2010，12(6)：705-710.
[15] 缪昌文，冉千平，洪锦祥，等. 聚羧酸系高性能减水剂的研究现状及发展趋势[J]. 中国材料进展，2009(11)：36-45.
[16] 张丽. 浅析聚羧酸系高效减水剂的特性及应用前景[J]. 内蒙古石油化工，2007(7)：17.
[17] 张哲明，魏鹏. 混凝土搅拌站废弃泥浆水的回收利用[J]. 混凝土，2013，(增刊)：71-75.
[18] 舒怀珠，黄清林，覃立香. 商品混凝土实用技术读本[M]. 北京：中国建材工业出版社，2012.
[19] 项玉璞，王公山，朱卫忠，等. 冬期施工禁忌手册[M]. 北京：中国建筑工业出版社，2002.
[20] 王华生，赵慧如. 现代混凝土技术禁忌手册[M]. 北京：机械工业出版社，2008.
[21] 黄象杭，叶青. 一起由粉煤灰引起的混凝土冒泡事故分析[J]. 浙江建筑，2007(10)：57-58.
[22] 吴丹虹. 问题粉煤灰引起混凝土异常现象的原因分析[J]. 粉煤灰，2009(3)：42-48.
[23] 王文宗，武文江. 火电厂烟气脱硫及脱硝实用技术[M]. 北京：中国水利水电出版社，2009.
[24] 上海洁美环保科技有限公司. www. jamay. com. cn/Product. asp. 2010-11-24.
[25] 贺鸿珠，周敏，邱贤林. 上海市粉煤灰和脱硫灰渣综合利用情况的调查研究[J]. 粉煤灰，2007(5)：38-40.
[26] 陈刚，汤俊. 上海混凝土行业用粉煤灰问题分析及对策研究[J]. 粉煤灰综合利用，2010(1)：52-56.
[27] 耿兰生. 陡河发电厂燃煤灰渣处理工艺探讨[J]. 粉煤灰，2010(2)：45-48.
[28] 赵国堂，李化建. 高速铁路高性能混凝土应用管理技术[M]. 北京：中国铁道出版社，2009.
[29] 雍本. 特种混凝土施工手册[M]. 北京：中国建材工业出版社，2005.
[30] 王志伟，等. 不发火自密实混凝土研究[J]. 混凝土，2008(3)：38-41.
[31] 田镇. 某易燃品储藏库不发火混凝土的试验研究及应用[J]. 混凝土技术，2012，(8)：45-47.
[32] 陈肇元. 完善技术标准，提供性能切合工程需求的混凝土[J]. 混凝土，2008，(2)：1-8.
[33] 吴学安. 混凝土配合比设计之EXCEL方法[J]. 混凝土，2013，(9)：120-125.

[34] 马清浩，杭美艳．水泥混凝土外加剂550问[M]．北京：中国建材工业出版社，2008.
[35] 文恒武，魏超琪．对《质疑“回弹法检测混凝土抗压强度”一文中几个问题的看法》[J]．混凝土，2008(6)：1-3.
[36] 肖建庄，袁飚，雷斌．再生粗集料性能试验与分析[J]．粉煤灰，2007，(1)：14-16.
[37] 赵军，邓志恒，林俊．再生混凝土配合比设计的试验研究[J]．广西工学院学报，2007，(3)：80-84.
[38] 胡敏萍．不同取代率再生粗骨料混凝土的力学特性[J]．混凝土，2007，(2)：52-54.
[39] 邓旭华．水灰比对再生混凝土强度影响的试验研究[J]．混凝土，2005，(5)：46-48.
[40] 田俊海．节能减排技术在混凝土搅拌站中的应用方法[J]．交通节能与环保．2012，(2)：73-75.
[41] 高小东．混凝土拌和站节能技术改造及应用效果浅析[J]．交通节能与环保．2012，(2)：64-66.
[42] 武金彬，杨建宇．地源热泵中央空调在办公生活区的应用[J]．交通节能与环保．2012．(2)：62-67.
[43] 陈建奎，王栋民．高性能混凝土(HPC)配合比设计新法：全计算法[J]．硅酸盐学报，2000(2)：194-198.
[44] 冯浩，朱清江．混凝土外加剂工程应用手册[M]．北京：中国建筑工业出版社，2005.
[45] 葛兆明．混凝土外加剂[M]．北京：化学工业出版社，2007.
[46] 施惠生，孙振平，邓恺．混凝土外加剂实用技术大全[M]．北京：中国建材工业出版社，2008.
[47] 张绍周，辛志军，倪竹君，等．水泥化学分析[M]．北京：化学工业出版社，2007.
[48] 张树青，黄士元．我国矿渣粉生产和应用情况[J]．混凝土，2004，4：6-8.
[49] 孙跃生，仲朝明，谷政学，等．混凝土裂缝控制中的材料选择[M]．化学工业出版社，2009.
[50] 徐定华，徐敏．混凝土材料学概论[M]．北京：中国标准出版社，2002.
[51] 杨文科．现代混凝土科学的问题与研究[M]．北京：清华大学出版社，2012.
[52] 丁庆军，韩冀豫，黄修林，等．微珠与硅灰、粉煤灰水化活性的对比研究[J]．武汉理工大学学报．2011(3)：54-57.
[53] 甘昌成．混凝土的体积稳定与体系平衡[J]．混凝土技术．2013(10)：1-8.
[54] 李继业，刘福胜．新型混凝土实用技术手册[M]．北京：化学工业出版社，2005.
[55] 福建南方路面机械有限公司．HZS系列模块式水泥混凝土搅拌站维护保养手册.
[56] 阜新恒泰机械有限责任公司．混凝土搅拌站控制系统(HTBCS08)培训教材.
[57] 黄振兴．对现行回弹法规范测定矿物掺合料混凝土碳化深度方法的质疑[J]．混凝土，2012(1)：46-48.
[58] 宋中南，石云兴，等．透水混凝土及其应用技术[M]．北京：中国建筑工业出版社，2011.
[59] 孙继成．从业提醒：预拌混凝土质量事故100例[M]．北京：中国建材工业出版社，2012.
[60] 戴会生，谷卫东，朱战岭．粉煤灰致使混凝土发泡的质量问题分析及预防[J]．混凝土技术．2011(1)：6-10.
[61] 戴会生，史建根．关于地下室剪力墙裂缝的探讨[J]．山东建材．2008(2)：56-60.
[62] 戴会生，张锋．混凝土亏方问题分析及解决[J]．商品混凝土．2008(3)：54-56.
[63] 戴会生．预拌混凝土生产和使用中存在的认识误区探讨[J]．混凝土．2009(2)：106-109.
[64] 戴会生，岳秀峰，谢振生．预拌混凝土质量教训实例[J]．商品混凝土．2009(8)：58-59.
[65] 戴会生，王博，谢振生，等．再生骨料混凝土技术及配合比设计[J]．商品混凝土．2009(9)：40-42.
[66] 戴会生，王维．铁尾矿应用于预拌混凝土的技术研究[J]．交通节能与环保．2012(4)：84-90.
[67] 戴会生．砂石分离机及浆水回收设备在混凝土搅拌站的应用[J]．交通节能与环保．2012(2)：80-82.
[68] 戴会生．预拌混凝土企业试验室管理[J]．混凝土．2009(12)：87-92.